"十四五"普通高等教育应用型规划教材

高等数学 上册

主　编　陈　静　戴绍虞　陈　凌
副主编　徐海燕　王丙均　林洪伟
　　　　吴凤干　李勤丰　秦仁杰

数字资源

微信扫码

◎ 拓展阅读
◎ 思政案例
◎ 视频学习
◎ 参考答案

南京大学出版社

图书在版编目(CIP)数据

高等数学：上下册 / 陈静，戴绍虞，陈凌主编. —
南京：南京大学出版社，2022.7(2023.6 重印)
ISBN 978-7-305-25495-6

Ⅰ.①高… Ⅱ.①陈… ②戴… ③陈… Ⅲ.①高等数
学—高等学校—教材 Ⅳ.①O13

中国版本图书馆 CIP 数据核字(2022)第 038967 号

出版发行 南京大学出版社
社　　址 南京市汉口路 22 号　　邮　　编 210093
出版人 金鑫荣

书　　名 **高等数学(上下册)**
主　　编 陈 静 戴绍虞 陈 凌
责任编辑 刘 飞　　　　　　编辑热线 025 - 83592146

照　　排 南京开卷文化传媒有限公司
印　　刷 南京人民印刷厂有限责任公司
开　　本 787×1092　1/16　印张 33.75　字数 784 千
版　　次 2022 年 7 月第 1 版　2023 年 6 月第 2 次印刷
ISBN 978-7-305-25495-6
定　　价 79.00 元

网　　址:http://www.njupco.com
官方微博:http://weibo.com/njupco
官方微信号:njupress
销售咨询热线:(025)83594756

前　言

　　随着我国现代化进程的飞速发展,教育理念发生了深刻变化。我国的高等教育已经从精英教育转变为大众化教育。一大批应运而生的应用型本科以及民办本科院校如雨后春笋般地茁壮成长,每年都有大批学生进入这一层次的高等院校进行学习。层次的不同自然会带来教学内容和教学模式的不同,为了适应这一变化,我们总结了多年来在教授这一类学生过程中的教学经验和实施的教学改革,并在此基础上,分析了这一层次学生的培养目标和教学特点,并结合国内外同类层次相应课程的成功经验,撰写了本教材。

　　本教材有如下几个方面的特点:

　　1. 贯彻"强化概念,淡化理论,加强计算,学以致用"的原则,努力使学生学会应用数学的思想和方法去处理工程实践中遇到的困难和问题。因而在例题及习题的选择上,既选取了丰富典型的例题,又选取了一些实际应用中鲜活有趣的例子,如在导数的应用、微分方程等内容教学中,让学生在兴趣中学会概念在实际中的转化、理论在实际中的应用。

　　2. 一元微积分和多元微积分是高等数学的基本内容,它们的理论体系和逻辑性在大学生素质教育中起到了不可或缺的作用。但我们强调概念的实际背景、几何直观,理论推导力求简单明了,特别对冗长或难度较大的部分基础理论推证,一般不证明或打"＊"号处理。

　　3. 注意与中学数学教学改革的衔接。中学数学教学改革力度加大,造成了现有高等数学教材内容与中学数学教学内容有不少脱节和重复。本教材注意到了这点,比如增加了现行中学教材未列入的"极坐标",深化了中学数学中已讲过的"极限""导数"和"向量"等内容,较好地解决了中学数学与高等数学教学的衔接问题。

　　4. 为了加强应用和适应众多的工科专业,我们在编写教材时对一些内容打了

"*"号，这些打"*"号的内容，如"极限的精确定义""向量的混合积"等，或降低要求，或供教师针对授课学生的专业需要进行取舍。

5. 充分体现高等数学课程思政元素，如本书上下册均以线上资源的形式在附录里添加了高等数学拓展阅读和思政案例，有助于增加学生的学习兴趣，让其感悟数学理论背后的数学思想、研究方法以及人文情怀。

本教材的基本教学时数建议不低于120学时，讲解加"*"号内容需要另外安排课时。本教材可作为普通高等学校工科类应用型本科、民办本科各专业的"高等数学"教材，在去掉"*"号后，也可作为一些职业本科、专科学生的"高等数学"教材。

本教材分上、下两册，共十二章，其中第一章由戴绍虞编写，第二章、第十章由徐海燕编写，第三章、第九章由王丙均编写，第四章、第八章由陈静编写，第五章、第六章由林洪伟编写，第七章、第十二章由吴凤干编写，第十一章由陈凌编写。上册的附录一由陈静编写，下册的附录一由秦仁杰编写，上下册的附录二由李勤丰编写。上册由陈静、戴绍虞负责统稿，下册由陈静、陈凌负责统稿。南京大学出版社对此书的出版给予了极大的支持，编者在此表示衷心的感谢。

由于编者水平所限，书中缺点和不足在所难免，诚恳期待专家和读者不吝赐教。

编　者

2022 年 6 月于南京

目　录

第一章　函数与极限

　　函数是数学最基本的概念之一,是高等数学的研究对象,它在微积分中扮演着不可缺少的角色.而极限的方法是微积分研究问题的基本方法.本章将介绍函数、极限和函数的连续性等基本概念,以及它们的一些性质、应用等.

第一节　函　数

学习目标

1. 了解集合、区间、邻域的概念.
2. 理解函数的概念,会求定义域,会建立简单实际问题中的函数关系式.
3. 了解函数的有界性、单调性、奇偶性、周期性.
4. 了解反函数的概念.
5. 理解复合函数的概念.
6. 了解函数的四则运算.
7. 理解初等函数的概念,掌握基本初等函数的解析式、定义域、性质、图像.
8. 理解极坐标系的概念,会互化曲线在极坐标系和直角坐标系下的方程.

一、集合

1. 集合

　　具有某种特定性质的事物的全体,称为**集合**,组成这个集合的事物称为集合的**元素**.通常用大写字母 A,B,C 等表示集合,而用小写字母 a,b,c 等表示元素.若元素 x 在集合 A 中就说 x 属于 A,记为 $x \in A$;否则说 x 不属于 A,记为 $x \notin A$.一般表示集合的方法有两种:其一是列举法,就是把集合的元素一一列举出来表示,例如:由元素 a_1,a_2,$\cdots$,a_n 组成的集合 A,记为 $A = \{a_1, a_2, \cdots, a_n\}$;其二是描述法,若元素 $x \in B$ 当且仅当 x 具有性质 P,则记为 $B = \{x \mid x$ 具有性质 $P\}$.

由数组成的集合称为**数集**.通常用 **N** 表示全体**自然数**（即非负整数）的集合；用 **Z** 表示全体**整数的集合**；用 **Q** 表示全体**有理数的集合**；用 **R** 表示全体**实数的集合**.如果没有特别声明，本书提到的数都是实数.

若集合 A 的元素都是集合 B 的元素，则称 A 是 B 的**子集**，记为 $A \subseteq B$（读作 A 包含于 B）或 $B \supseteq A$（读作 B 包含 A）.例如：$\mathbf{N} \subseteq \mathbf{Z} \subseteq \mathbf{Q} \subseteq \mathbf{R}$.若 $A \subseteq B$ 且 $B \subseteq A$，则称为 A 与 B **相等**，记为 $A = B$.

不含任何元素的集合称为**空集**，记为 $\varnothing$.

2. 区间

区间是用得较多的数集.下设 a 和 b 都是实数，且 $a < b$.数集 $\{x \mid a < x < b\}$ 称为**开区间**，记为 (a,b)；数集 $\{x \mid a \leqslant x \leqslant b\}$ 称为**闭区间**，记为 $[a,b]$；同理定义**半开区间**：$[a,b) = \{x \mid a \leqslant x < b\}$ 和 $(a,b] = \{x \mid a < x \leqslant b\}$.以上这些区间都称为**有限区间**，其中 a,b 叫作这些**区间的端点**，$b-a$ 叫作这些区间的**区间长**.另外我们还可以定义如下**无限区间**：

$$[a,+\infty) = \{x \mid x \geqslant a\}, (a,+\infty) = \{x \mid x > a\}, (-\infty,b] = \{x \mid x \leqslant b\}, (-\infty,b) = \{x \mid x < b\}$$

和 $(-\infty,+\infty) = \{x \mid x \in \mathbf{R}\}$.

3. 邻域

邻域也是常用的概念之一.设 a,δ 是两个实数且 $\delta > 0$，数集 $\{x \mid |x-a| < \delta\}$（即开区间 $(a-\delta,a+\delta)$）称为**点 a 的 δ 邻域**，记为 $U(a,\delta)$，其中 a 叫作邻域 $U(a,\delta)$ 的**中心**，δ 叫作邻域 $U(a,\delta)$ 的**半径**.$U(a,\delta)$ 从数轴上看：就是与点 a 的距离小于 δ 的一切点的集合，因而这是一个有几何背景的概念，可以被推广到二维以上的直角坐标系中去.

去掉中心的邻域称为**去心邻域（或空心邻域）**，例如：邻域 $U(a,\delta)$ 去掉中心 a 之后就是以 a 为中心，以 δ 为半径的去心邻域（或空心邻域），记为 $\mathring{U}(a,\delta)$，即 $\mathring{U}(a,\delta) = (a-\delta,a) \bigcup (a,a+\delta)$.

二、函数的概念

在同一自然现象或社会生活活动中，往往有几个量同时变化着，但它们并不是孤立变化的，而是相互间存在着确定的依赖关系.当一个量变化时，另一个量也随着发生变化.这些量之间的关系就是数学上所谓的函数关系.

我们把在某一变化过程中可以取不同数值的量称为**变量**；在某一变化过程中始终保持不变的量称为**常量**（或常数），通常用字母 a,b,c 等表示常量，用字母 x,y,z,t 等表示变量.看如下三个例子：

案例 1　在自由落体运动中，设物体下落的时间为 t，下落的距离为 s，开始下落的时刻 $t=0$，落地的时刻 $t=T$，则 s 与 t 之间的对应关系是 $s = \frac{1}{2}gt^2$，其中 s,t 是变量，而重力加速度 g 是常量.实际上，当 t 在闭区间 $[0,T]$ 任意取一个数值时，按上式 s 就有唯一确定的数值与之对应.

案例 2　考虑球体的体积 V 与它的半径 r 的关系为 $V=\dfrac{4\pi}{3}r^3$,当半径 r 在区间 $(0,+\infty)$ 内变化,体积 V 也随之变化,当 r 有确定值时,球体的体积 V 也就被唯一确定.在这里 r 和 V 是变量,$\dfrac{4\pi}{3}$ 和 3 是常量.

案例 3　若某工厂每年最多生产某产品 500 吨,固定成本 160 万元,每生产 1 吨该产品成本增加 5 000 元,则每年该产品的总成本 C 万元与年产量 x 吨的关系为

$$C=160+0.5x,\qquad\qquad 0\leqslant x\leqslant 500.$$

当 x 取 0 到 500 之间的任意一个数值时,由上式可计算 C 的值.

上述三例的实际意义、表达方式虽不相同,但具有共同之处:都表达了两个变量在变化过程中的依赖关系.函数就是研究各个变量之间确定性依赖关系的数学模型.德国数学家狄利克雷(Dirichlet,1805—1859)提出了如下传统的函数概念.

定义 1　设在某一变化过程中,存在两个变量 x 和 y,D 是实数集 **R** 的非空子集.如果对于任意的 $x\in D$,通过对应法则 f,变量 y 有唯一确定的实数与之对应,则称变量 y 是 x 的函数,记作

$$y=f(x),x\in D,$$

其中 x 称为自变量,y 称为因变量,D 称为函数 $y=f(x)$ 的定义域.

在函数的模型中,自变量每输入一数值 x 时,都会使因变量输出唯一数值 y,这个输出的数值 y 称为函数 f 在 x 处的**函数值**,记为 $f(x)$.函数值 $f(x)$ 的全体所构成的集合称为函数 f 的**值域**,记作 $f(D)$,即 $f(D)=\{y\mid y=f(x),x\in D\}$.

注意　(1) 函数的定义域 D 与对应法则 f 是确定函数的**两个要素**,与自变量、因变量选用的字母无关.(2) 两个函数只有在定义域相同、对应法则相同时,它们才是同一个函数.

函数的定义域的确定基本上分两种情形:其一,若函数是由抽象的算式表达,且函数不与实际问题相联系,那么此函数的定义域就是使得算式有意义的自变量的取值范围;其二,若函数是与实际问题相联系的,那么此函数的定义域应根据实际问题的意义来确定.

【例 1】　求函数 $f(x)=\lg\dfrac{x}{x-1}+\sqrt{x-3}$ 的定义域.

解　要使函数有意义,必须

$$\begin{cases}\dfrac{x}{x-1}>0,\\ x-3\geqslant 0,\end{cases}\qquad 即\begin{cases}x>1\ 或\ x<0,\\ x\geqslant 3.\end{cases}$$

所以函数的定义域为 $[3,+\infty)$.

【例2】 某商场销售某种商品 5 000 件,每件原价 50 元,当销售量在 3 000 件内时,按原价销售;超过 3 000 件后的该商品,打八折出售,这样一来,销售收入 R 与销售量 Q 的函数关系为

$$R=\begin{cases}50Q, & 0\leqslant Q\leqslant 3\ 000,\\ 150\ 000+40(Q-3\ 000), & 3\ 000<Q\leqslant 5\ 000,\end{cases}$$

此函数的定义域为 $[0,5\ 000]$.

一般说来,我们把平面直角坐标系上的点集 $C=\{(x,y)\mid y=f(x),x\in D\}$ 称为函数 $y=f(x)$ 的**图形**.几何上一般为平面上的一条曲线.

常用函数表示方法有三种,即**解析法**、**列表法**和**图像法**.这些在中学里大家已经熟悉了.下面再举几个函数的例子.

【例3】 函数 $f(x)=\dfrac{2}{x-1}$,定义域 $D=(-\infty,1)\bigcup(1,+\infty)$,值域 $(-\infty,0)\bigcup(0,+\infty)$.它的图形如图 1-1 所示.

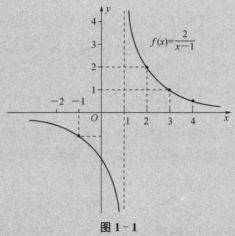

图 1-1

【例4】 绝对值函数 $y=|x|=\begin{cases}x, & x\geqslant 0,\\ -x, & x<0,\end{cases}$ 定义域 $D=(-\infty,+\infty)$,值域 $[0,+\infty)$,它的图形如图 1-2 所示.

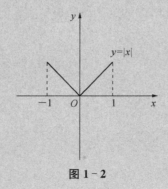

图 1-2

【例5】　符号函数 $y = \operatorname{sgn} x = \begin{cases} 1, & x > 0, \\ 0, & x = 0, \\ -1, & x < 0, \end{cases}$ 定义域 $D = (-\infty, +\infty)$，值域 $\{-1, 0, 1\}$，它的图形如图1-3

所示.

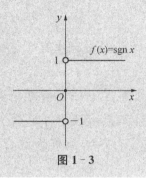

图 1-3

在生产实践和科学技术的实例中,我们经常遇到一些类似于例2、例4、例5的函数,这类函数在定义域的不同取值范围内,用不同的解析式表示,这样的函数称为**分段函数**.

【例6】　设函数

$$f(x) = \begin{cases} \sqrt{1-x^2}, & -1 < x < 1, \\ x^2 - 1, & -2 \leqslant x < -1 \text{ 或 } 1 < x \leqslant 2. \end{cases}$$

求 $f(x)$ 的定义域及 $f(0), f(2)$ 的值.

解　它的图形如图1-4所示. $f(x)$ 的定义域为 $[-2, -1] \cup (-1, 1) \cup (1, 2]$，$f(0) = \sqrt{1 - 0^2} = 1$，$f(2) = 2^2 - 1 = 3$.

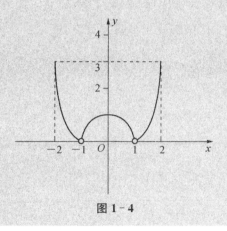

图 1-4

通常如定义1的函数称为**单值函数**.如果给定一个对应法则,按这个对应法则,对每一个 $x \in D$，变量 y 有确定的实数与之对应,但这个 y 不总是唯一的,这种对应法则所确定变量 y 关于 x 的函数称为**多值函数**.对于多值函数,往往只要给因变量附加一些条件,就可以把它们化为单值函数,这样得到的单值函数称为多值函数的**单值分支**.如由方程 $x^2 + y^2 = 1$ 所确定变

量 y 关于 x 的函数是一个多值函数,它有两个单值分支,分别是由 $x^2+y^2=1$ 且 $y\geqslant0$ 所确定的 $y=\sqrt{1-x^2}$ 和由 $x^2+y^2=1$ 且 $y<0$ 所确定的 $y=-\sqrt{1-x^2}$.如果没有特别声明,本书提到的函数都是单值函数.

三、函数的几种特性

函数的一些基本特性在中学已学过,在此只作简单回顾.

1. 有界性

设函数 $f(x)$ 的定义域是 D,数集 $X\subseteq D$.若存在正实数 M,使得对任意的 $x\in X$,有 $|f(x)|\leqslant M$,则称函数 $f(x)$ 在 X 上**有界**.若这样的正数 M 不存在,则称函数 $f(x)$ 在 X 上**无界**.特别若函数 $f(x)$ 在定义域 D 上有界时,则称函数 $f(x)$ 是**有界函数**,否则,称它是**无界函数**.

例如:本节例5、例6中的函数都是有界函数,函数 $f(x)=\sin x$ 和 $g(x)=\cos x$ 也是有界函数;例3、例4中的函数都是无界函数,函数 $f(x)=\tan x$ 和 $g(x)=\cot x$ 也是无界函数;例3中的函数 $f(x)=\dfrac{2}{x-1}$ 在 $(1,2)$ 内无界,但在 $(2,3)$ 内有界.

2. 单调性

设函数 $f(x)$ 的定义域是 D,区间 $I\subseteq D$.如果对于区间 I 上任意两点 x_1 及 x_2,当 $x_1<x_2$ 时,恒有 $f(x_1)<f(x_2)$,则称函数 $f(x)$ 在 I 上是**单调增加**的(如图1-5所示);如果对于区间 I 上任意两点 x_1 及 x_2,当 $x_1<x_2$ 时,恒有 $f(x_1)>f(x_2)$,则称函数 $f(x)$ 在 I 上是**单调减少**的(如图1-6所示).使函数单调增加(单调减少)的区间称为**单调增加区间**(**单调减少区间**),单调增加区间与单调减少区间统称为**单调区间**.

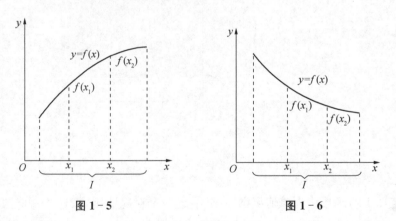

图 1-5   图 1-6

例如:函数 $y=x^2$ 在 $(-\infty,0]$ 上单调减少,在 $[0,+\infty)$ 上单调增加;在 $(-\infty,+\infty)$ 内函数 $y=x^2$ 不是单调的(如图1-7所示).函数 $y=x^3$ 在 $(-\infty,+\infty)$ 内是单调增加的(如图1-8所示).

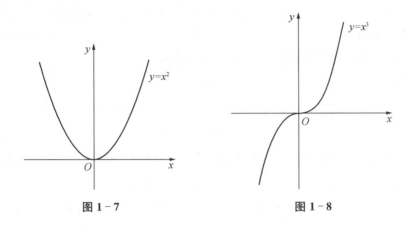

图 1－7　　　　　　　　　　　　　　　图 1－8

3. 奇偶性

设函数 $y＝f(x)$ 的定义域 D 在数轴上关于原点对称,若对任意 $x\in D$,有 $f(-x)＝f(x)$,那么称函数 $f(x)$ 为**偶函数**;若对任意的 $x\in D$,有 $f(-x)＝-f(x)$,那么称函数 $f(x)$ 为**奇函数**.在平面直角坐标系中,**偶函数的图形关于 y 轴对称,奇函数的图形关于坐标原点对称**.

例如:函数 $y＝x^2$ 是偶函数,图形关于 y 轴对称(如图 1－7 所示).函数 $y＝x^3$ 是奇函数,图形关于坐标原点对称(如图 1－8 所示).

4. 周期性

设函数 $f(x)$ 的定义域是 D,若存在一个正数 T,使得对任一 $x\in D$,有 $x\pm T\in D$,且 $f(x\pm T)＝f(x)$,那么称函数 $f(x)$ 为**周期函数**,T 为 $f(x)$ 的**周期**,通常所说的周期是指它的最小正周期.

例如:函数 $y＝\sin x$ 和 $y＝\cos x$ 都是以 2π 为最小正周期的周期函数.

> **【例 7】** 狄利克雷(Dirichlet)函数:
>
> $$D(x)=\begin{cases} 1, & \text{当 } x \text{ 是有理数时,} \\ 0, & \text{当 } x \text{ 是无理数时.} \end{cases}$$
>
> 容易验证这是一个周期函数,任何正有理数 r 都是它的周期,但它不存在最小正周期(因为不存在最小的正有理数);它是有界函数且是偶函数.

四、反函数

案例 4　设某商品在某商场的价格为每个 30 元,则收入 R(元)是销售量 Q(个)的函数:$R＝30Q$.反过来,若已知收入 R,求销售量 Q,则销售量 Q 是收入 R 的函数:$Q＝\dfrac{R}{30}$.这时称 $Q＝\dfrac{R}{30}$ 为 $R＝30Q$ 的反函数,$R＝30Q$ 为直接函数.

一般有如下定义.

定义 2　设函数 $y=f(x)$，定义域为 D，值域为 W，如果对于任意的 $y\in W$，D 内都有唯一确定的数值 x，使得 $y=f(x)$，则变量 x 是 y 的函数，称此函数为 $y=f(x)$ 的反函数，记作 $x=f^{-1}(y)$，$y\in W$。而原来的函数 $y=f(x)$ 称为直接函数。

习惯上仍用 x 表示自变量，用 y 表示因变量，于是 $y=f(x)$ 的反函数一般记作 $y=f^{-1}(x)$。函数 $y=f(x)$ 与它的反函数 $y=f^{-1}(x)$ 的图形关于直线 $y=x$ 对称。

什么函数存在反函数呢？可以证明如下结论。

定理 1　如果单调函数 $y=f(x)$ 的定义域是 D，值域是 W，则它存在反函数，且函数 $y=f(x)$，$x\in D$ 与它的反函数 $y=f^{-1}(x)$，$x\in W$ 的单调性相同。

正弦函数 $y=\sin x$、余弦函数 $y=\cos x$ 在其定义域 $(-\infty,+\infty)$ 内并不是单调函数，因而在定义域内并不存在反函数。但是，当限制它们的定义域之后，所得如下函数：$y=\sin x$，$x\in\left[-\dfrac{\pi}{2},\dfrac{\pi}{2}\right]$ 与 $y=\cos x$，$x\in[0,\pi]$ 分别是单调增加函数、单调减少函数，因而它们都存在反函数，且它们的反函数分别是反正弦函数：$y=\arcsin x$，$x\in[-1,1]$ 和反余弦函数：$y=\arccos x$，$x\in[-1,1]$。

常见的反三角函数与其直接函数列表如下：

反三角函数	直接函数
反正弦函数 $y=\arcsin x$，$x\in[-1,1]$	$y=\sin x$，$x\in\left[-\dfrac{\pi}{2},\dfrac{\pi}{2}\right]$
反余弦函数 $y=\arccos x$，$x\in[-1,1]$	$y=\cos x$，$x\in[0,\pi]$
反正切函数 $y=\arctan x$，$x\in\mathbf{R}$	$y=\tan x$，$x\in\left(-\dfrac{\pi}{2},\dfrac{\pi}{2}\right)$
反余切函数 $y=\operatorname{arccot}x$，$x\in\mathbf{R}$	$y=\cot x$，$x\in(0,\pi)$

五、复合函数

案例 5　设某企业经营者每年的收入 S 与该年的利润 L 有关，其函数关系为 $S=0.06L$，而利润 L 与该企业产品的产量 Q 有关，其函数关系为 $L=Q^{0.3}$。把 $L=Q^{0.3}$ 代入 $S=0.06L$ 中可得到 S 关于 Q 的函数：$S=0.06Q^{0.3}$。我们把函数 $S=0.06Q^{0.3}$ 称为由 $S=0.06L$ 与 $L=Q^{0.3}$ 这两个函数构成的复合函数。又如函数 $y=\sin e^{x}$，是由 $y=\sin u$ 与 $u=e^{x}$ 这两个函数所构成。

一般有如下定义。

定义 3　设函数 $y=f(u)$，$u\in D_1$ 和函数 $u=\varphi(x)$，$x\in D$ 且 $\varphi(D)\subset D_1$，则 y 通过中间变量 u 成为 x 的函数，称此函数为 $y=f(u)$ 和 $u=\varphi(x)$ 的复合函数，记作 $y=f[\varphi(x)]$，其中称 u 为中间变量，称 $u=\varphi(x)$ 为里层函数，称 $y=f(u)$ 为外层函数。

注意 中间变量可以有多个.例如:$y=\mathrm{e}^u,u=\cos v,v=\dfrac{x}{2}$,则 $y=\mathrm{e}^{\cos\frac{x}{2}}$,这里 u,v 都是中间变量.

【例 8】 下列函数是由哪些简单函数复合而成?

(1) $y=\sqrt{1-x^2}$; (2) $y=\sin^3(x+1)$.

解 (1) 函数 $y=\sqrt{u}$ 的定义域是 $u\geqslant 0$,这应是函数 $u=1-x^2$ 的值域,即应满足 $u=1-x^2\geqslant 0$,由此得 $-1\leqslant x\leqslant 1$.因此 $y=\sqrt{1-x^2}$ 是由函数 $y=\sqrt{u}$ 和函数 $u=1-x^2,x\in[-1,1]$ 复合而成.

(2) $y=\sin^3(x+1)$ 是由 $y=u^3,u=\sin v$ 和 $v=x+1$ 复合而成.

注意 两个函数构成复合函数是有条件的.例如 $y=\sqrt{u}$ 和函数 $u=-1-x^2$ 不能构成复合函数,这是因为对任一 $x\in\mathbf{R},u=-1-x^2$ 的值均不在 $y=\sqrt{u}$ 的定义域内.

六、函数的四则运算

设函数 $f(x),g(x)$ 的定义域依次为 D_1,D_2,且 $D=D_1\bigcap D_2\neq\varnothing$,则我们可以定义函数的下列**代数运算**:

(1) 和(差)$f\pm g$:$(f\pm g)(x)=f(x)\pm g(x),x\in D$;

(2) 积 $f\cdot g$:$(f\cdot g)(x)=f(x)\cdot g(x),x\in D$;

(3) 商 $\dfrac{f}{g}$:$\dfrac{f}{g}(x)=\dfrac{f(x)}{g(x)},x\in\{x\in D\,|\,g(x)\neq 0\}$.

七、初等函数

1. 基本初等函数

我们把幂函数、指数函数、对数函数、三角函数和反三角函数,统称为**基本初等函数**,它们是今后学习的基础.罗列如下:

(1) 幂函数:$y=x^\mu(\mu\in\mathbf{R}$ 是常数$)$;

(2) 指数函数:$y=a^x(a>0$ 且 $a\neq 1)$;

(3) 对数函数:$y=\log_a x(a>0$ 且 $a\neq 1)$,特别是当 $a=\mathrm{e}$ 时,则为 $y=\ln x$.这里 e 为无理数且 $\mathrm{e}=2.718281828459045\cdots$;

(4) 三角函数:$y=\sin x,y=\cos x,y=\tan x,y=\cot x$ 等;

(5) 反三角函数:$y=\arcsin x,y=\arccos x,y=\arctan x,y=\mathrm{arccot}\,x$ 等.

2. 初等函数

定义 4 由基本初等函数和常数经过有限次四则运算和有限次函数复合所构成的能用一个解析式表示的函数称为初等函数.

例如:$y=\ln(1+x^2)$,$y=\sqrt{2+\sqrt{2+x}}$,$y=\arcsin(x-1)$都是初等函数;而分段函数

$$y=\begin{cases} \dfrac{\sin x}{x}, & x\neq 0, \\ 1, & x=0 \end{cases}$$

和狄利克雷(Dirichlet)函数 $D(x)$(见本节例 7)就不是初等函数.

*3. 双曲函数

双曲函数

应用上常用到以 e 为底的指数函数 $y=e^x$ 与 $y=e^{-x}$ 所生成的一类初等函数:**双曲函数及其反双曲函数**.它们的定义、性质及图像见右侧二维码.

八、极坐标

1. 极坐标系

在平面上任取一点 O,称为**极点**,引一条射线 Ox,称为**极轴**,再选定一个**长度单位**和**角度的正方向**(通常逆时针方向为正方向),这样便构成了一个**极坐标系**,如图 1-9 所示.对于平面上任意一点 M,用 ρ 表示线段 OM 的长度,θ 表示 Ox 到 OM 的角度,ρ 称为**极径**,θ 称为**极角**,有序实数对 (ρ,θ) 称为点 M 的**极坐标**,记为 $M(\rho,\theta)$.

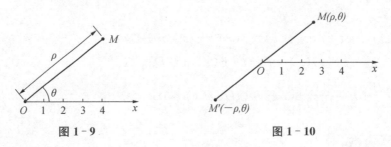

图 1-9   图 1-10

在极坐标系中,任意有序实数对 (ρ,θ) 都可以确定唯一一个点 M,但是平面上的一点 M,它的**极坐标表示并不唯一**.显然 (ρ,θ) 与 $(\rho,\theta+2n\pi)(n\in\mathbf{N})$ 表示同一个点.

在极坐标系的定义中,一点的极径是一个非负值.但是,为了研究问题方便,一般地,如果 M 的极坐标为 (ρ,θ),在 OM 的反向延长线上取 $OM'=OM$,则我们规定点 M' 的坐标是 $(-\rho,\theta)$,如图 1-10 所示.

2. 曲线的极坐标方程

定义 5 在平面极坐标系中,已知曲线 L 和方程 $\varphi(\rho,\theta)=0$,若

(1) 坐标满足方程 $\varphi(\rho,\theta)=0$ 的点都在曲线 L 上;

(2) 曲线 L 上的每一点的无穷多个极坐标中,至少有一个满足方程 $\varphi(\rho,\theta)=0$,则称此方程 $\varphi(\rho,\theta)=0$ 为曲线 L 的**极坐标方程**.

显然,$\theta=\theta_0$ 表示过极点 O,倾角是 θ_0 的直线,如图 1-11 所示.而 $\rho=\rho_0$ 表示圆心为极点 O,半径为 ρ_0 的圆周,如图 1-12 所示.特别是 $\rho=0$ 表示极点 O,此时 θ 可以任意取值.

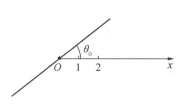

图 1－11

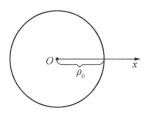

图 1－12

3. 极坐标与直角坐标的互换

如图 1－13 所示,把平面直角坐标系的坐标原点作为极点,x 轴的正半轴作为极轴,且在两种坐标系中取相同的单位.设 M 点的直角坐标是 (x,y),M 点的极坐标是 (ρ,θ),则由直角 $\triangle OMN$ 知:

$$\begin{cases} x=\rho\cos\theta, \\ y=\rho\sin\theta. \end{cases} \quad (1.1)$$

由关系式(1.1)可得如下关系式:$\begin{cases} \rho^2=x^2+y^2, \\ \tan\theta=\dfrac{y}{x}. \end{cases} \quad (1.2)$

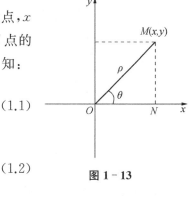

图 1－13

【例 9】 (1) 化 $x^2+y^2-4x=0$ 为极坐标方程;

(2) 化 $\rho=16\sin\theta$ 为直角坐标方程.

解 (1) 将(1.1)式代入 $x^2+y^2-4x=0$ 得 $\rho^2\cos^2\theta+\rho^2\sin^2\theta-4\rho\cos\theta=0$,因此,极坐标方程为 $\rho=4\cos\theta$.

(2) 把 $\rho=\sqrt{x^2+y^2}$,$\sin\theta=\dfrac{y}{\rho}$ 代入 $\rho=16\sin\theta$ 整理得:

$$x^2+y^2-16y=0.$$

习题 1－1

1. 求下列函数的定义域.

(1) $y=\sqrt{5x+3}$;

(2) $y=\dfrac{1}{x^2-4}$;

(3) $y=\dfrac{1}{x}-\sqrt{1-x^2}$;

(4) $y=\ln(4-x)+\arcsin\dfrac{x-1}{5}$;

(5) $y=\cos\sqrt{x-1}$;

(6) $y=\dfrac{1}{\sin\pi x}$.

2. 下列各题中,函数 $f(x)$ 与 $g(x)$ 是否相同?为什么?

(1) $f(x)=x+3,g(x)=\dfrac{x^2-9}{x-3}$;

(2) $f(x)=\sqrt{(x-1)^2},g(x)=|1-x|$;

(3) $f(x)=1, g(x)=\sin^2 x+\cos^2 x$;　　　(4) $f(x)=\ln x^2, g(x)=2\ln x$.

3. 设 $f(x)=\begin{cases} 2+x, & x<0, \\ 0, & x=0, \\ x^2+2, & 0<x\leqslant 4, \end{cases}$　求 $f(x)$ 的定义域及 $f(-1), f(2)$ 的值,并作出它的图形.

4. 判断下列函数中哪些是奇函数,哪些是偶函数,哪些是非奇非偶函数.

(1) $f(x)=1+3\cos x$;　　　　　(2) $f(x)=x-2x^3+x^5$;

(3) $f(x)=\dfrac{2}{x^4}$;　　　　　　(4) $f(x)=e^x+\sin x$;

(5) $f(x)=x\sin\dfrac{1}{x}$;　　　　　(6) $f(x)=\ln\dfrac{1+x}{1-x}$.

5. 下列函数哪些是周期函数? 对周期函数,指出其最小正周期.

(1) $y=\sin(x-2)$;　　　　　　(2) $y=1+\cos 3x$;

(3) $y=x\sin x$;　　　　　　　(4) $y=\cos^2 x$;

(5) $y=|\cos x|$.

6. 试证下列函数在指定区间的单调性.

(1) $y=\dfrac{1}{x}$ 在 $(-\infty,0)$ 上单调减少;　　(2) $y=x+\ln x$ 在 $(0,+\infty)$ 上单调增加.

7. 已知下列函数都在 $(-l,l)(l>0)$ 上有定义,证明:

(1) 两个偶函数的和是偶函数;两个奇函数的和是奇函数.

(2) 两个偶函数的乘积是偶函数;两个奇函数的乘积是偶函数;偶函数与奇函数的乘积是奇函数.

8. 下列函数是由哪些简单函数复合而成?

(1) $y=\sqrt{1+x^2}$;　　　　　(2) $y=\ln(1-x^2)$;

(3) $y=\sin^5(x^3+1)$;　　　　(4) $y=e^{\sin^2 x}$;

(5) $y=\arcsin\sqrt{x^2-1}$;　　　(6) $y=\arctan(1+\sqrt{1+x^2})$.

9. 设 $f(x)=2x^2+x, g(x)=e^{x-1}$,求复合函数 $f[g(x)]$ 和 $g[f(x)]$,并确定它们的定义域.

10. 要造一个底面为正方形,容积为 $500\ \mathrm{m}^3$ 的长方形无盖蓄水池,设水池四壁和底面每平方米造价均为 a 元,试将蓄水池的造价 y 元表为底边长 x 米的函数.

11. 某种放射性物质的半衰期是 12 个小时,一开始该种物质有 8 克.

(1) 把该物质的剩余量 y(克)表示为时间 t(小时)的函数.

(2) 何时剩余量只剩下 1 克.

12. 某化肥厂生产某产品 1 000 吨,每吨定价为 130 元.销售量在 700 吨以内时,按原价出售;超过 700 吨时,超过的部分需打九折出售,请将销售总收益与总销售量的函数关系用数学表达式表出.

13. 把下列方程化为极坐标方程.

(1) $x=4$;

(2) $3x-5y=0$;

(3) $2x-5y+3=0$;

(4) $x^2+y^2=36$.

14. 画出下列极坐标方程所表示的图形.

(1) $\rho\cos\theta=1$;

(2) $\rho=4\sin\theta$;

(3) 阿基米德螺线:$\rho=a\theta\ (a>0)$;

(4) 心形线:$\rho=a(1+\cos\theta)\ (a>0)$.

15. 把下列极坐标方程化为直角坐标方程.

(1) $\rho=5$;

(2) $\rho=4\cos\theta$;

(3) $\rho^2\cos2\theta=16$;

(4) $\rho=3\cos\theta-4\sin\theta$.

第二节　函数的极限

学习目标

1. 了解数列的概念.

2. 理解数列极限的描述性定义,会用描述性定义考察数列的极限.

3. 理解函数极限的描述性定义(包括 $x\to\infty$ 时函数的极限和 $x\to x_0$ 时函数的极限),会用描述性定义考察函数的极限.

4. 了解单侧极限的概念.

5. 了解数列极限和函数极限的精确定义.

微积分研究的对象是变量,而变量的变化过程总是与极限概念相关联.函数模型中一个变量依赖于另一个变量,当后一个变量按一定的方式无限变化时,前一变量的变化趋势如何呢?极限就是刻画这两个相依变量无限变化趋势的一种数学模型.

一、数列的极限

1. 数列的概念

定义 1　按一定次序排列的无穷多个相等或不等的一列数:

$$x_1,x_2,x_3,\cdots,x_n,\cdots$$

称为无穷数列,简称数列,记为 $\{x_n\}$.数列中的每一个数叫作数列的项,第 n 项 x_n 叫作数列的一般项（或通项）.

实际上，数列 $\{x_n\}$ 就是定义在正整数集 $\mathbf{N}^+ = \{1,2,3,\cdots,n,\cdots\}$ 上的一个函数 $f(n) = x_n$. 从几何上看：数列 $\{x_n\}$ 可以看作数轴上的一个点列，以数列 $\left\{(-1)^{n-1}\dfrac{1}{n}\right\}$ 为例，如图 1-14 所示.

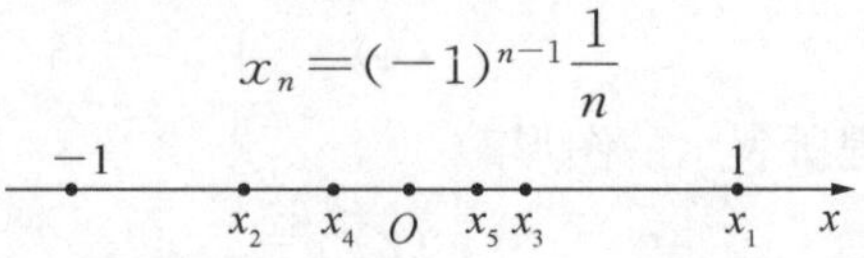

$$x_n = (-1)^{n-1}\frac{1}{n}$$

图 1-14

【例 1】 数列举例：

(1) $x_n = 2n-1$：$1,3,5,7,\cdots,2n-1,\cdots$；

(2) $x_n = 3^n$：$3,9,27,81,\cdots,3^n,\cdots$；

(3) $x_n = \dfrac{1}{n^2}$：$1,\dfrac{1}{4},\dfrac{1}{9},\dfrac{1}{16},\cdots,\dfrac{1}{n^2},\cdots$；

(4) $x_n = \dfrac{n}{n+1}$：$\dfrac{1}{2},\dfrac{2}{3},\dfrac{3}{4},\dfrac{4}{5},\cdots,\dfrac{n}{n+1},\cdots$；

(5) $x_n = (-1)^n$：$-1,1,-1,1,\cdots,(-1)^n,\cdots$；

(6) $x_n = \dfrac{1+(-1)^{n-1}}{n}$：$2,0,\dfrac{2}{3},0,\cdots,\dfrac{1+(-1)^{n-1}}{n},\cdots$.

如果数列 $\{x_n\}$ 满足：$x_1 \leqslant x_2 \leqslant x_3 \leqslant \cdots \leqslant x_{n-1} \leqslant x_n \leqslant \cdots$，则称数列 $\{x_n\}$ 是**单调增加的**；如果数列 $\{x_n\}$ 满足：$x_1 \geqslant x_2 \geqslant x_3 \geqslant \cdots \geqslant x_{n-1} \geqslant x_n \geqslant \cdots$，则称数列 $\{x_n\}$ 是**单调减少的**；单调增加的数列与单调减少的数列统称为**单调数列**. 如例 1 中数列（1）、（2）、（4）都是单调增加的数列，数列（3）是单调减少的数列.

对于数列 $\{x_n\}$，如果存在正数 M，使得数列 $\{x_n\}$ 中每一项都满足 $|x_n| \leqslant M$，则称数列 $\{x_n\}$ 是**有界的**；如果这样的正数 M 不存在，则称数列 $\{x_n\}$ 是**无界的**. 如例 1 中数列（3）、（4）、（5）、（6）都是有界的，而数列（1）、（2）都是无界的.

2. 数列的极限

案例 1　公元前 4 世纪，我国春秋战国时期的哲学家庄子（约公元前 369 年—前 286 年），在《庄子·天下篇》中说："一尺之棰，日取其半，万世不竭."我们把逐日取下的棰之长度依此列出，得一单调递减的数列：$\dfrac{1}{2},\dfrac{1}{4},\dfrac{1}{8},\dfrac{1}{16},\cdots,\dfrac{1}{2^n},\cdots$，当 n 无限增大的时，其通项 $x_n = \dfrac{1}{2^n}$ 无限趋近于常数 0，如图 1-15 所示.

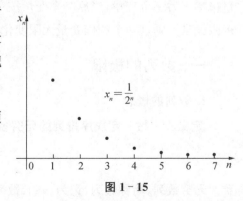

图 1-15

案例 2 考察数列 $\left\{1+\dfrac{(-1)^{n-1}}{n}\right\}$：$2,\dfrac{1}{2},\dfrac{4}{3},\dfrac{3}{4},\dfrac{6}{5},\cdots,1+\dfrac{(-1)^{n-1}}{n},\cdots$ 的变化趋势，当 n 无限增大的时，其通项 $x_n=1+\dfrac{(-1)^{n-1}}{n}$ 无限趋近于常数 1，如图 1-16 所示.

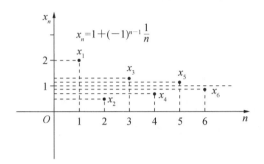

图 1-16

一般地，我们有如下极限的概念：

定义 2 如果当 n 无限增大时，数列 $\{x_n\}$ 的通项 x_n 的值无限趋近于一个确定的常数 A，那么称数列 $\{x_n\}$ 有极限（也称数列 $\{x_n\}$ 收敛），并称 A 为数列 $\{x_n\}$ 的极限（也称数列 $\{x_n\}$ 收敛于 A），记作 $\lim\limits_{n\to\infty}x_n=A$，或 $x_n\to A(n\to\infty)$. 否则，称数列 $\{x_n\}$ 的极限不存在（也称数列 $\{x_n\}$ 发散）. 数列收敛与发散的性质统称为数列的敛散性.

上面图 1-15 与图 1-16 两例中的数列都收敛，可分别记为 $\lim\limits_{n\to\infty}\dfrac{1}{2^n}=0$，$\lim\limits_{n\to\infty}\left(1+\dfrac{(-1)^{n-1}}{n}\right)=1$. 但是数列 $\{(-1)^{n+1}\}$ 与 $\{2n+1\}$ 的极限都不存在，前者，当 n 无限增大时，通项 $(-1)^{n+1}$ 的值在 -1 和 1 之间交替出现；后者，当 n 无限增大时，通项 $2n+1$ 也无限增大，不趋近于一个确定的常数.

【例 2】 观察下列数列的极限：

(1) $x_n=(-1)^{n-1}\dfrac{1}{n}$；　(2) $x_n=1-\dfrac{1}{n^3}$；

(3) $x_n=C$，其中 C 为一实数；(4) $x_n=\left(-\dfrac{1}{\pi}\right)^n$.

解 由观察可知：

(1) $\lim\limits_{n\to\infty}x_n=\lim\limits_{n\to\infty}(-1)^{n-1}\dfrac{1}{n}=0$；

(2) $\lim\limits_{n\to\infty}x_n=\lim\limits_{n\to\infty}\left(1-\dfrac{1}{n^3}\right)=1$；

(3) $\lim\limits_{n\to\infty}x_n=\lim\limits_{n\to\infty}C=C$；

(4) $\lim\limits_{n\to\infty}x_n=\lim\limits_{n\to\infty}\left(-\dfrac{1}{\pi}\right)^n=0$.

由此可以看出:当 α、q 和 C 都是常数时,有以下**结论**:

(1) $\lim\limits_{n\to\infty}\dfrac{1}{n^{\alpha}}=0\;(\alpha>0)$;   (2) $\lim\limits_{n\to\infty}q^n=0\;(|q|<1)$;   (3) $\lim\limits_{n\to\infty}C=C$.

二、函数的极限

1. $x\to\infty$ 时函数的极限

数列 $\{x_n\}$ 又称为**整标函数**,因而数列的极限是函数极限的一种特殊形式.下面讨论一般的函数 $y=f(x)$ 当 $x\to\infty$ 时,函数 $f(x)$ 的极限模型.

先看一个具体例子.

案例 3   观察函数 $f(x)=\dfrac{1}{x}$ 当 $x\to\infty$ 时的变化趋势.

如图 1-17 所示,当 $|x|$ 无限增大时,对应的函数值的绝对值 $|f(x)|$ 无限变小,因此我们称函数 $f(x)=\dfrac{1}{x}$ 当 $x\to\infty$ 时的极限为 0.

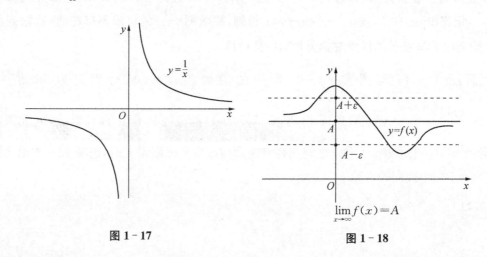

图 1-17   图 1-18

一般地,有如下定义:

定义 3   设函数 $y=f(x)$ 对于 $|x|$ 大于某正实数时有定义,如果当 $|x|$ 无限增大时,函数值 $f(x)$ 无限趋近于一个确定的常数 A,那么称函数 $f(x)$ 当 $x\to\infty$ 时有极限,并称 A 为函数 $f(x)$ 当 $x\to\infty$ 时的极限,记作 $\lim\limits_{x\to\infty}f(x)=A$,或 $f(x)\to A(x\to\infty)$.

由此定义案例 3 表明 $\lim\limits_{x\to\infty}\dfrac{1}{x}=0$.

从几何上看(如图 1-18),$\lim\limits_{x\to\infty}f(x)=A$ 表示:当 $|x|$ 无限增大时,曲线 $y=f(x)$ 上的点与直线 $y=A$ 的距离无限地变小.

定义 4 设函数 $y=f(x)$ 对于 x 大于某正实数（小于某负实数）时有定义，如果当 x 无限增大（当 $-x$ 无限增大）时，函数值 $f(x)$ 无限趋近于一个确定的常数 A，那么称函数 $f(x)$ 当 $x\to+\infty(x\to-\infty)$ 时有极限，并称 A 为函数 $f(x)$ 当 $x\to+\infty(x\to-\infty)$ 时的极限，记作

$$\lim_{x\to+\infty}f(x)=A\ (\lim_{x\to-\infty}f(x)=A).$$

由图 1-19 容易看出，$\lim\limits_{x\to+\infty}\left(\dfrac{1}{2}\right)^x=0,\ \lim\limits_{x\to-\infty}2^x=0.$

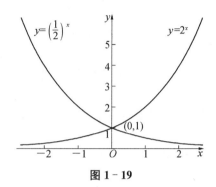

图 1-19

根据定义 3、定义 4，有如下结论：

定理 1 函数 $y=f(x)$ 对于 $|x|$ 大于某正实数时有定义，$\lim\limits_{x\to\infty}f(x)$ 存在的充分必要条件是 $\lim\limits_{x\to+\infty}f(x)$ 和 $\lim\limits_{x\to-\infty}f(x)$ 均存在且相等.

定理 2 函数 $y=f(x)$ 对于 $|x|$ 大于某正实数时有定义，$\lim\limits_{x\to\infty}f(x)=A$ 的充分必要条件是 $\lim\limits_{x\to+\infty}f(x)=\lim\limits_{x\to-\infty}f(x)=A.$

【例3】 讨论下列函数当 $x\to\infty$ 时的极限.

(1) $f_1(x)=x^2$； (2) $f_2(x)=\begin{cases}x^2, & x\leqslant0,\\ 1, & x>0;\end{cases}$ (3) $f_3(x)=\begin{cases}-1, & x<0,\\ 1, & x>0.\end{cases}$

解

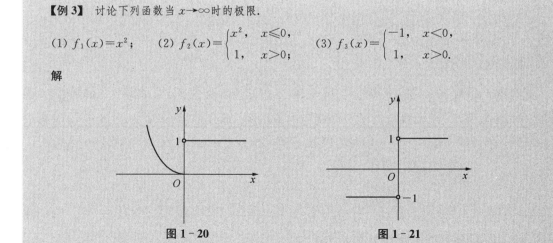

图 1-20   图 1-21

(1) 如图 1-7 所示，$\lim\limits_{x \to +\infty} f_1(x)$ 不存在，$\lim\limits_{x \to -\infty} f_1(x)$ 也不存在，所以 $\lim\limits_{x \to \infty} f_1(x)$ 不存在.实际上，由 $\lim\limits_{x \to +\infty} f_1(x)$ 不存在就立即可知 $\lim\limits_{x \to \infty} f_1(x)$ 不存在；由 $\lim\limits_{x \to -\infty} f_1(x)$ 不存在也就立即可知 $\lim\limits_{x \to \infty} f_1(x)$ 不存在.

(2) 如图 1-20 所示，$\lim\limits_{x \to +\infty} f_2(x) = 1$，但 $\lim\limits_{x \to -\infty} f_2(x)$ 不存在，所以 $\lim\limits_{x \to \infty} f_2(x)$ 不存在.

(3) 如图 1-21 所示，$\lim\limits_{x \to +\infty} f_3(x) = 1$，$\lim\limits_{x \to -\infty} f_3(x) = -1$，因为 $\lim\limits_{x \to +\infty} f_3(x) \neq \lim\limits_{x \to -\infty} f_3(x)$，所以 $\lim\limits_{x \to \infty} f_3(x)$ 不存在.

2. $x \to x_0$ 时函数的极限

先看一个具体例子.

案例 4　观察函数 $f(x) = \dfrac{x^2-1}{x-1}$ 当 $x \to 1$ 时的变化趋势.

如图 1-22 所示，当 x 无限趋近于 1 时，函数值 $f(x) = \dfrac{x^2-1}{x-1} = x+1 (x \neq 1$ 时)无限趋近于 2，因此我们称函数 $f(x) = \dfrac{x^2-1}{x-1}$ 当 $x \to 1$ 时的极限为 2.

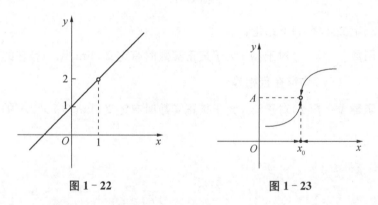

图 1-22　　　　　　　　　图 1-23

一般地，有如下定义：

定义 5　函数 $f(x)$ 在 x_0 点的某空心邻域 $\mathring{U}(x_0, a)(a > 0)$ 内有定义.如果当 x 趋近于 x_0（但 $x \neq x_0$）时，函数值 $f(x)$ 无限趋近于一个确定的常数 A，那么称函数 $f(x)$ 当 $x \to x_0$ 时有极限，并称 A 为函数 $f(x)$ 当 $x \to x_0$ 时的极限，记作 $\lim\limits_{x \to x_0} f(x) = A$ 或 $f(x) \to A(x \to x_0)$.

由此定义案例 4 表明 $\lim\limits_{x \to 1} \dfrac{x^2-1}{x-1} = 2$.

从几何直观上看（如图 1-23），$\lim\limits_{x \to x_0} f(x) = A$ 表示：当 x 无限趋近于 $x_0(x \neq x_0)$ 时，曲线 $y = f(x)$ 上的点 $(x, f(x))$ 无限地靠近点 (x_0, A).

【例4】　观察并写出下列函数的极限:

(1) $\lim\limits_{x\to 3}(4x-5)$;　　　　　　(2) $\lim\limits_{x\to 3}\dfrac{x^2-x-6}{x-3}$;

(3) $\lim\limits_{x\to 1}\dfrac{x-1}{\sqrt{x}-1}$;　　　　　　(4) $\lim\limits_{x\to 0}\cos x$.

解　(1) 如图 1-24(a)所示,当 x 趋近于 3 时,$4x-5$ 趋近于 7,因此可得 $\lim\limits_{x\to 3}(4x-5)=7$.

(2) 函数 $y=\dfrac{x^2-x-6}{x-3}$ 在 $x=3$ 点没有定义,如图 1-24(a)所示,但是,在考虑 $x\to 3$ 时的极限时,$x\neq 3$,因此可得

$$\lim_{x\to 3}\frac{x^2-x-6}{x-3}=\lim_{x\to 3}\frac{(x-3)(x+2)}{x-3}=\lim_{x\to 3}(x+2)=5.$$

(3) 函数 $y=\dfrac{x-1}{\sqrt{x}-1}$ 在 $x=1$ 点没有定义,如图 1-24(b)所示,但是,在考虑 $x\to 1$ 时的极限时,$x\neq 1$,因此可得

$$\lim_{x\to 1}\frac{x-1}{\sqrt{x}-1}=\lim_{x\to 1}\frac{(\sqrt{x}-1)(\sqrt{x}+1)}{\sqrt{x}-1}=\lim_{x\to 1}(\sqrt{x}+1)=2.$$

(4) 如图 1-24(c)所示,当 x 无限趋于 0 时,$\cos x$ 的值无限趋近于 1,因此可得 $\lim\limits_{x\to 0}\cos x=1$.

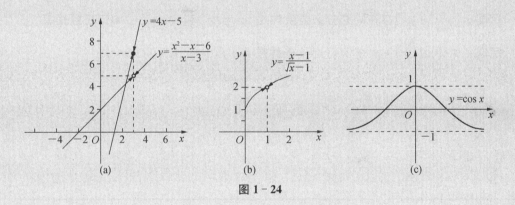

图 1-24

【例5】　观察极限 $\lim\limits_{x\to 0}\sin\dfrac{1}{x}$ 是否存在?

解　函数 $y=\sin\dfrac{1}{x}$ 在 $x=0$ 没有定义,它在一些点上的函数值计算得下表:

x	$\dfrac{2}{\pi}$	$\dfrac{2}{2\pi}$	$\dfrac{2}{3\pi}$	$\dfrac{2}{4\pi}$	$\dfrac{2}{5\pi}$	$\dfrac{2}{6\pi}$	$\dfrac{2}{7\pi}$	$\dfrac{2}{8\pi}$	$\dfrac{2}{9\pi}$	$\dfrac{2}{10\pi}$	$\dfrac{2}{11\pi}$	$\dfrac{2}{12\pi}$	$\to$	0
$\sin\dfrac{1}{x}$	1	0	-1	0	1	0	-1	0	1	0	-1	0	$\to$	?

此函数的图形如图 1-25 所示：

从函数 $f(x)=\sin\dfrac{1}{x}$ 的图形中可以看出：当 $x\to 0$ 时，函数 $\sin\dfrac{1}{x}$ 没有极限.这是因为当 $x\to 0$ 时，其对应的函数值 $\sin\dfrac{1}{x}$ 越来越频繁地在 1 与 -1 之间摆动，而不趋近于任何一个确定的常数.

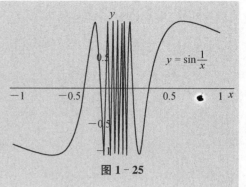

图 1-25

定义 6   函数 $f(x)$ 在 x_0 点的右邻域 $(x_0,x_0+a)(a>0)$（左邻域 (x_0-a,x_0)）内有定义.如果当 $x>x_0(x<x_0)$ 且 x 趋近于 x_0 时，函数值 $f(x)$ 无限趋近于一个确定的常数 A，那么称 A 为函数 $f(x)$ 当 $x\to x_0$ 时右（左）极限，记作 $\lim\limits_{x\to x_0^+}f(x)=A$ 或 $f(x_0^+)=A$（$\lim\limits_{x\to x_0^-}f(x)=A$ 或 $f(x_0^-)=A$）.

函数的左、右极限统称为单侧极限.

如图 1-22 所示，$\lim\limits_{x\to 1^+}\dfrac{x^2-1}{x-1}=2,\lim\limits_{x\to 1^-}\dfrac{x^2-1}{x-1}=2$.

根据定义 5、定义 6，有如下结论：

定理 3 $\lim\limits_{x\to x_0}f(x)$ 存在的充分必要条件是 $\lim\limits_{x\to x_0^-}f(x)$ 和 $\lim\limits_{x\to x_0^+}f(x)$ 均存在且相等.

定理 4 $\lim\limits_{x\to x_0}f(x)=A$ 的充分必要条件是 $\lim\limits_{x\to x_0^-}f(x)=\lim\limits_{x\to x_0^+}f(x)=A$.

【例 6】   讨论函数 $f(x)=\begin{cases}x-1, & x<0,\\ 0, & x=0, \\ x+1, & x>0\end{cases}$ 当 $x\to 0$ 时的极限.

解   如图 1-26 所示，

$$\lim_{x\to 0^-}f(x)=\lim_{x\to 0^-}(x-1)=-1,$$

$$\lim_{x\to 0^+}f(x)=\lim_{x\to 0^+}(x+1)=1,$$

因为 $\lim\limits_{x\to 0^-}f(x)\neq\lim\limits_{x\to 0^+}f(x)$，所以 $\lim\limits_{x\to 0}f(x)$ 不存在.

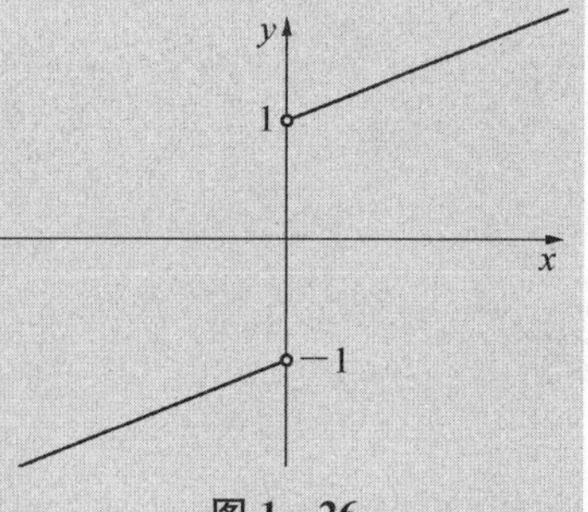

图 1-26

*三、极限的精确定义

极限概念是由法国数学家柯西（Cauchy，1789—1857）在 19 世纪上半叶开创和奠基的，之后由德国数学家魏尔斯特拉斯（Weierstrass，1815—1897）改造和定型的.遵循传统，以后我们用希腊字母 ε 和 δ 表示任意正实数（足够的小）、用 N 表示任意自然数（足够的大）.

1. 数列的极限

数列极限的 $\varepsilon - N$ 定义如下：

定义 7 A 是实数且 $\{x_n\}$ 为数列. 若对任意给定的正数 ε（无论多么小），总存在正整数 N，使得对一切 $n > N$，都恒有不等式 $|x_n - A| < \varepsilon$ 成立，则称 A 是数列 $\{x_n\}$ 的极限，或称数列 $\{x_n\}$ 收敛于 A，记作 $\lim\limits_{n\to\infty} x_n = A$ 或 $x_n \to A (n \to \infty)$. 否则，称数列 $\{x_n\}$ 的极限不存在.

此定义应注意两点：其一，ε 的任意性，ε 是任意给定的，只有这样，不等式 $|x_n - A| < \varepsilon$ 才表示 x_n 与 A 无限的接近；其二，N 只求存在，而且 N 与 ε 有关，它随着 ε 的给定而选定.

$\lim\limits_{n\to\infty} x_n = A$ 的几何意义：数轴上对 A 点的任意 ε 邻域 $U(A, \varepsilon) = (A - \varepsilon, A + \varepsilon)$，都存在 N，对所有满足 $n > N$ 的那些项（点）x_n，都落在开区间 $(A - \varepsilon, A + \varepsilon)$ 内，因此，只有有限多项（点）x_n（最多只有 N 个）落在开区间 $(A - \varepsilon, A + \varepsilon)$ 之外，如图 1-27 所示.

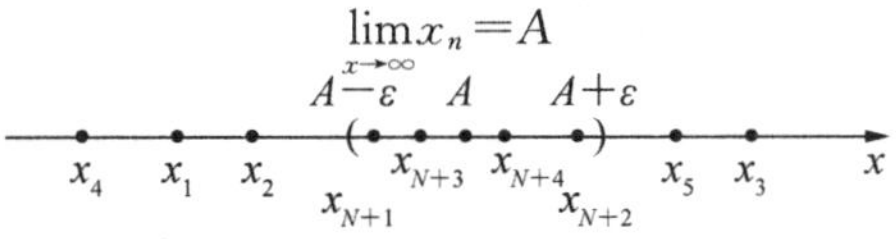

图 1-27

【例 7】 证明 $\lim\limits_{n\to\infty} x_n = \lim\limits_{n\to\infty}\left[a + (-1)^{n-1}\dfrac{1}{n}\right] = a$.

证   对任意 $\varepsilon > 0$，要使得 $|x_n - a| = \left|\left(a + (-1)^{n-1}\dfrac{1}{n}\right) - a\right| = \dfrac{1}{n} < \varepsilon$，只要 $\dfrac{1}{n} < \varepsilon$ 或 $n > \dfrac{1}{\varepsilon}$ 就行了，所以，对上述任意 $\varepsilon > 0$，取 $N \geqslant \dfrac{1}{\varepsilon}$，则对任意 $n > N$ 时，就有 $\left|\left(a + (-1)^{n-1}\dfrac{1}{n}\right) - a\right| < \varepsilon$，即 $\lim\limits_{n\to\infty}\left[a + (-1)^{n-1}\dfrac{1}{n}\right] = a$.

【例 8】 设 $|q| < 1$，证明 $\lim\limits_{n\to\infty} q^{n-1} = 0$.

证   对任意 $\varepsilon > 0$，要使得 $|q^{n-1} - 0| = |q|^{n-1} < \varepsilon$，只要 $(n-1)\ln|q| < \ln\varepsilon$ 就行了. 因为 $|q| < 1$，$\ln|q| < 0$，因此只要 $n > 1 + \dfrac{\ln\varepsilon}{\ln|q|}$ 就行了.

所以，对上述任意 $\varepsilon > 0$，取 $N \geqslant 1 + \dfrac{\ln\varepsilon}{\ln|q|}$，则对任意 $n > N$，就有 $|q^{n-1} - 0| < \varepsilon$，即 $\lim\limits_{n\to\infty} q^{n-1} = 0$.

2. $x \to x_0$ 时函数的极限

定义 8 A 是实数且函数 $f(x)$ 在 x_0 点的某空心邻域内有定义. 若对任意给定的正数 ε（无论多么小），总存在正数 δ，使得对任意 $x \in \overset{\circ}{U}(x_0, \delta)$（即 $0 < |x - x_0| < \delta$），都有不等式 $|f(x) - A| < \varepsilon$ 成立，则称 A 是函数 $f(x)$ 当 $x \to x_0$ 时的极限，或者称函数 $f(x)$ 当 $x \to x_0$ 时收

敛于 A,记作 $\lim\limits_{x \to x_0} f(x) = A$,或 $f(x) \to A (x \to x_0)$.否则,称函数 $f(x)$ 当 $x \to x_0$ 时极限不存在.

在此定义中,ε 是任意给定的,而且 δ 依赖于 ε 的选取.

$\lim\limits_{x \to x_0} f(x) = A$ 的**几何意义**:对 A 点的任意 ε 邻域 $U(A, \varepsilon) = (A - \varepsilon, A + \varepsilon)$,都存在 x_0 点的 δ 空心邻域 $\overset{\circ}{U}(x_0, \delta) = (x_0 - \delta, x_0) \bigcup (x_0, x_0 + \delta)$,当自变量 x 在空心邻域 $\overset{\circ}{U}(x_0, \delta)$ 内取值的时候,函数值 $f(x)$ 都落在开区间 $(A - \varepsilon, A + \varepsilon)$ 之内,如图 1-28 所示.

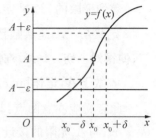

图 1-28

【例9】 证明下列函数的极限(参见例4):

(1) $\lim\limits_{x \to 3}(4x - 5) = 7$; 　　　　(2) $\lim\limits_{x \to 3}\dfrac{x^2 - x - 6}{x - 3} = 5$;

(3) $\lim\limits_{x \to 1}\dfrac{x - 1}{\sqrt{x} - 1} = 2$; 　　　　(4) $\lim\limits_{x \to 0}\cos x = 1$.

证 (1) 对任意 $\varepsilon > 0$,要使得 $|f(x) - 7| = |(4x - 5) - 7| = 4|x - 3| < \varepsilon$,只要 $|x - 3| < \dfrac{\varepsilon}{4}$ 就行了.

所以,对上述任意 $\varepsilon > 0$,取 $\delta = \dfrac{\varepsilon}{4}$,则对任意 $x \in \overset{\circ}{U}(3, \delta)$ 时,都恒有 $|f(x) - 7| = |(4x - 5) - 7| < \varepsilon$ 成立,即 $\lim\limits_{x \to 3}(4x - 5) = 7$.

(2) 对任意 $\varepsilon > 0$,要使得 $|f(x) - 5| = \left|\dfrac{x^2 - x - 6}{x - 3} - 5\right| = \left|\dfrac{(x - 3)(x + 2)}{x - 3} - 5\right| < \varepsilon$,只要 $|x - 3| < \varepsilon$ 就行了.

所以,对上述任意 $\varepsilon > 0$,取 $\delta = \varepsilon$,则对任意 $x \in \overset{\circ}{U}(3, \delta)$ 时,都恒有 $|f(x) - 5| = \left|\dfrac{x^2 - x - 6}{x - 3} - 5\right| < \varepsilon$ 成立,即 $\lim\limits_{x \to 3}\dfrac{x^2 - x - 6}{x - 3} = 5$.

(3) 对任意 $\varepsilon > 0$,要使得

$$|f(x) - 2| = \left|\dfrac{x - 1}{\sqrt{x} - 1} - 2\right| = \left|\dfrac{(\sqrt{x} - 1)(\sqrt{x} + 1)}{\sqrt{x} - 1} - 2\right| = |(\sqrt{x} + 1) - 2| = |\sqrt{x} - 1| = \left|\dfrac{x - 1}{\sqrt{x} + 1}\right| < \varepsilon$$

成立,由于 $\left|\dfrac{x - 1}{\sqrt{x} + 1}\right| \leqslant |x - 1|$,只要 $|x - 1| < \varepsilon$ 就行了.

所以,对上述任意 $\varepsilon > 0$,取 $\delta = \varepsilon$,则对任意 $x \in \overset{\circ}{U}(1, \delta)$ 时,都恒有 $|f(x) - 2| = \left|\dfrac{x - 1}{\sqrt{x} - 1} - 2\right| < \varepsilon$ 成立,即 $\lim\limits_{x \to 1}\dfrac{x - 1}{\sqrt{x} - 1} = 2$.

(4) 对任意 $\varepsilon > 0$,要使得

$$|f(x) - 1| = |\cos x - 1| = \left|\left(1 - 2\sin^2\dfrac{x}{2}\right) - 1\right| = 2\left|\sin^2\dfrac{x}{2}\right| < \varepsilon \text{ 成立,由于 } \left|\sin\dfrac{x}{2}\right| \leqslant \left|\dfrac{x}{2}\right|, \text{ 因而}$$

$2\left|\sin^2\dfrac{x}{2}\right| \leqslant \dfrac{x^2}{2} \leqslant x^2$,因此只要 $x^2 < \varepsilon$ 即 $|x - 0| < \sqrt{\varepsilon}$ 就行了.

所以,对上述任意 $\varepsilon>0$,取 $\delta=\sqrt{\varepsilon}$,则对任意 $x\in\mathring{U}(0,\delta)$ 时,都恒有 $|f(x)-1|=|\cos x-1|<\varepsilon$ 成立,即 $\lim\limits_{x\to 0}\cos x=1$.

类似地,我们可以严格定义 $x\to x_0$ 时函数 $f(x)$ 的单侧极限如下:

定义 9 函数 $f(x)$ 在 x_0 点的右邻域 $(x_0,x_0+a)(a>0)$(左邻域 (x_0-a,x_0))内有定义. 若对于任意给定的正数 ε(无论多么小),总存在正数 δ,使得对任意 $x\in(x_0,x_0+\delta)$($x\in(x_0-\delta,x_0)$),都有不等式 $|f(x)-A|<\varepsilon$ 成立,则称 A 为函数 $f(x)$ 当 $x\to x_0$ 时的右(左)极限,记作 $\lim\limits_{x\to x_0^+}f(x)=A$($\lim\limits_{x\to x_0^-}f(x)=A$).

3. $x\to\infty$ 时函数的极限

定义 10 A 是实数且函数 $f(x)$ 在 $|x|$ 大于某正数时有定义. 若对任意给定的正数 ε(无论多么小),总存在正数 X,使得对满足 $|x|>X$ 的一切 x,都有不等式 $|f(x)-A|<\varepsilon$ 成立,则称 A 是函数 $f(x)$ 当 $x\to\infty$ 时的极限,记作 $\lim\limits_{x\to\infty}f(x)=A$ 或 $f(x)\to A(x\to\infty)$.

注意 X 依赖于 ε 的选取,一般来说:ε 越小,X 越大.

【例 10】 证明极限: $\lim\limits_{x\to\infty}\dfrac{1}{x^3}=0$.

证 对任意 $\varepsilon>0$,要使得 $\left|\dfrac{1}{x^3}-0\right|=\dfrac{1}{|x|^3}<\varepsilon$ 成立,只要 $|x|>\dfrac{1}{\sqrt[3]{\varepsilon}}$ 就行了.

所以,取 $X=\dfrac{1}{\sqrt[3]{\varepsilon}}$,则对任意 $|x|>X$ 时,都有 $\left|\dfrac{1}{x^3}-0\right|<\varepsilon$ 成立,即 $\lim\limits_{x\to\infty}\dfrac{1}{x^3}=0$.

类似地,我们可以严格定义 $x\to+\infty(x\to-\infty)$ 时函数 $f(x)$ 的极限如下:

定义 11 函数 $f(x)$ 在 x 大于某正数(x 小于某负数)时有定义. 若对任意给定的正数 ε(无论多么小),总存在正数 X,使得对满足的 $x>X$($x<-X$)的一切 x,都有不等式 $|f(x)-A|<\varepsilon$ 成立,则称 A 为函数 $f(x)$ 当 $x\to+\infty(x\to-\infty)$ 时的极限,记作 $\lim\limits_{x\to+\infty}f(x)=A$($\lim\limits_{x\to-\infty}f(x)=A$).

习题 1－2

1. 观察下列数列一般项的变化趋势,若极限存在,写出其极限.

(1) $x_n=\dfrac{1}{n^2}$;

(2) $x_n=1+\dfrac{1}{3^n}$;

(3) $x_n=\overset{n\uparrow}{\overline{0.333\cdots3}}$;

(4) $x_n=\dfrac{n-1}{n+2}$;

(5) $x_n=n\cdot(-1)^n$;

(6) $x_n=\sin\dfrac{n\pi}{2}$.

2. 通过观察下列函数的图形,若极限存在,写出其极限.

(1) $\lim\limits_{x\to 1}(x^2+1)$;

(2) $\lim\limits_{x\to \frac{\pi}{2}}\sin x$;

(3) $\lim\limits_{x\to 1}\log_2 x$;

(4) $\lim\limits_{x\to -\infty}4^x$;

(5) $\lim\limits_{x\to +\infty}2^{-x}$;

(6) $\lim\limits_{x\to\infty}x^{-3}$;

(7) $\lim\limits_{x\to\infty}\text{arccot}x$;

(8) $\lim\limits_{x\to\infty}\sin x$.

3. 讨论下列函数当 $x\to 0$ 时的左右极限,并指出当 $x\to 0$ 时,函数的极限是否存在,为什么?

(1) $f(x)=\begin{cases}2x+1, & x<0,\\ 3^x, & x\geqslant 0;\end{cases}$

(2) $f(x)=\dfrac{|x|}{x}$.

4. 讨论下列函数的极限.

(1) 函数 $f(x)=\begin{cases}x+6, & x<1,\\ 6x+1, & x\geqslant 1\end{cases}$ 当 $x\to 1$ 时的极限;

(2) 函数 $f(x)=\mathrm{e}^x$ 当 $x\to\infty$ 时的极限.

*5. 利用数列极限的精确定义证明.

(1) $\lim\limits_{n\to\infty}\dfrac{1}{n^3}=0$;

(2) $\lim\limits_{n\to\infty}\dfrac{2n+1}{n+3}=2$;

(3) $\lim\limits_{n\to\infty}\dfrac{1}{3^n}=0$;

(4) $\lim\limits_{n\to\infty}\sqrt[n]{a}=1(a>0)$.

*6. 利用函数极限的精确定义证明.

(1) $\lim\limits_{x\to 1}(5x-6)=-1$;

(2) $\lim\limits_{x\to 4}\sqrt{x}=2$;

(3) $\lim\limits_{x\to -2}\dfrac{x^2-4}{x+2}=-4$;

(4) $\lim\limits_{x\to 0}|x|=0$;

(5) $\lim\limits_{x\to\infty}\dfrac{1+x^2}{2x^2}=\dfrac{1}{2}$;

(6) $\lim\limits_{x\to +\infty}\dfrac{\cos x}{\sqrt{x}}=0$.

*7. 若 $\lim\limits_{x\to x_0}f(x)=A$,证明 $\lim\limits_{x\to x_0}|f(x)|=|A|$,并举例说明:极限 $\lim\limits_{x\to x_0}|f(x)|$ 存在,但 $\lim\limits_{x\to x_0}f(x)$ 不存在的例子.

第三节 无穷小与无穷大

学习目标

1. 理解无穷小的概念,掌握无穷小的性质.

2. 理解无穷大的概念,掌握无穷小与无穷大的关系.

3. 理解无穷小的阶的概念,掌握无穷小的比较.

一、无穷小

1. 无穷小的概念

柯西(Cauchy)以物理运动为背景,定义了清晰的无穷小的概念:**无穷小就是以零为极限的变量**.具体表述如下:

定义 1　如果当 $x \to x_0$(或 $x \to \infty$)时,函数 $f(x)$ 的极限为零,即

$$\lim_{x \to x_0} f(x) = 0 (或 \lim_{x \to \infty} f(x) = 0),$$

那么称函数 $f(x)$ 为 $x \to x_0$(或 $x \to \infty$)时的无穷小.

例如:因为 $\lim\limits_{x \to 1}(x-1) = 0$,所以 $x-1$ 是 $x \to 1$ 时的无穷小.因为 $\lim\limits_{x \to \infty} \dfrac{1}{x} = 0$,所以 $\dfrac{1}{x}$ 是 $x \to \infty$ 时的无穷小.又例如:$x \to 0$ 时,$x, \sin x, 1 - \cos x$ 都是无穷小.

对数列 $\{x_n\}$,若 $\lim\limits_{n \to \infty} x_n = 0$,也称 x_n 是 $n \to \infty$ 时的无穷小.例如:$n \to \infty$ 时,$\dfrac{1}{n^2}, \sin \dfrac{1}{n}$, $\dfrac{(-1)^n}{n}$ 都是无穷小.

注意　定义 1 中的自变量的变化过程除了可以考虑 $x \to x_0$ 或 $x \to \infty$ 外,还可以考虑 $x \to x_0^+$ 或 $x \to x_0^-$ 或 $x \to +\infty$ 或 $x \to -\infty$.

例如:因为 $\lim\limits_{x \to 1^+}(x-1) = 0$,所以 $x-1$ 是 $x \to 1^+$ 时的无穷小.因为 $\lim\limits_{x \to -\infty} \dfrac{1}{x} = 0$,所以 $\dfrac{1}{x}$ 是 $x \to -\infty$ 时的无穷小.

另要注意以下几点:其一,无穷小是相对于自变量的某一变化过程而言的.例如:当 $x \to \infty$ 时,$\dfrac{1}{x}$ 是无穷小,而当 $x \to 1$ 时,$\dfrac{1}{x}$ 就不是无穷小了.其二,无穷小不能理解为一个绝对值很小的常数.如 $10^{-10}, 10^{-100}$ 都不是无穷小.此外,0 是唯一可以看作无穷小的常数,因为 0 的极限是 0.

函数极限可用无穷小量的形式表述如下:

定理 1　在自变量的同一变化过程中,函数 $f(x)$ 的极限是 A 的充分必要条件是 $f(x)$ 能表示为常数 A 与一个无穷小之和.即

$$\lim_{x \to x_0} f(x) = A \Leftrightarrow f(x) = A + \alpha(x),$$

其中 $\alpha(x)$ 是 $x \to x_0$ 时的无穷小.

注意　此定理的结果对其他极限形式如:$x \to x_0^+, x \to x_0^-, x \to \infty, x \to +\infty, x \to -\infty$ 时函数的极限以及数列的极限都是正确的.

*以下我们严格证明定理 1：

*证　必要性：若 $\lim\limits_{x \to x_0} f(x) = A$，则可以令 $\alpha(x) = f(x) - A$．显然 $f(x) = A + \alpha(x)$，那么只要证明 $\lim\limits_{x \to x_0} \alpha(x) = 0$ 即可．由 $\lim\limits_{x \to x_0} f(x) = A$ 可知：对任意 $\varepsilon > 0$，总存在正数 δ，使得对任意 $x \in \mathring{U}(x_0, \delta)$ 有 $|f(x) - A| < \varepsilon$．则对任意 $\varepsilon > 0$，总存在正数 δ，使得对任意 $x \in \mathring{U}(x_0, \delta)$ 有 $|\alpha(x) - 0| = |f(x) - A| < \varepsilon$．因此，$\lim\limits_{x \to x_0} \alpha(x) = 0$．

充分性：若 $f(x) = A + \alpha(x)$ 且 $\lim\limits_{x \to x_0} \alpha(x) = 0$，则可知 $\alpha(x) = f(x) - A$，且对任意 $\varepsilon > 0$，总存在正数 δ，使得对任意 $x \in \mathring{U}(x_0, \delta)$ 有 $|\alpha(x) - 0| < \varepsilon$．那么对任意 $\varepsilon > 0$，总存在正数 δ，使得对任意 $x \in \mathring{U}(x_0, \delta)$ 有 $|f(x) - A| = |\alpha(x) - 0| < \varepsilon$．因此，$\lim\limits_{x \to x_0} f(x) = A$．

2. 无穷小的性质

性质 1　有限个无穷小的和、差、积仍是无穷小．

下面就两个无穷小的和、差、积仍是无穷小给出证明．有限个的情形可利用数学归纳法证明，在此略．

*证　对任意 $\varepsilon > 0$ 时，有：

(a) 若 $\lim\limits_{x \to x_0} \alpha(x) = 0$，则对 $\dfrac{\varepsilon}{2} > 0$，存在正数 δ_1，使得对任意满足 $0 < |x - x_0| < \delta_1$ 的 x，都有：$|\alpha(x) - 0| < \dfrac{\varepsilon}{2}$ 成立；

(b) 若 $\lim\limits_{x \to x_0} \beta(x) = 0$，则对 $\dfrac{\varepsilon}{2} > 0$，存在正数 δ_2，使得对任意满足 $0 < |x - x_0| < \delta_2$ 的 x，都有：$|\beta(x) - 0| < \dfrac{\varepsilon}{2}$ 成立．

综合(a)和(b)：对任意上述 $\varepsilon > 0$，存在 $\delta = \min\{\delta_1, \delta_2\}$，使得对任意满足 $0 < |x - x_0| < \delta$ 的 x，都有：$|[\alpha(x) \pm \beta(x)] - 0| \leqslant |\alpha(x)| + |\beta(x)| < \dfrac{\varepsilon}{2} + \dfrac{\varepsilon}{2} = \varepsilon$ 成立；而且当限制上述 $\varepsilon < 1$ 时也有：$|[\alpha(x) \cdot \beta(x)] - 0| = |\alpha(x)| \cdot |\beta(x)| < \dfrac{\varepsilon}{2} \cdot \dfrac{\varepsilon}{2} = \dfrac{\varepsilon^2}{4} < \varepsilon$ 成立，因此，

$$\lim_{x \to x_0} [\alpha(x) \pm \beta(x)] = 0 \text{ 且 } \lim_{x \to x_0} [\alpha(x)\beta(x)] = 0.$$

性质 2　有界函数与无穷小的乘积是无穷小．

*证　设函数 $g(x)$ 在 x_0 的某空心邻域 $\mathring{U}(x_0, a) (a > 0)$ 内有界，即存在 $M > 0$ 使 $|g(x)| \leqslant M$ 对一切 $x \in \mathring{U}(x_0, a)$ 成立；又设 $\lim\limits_{x \to x_0} \alpha(x) = 0$，即对 $\dfrac{\varepsilon}{M} > 0$，存在正数 δ，使得对任意满足 $0 < |x - x_0| < \delta(\delta \leqslant a)$ 的 x，都有：

$$|g(x)\alpha(x)-0|=|g(x)||\alpha(x)|\leqslant M\cdot|\alpha(x)|<M\cdot\frac{\varepsilon}{M}=\varepsilon$$

成立,因此 $g(x)\alpha(x)$ 是 $x\to x_0$ 时的无穷小,即 $\lim\limits_{x\to x_0}[g(x)\alpha(x)]=0$.

推论 1　常数与无穷小的乘积是无穷小.

推论 2　无穷小的绝对值还是无穷小.

证　若 $\lim\limits_{x\to x_0}\alpha(x)=0$,下证 $\lim\limits_{x\to x_0}|\alpha(x)|=0$.

因为 $\mathrm{sgn}[\alpha(x)]$ 是有界量, $\alpha(x)$ 是 $x\to x_0$ 时的无穷小,所以由性质 2 知

$$\lim\limits_{x\to x_0}\alpha(x)\cdot\mathrm{sgn}[\alpha(x)]=0,\text{即}\lim\limits_{x\to x_0}|\alpha(x)|=0.$$

【例 1】　求 $\lim\limits_{x\to 0}x\sin\dfrac{1}{x}$.

解　因为 $\left|\sin\dfrac{1}{x}\right|\leqslant 1$,所以 $\sin\dfrac{1}{x}$ 是有界函数.又 $\lim\limits_{x\to 0}x=0$(x 是 $x\to 0$ 时的无穷小),根据性质 2 可知, $\lim\limits_{x\to 0}x\sin\dfrac{1}{x}=0$.图 1-29 是函数 $y=x\sin\dfrac{1}{x}$ 的图形,从中可见 x 无限趋近于 0 时,对应的函数值虽然交替变化取正负值,但是无限地趋近于 0.

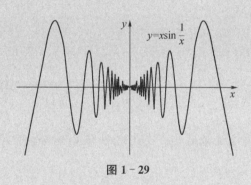

图 1-29

二、无穷大

1. 无穷大的概念

定义 2　如果当 $x\to x_0$(或 $x\to\infty$)时,函数 $f(x)$ 的绝对值无限增大,即

$$|f(x)|\to+\infty,$$

那么称函数 $f(x)$ 为 $x\to x_0$(或 $x\to\infty$)时的无穷大.

根据极限的定义,一个函数 $f(x)$ 为 $x\to x_0$(或 $x\to\infty$)时的无穷大时,它的极限是不存在的.但为了便于描述函数的这一变化趋势,我们也称"函数 $f(x)$ 的极限为无穷大",并记作 $\lim\limits_{x\to x_0}f(x)=\infty$(或 $\lim\limits_{x\to\infty}f(x)=\infty$).

通常,我们还把函数 $f(x)$ 趋于 $+\infty$ 的叫作**正无穷大**,趋于 $-\infty$ 的叫作**负无穷大**,分别记作 $\lim\limits_{\substack{x\to x_0 \\ (x\to\infty)}} f(x)=+\infty$, $\lim\limits_{\substack{x\to x_0 \\ (x\to\infty)}} f(x)=-\infty$.

【例2】 当 $x\to0$ 时,$\dfrac{1}{x}$ 为无穷大,即 $\lim\limits_{x\to0}\dfrac{1}{x}=\infty$.如图 1-17 所示.

注意 定义2中的自变量的变化过程除了可以考虑 $x\to x_0$ 或 $x\to\infty$ 外,还可以考虑 $x\to x_0^+$ 或 $x\to x_0^-$ 或 $x\to+\infty$ 或 $x\to-\infty$.

【例3】 当 $x\to+\infty$ 时,2^x 为正无穷大,即 $\lim\limits_{x\to+\infty}2^x=+\infty$.同理:当 $x\to-\infty$ 时,2^{-x} 为正无穷大,即 $\lim\limits_{x\to-\infty}2^{-x}=+\infty$,如图1-30 所示.

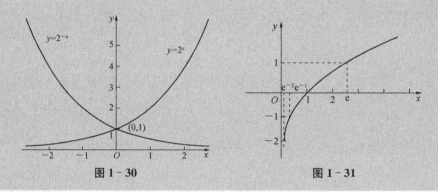

图 1-30   图 1-31

【例4】 当 $x\to0^+$ 时,$\ln x$ 为负无穷大,即 $\lim\limits_{x\to0^+}\ln x=-\infty$,如图 1-31 所示.

注意 其一,无穷大与自变量的某一变化过程有关.例如:当 $x\to0$ 时,$\dfrac{1}{x}$ 是无穷大,而当 $x\to\infty$ 时,$\dfrac{1}{x}$ 就是无穷小了.其二,无穷大是绝对值无限增大的变量,不能将其与很大的常数相混淆.如 10^{50}、10^{100} 都不是无穷大.

2. 无穷大与无穷小的关系

如图 1-30 所示可以看出:$\lim\limits_{x\to+\infty}2^x=+\infty$ 而 $\lim\limits_{x\to+\infty}2^{-x}=0$;又如 $\lim\limits_{x\to0}\dfrac{1}{x}=\infty$ 而 $\lim\limits_{x\to0}x=0$,因此,一般地说,无穷大与无穷小有如下关系:

定理2 在自变量的同一变化过程中,若 $f(x)$ 是无穷大,则 $\dfrac{1}{f(x)}$ 是无穷小;若 $f(x)$ 是无穷小且 $f(x)\neq0$,则 $\dfrac{1}{f(x)}$ 是无穷大.

因此,如果要验证函数 $f(x)$ 为 $x\to x_0$(或 $x\to\infty$)时的无穷大,只要证明:$\lim\limits_{\substack{x\to x_0 \\ (x\to\infty)}}\dfrac{1}{f(x)}=0$

即可.

【例5】 求 $\lim\limits_{x\to 1}\dfrac{1}{1-x^3}$.

解 因为 $\lim\limits_{x\to 1}(1-x^3)=0$,所以由定理2,得 $\lim\limits_{x\to 1}\dfrac{1}{1-x^3}=\infty$.

三、无穷小的比较

由无穷小的性质可知,两个无穷小的和、差、积仍然是无穷小,而两个无穷小的商的情况就复杂了.

案例1 当 $x\to 0$ 时,x,$2x$ 和 x^2 都是无穷小,但它们趋近于 0 的速度却不相同,列表如下.

x	0.5	0.1	0.01	0.001	0.000 1	0.000 01	→	0
$2x$	1.0	0.2	0.02	0.002	0.000 2	0.000 02	→	0
x^2	0.25	0.01	0.000 1	0.000 001	10^{-8}	10^{-10}	→	0

由表可见,x^2 比 x 与 $2x$ 趋于零的速度快得多,且 $\lim\limits_{x\to 0}\dfrac{x^2}{x}=0$,$\lim\limits_{x\to 0}\dfrac{x}{x^2}=\lim\limits_{x\to 0}\dfrac{1}{x}=\infty$ 和 $\lim\limits_{x\to 0}\dfrac{2x}{x}=2$.

对于无穷小趋于 0 的快慢比较有如下定义:

定义3 设 $\alpha(x)$ 与 $\beta(x)$ 都是在同一个自变量的变化过程中的无穷小,且 $\beta(x)\neq 0$,$\lim\dfrac{\alpha(x)}{\beta(x)}$ 也是在这个变化过程中的极限,

(1) 若 $\lim\dfrac{\alpha(x)}{\beta(x)}=0$,则称 $\alpha(x)$ 是比 $\beta(x)$ 高阶的无穷小,记作 $\alpha(x)=o[\beta(x)]$(也称 $\beta(x)$ 是比 $\alpha(x)$ 低阶的无穷小).

(2) 若 $\lim\dfrac{\alpha(x)}{\beta(x)}=c$(常数 $c\neq 0$),则称 $\alpha(x)$ 和 $\beta(x)$ 是同阶无穷小.特别地,当 $c=1$ 时,称 $\alpha(x)$ 与 $\beta(x)$ 是等价无穷小,记作 $\alpha(x)\sim\beta(x)$.

(3) 若 $\lim\dfrac{\alpha(x)}{\beta^k(x)}=c$(常数 $c\neq 0$,$k>0$),则称 $\alpha(x)$ 是关于 $\beta(x)$ 的 k 阶无穷小.

由定义 3 可知,因为 $\lim\limits_{x\to 0}\dfrac{x^2}{2x}=0$,所以当 $x\to 0$ 时,x^2 是比 $2x$ 高阶的无穷小,可记作 $x^2=o(2x)$(当 $x\to 0$);因为 $\lim\limits_{x\to 0}\dfrac{x^2}{x}=0$,所以当 $x\to 0$ 时,x 是比 x^2 低阶的无穷小;因为 $\lim\limits_{x\to 0}\dfrac{2x}{x}=2$,所以当 $x\to 0$ 时,$2x$ 与 x 是同阶无穷小.又例如:当 $k\in N^+$ 时,$\lim\limits_{x\to 0}\dfrac{(3x)^k}{x^k}=\lim\limits_{x\to 0}\left(\dfrac{3x}{x}\right)^k=3^k\neq 0$,因

此当 $x \to 0$ 时，$(3x)^k$ 是关于 x 的 k 阶无穷小.

习题 1–3

1. 观察下列变量，哪些是无穷小，哪些是无穷大？

(1) $y = x + x^2 + x^3$（当 $x \to 0$）；　　(2) $y = \mathrm{e}^x - 1$（当 $x \to 0$）；

(3) $y = (1.000\ 1)^{-x}$（当 $x \to -\infty$）；　　(4) $y = \tan x\left(\text{当 } x \to \dfrac{\pi}{2}\right)$；

(5) 数列 $\{n^2 + (-1)^n \cdot n\}$（当 $n \to \infty$）；　　(6) 数列 $\left\{\dfrac{1}{n^2} \cdot \sin\dfrac{n\pi}{2}\right\}$（当 $n \to \infty$）；

(7) $y = \dfrac{x^2 - 1}{x + 1}$（当 $x \to 1$）；　　(8) $y = \mathrm{e}^{\frac{1}{x}}$（当 $x \to 0^-$）.

2. 利用无穷小的性质求极限.

(1) $\lim\limits_{x \to \infty} \dfrac{\cos x}{x}$；　　(2) $\lim\limits_{x \to \infty} \dfrac{\arctan x}{x}$；

(3) $\lim\limits_{x \to 0} x \cdot \left|\cos\dfrac{1}{x}\right|$.

3. 求下列函数的极限，并用极限与无穷小之和将它们表示出来.

(1) $f(x) = \dfrac{3x + 1}{x}$（$x \to \infty$ 时）；　　(2) $f(x) = \dfrac{1 - x^2}{1 - x}$（$x \to 0$ 时）.

*4. 利用函数极限的精确定义证明.

(1) $y = \dfrac{x^2 - 16}{x + 4}$ 为 $x \to 4$ 时的无穷小；

(2) $y = x \sin\dfrac{1}{x^2}$ 为 $x \to 0$ 时的无穷小.

*5. 利用函数极限的精确定义写出 $f(x)$ 是关于 $x \to x_0$ 时的无穷小的定义.

第四节　极限的运算与性质

 学习目标

1. 掌握极限的四则运算法则.

2. 了解函数极限的性质.

在一些关于函数极限的定理、性质的陈述中，我们约定：如果不指出函数自变量 x 的变化

趋向,用"lim"就表示:$x \to x_0$、$x \to x_0^+$、$x \to x_0^-$、$x \to \infty$、$x \to +\infty$、$x \to -\infty$时的极限的任何一种形式.

一、函数极限运算

定理 1　如果$\lim f(x) = A$,$\lim g(x) = B$,且A,B都是实数,则

(1) $\lim[f(x) \pm g(x)] = \lim f(x) \pm \lim g(x) = A \pm B$;

(2) $\lim[f(x) \cdot g(x)] = \lim f(x) \cdot \lim g(x) = A \cdot B$;

(3) 若$B \neq 0$,$\lim \dfrac{f(x)}{g(x)} = \dfrac{\lim f(x)}{\lim g(x)} = \dfrac{A}{B}$.

证　(1)和(2):因为$\lim f(x) = A$,$\lim g(x) = B$,由第三节的定理1得:$f(x) = A + \alpha$,$g(x) = B + \beta$,其中α,β都是自变量同一变化过程中的无穷小,于是:

$$f(x) \pm g(x) = (A + \alpha) \pm (B + \beta) = (A \pm B) + (\alpha \pm \beta), \tag{4.1}$$

$$f(x) \cdot g(x) = (A + \alpha) \cdot (B + \beta) = (AB) + (B\alpha + A\beta + \alpha\beta). \tag{4.2}$$

由第三节的性质1和推论1知,$\alpha \pm \beta$和$B\alpha + A\beta + \alpha\beta$都是无穷小;由(4.1)、(4.2)和第三节的定理1得:

$$\lim[f(x) \pm g(x)] = A \pm B = \lim f(x) \pm \lim g(x);$$

$$\lim[f(x) \cdot g(x)] = A \cdot B = \lim f(x) \cdot \lim g(x).$$

(3)的证明从略.

此定理表明:**若两个函数的极限存在,则这两个函数和、差、积、商的极限等于这两个函数极限的和、差、积、商**.注意:要求商运算中分母上的函数极限不等于零.

注意　定理1中的(1)、(2)可推广到有限多个函数的情形.

推论 1　如果$\lim f(x) = A$,则

(1) $\lim[Cf(x)] = C\lim f(x) = CA$　　(C为常数);

(2) $\lim[f(x)]^k = [\lim f(x)]^k = A^k$　　(k为正整数).

此推论表明:在极限的计算中,**常数因子可以直接提到极限符号的外面**;**若函数的极限存在,则函数乘方的极限等于函数极限的乘方**.

数列作为整标函数,有类似的极限四则运算法则:

定理 2　如果$\lim\limits_{n \to \infty} x_n = A$,$\lim\limits_{n \to \infty} y_n = B$,则

(1) $\lim\limits_{n \to \infty}(x_n \pm y_n) = \lim\limits_{n \to \infty} x_n \pm \lim\limits_{n \to \infty} y_n = A \pm B$;

(2) $\lim\limits_{n \to \infty}(x_n \cdot y_n) = \lim\limits_{n \to \infty} x_n \cdot \lim\limits_{n \to \infty} y_n = A \cdot B$;

(3) 若$B \neq 0$,$\lim\limits_{n \to \infty} \dfrac{x_n}{y_n} = \dfrac{\lim\limits_{n \to \infty} x_n}{\lim\limits_{n \to \infty} y_n} = \dfrac{A}{B}$.

【例 1】 求 $\lim\limits_{x \to 1}(2x^3 - 5x + 4)$.

解 $\lim\limits_{x \to 1}(2x^3 - 5x + 4) = \lim\limits_{x \to 1} 2x^3 - \lim\limits_{x \to 1} 5x + \lim\limits_{x \to 1} 4 = 2 \lim\limits_{x \to 1} x^3 - 5 \lim\limits_{x \to 1} x + 4$

$$= 2(\lim\limits_{x \to 1} x)^3 - 5 + 4 = 2 - 5 + 4 = 1.$$

【例 2】 求 $\lim\limits_{x \to 2} \dfrac{3x^2 + 5x - 1}{4x - 1}$.

解 因为 $\lim\limits_{x \to 2}(4x - 1) = 4 \lim\limits_{x \to 2} x - \lim\limits_{x \to 2} 1 = 8 - 1 = 7 \neq 0$,

所以 $\lim\limits_{x \to 2} \dfrac{3x^2 + 5x - 1}{4x - 1} = \dfrac{\lim\limits_{x \to 2}(3x^2 + 5x - 1)}{\lim\limits_{x \to 2}(4x - 1)} = \dfrac{3(\lim\limits_{x \to 2} x)^2 + 5 \lim\limits_{x \to 2} x - \lim\limits_{x \to 2} 1}{7} = 3$.

从上面两例可以看出,对多项式函数 $f(x) = a_n x^n + a_{n-1} x^{n-1} + \cdots + a_1 x + a_0$ 和有理函数 $f(x) = \dfrac{P(x)}{Q(x)}$,其中 $P(x), Q(x)$ 都是多项式,有如下结论:

如果函数 $f(x)$ 为多项式函数或为分母在 x_0 点不等于零的有理函数,则 $\lim\limits_{x \to x_0} f(x) = f(x_0)$.

对于有理函数 $\dfrac{P(x)}{Q(x)}$,如果 $\lim\limits_{x \to x_0} Q(x) = Q(x_0) = 0$ 且 $\lim\limits_{x \to x_0} P(x) = P(x_0) \neq 0$,那么可以根据无穷小与无穷大的关系得 $\lim\limits_{x \to x_0} \dfrac{P(x)}{Q(x)} = \infty$.如下面这个例子.

【例 3】 求 $\lim\limits_{x \to 2} \dfrac{x - 1}{x^2 - 4x + 4}$.

解 因为 $\lim\limits_{x \to 2} \dfrac{x^2 - 4x + 4}{x - 1} = \lim\limits_{x \to 2} \dfrac{(x - 2)^2}{x - 1} = 0$,

所以根据无穷小与无穷大的关系得 $\lim\limits_{x \to 2} \dfrac{x - 1}{x^2 - 4x + 4} = \infty$.

对于有理函数 $\dfrac{P(x)}{Q(x)}$,如果 $\lim\limits_{x \to x_0} Q(x) = Q(x_0) = 0$ 且 $\lim\limits_{x \to x_0} P(x) = P(x_0) = 0$,那么不能用定理 1,而要对分子分母中的因子 $(x - x_0)$ 进行约分(因在 $x \to x_0$ 时的极限中 $x \neq x_0$),直到不能再约分为止.如下面这两个例子.

【例 4】 求 $\lim\limits_{x \to 2} \dfrac{x^2 + 3x - 10}{x^2 + x - 6}$.

解 $\lim\limits_{x \to 2} \dfrac{x^2 + 3x - 10}{x^2 + x - 6} = \lim\limits_{x \to 2} \dfrac{(x - 2)(x + 5)}{(x - 2)(x + 3)} = \lim\limits_{x \to 2} \dfrac{x + 5}{x + 3} = \dfrac{7}{5}$.

【例 5】 求 $\lim\limits_{x \to 1} \dfrac{x^2 - 1}{x^2 - 2x + 1}$.

解 $\lim\limits_{x \to 1} \dfrac{x^2 - 1}{x^2 - 2x + 1} = \lim\limits_{x \to 1} \dfrac{(x - 1)(x + 1)}{(x - 1)^2} = \lim\limits_{x \to 1} \dfrac{x + 1}{x - 1}$,

因为 $\lim\limits_{x \to 1} \dfrac{x-1}{x+1} = 0$，所以根据无穷小与无穷大的关系得 $\lim\limits_{x \to 1} \dfrac{x+1}{x-1} = \infty$.

所以 $\lim\limits_{x \to 1} \dfrac{x^2-1}{x^2-2x+1} = \infty$.

上述例子考虑了多项式函数或有理函数当自变量 $x \to x_0$ 时的极限的计算. 下面考虑多项式函数或有理函数当自变量 $x \to \infty$ 时的极限的计算.

【例6】 求 $\lim\limits_{x \to \infty} (x^3 - x^2 + x + 1)$.

解 因为 $\lim\limits_{x \to \infty} \dfrac{1}{x^3-x^2+x+1} = \lim\limits_{x \to \infty} \dfrac{\dfrac{1}{x^3}}{1-\dfrac{1}{x}+\dfrac{1}{x^2}+\dfrac{1}{x^3}} = \dfrac{0}{1} = 0$.

所以根据无穷小与无穷大的关系得 $\lim\limits_{x \to \infty} (x^3 - 3x^2 + 5) = \infty$.

【例7】 求 $\lim\limits_{x \to \infty} \dfrac{x^2+x-2}{2x^3-x+1}$.

解 用 x^3 同除分子和分母，然后求极限，得

$$\lim_{x \to \infty} \frac{x^2+x-2}{2x^3-x+1} = \lim_{x \to \infty} \frac{\dfrac{1}{x}+\dfrac{1}{x^2}-\dfrac{2}{x^3}}{2-\dfrac{1}{x^2}+\dfrac{1}{x^3}} = \frac{0}{2} = 0.$$

【例8】 求 $\lim\limits_{x \to \infty} \dfrac{x^2-3x+2}{2x^2+7x-3}$.

解 用 x^2 同除分子和分母，然后求极限，得

$$\lim_{x \to \infty} \frac{x^2-3x+2}{2x^2+7x-3} = \lim_{x \to \infty} \frac{1-\dfrac{3}{x}+\dfrac{2}{x^2}}{2+\dfrac{7}{x}-\dfrac{3}{x^2}} = \frac{1}{2}.$$

综合例6、例7、例8的极限计算方法，可得到如下结论：当 $a_m \neq 0, b_n \neq 0$，且 m, n 是正整数，则

$$\lim_{x \to \infty} \frac{a_m x^m + a_{m-1} x^{m-1} + \cdots + a_1 x + a_0}{b_n x^n + b_{n-1} x^{n-1} + \cdots + b_1 x + b_0} = \begin{cases} \dfrac{a_m}{b_n}, & m = n, \\ 0, & m < n, \\ \infty, & m > n. \end{cases}$$

下面再举两个不同于上述类型的极限的计算.

【例9】 求 $\lim\limits_{x \to 1}\left(\dfrac{2}{1-x^2}-\dfrac{x}{1-x}\right)$.

分析 由于 $\lim\limits_{x \to 1}\dfrac{2}{1-x^2}=\infty$ 且 $\lim\limits_{x \to 1}\dfrac{x}{1-x}=\infty$,这就说明此二极限都不存在,从而极限的四则运算法则(定理1)的条件不满足,因此

$$\lim_{x \to 1}\left(\frac{2}{1-x^2}-\frac{x}{1-x}\right)\neq\lim_{x \to 1}\frac{2}{1-x^2}-\lim_{x \to 1}\frac{x}{1-x}.$$ 但是先通分,再求极限是可行的.

解 通分、求极限得:

$$\lim_{x \to 1}\left(\frac{2}{1-x^2}-\frac{x}{1-x}\right)=\lim_{x \to 1}\frac{2-x(1+x)}{1-x^2}=\lim_{x \to 1}\frac{(1-x)(x+2)}{(1-x)(1+x)}=\lim_{x \to 1}\frac{x+2}{1+x}=\frac{3}{2}.$$

【例10】 求 $\lim\limits_{n \to \infty}\left(\dfrac{1}{n^2}+\dfrac{2}{n^2}+\dfrac{3}{n^2}+\cdots+\dfrac{n}{n^2}\right)$.

分析 当 $n \to \infty$ 时,各项 $\dfrac{1}{n^2}, \dfrac{2}{n^2}, \cdots, \dfrac{n}{n^2}$ 的极限都为0,但却不是有限项的和,故不能应用极限的四则运算法则(定理1).

解 $\lim\limits_{n \to \infty}\left(\dfrac{1}{n^2}+\dfrac{2}{n^2}+\dfrac{3}{n^2}+\cdots+\dfrac{n}{n^2}\right)=\lim\limits_{n \to \infty}\dfrac{1+2+3+\cdots+n}{n^2}=\lim\limits_{n \to \infty}\dfrac{\dfrac{1}{2}n(n+1)}{n^2}$

$$=\lim_{n \to \infty}\frac{n+1}{2n}=\frac{1}{2}.$$

为方便今后应用,下面给出复合函数的极限运算法则,但证明从略。

定理3 设函数 $y=f[g(x)]$ 是由函数 $u=g(x)$ 与函数 $y=f(u)$ 复合而成,$f[g(x)]$ 在点 x_0 的某去心邻域内有定义,若

$$\lim_{x \to x_0}g(x)=u_0, \lim_{u \to u_0}f(u)=A,$$

且存在 $\delta_0>0$,当 $x \in \mathring{U}(x_0, \delta_0)$ 时,有 $g(x)\neq u_0$,则

$$\lim_{x \to x_0}f[g(x)]=\lim_{u \to u_0}f(u)=A.$$

在定理3中,把 $\lim\limits_{x \to x_0}g(x)=u_0$ 换成 $\lim\limits_{x \to x_0}g(x)=\infty$ 或 $\lim\limits_{x \to \infty}g(x)=\infty$,而把 $\lim\limits_{u \to u_0}f(u)=A$ 换成 $\lim\limits_{u \to \infty}f(u)=A$,可得类似的定理。

定理3表示,如果函数 $g(x)$ 和 $f(u)$ 满足该定理的条件,那么作代换 $u=g(x)$ 可把求 $\lim\limits_{x \to x_0}f[g(x)]$ 化为求 $\lim\limits_{u \to u_0}f(u)$,这里 $u_0=\lim\limits_{x \to x_0}g(x)$.

二、函数极限的性质

定理4(唯一性) 若函数的极限 $\lim f(x)$ 存在,则此极限值是唯一的.

* **证** 下证明 $x \to x_0$ 时函数的极限形式,其他极限形式可以类似证明.

用反证法：假设 $\lim\limits_{x \to x_0} f(x) = A$、$\lim\limits_{x \to x_0} f(x) = B$ 且 $A \neq B$，不妨设 $A < B$，取 $\varepsilon = \dfrac{B-A}{2} > 0$.

(1) 由 $\lim\limits_{x \to x_0} f(x) = A$ 可知：存在 $\delta_1 > 0$，对任意满足 $0 < |x - x_0| < \delta_1$ 的 x，都恒有不等式 $|f(x) - A| < \dfrac{B-A}{2}$ 成立，从而 $f(x) < \dfrac{A+B}{2}$.

(2) 由 $\lim\limits_{x \to x_0} f(x) = B$ 可知：存在 $\delta_2 > 0$，对任意满足 $0 < |x - x_0| < \delta_2$ 的 x，都恒有不等式 $|f(x) - B| < \dfrac{B-A}{2}$ 成立，从而 $f(x) > \dfrac{A+B}{2}$.

综合(1)、(2)知：对 $\varepsilon = \dfrac{B-A}{2}$，取 $\delta = \min\{\delta_1, \delta_2\}$，则对任意满足 $0 < |x - x_0| < \delta$ 的 x，有 $f(x) < \dfrac{A+B}{2}$ 且 $f(x) > \dfrac{A+B}{2}$，矛盾. 因此 $A = B$，此极限值是唯一的.

定理 5（保号性）　若 $\lim\limits_{x \to x_0} f(x) = A$ 且 $A > 0(A < 0)$，则存在 $\delta > 0$，使对一切 $x \in \overset{\circ}{U}(x_0, \delta)$，都有 $f(x) > 0(f(x) < 0)$.

* **证**　下证 $A > 0$ 的情形，对 $A < 0$ 的情形可以类似证明.

因 $\lim\limits_{x \to x_0} f(x) = A$，对 $\varepsilon = \dfrac{A}{2} > 0$，存在 $\delta > 0$，对任意满足 $0 < |x - x_0| < \delta$ 的 x，都恒有不等式 $|f(x) - A| < \dfrac{A}{2}$ 成立，由此可见：$f(x) > A - \dfrac{A}{2} = \dfrac{A}{2} > 0$.

定理 6（不等式性质）　若在 x_0 的某空心邻域内 $f(x) \geq 0(f(x) \leq 0)$ 且 $\lim\limits_{x \to x_0} f(x) = A$，则有 $A \geq 0(A \leq 0)$.

* **证**　下证 $A \geq 0$ 的情形，对 $A \leq 0$ 的情形可以类似证明.

反设 $A < 0$，由定理 5 知：必存在 $\delta > 0$，使对一切 $x \in \overset{\circ}{U}(x_0, \delta)$，都有 $f(x) < 0$，这与在 x_0 的某空心邻域内 $f(x) \geq 0$ 相矛盾. 因此 $A \geq 0$.

推论 2　若在 x_0 点的某空心邻域内 $f(x) \geq g(x)$ 且 $\lim\limits_{x \to x_0} f(x) = A$、$\lim\limits_{x \to x_0} g(x) = B$，则有 $A \geq B$.

证　令 $F(x) = f(x) - g(x)$，则在 x_0 点的某空心邻域内 $F(x) \geq 0$ 且 $\lim\limits_{x \to x_0} F(x) = \lim\limits_{x \to x_0} [f(x) - g(x)] = \lim\limits_{x \to x_0} f(x) - \lim\limits_{x \to x_0} g(x) = A - B \geq 0$（由定理 1 和定理 6），因此 $A \geq B$.

对数列而言，它是一类特殊的函数，通过类似如上的证明，相应得到一系列性质，如下：

定理 7（唯一性）　若数列的极限 $\lim\limits_{n \to \infty} x_n$ 存在，则极限值唯一.

定理 8（不等式性质）　若数列 $\{x_n\}$ 从某项开始：$x_n \geq 0(x_n \leq 0)$ 且 $\lim\limits_{n \to \infty} x_n = A$，则有 $A \geq 0(A \leq 0)$.

推论 3　若从某项开始：$x_n \geq y_n$ 且 $\lim\limits_{n \to \infty} x_n = A$、$\lim\limits_{n \to \infty} y_n = B$，则有 $A \geq B$.

对收敛数列有如下性质：

定理 9（有界性） 若数列 $\{x_n\}$ 收敛，则数列 $\{x_n\}$ 一定有界.

*证 设 $\lim\limits_{n\to\infty}x_n=A$，由数列极限的 $\varepsilon-N$ 定义知：对 $\varepsilon=1$，存在 N，对任意 $n>N$，不等式 $|x_n-A|<1$ 都成立.因此对任意 $n>N$，

$$|x_n|=|x_n-A+A|\leqslant|x_n-A|+|A|<1+|A|,$$

取正数 $M=\max\{|x_1|,|x_2|,\cdots,|x_N|,1+|A|\}$，则对任意项 x_n，都有 $|x_n|\leqslant M$，因此数列 $\{x_n\}$ 是有界的.

习题 1-4

1. 求下列极限.

(1) $\lim\limits_{x\to2}(8x^2-3x+7)$；

(2) $\lim\limits_{x\to3}\dfrac{x^2+2x-3}{2x^2-3x}$；

(3) $\lim\limits_{x\to-3}\dfrac{x^2+2x+1}{x^2+6x+9}$；

(4) $\lim\limits_{x\to1}\dfrac{x^2-2x+1}{x^2-1}$；

(5) $\lim\limits_{x\to2}\left(\dfrac{1}{x-2}-\dfrac{4}{x^2-4}\right)$；

(6) $\lim\limits_{x\to1}\left(\dfrac{1}{1-x}-\dfrac{3}{1-x^3}\right)$；

(7) $\lim\limits_{x\to0}\dfrac{1-\sqrt{1-x}}{x}$；

(8) $\lim\limits_{x\to1}\dfrac{1-\sqrt{x}}{1-\sqrt[3]{x}}$；

(9) $\lim\limits_{h\to0}\dfrac{(x+h)^2-x^2}{h}$；

(10) $\lim\limits_{h\to0}\dfrac{\sqrt{x+h}-\sqrt{x}}{h}$.

2. 求下列极限.

(1) $\lim\limits_{x\to\infty}\left(1+\dfrac{1}{x}\right)\left(2-\dfrac{1}{x^2}\right)$；

(2) $\lim\limits_{n\to\infty}\dfrac{n}{n+1}$；

(3) $\lim\limits_{n\to\infty}\dfrac{3n^2-n+6}{(n+1)^2}$；

(4) $\lim\limits_{x\to\infty}(x^3+2x^2-3x+1)$；

(5) $\lim\limits_{x\to\infty}\dfrac{3x^2-2x-1}{x^3+7x^2-3}$；

(6) $\lim\limits_{x\to\infty}\dfrac{-x^3+3x^2+x+1}{x^2+6}$；

(7) $\lim\limits_{x\to\infty}\dfrac{x+\sin x}{2x+5}$；

(8) $\lim\limits_{x\to\infty}\dfrac{x\sin x}{x^2+\sin x}$；

(9) $\lim\limits_{n\to\infty}\left(1+\dfrac{1}{2}+\dfrac{1}{4}+\cdots+\dfrac{1}{2^n}\right)$；

(10) $\lim\limits_{n\to\infty}\dfrac{1+2+3+\cdots+n}{n^2}$.

3. 已知 $\lim\limits_{x\to-1}\dfrac{x^2-2x+k}{x+1}$ 存在，试确定 k 的值，并求这个极限.

4. 已知 $\lim\limits_{x\to\infty}\dfrac{ax^2-bx+c}{x+1}=2$，则有 $a=$＿＿＿＿；$b=$＿＿＿＿；$c=$＿＿＿＿.

5. 设 $f(x)=\begin{cases}-x, & x\leqslant1,\\ 3+x, & x>1,\end{cases}$ $g(x)=\begin{cases}x^3, & x\leqslant1,\\ 2x-1, & x>1,\end{cases}$ 试讨论 $f[g(x)]$ 在点 $x=1$ 处的极限.

第五节 极限存在准则 两个重要极限

学习目标

1. 了解两个极限存在准则(单调有界准则和夹逼准则).

2. 掌握两个重要极限的运用.

3. 掌握用等价无穷小替换计算极限.

本节先介绍两个极限存在准则和两个重要极限,然后再利用它们计算极限.最后介绍利用等价无穷小的替换计算极限.

一、极限存在准则

定理 1 (**单调有界准则**) 单调有界数列必有极限.

比如说,数列 $\left\{\dfrac{1}{n}\right\}$ 单调减少且有界 $\left(因\ 0<\dfrac{1}{n}\leqslant 1\right)$,显然 $\lim\limits_{n\to\infty}\dfrac{1}{n}=0$;又如 $\left\{\dfrac{n-1}{n}\right\}$ 单调增加且有界 $\left(因\ 0\leqslant\dfrac{n-1}{n}<1\right)$,极限是 $\lim\limits_{n\to\infty}\dfrac{n-1}{n}=1$.

定理 1 的几何解释:设数列 $\{x_n\}$ 单调增加且有上界 M,则在数轴上,数列的点(项) x_n 随 n 的增大不断向右移动但都落在定点 M 的左侧,因此 $\{x_n\}$ 最终从左边无限逼近某个点 A.即 $\lim\limits_{n\to\infty}x_n=A$.如图 1-32 所示.

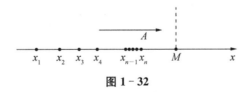

图 1-32

定理 2 (**夹逼准则**) 如果在某个极限的变化过程中,有

(1) $g(x)\leqslant f(x)\leqslant h(x)$;

(2) $\lim g(x)=\lim h(x)=A$.

则 $\lim f(x)=A$.

* **证** 以下就 $x\to x_0$ 时的极限的变化过程给出证明,其他极限的变化过程可以类似证明. 实际上,此时只要在 x_0 的某空心邻域内满足不等式(1)即可.

因为 $\lim\limits_{x\to x_0}g(x)=A$,所以对任意 $\varepsilon>0$,都存在 $\delta_1>0$,使对任意满足 $0<|x-x_0|<\delta_1$ 的

x，都有 $|g(x)-A|<\varepsilon$ 成立，即

$$A-\varepsilon<g(x)<A+\varepsilon,\tag{5.1}$$

又因为 $\lim\limits_{x\to x_0}h(x)=A$，所以对（5.1）中的 $\varepsilon>0$，存在 $\delta_2>0$，使对任意满足 $0<|x-x_0|<\delta_2$ 的 x，都有 $|h(x)-A|<\varepsilon$ 成立，即

$$A-\varepsilon<h(x)<A+\varepsilon,\tag{5.2}$$

根据不等式（5.1）、（5.2）知：取 $\delta=\min\{\delta_1,\delta_2\}$，对任意满足 $0<|x-x_0|<\delta$ 的 x，有不等式 $A-\varepsilon<g(x)<f(x)<h(x)<A+\varepsilon$ 成立，

即 $|f(x)-A|<\varepsilon$，所以 $\lim\limits_{x\to x_0}f(x)=A$.

夹逼准则又被称为三明治定理（Sandwich Theorem）．同理可证数列形式的夹逼准则．

定理 3　设数列 $\{x_n\}$，$\{y_n\}$，$\{z_n\}$，若 $y_n\leqslant x_n\leqslant z_n$ 且 $\lim\limits_{n\to\infty}y_n=\lim\limits_{n\to\infty}z_n=A$，则 $\lim\limits_{n\to\infty}x_n=A$.

【例 1】　证明 $\lim\limits_{n\to\infty}n\left(\dfrac{1}{n^2+1}+\dfrac{1}{n^2+2}+\cdots+\dfrac{1}{n^2+n}\right)=1$.

证　因为 $n\cdot\dfrac{n}{n^2+n}<n\left(\dfrac{1}{n^2+1}+\dfrac{1}{n^2+2}+\cdots+\dfrac{1}{n^2+n}\right)<n\cdot\dfrac{n}{n^2+1}$，

又 $\lim\limits_{n\to\infty}\dfrac{n^2}{n^2+1}=1$，$\lim\limits_{n\to\infty}\dfrac{n^2}{n^2+n}=1$，

所以由定理 3 可知 $\lim\limits_{n\to\infty}n\left(\dfrac{1}{n^2+1}+\dfrac{1}{n^2+2}+\cdots+\dfrac{1}{n^2+n}\right)=1$.

二、两个重要极限

1. 极限 $\lim\limits_{x\to0}\dfrac{\sin x}{x}=1$

定理 4　$\lim\limits_{x\to0}\dfrac{\sin x}{x}=1$.

证　因为 $\dfrac{\sin(-x)}{-x}=\dfrac{-\sin x}{-x}=\dfrac{\sin x}{x}$，所以当 x 改变符号时 $\dfrac{\sin x}{x}$ 的值不变，故只讨论 x 由正值趋于 0 的情形就可以了．

作单位圆，如图 1-33 所示．

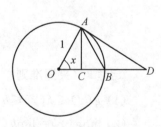

图 1-33

设圆心角 $\angle AOB=x\left(0<x<\dfrac{\pi}{2}\right)$，则 $\triangle AOB$ 的面积<扇形 AOB 的面积<$\triangle AOD$ 的面积，因为

$$\triangle AOB\text{ 的面积}=\frac{1}{2}OB\cdot AC=\frac{1}{2}\cdot1\cdot\sin x,$$

$$\text{扇形 }AOB\text{ 的面积}=\frac{1}{2}\cdot1^2\cdot x,$$

$$\triangle AOD \text{ 的面积} = \frac{1}{2} AO \cdot AD = \frac{1}{2} \cdot 1 \cdot \tan x,$$

所以

$$\sin x < x < \tan x,$$

同除以 $\sin x$ 得

$$1 < \frac{x}{\sin x} < \frac{1}{\cos x},$$

即

$$\cos x < \frac{\sin x}{x} < 1,$$

由 $\lim\limits_{x \to 0} \cos x = \lim\limits_{x \to 0} 1 = 1$（第二节例 4），根据定理 2 得

$$\lim\limits_{x \to 0} \frac{\sin x}{x} = 1.$$

利用 $\lim\limits_{x \to 0} \dfrac{\sin x}{x} = 1$ 可以求一些函数的极限.

【例 2】　求 $\lim\limits_{x \to 0} \dfrac{\tan x}{x}$.

解　$\lim\limits_{x \to 0} \dfrac{\tan x}{x} = \lim\limits_{x \to 0} \dfrac{\sin x}{x} \cdot \dfrac{1}{\cos x} = \lim\limits_{x \to 0} \dfrac{\sin x}{x} \cdot \lim\limits_{x \to 0} \dfrac{1}{\cos x} = 1.$

一般地，由定理 4 可得如下推论：

推论 1　在同一个自变量的变化过程中，如果 $\alpha(x)$ 为无穷小，即 $\lim \alpha(x) = 0$，那么 $\lim \dfrac{\sin \alpha(x)}{\alpha(x)} = 1.$

【例 3】　求 $\lim\limits_{x \to 0} \dfrac{\sin 3x}{5x}$.

解　$\lim\limits_{x \to 0} \dfrac{\sin 3x}{5x} = \lim\limits_{x \to 0} \dfrac{3}{5} \cdot \dfrac{\sin 3x}{3x} = \dfrac{3}{5} \lim\limits_{x \to 0} \dfrac{\sin 3x}{3x} = \dfrac{3}{5}.$

【例 4】　求 $\lim\limits_{x \to 0} \dfrac{1 - \cos x}{x^2}$.

解　$\lim\limits_{x \to 0} \dfrac{1 - \cos x}{x^2} = \lim\limits_{x \to 0} \dfrac{2 \sin^2 \frac{x}{2}}{x^2} = \dfrac{1}{2} \lim\limits_{x \to 0} \dfrac{\sin^2 \frac{x}{2}}{\left(\frac{x}{2}\right)^2} = \dfrac{1}{2} \left[\lim\limits_{x \to 0} \dfrac{\sin \frac{x}{2}}{\frac{x}{2}} \right]^2 = \dfrac{1}{2}.$

【例 5】　求 $\lim\limits_{x \to 0} \dfrac{\arctan x}{x}$.

解　令 $\arctan x = t$，则 $x = \tan t$，当 $x \to 0$ 时，$t \to 0$. 所以

$$\lim_{x\to 0}\frac{\arctan x}{x}=\lim_{t\to 0}\frac{t}{\tan t}=\lim_{t\to 0}\frac{t}{\sin t}\cdot\cos t=\frac{1}{\lim_{t\to 0}\frac{\sin t}{t}}\cdot\lim_{t\to 0}\cos t=1.$$

类似的方法，可以得到 $\lim_{x\to 0}\dfrac{\arcsin x}{x}=1$.

2. 极限 $\lim_{x\to\infty}\left(1+\dfrac{1}{x}\right)^{x}=\mathrm{e}$

形如 $f(x)^{g(x)}$（$f(x)>0$ 且 $f(x)$ 不恒等于 1）的函数，称为**幂指函数**.若 $\lim_{x\to x_0}f(x)$ 存在且大于 0，$\lim_{x\to x_0}g(x)$ 存在，则幂指函数 $f(x)^{g(x)}$ 的极限存在且

$$\lim_{x\to x_0}f(x)^{g(x)}=\left[\lim_{x\to x_0}f(x)\right]^{\lim_{x\to x_0}g(x)}.$$

这是因为 $\lim_{x\to x_0}f(x)^{g(x)}=\lim_{x\to x_0}\mathrm{e}^{g(x)\ln f(x)}=\mathrm{e}^{\left[\lim_{x\to x_0}g(x)\right]\cdot\ln\lim_{x\to x_0}f(x)}$（利用第六节的定理 4）.

定理 5 $\quad\lim_{n\to\infty}\left(1+\dfrac{1}{n}\right)^{n}=\mathrm{e}.$ （5.3）

记 $x_n=\left(1+\dfrac{1}{n}\right)^{n}$，得到数列 $\{x_n\}$：

$$\left(1+\frac{1}{1}\right)^{1},\left(1+\frac{1}{2}\right)^{2},\left(1+\frac{1}{3}\right)^{3},\cdots,\left(1+\frac{1}{n}\right)^{n},\cdots.$$

观察下表：

n	1	2	3	4	5	10	100	1 000	10 000	⋯	⋯
$\left(1+\frac{1}{n}\right)^{n}$	2	2.250	2.370	2.441	2.488	2.594	2.705	2.717	2.718	⋯	⋯

可以证明数列 $\left\{\left(1+\dfrac{1}{n}\right)^{n}\right\}$ 单调增加且小于 3，由定理 1 可知极限 $\lim_{n\to\infty}\left(1+\dfrac{1}{n}\right)^{n}$ 存在，记作 e，即有 $\lim_{n\to\infty}\left(1+\dfrac{1}{n}\right)^{n}=\mathrm{e}$ 成立.

更一般的，有如下极限：

定理 6 $\quad\lim_{x\to\infty}\left(1+\dfrac{1}{x}\right)^{x}=\mathrm{e}.$

在上式中，令 $\dfrac{1}{x}=t$，当 $x\to\infty$ 时，$t\to 0$，因此 $\lim_{x\to\infty}\left(1+\dfrac{1}{x}\right)^{x}=\lim_{t\to 0}(1+t)^{\frac{1}{t}}=\mathrm{e}.$

由此得此极限的另一种形式：

$$\lim_{t\to 0}(1+t)^{\frac{1}{t}}=\mathrm{e}.$$ （5.4）

证 先证 $\lim\limits_{x\to+\infty}\left(1+\dfrac{1}{x}\right)^{x}=\mathrm{e}$. 对每一个正实数 x，都有正整数 n 使 $n\leqslant x<n+1$，因此

$\left(1+\dfrac{1}{n+1}\right)^{n}<\left(1+\dfrac{1}{x}\right)^{x}<\left(1+\dfrac{1}{n}\right)^{n+1}$，且 $x\to+\infty\Leftrightarrow n\to+\infty$.

而由(5.3)式得：

$$\lim_{n\to\infty}\left(1+\frac{1}{n}\right)^{n+1}=\lim_{n\to\infty}\left(1+\frac{1}{n}\right)^{n}\cdot\lim_{n\to\infty}\left(1+\frac{1}{n}\right)=\mathrm{e}\cdot 1=\mathrm{e}，且有$$

$$\lim_{n\to\infty}\left(1+\frac{1}{n+1}\right)^{n}=\lim_{n\to\infty}\left(1+\frac{1}{n+1}\right)^{n+1-1}=\frac{\lim\limits_{n\to\infty}\left(1+\dfrac{1}{n+1}\right)^{n+1}}{\lim\limits_{n\to\infty}\left(1+\dfrac{1}{n+1}\right)}=\frac{\mathrm{e}}{1}=\mathrm{e}.$$

于是由夹逼准则得 $\lim\limits_{x\to+\infty}\left(1+\dfrac{1}{x}\right)^{x}=\mathrm{e}$.

再证 $\lim\limits_{x\to-\infty}\left(1+\dfrac{1}{x}\right)^{x}=\mathrm{e}$. 令 $t=-x$，则 $x\to-\infty\Leftrightarrow t\to+\infty$ 且有：

$$\lim_{x\to-\infty}\left(1+\frac{1}{x}\right)^{x}=\lim_{t\to+\infty}\left(1-\frac{1}{t}\right)^{-t}=\lim_{t\to+\infty}\left(\frac{t}{t-1}\right)^{t}=\lim_{t\to+\infty}\left(\frac{t-1+1}{t-1}\right)^{t}=\lim_{t\to+\infty}\left(1+\frac{1}{t-1}\right)^{t-1+1}$$

$$=\lim_{t\to+\infty}\left(1+\frac{1}{t-1}\right)^{t-1}\cdot\lim_{t\to+\infty}\left(1+\frac{1}{t-1}\right)=\mathrm{e}\cdot 1=\mathrm{e}.$$

【例 6】 求 $\lim\limits_{x\to\infty}\left(1-\dfrac{1}{x}\right)^{x}$.

解 令 $-x=t$，当 $x\to\infty$ 时，$t\to\infty$，所以

$$\lim_{x\to\infty}\left(1-\frac{1}{x}\right)^{x}=\lim_{t\to\infty}\left(1+\frac{1}{t}\right)^{-t}=\lim_{t\to\infty}\left[\left(1+\frac{1}{t}\right)^{t}\right]^{-1}=\frac{1}{\lim\limits_{t\to\infty}\left(1+\dfrac{1}{t}\right)^{t}}=\frac{1}{\mathrm{e}}.$$

一般地，由定理 5 可得如下推论：

推论 2 在同一个自变量的变化过程中，如果 $\alpha(x)$ 为无穷小，即 $\lim\alpha(x)=0$，那么 $\lim(1+\alpha(x))^{\frac{1}{\alpha(x)}}=\mathrm{e}$.

【例 7】 求极限：(1) $\lim\limits_{x\to\infty}\left(\dfrac{x-3}{x+3}\right)^{x+2}$；　　　(2) $\lim\limits_{x\to 0}\left(\dfrac{1+x}{1-x}\right)^{\frac{1}{x}}$.

解 (1) $\lim\limits_{x\to\infty}\left(\dfrac{x-3}{x+3}\right)^{x+2}=\lim\limits_{x\to\infty}\left(\dfrac{x+3-6}{x+3}\right)^{x+2}=\lim\limits_{x\to\infty}\left(1-\dfrac{6}{x+3}\right)^{\frac{x+3}{-6}\cdot(-6)-1}$

$\qquad=\lim\limits_{x\to\infty}\left[\left(1-\dfrac{6}{x+3}\right)^{\frac{x+3}{-6}}\right]^{-6}\cdot\lim\limits_{x\to\infty}\left(1-\dfrac{6}{x+3}\right)^{-1}=\mathrm{e}^{-6}$.

(2) $\lim\limits_{x\to 0}\left(\dfrac{1+x}{1-x}\right)^{\frac{1}{x}}=\lim\limits_{x\to 0}\left[\left(1+\dfrac{2x}{1-x}\right)^{\frac{1-x}{2x}}\right]^{\frac{2}{1-x}}=\lim\limits_{x\to 0}\left[\left(1+\dfrac{2x}{1-x}\right)^{\frac{1-x}{2x}}\right]^{\lim\limits_{x\to 0}\frac{2}{1-x}}=\mathrm{e}^{2}$.

【例 8】 **连续复利问题**：设有本金 P_0 元，计息期（如 1 年）的利率为 r，计息期数为 t：

（1）如果每期结算一次，则 t 期后的本利和为 $A_1 = P_0 \cdot (1+r)^t$；

（2）如果每期结算 m 次，则每次的利率为 $\dfrac{r}{m}$，则 t 期后的本利和为

$$A_m = P_0 \left(1 + \frac{r}{m}\right)^{mt};$$

（3）如果每期结算次数 $m \to \infty$，意味着立即存入，立即结算，这样的复利称为**连续复利**，则 t 期后的本利和为

$$A_\infty = \lim_{m \to \infty} P_0 \left(1 + \frac{r}{m}\right)^{mt} = P_0 \lim_{m \to \infty} \left[\left(1 + \frac{r}{m}\right)^{\frac{m}{r}}\right]^{rt} = P_0 \mathrm{e}^{rt}.$$

正如连续复利计算一样，自然界的许多现象，如植物生长、放射性物质的衰变、细菌繁殖等大量实际问题，都可以归为上面极限的形式.正因如此，以 e 为底的对数称为自然对数.

三、用等价无穷小替换计算极限

关于等价无穷小，有如下定理.

定理 7　若 $\alpha, \alpha', \beta, \beta'$ 都是在同一个自变量的变化过程中的无穷小，且 $\alpha \sim \alpha'$，$\beta \sim \beta'$，$\lim \dfrac{\alpha'}{\beta'}$ 存在，则 $\lim \dfrac{\alpha}{\beta} = \lim \dfrac{\alpha'}{\beta'}$.

证　$\lim \dfrac{\alpha}{\beta} = \lim \left(\dfrac{\alpha}{\alpha'} \cdot \dfrac{\alpha'}{\beta'} \cdot \dfrac{\beta'}{\beta}\right) = \lim \dfrac{\alpha}{\alpha'} \cdot \lim \dfrac{\alpha'}{\beta'} \cdot \lim \dfrac{\beta'}{\beta}$

$$= 1 \cdot \left(\lim \dfrac{\alpha'}{\beta'}\right) \cdot 1 = \lim \dfrac{\alpha'}{\beta'}.$$

此定理表明，求两无穷小之比的极限时，分子和分母都可以用等价无穷小去替换，这样往往可以简化计算过程.

由定理 4 和例 2、例 4、例 5 可以得下列等价无穷小：当 $x \to 0$ 时，$\sin x \sim x$，$\tan x \sim x$，$\arcsin x \sim x$，$\arctan x \sim x$，$1 - \cos x \sim \dfrac{1}{2}x^2$.此外，当 $x \to 0$ 时，$\mathrm{e}^x - 1 \sim x$，$\ln(1+x) \sim x$，$(1+x)^\alpha - 1 \sim \alpha x$（$\alpha \in \mathbf{R}$）这三个等价无穷小将在下一节例 17 中给予证明.这里，当 x 换为任何一个函数 $\varphi(x)$ 时，只要 $\varphi(x) \to 0$，则等价关系仍然成立.

【例 9】　求 $\lim\limits_{x \to 0} \dfrac{\sin 5x}{\tan 6x}$.

解　当 $x \to 0$ 时，$\sin 5x \sim 5x$，$\tan 6x \sim 6x$，所以

$$\lim_{x \to 0} \frac{\sin 5x}{\tan 6x} = \lim_{x \to 0} \frac{5x}{6x} = \frac{5}{6}.$$

【例 10】 求 $\lim\limits_{x\to 0}\dfrac{\arctan x}{x^2+3x}$.

解 当 $x\to 0$ 时，$\arctan x\sim x$，所以

$$\lim\limits_{x\to 0}\frac{\arctan x}{x^2+3x}=\lim\limits_{x\to 0}\frac{x}{x^2+3x}=\lim\limits_{x\to 0}\frac{1}{x+3}=\frac{1}{3}.$$

【例 11】 求 $\lim\limits_{x\to 0}\dfrac{\tan x-\sin x}{x^3}$.

解 因为当 $x\to 0$ 时，$\tan x\sim x$，$1-\cos x\sim\dfrac{1}{2}x^2$，

所以当 $x\to 0$ 时，$\tan x-\sin x=\tan x(1-\cos x)\sim x\cdot\dfrac{1}{2}x^2$，

所以 $\lim\limits_{x\to 0}\dfrac{\tan x-\sin x}{x^3}=\lim\limits_{x\to 0}\dfrac{x\cdot\dfrac{1}{2}x^2}{x^3}=\dfrac{1}{2}.$

注意 对于例 11，如下解答是错误的.

$$\lim\limits_{x\to 0}\frac{\tan x-\sin x}{\sin^3 x}=\lim\limits_{x\to 0}\frac{x-x}{x^3}=0,$$

错误在于将 $\tan x\sim x$，$\sin x\sim x$ 直接代入分子.

习题 1－5

1. 求下列极限.

(1) $\lim\limits_{x\to 0}\dfrac{\sin 5x}{2x}$；

(2) $\lim\limits_{x\to 0}\dfrac{\tan 2x}{x}$；

(3) $\lim\limits_{\theta\to 0}\dfrac{\sin 2\theta}{\tan 3\theta}$；

(4) $\lim\limits_{\theta\to\frac{\pi}{2}}\dfrac{\cos\theta}{\theta-\dfrac{\pi}{2}}$；

(5) $\lim\limits_{x\to 0^+}\dfrac{\sqrt{1-\cos x}}{x}$；

(6) $\lim\limits_{x\to\infty}x\sin\dfrac{1}{x}$；

(7) $\lim\limits_{x\to 0}x\cdot\cot 2x$；

(8) $\lim\limits_{n\to\infty}2^n\cdot\sin\dfrac{x}{2^n}$.

2. 求下列极限.

(1) $\lim\limits_{x\to\infty}\left(1+\dfrac{3}{x}\right)^x$；

(2) $\lim\limits_{x\to 0}(1+x)^{\frac{2}{x}}$；

(3) $\lim\limits_{x\to\infty}\left(1+\dfrac{1}{x+1}\right)^x$；

(4) $\lim\limits_{x\to 0}(1-3x)^{\frac{1}{x}}$；

(5) $\lim\limits_{x\to\infty}\left(\dfrac{x}{x-1}\right)^x$；

(6) $\lim\limits_{x\to\infty}\left(1-\dfrac{2}{x}\right)^x$；

(7) $\lim_{x \to 0}(1+\sin x)^{\csc 2x}$;

(8) $\lim_{x \to \infty}\left(\dfrac{x+2}{x+1}\right)^{2x}$.

3. 用等价无穷小替换求下列极限.

(1) $\lim_{x \to 0}\dfrac{\tan 2x}{\sin 3x}$;

(2) $\lim_{x \to 0}\dfrac{1-\cos x}{\tan^2 x}$;

(3) $\lim_{x \to 0}\dfrac{(x^2+1)\sin x}{\arcsin x}$;

(4) $\lim_{x \to a}\dfrac{\sin(x^2-a^2)}{x-a}$;

(5) $\lim_{x \to 0}\dfrac{\sin^n(2x)}{\sin(2x^n)}(n \in \mathbf{N}^+)$;

(6) $\lim_{x \to 0}\dfrac{\ln(1+x^2)}{x\tan x}$;

(7) $\lim_{x \to 0}\dfrac{e^{\sqrt{3}x}-1}{\sin x}$;

(8) $\lim_{x \to 0}\dfrac{\ln(1+3x)}{e^{4x}-1}$.

4. 当 $x \to 0$ 时，求下列无穷小对于 x 的阶数.

(1) x^6+6x^3;

(2) $\sin^2 x^3$;

(3) $\dfrac{\sin x(x^2+\cos x)}{1+\sqrt{x}}$;

(4) $\sqrt{x^4+1}-1$;

(5) $1-\cos x$;

(6) $\ln(1+x^3)$.

5. 利用极限存在准则证明.

(1) $\lim_{n \to \infty}\sqrt{1+\dfrac{1}{n^2}}=1$;

(2) $\lim_{n \to \infty}\dfrac{1}{\sqrt{n^2+1}}+\dfrac{1}{\sqrt{n^2+2}}+\cdots+\dfrac{1}{\sqrt{n^2+n}}=1$;

(3) 数列：$\sqrt{2},\sqrt{2+\sqrt{2}},\sqrt{2+\sqrt{2+\sqrt{2}}},\sqrt{2+\sqrt{2+\sqrt{2+\sqrt{2}}}},\cdots$的极限存在，并求其极限.

第六节　函数的连续性

 学习目标

1. 理解函数连续性的概念，会考察函数的连续性.

2. 了解函数间断点的概念，会判断间断点的类型.

3. 了解初等函数的连续性，会利用初等函数的连续性计算极限.

4. 了解闭区间上连续函数的性质.

客观世界的许多现象和事物不仅是运动变化的，而且其运动变化的过程也是连绵不断的，如日月行空、岁月流逝、气温或气压的变化、植物的生长等.这些随着时间的变化而连绵不断地

变化的事物在量方面的反映就是连续函数.连续函数就是刻画变量连续变化的数学模型.

一、函数连续性的概念

1. 增量

设函数 $y=f(x)$ 在点 x_0 的某邻域内有定义,如图 1-34 所示.

当自变量由 x_0 变到 x 时,其差 $x-x_0$ 称为**自变量在 x_0 处的增量**(或**改变量**),记作 Δx,即 $\Delta x=x-x_0$,因此 $x=x_0+\Delta x$.对应的函数值由 $f(x_0)$ 变到 $f(x)=f(x_0+\Delta x)$,其差 $f(x)-f(x_0)$ 称为**函数的增量**(或**改变量**),记作 Δy,即

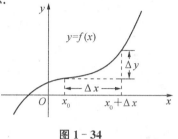

图 1-34

$$\Delta y=f(x)-f(x_0)=f(x_0+\Delta x)-f(x_0).$$

值得注意的是:由于当自变量从 x_0 变到 x 时的方向及函数 $y=f(x)$ 的单调性的不同,Δx 和 Δy 可能取正值,也可能取负值.

2. 函数连续的概念

下面从函数的图形上来观察函数在给定点 x_0 处的变化情况.

如图 1-34 中,函数 $y=f(x)$ 的图形在点 x_0 处是连续的,不断开的.图 1-35 中,函数 $y=f(x)$ 的图形在点 x_0 处是不连续的,是断开的.这是因为当 x 经过 x_0 时,函数值发生了跳跃式的变化.

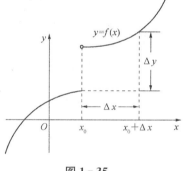

图 1-35

假定保持 x_0 不变,而让自变量的增量 Δx 变动,一般说来,函数 y 的增量 Δy 也随着变动.

由图 1-34 和图 1-35 可见,函数 $y=f(x)$ 在点 x_0 处连续的特征是:当 $\Delta x \to 0$ 时,$\Delta y \to 0$.函数 $y=f(x)$ 在 x_0 点间断时:当 $\Delta x \to 0$ 时,Δy 不趋于 0.由此给出函数在点 x_0 处连续的下述定义:

定义 1　如果函数 $y=f(x)$ 在点 x_0 的某邻域内有定义,且当自变量 x 在 x_0 处的增量 Δx 趋近于 0 时,函数 $y=f(x)$ 的增量 $\Delta y=f(x_0+\Delta x)-f(x_0)$ 也趋近于 0,即 $\lim\limits_{\Delta x \to 0}\Delta y=0$,则称函数 $y=f(x)$ 在点 x_0 处连续,称点 x_0 为函数 $y=f(x)$ 的连续点.否则,称函数 $y=f(x)$ 在点 x_0 处间断,称点 x_0 为函数 $y=f(x)$ 的间断点.

在定义 1 中,设 $x=x_0+\Delta x$,则 $\Delta y=f(x)-f(x_0)$,且 $\Delta x \to 0$ 当且仅当 $x \to x_0$;$\Delta y \to 0$ 当且仅当 $f(x) \to f(x_0)$,于是就有如下等价定义:

定义 1′　如果函数 $y=f(x)$ 在点 x_0 的某邻域内有定义,且函数 $f(x)$ 当 $x \to x_0$ 时极限存在且等于它在点 x_0 处的函数值 $f(x_0)$,即 $\lim\limits_{x \to x_0}f(x)=f(x_0)$,则称函数 $y=f(x)$ 在点 x_0 处连续,称点 x_0 为函数 $y=f(x)$ 的连续点.否则,称函数 $y=f(x)$ 在点 x_0 处间断,称点 x_0 为函

数 $y=f(x)$ 的间断点.

【例1】 证明函数 $y=x^3-x^2+2x+1$ 在点 $x=1$ 处连续.

证法1 函数 $y=x^3-x^2+2x+1$ 的定义域为 $(-\infty,+\infty)$. 当自变量在点 $x=1$ 处有增量 Δx 时，其对应的函数增量为

$$\Delta y=f(1+\Delta x)-f(1)=[(1+\Delta x)^3-(1+\Delta x)^2+2(1+\Delta x)+1]-[1^3-1^2+2\times1+1]$$
$$=\Delta x^3+2\Delta x^2+3\Delta x,$$

因此 $\lim\limits_{\Delta x\to0}\Delta y=\lim\limits_{\Delta x\to0}[\Delta x^3+2\Delta x^2+3\Delta x]=0$,

由定义 1 知 $y=x^3-x^2+2x+1$ 在 $x=1$ 处连续.

证法2 因为 $\lim\limits_{x\to1}[x^3-x^2+2x+1]=1^3-1^2+2\times1+1=3$，因此由定义 $1'$ 知 $y=x^3-x^2+2x+1$ 在 $x=1$ 处连续.

【例2】 讨论函数 $f(x)=\begin{cases}\dfrac{\sin x}{x}, & x>0,\\ x+1, & x\leqslant0\end{cases}$ 在 $x=0$ 处的连续性.

解 因为 $\lim\limits_{x\to0+}f(x)=\lim\limits_{x\to0+}\dfrac{\sin x}{x}=1$, $\lim\limits_{x\to0-}f(x)=\lim\limits_{x\to0-}(x+1)=0+1=1$，所以 $\lim\limits_{x\to0}f(x)=1$.

又 $f(0)=1$，则有 $\lim\limits_{x\to0}f(x)=f(0)$，所以函数 $f(x)$ 在 $x=0$ 处连续.

下面给出左连续、右连续的概念：

定义2 如果函数 $y=f(x)$ 在 $(x_0-a,x_0]$（或 $[x_0,x_0+a)$）$(a>0)$ 有定义，且

$$\lim_{x\to x_0^-}f(x)=f(x_0)（或\lim_{x\to x_0^+}f(x)=f(x_0)），$$

则称函数 $f(x)$ 在点 x_0 处左连续（或右连续）.

根据定义 1、定义 2，有如下结论：

定理1 函数 $f(x)$ 在点 x_0 处连续的充分必要条件是函数 $f(x)$ 在点 x_0 处既左连续又右连续.

【例3】 讨论函数 $f(x)=\begin{cases}x+1, & x\leqslant1,\\ 2-x, & x>1\end{cases}$ 在 $x=1$ 处的连续性.

解 因为 $\lim\limits_{x\to1^-}f(x)=\lim\limits_{x\to1^-}(x+1)=2$, $\lim\limits_{x\to1^+}f(x)=\lim\limits_{x\to1^+}(2-x)=1$,

又 $f(1)=2$，则有 $\lim\limits_{x\to1^-}f(x)=f(1)$, $\lim\limits_{x\to1^+}f(x)\neq f(1)$,

所以函数 $f(x)$ 在 $x=1$ 处左连续，但不右连续，

所以函数 $f(x)$ 在 $x=1$ 处不连续（图 1-36）.

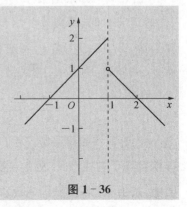

图 1-36

下面介绍函数在区间上连续的概念.

如果函数 $f(x)$ 在开区间 (a,b) 内每一点都连续,则称 $f(x)$ 在开区间 (a,b) 内连续.如果函数 $f(x)$ 在开区间 (a,b) 内连续且在端点 $x=a$ 处右连续,在端点 $x=b$ 处左连续,则称 $f(x)$ 在闭区间 $[a,b]$ 上连续.实际上,区间上的连续函数的图形就是一条连续不间断的曲线.

根据第四节可知:若函数 $f(x)$ 为多项式函数或为分母在 x_0 点不等于零的有理函数,则 $\lim\limits_{x \to x_0} f(x) = f(x_0)$,因此,**多项式函数在 $(-\infty, +\infty)$ 内连续;有理函数在其定义域内每一点都连续**.

【例4】 证明**正弦函数 $y = \sin x$ 在 $(-\infty, +\infty)$ 内连续**.

证 任取 $x \in (-\infty, +\infty)$,令自变量在点 x 处的增量 Δx,其相应的函数的增量:

$$\Delta y = \sin(x + \Delta x) - \sin x = 2\sin\frac{\Delta x}{2}\cos\left(x + \frac{\Delta x}{2}\right),$$

但

$$\left|\cos\left(x + \frac{\Delta x}{2}\right)\right| \leqslant 1 \quad 且 \quad \left|\sin\frac{\Delta x}{2}\right| \leqslant \left|\frac{\Delta x}{2}\right|,$$

因此

$$|\Delta y| = |\sin(x + \Delta x) - \sin x| = \left|2\sin\frac{\Delta x}{2}\cos\left(x + \frac{\Delta x}{2}\right)\right| \leqslant 2\left|\frac{\Delta x}{2}\right| \cdot 1 = |\Delta x|,$$

所以 $\lim\limits_{\Delta x \to 0} \Delta y = 0$,此即证明了 $y = \sin x$ 在 $(-\infty, +\infty)$ 内连续.

同理可证:**余弦函数 $y = \cos x$ 在 $(-\infty, +\infty)$ 内连续**.

二、间断点及其分类

由定义 $1'$ 可知,函数 $y = f(x)$ 在点 x_0 处间断有以下三种情形:

(1) $f(x_0)$ 不存在,即函数 $y = f(x)$ 在点 $x = x_0$ 处没有定义;

(2) 极限 $\lim\limits_{x \to x_0} f(x)$ 不存在;

(3) 虽然函数 $y = f(x)$ 在点 $x = x_0$ 处有定义,且极限 $\lim\limits_{x \to x_0} f(x)$ 存在,但

$$\lim_{x \to x_0} f(x) \neq f(x_0).$$

下面举例来说明函数间断点的几种常见类型.

【例5】 函数 $f(x) = \dfrac{x^2 - 1}{x - 1}$ 在点 $x = 1$ 处没有定义,所以函数 $f(x)$ 在点 $x = 1$ 处间断,点 $x = 1$ 是函数 $f(x)$ 的间断点(如图 $1-22$ 所示).

但这里 $\lim\limits_{x \to 1} \dfrac{x^2 - 1}{x - 1} = \lim\limits_{x \to 1}(x + 1) = 2$.

如果补充定义:令 $x = 1$ 时 $y = 2$,来构造一个新的函数 $\tilde{f}(x) = \begin{cases} f(x), & x \neq 1, \\ 2, & x = 1, \end{cases}$ 即 $\tilde{f}(x) = x + 1$,那么函数 $\tilde{f}(x)$ 在点处 $x = 1$ 就连续了.所以我们称点 $x = 1$ 为函数 $f(x)$ 的**可去间断点**.

【例6】 函数 $f(x)=\begin{cases} x, & x\neq1, \\ \dfrac{1}{2}, & x=1. \end{cases}$

图 1-37

这里 $\lim\limits_{x\to1}f(x)=\lim\limits_{x\to1}x=1$，但 $f(1)=\dfrac{1}{2}$，所以 $\lim\limits_{x\to1}f(x)\neq f(1)$. 因此点 $x=1$ 是函数 $f(x)$ 的间断点（图 1-37）.

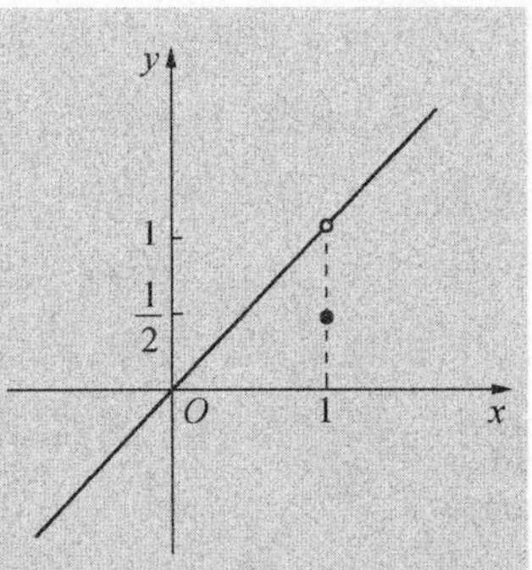

如果改变函数 $f(x)$ 在 $x=1$ 处的定义：令 $x=1$ 时 $y=1$，来构造一个新的函数 $\widetilde{f}(x)=\begin{cases} f(x), & x\neq1, \\ 1, & x=1, \end{cases}$ 即 $\widetilde{f}(x)=x$，那么函数 $\widetilde{f}(x)$ 在点 $x=1$ 处就连续了. 所以我们也称点 $x=1$ 为函数 $f(x)$ 的**可去间断点**.

【例7】 函数 $f(x)=\begin{cases} x+1, & x\leqslant1, \\ 2-x, & x>1. \end{cases}$

由例 3 可知 $x=1$ 是函数 $f(x)$ 的间断点（图 1-36）.

$\lim\limits_{x\to1^-}f(x)$ 和 $\lim\limits_{x\to1^+}f(x)$ 都存在，但不相等，使得函数 $f(x)$ 的图形在 $x=1$ 处产生了跳跃现象，所以我们称 $x=1$ 为函数 $f(x)$ 的**跳跃间断点**.

【例8】 函数 $f(x)=\dfrac{1}{x}$ 在点 $x=0$ 处没有定义，所以点 $x=0$ 是函数 $f(x)$ 的间断点（如图 1-17 所示）.

因 $\lim\limits_{x\to0}\dfrac{1}{x}=\infty$，所以我们称点 $x=0$ 为函数 $f(x)$ 的**无穷间断点**.

【例9】 函数 $f(x)=\sin\dfrac{1}{x}$ 在点 $x=0$ 处没有定义，所以点 $x=0$ 是函数 $f(x)$ 的间断点（如图 1-25 所示）.

因为当 $x\to0$ 时，函数值 $f(x)$ 在 1 与 -1 之间变动无限多次，所以我们称点 $x=0$ 为函数 $f(x)$ 的**振荡间断点**.

下面我们给出关于间断点的类型的定义：

定义3 若 x_0 是函数 $f(x)$ 的间断点且 $x\to x_0$ 时函数 $f(x)$ 的左、右极限都存在，则称点 x_0 是第一类间断点. 此时，若左、右极限相等，则称点 x_0 是可去间断点；若左、右极限不相等，则称点 x_0 是跳跃间断点.

若 x_0 是函数 $f(x)$ 的间断点且 $x\to x_0$ 时函数 $f(x)$ 的左、右极限中至少有一个不存在，则称点 x_0 是第二类间断点. 此时，若左、右极限中至少有一个是无穷大，则称点 x_0 是无穷间断；若左、右极限都不是无穷大，且在 x_0 的某空心邻域内函数值 $f(x)$ 无限次振荡，则称点 x_0 是振荡间断点.

由定义 3 可知，间断点有如下分类：

$$间断点\begin{cases} 第一类间断点\begin{cases} 可去间断点, \\ 跳跃间断点, \end{cases} \\ 第二类间断点\begin{cases} 无穷间断点, \\ 振荡间断点, \\ 其他. \end{cases} \end{cases}$$

三、初等函数的连续性

1. 连续函数的运算

根据函数在一点连续的定义和极限的四则运算法则,直接验证可得:

定理 2　若函数 $f(x)$ 和 $g(x)$ 在点 x_0 处连续,则它们的和(差) $f(x) \pm g(x)$、积 $f(x) \cdot g(x)$ 和商 $\dfrac{f(x)}{g(x)}(g(x_0) \neq 0)$ 都在点 x_0 处连续.

由此可得:某一区间上的连续函数的和、差、积、商(分母上的函数在此区间上处处不为零)都在这一区间上连续.

> **【例 10】** 三角函数:$\sin x$,$\cos x$,$\tan x$,$\cot x$,$\sec x$,$\csc x$ 在其各自定义域内都是连续的.因为 $\sin x$,$\cos x$ 都在 $(-\infty, +\infty)$ 内连续(见例4),由定理2知:在分母不为零的每一个点上,$\dfrac{\sin x}{\cos x}$,$\dfrac{\cos x}{\sin x}$,$\dfrac{1}{\cos x}$,$\dfrac{1}{\sin x}$ 都是连续的,即 $\tan x$,$\cot x$,$\sec x$,$\csc x$ 在各自的定义域内连续.

2. 反函数的连续性

定理 3　区间上单调增加(或单调减少)的连续函数必定存在反函数,且其反函数在其相应的区间上也是单调增加(或单调减少)的连续函数.

从几何直观看,此结论是容易理解的:区间 I_x 上单调增加(或单调减少)且连续的函数 $y = f(x)$ 的图形是一条连绵不断上升(或下降)的曲线,而其反函数 $x = f^{-1}(y)$ 在其相应的区间 $I_y = \{y \mid y = f(x), x \in I_x\}$ 上的图形实际上是同一条曲线,自然也是连绵不断上升(或下降)的曲线.

> **【例 11】** 反三角函数:$\arcsin x$、$\arccos x$、$\arctan x$、$\text{arccot}\, x$ 在其各自定义域内都是连续的.因为函数 $x = \sin y$,$y \in \left[-\dfrac{\pi}{2}, \dfrac{\pi}{2}\right]$ 单调增加且连续;函数 $x = \cos y$,$y \in [0, \pi]$ 单调减少且连续,所以,根据定理3,它们的反函数 $y = \arcsin x$,$x \in [-1, 1]$ 单调增加且连续;$y = \arccos x$,$x \in [-1, 1]$ 单调减少且连续.
>
> 同理可证:$y = \arctan x$,$x \in \mathbf{R}$;$y = \text{arccot}\, x$,$x \in \mathbf{R}$ 都是连续的.

3. 复合函数的连续性

定理 4　如果 $\lim\limits_{x \to x_0} \varphi(x) = u_0$,函数 $y = f(u)$ 在点 u_0 处连续,且复合函数 $y = f[\varphi(x)]$ 在点 x_0 处的某邻域内有定义,则 $\lim\limits_{x \to x_0} f[\varphi(x)] = \lim\limits_{u \to u_0} f(u) = f(u_0)$.

*证　由函数 $y=f(u)$ 在点 u_0 处连续知：$\lim\limits_{u\to u_0}f(u)=f(u_0)$，因此，对任意 $\varepsilon>0$，存在 $\eta>0$，使得对任意满足 $|u-u_0|<\eta$ 的 u，都有 $|f(u)-f(u_0)|<\varepsilon$ 成立.

又因为 $\lim\limits_{x\to x_0}\varphi(x)=u_0$，对上述 $\eta>0$，存在 $\delta>0$，使得对任意满足 $0<|x-x_0|<\delta$ 的 x，都有：$|u-u_0|=|\varphi(x)-u_0|<\eta$ 成立.

因此就有：$|f(u)-f(u_0)|=|f[\varphi(x)]-f(u_0)|<\varepsilon$，所以

$$\lim_{x\to x_0}f[\varphi(x)]=f(u_0)=f\left[\lim_{x\to x_0}\varphi(x)\right].$$

【例 12】　求极限：

(1) $\lim\limits_{x\to 3}\sqrt{\dfrac{x-3}{x^2-9}}$；　　　　　　(2) $\lim\limits_{x\to 0}\ln\left(1+\dfrac{\sin x}{x}\right)^2$.

解　(1) $y=\sqrt{\dfrac{x-3}{x^2-9}}$ 可看作由 $y=\sqrt{u}$ 与 $u=\dfrac{x-3}{x^2-9}$ 复合而成. 因为

$$\lim_{x\to 3}\frac{x-3}{x^2-9}=\lim_{x\to 3}\frac{x-3}{(x-3)(x+3)}=\lim_{x\to 3}\frac{1}{x+3}=\frac{1}{6},$$

而函数 $y=\sqrt{u}$ 在点 $u=\dfrac{1}{6}$ 处连续，所以利用定理 4 得

$$\lim_{x\to 3}\sqrt{\frac{x-3}{x^2-9}}=\sqrt{\lim_{x\to 3}\frac{x-3}{x^2-9}}=\sqrt{\frac{1}{6}}=\frac{\sqrt{6}}{6}.$$

(2) $y=\ln\left(1+\dfrac{\sin x}{x}\right)^2$ 是由 $y=\ln u$，$u=v^2$ 和 $v=1+\dfrac{\sin x}{x}$ 复合而成. 因为 $\lim\limits_{x\to 0}\dfrac{\sin x}{x}=1$，且 $y=\ln u$ 与 $u=v^2$ 都是连续函数，所以利用定理 4 得：

$$\lim_{x\to 0}\ln\left(1+\frac{\sin x}{x}\right)^2=\ln\lim_{x\to 0}\left(1+\frac{\sin x}{x}\right)^2=\ln\left[\lim_{x\to 0}\left(1+\frac{\sin x}{x}\right)\right]^2=\ln\left[1+\lim_{x\to 0}\frac{\sin x}{x}\right]^2=2\ln 2.$$

若将定理 4 中条件"$\lim\limits_{x\to x_0}\varphi(x)=u_0$"改为"$u=\varphi(x)$ 在 x_0 处连续"，则 $\lim\limits_{x\to x_0}\varphi(x)=\varphi(x_0)=u_0$，因此就直接可得下面结论：

定理 5　**如果函数 $u=\varphi(x)$ 在点 x_0 处连续，$\varphi(x_0)=u_0$，函数 $y=f(u)$ 在点 u_0 处连续，且复合函数 $y=f[\varphi(x)]$ 在点 x_0 处的某邻域内有定义，则复合函数 $y=f[\varphi(x)]$ 在点 x_0 处连续.**

满足定理 4 或定理 5 的条件时，极限符号"lim"与连续的函数符号"f"可交换次序，此即

$$\lim_{x\to x_0}f[\varphi(x)]=f\left[\lim_{x\to x_0}\varphi(x)\right],$$

如果把定理 4 中的 $x\to x_0$ 换成 $x\to\infty$ 也会有同样的结论成立.

【例 13】　由例 10 和例 11 知：$y=\arcsin u$ 在 $[-1,1]$ 上连续，$u=\tan x$ 在 $\left[-\dfrac{\pi}{4},\dfrac{\pi}{4}\right]$ 上连续，又知当 x 在 $\left[-\dfrac{\pi}{4},\dfrac{\pi}{4}\right]$ 上变化时，$u=\tan x$ 的函数值在 $[-1,1]$ 上取，因此复合函数 $y=\arcsin(\tan x)$ 在 $\left[-\dfrac{\pi}{4},\dfrac{\pi}{4}\right]$ 上连续.

4. 初等函数的连续性

【例14】 可以证明(在此不详细讨论):指数函数 $y=a^x(a>0,a\neq1)$ 在 $(-\infty,+\infty)$ 内单调且连续,它的值域为 $(0,+\infty)$.由此及定理3可得:指数函数的反函数——对数函数 $y=\log_a x(a>0,a\neq1)$ 在 $(0,+\infty)$ 内单调且连续.

【例15】 当 $\mu\in\mathbf{R}$ 时,幂函数 $y=x^\mu,x\in(0,+\infty)$ 是连续函数.

当 $x>0$ 时,

$$y=x^\mu=e^{\mu\ln x},$$

因此幂函数 $y=x^\mu$ 可以看成由 $y=e^u,u=\mu\ln x$ 复合而成,利用定理5及指数函数、对数函数的连续性知:幂函数 $y=x^\mu,x\in(0,+\infty)$ 是连续的.

由例10、例11、例14和例15可得如下结论:

基本初等函数在其各自定义域内都是连续的.

根据初等函数的定义及上述定理2和定理5可得如下重要结论:

一切初等函数在其有定义的区间内都是连续的.

初等函数连续性的结论提供了求极限的一个方法,这就是:若 x_0 是初等函数 $f(x)$ 有定义的区间内的一点,则 $\lim\limits_{x\to x_0}f(x)=f(x_0)$.

【例16】 求 $\lim\limits_{x\to\frac{1}{2}}\left[e^{\sqrt{1-x^2}}+\ln(\arcsin x)\right]$.

解 因为 $x=\dfrac{1}{2}$ 是初等函数 $f(x)=e^{\sqrt{1-x^2}}+\ln(\arcsin x)$ 的定义域 $(0,1]$ 内的一点,所以

$$\lim\limits_{x\to\frac{1}{2}}\left[e^{\sqrt{1-x^2}}+\ln(\arcsin x)\right]=e^{\sqrt{1-(\frac{1}{2})^2}}+\ln\left(\arcsin\frac{1}{2}\right)=e^{\frac{\sqrt{3}}{2}}+\ln\frac{\pi}{6}.$$

以下利用定理4证明三个很有用的等价无穷小(第五节中提到过):

当 $x\to0$ 时,$\ln(1+x)\sim x,e^x-1\sim x,(1+x)^\alpha-1\sim\alpha x$ $(\alpha\in\mathbf{R})$.

【例17】 证明:

(1) $\lim\limits_{x\to0}\dfrac{\ln(1+x)}{x}=1$; (2) $\lim\limits_{x\to0}\dfrac{e^x-1}{x}=1$; (3) $\lim\limits_{x\to0}\dfrac{(1+x)^\alpha-1}{x}=\alpha$.

证 (1) $\lim\limits_{x\to0}\dfrac{\ln(1+x)}{x}=\lim\limits_{x\to0}\ln(1+x)^{\frac{1}{x}}=\ln\left[\lim\limits_{x\to0}(1+x)^{\frac{1}{x}}\right]=\ln e=1.$

(2) 令 $e^x-1=t$,则 $x=\ln(1+t)$,当 $x\to0$ 时,$t\to0$,于是

$$\lim\limits_{x\to0}\dfrac{e^x-1}{x}=\lim\limits_{t\to0}\dfrac{t}{\ln(1+t)}=\lim\limits_{t\to0}\dfrac{1}{\ln(1+t)^{\frac{1}{t}}}=\dfrac{1}{\ln\left[\lim\limits_{t\to0}(1+t)^{\frac{1}{t}}\right]}=\dfrac{1}{\ln e}=1.$$

(3) 令 $(1+x)^\alpha-1=t$,则当 $x\to0$ 时,$t\to0$,于是

$$\lim_{x \to 0} \frac{(1+x)^\alpha - 1}{x} = \lim_{x \to 0} \left[\frac{(1+x)^\alpha - 1}{\ln(1+x)^\alpha} \cdot \frac{\alpha \ln(1+x)}{x} \right] = \lim_{t \to 0} \frac{t}{\ln(1+t)} \cdot \lim_{x \to 0} \frac{\ln(1+x)}{x} \cdot \alpha,$$

由(1)和(2)的证明过程知 $\lim\limits_{t \to 0} \dfrac{t}{\ln(1+t)} \cdot \lim\limits_{x \to 0} \dfrac{\ln(1+x)}{x} = 1$，所以 $\lim\limits_{x \to 0} \dfrac{(1+x)^\alpha - 1}{x} = \alpha$.

四、闭区间上连续函数的性质

下面给出闭区间上连续函数几条重要的性质，它们的验证仅从几何直观加以说明.

定理 6 （最大值与最小值定理）　若函数 $f(x)$ 在闭区间 $[a,b]$ 上连续，则 $f(x)$ 在 $[a,b]$ 上必有最大值和最小值.

如图 1-38 所示，函数 $f(x)$ 在闭区间 $[a,b]$ 上连续，显然，在点 ξ_2 处取得最大值 $f(\xi_2) = M$；在点 ξ_1 处取得最小值 $f(\xi_1) = m$.

但"闭区间"和"连续"这两个条件是必不可少的.例如：函数 $y = \dfrac{1}{x}$ 在 $(0,1)$ 上连续，但无法取得最大值与最小值.又如函数 $y = \tan x$ 在 $[0,\pi]$ 内的 $\dfrac{\pi}{2}$ 处间断，也无法取得最大值与最小值（$\lim\limits_{x \to \frac{\pi}{2}} \tan x = \infty$）.

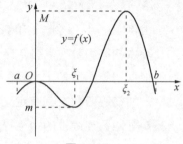

图 1-38

由定理 6 可得下面的推论：

推论　如果函数 $f(x)$ 在闭区间 $[a,b]$ 上连续，则 $f(x)$ 在 $[a,b]$ 上必有界.

定理 7 （零点定理）　若函数 $f(x)$ 在闭区间 $[a,b]$ 上连续，且 $f(a) \cdot f(b) < 0$，则至少存在一点 $\xi \in (a,b)$，使得 $f(\xi) = 0$.

几何直观是显然的：如果连续的平面曲线弧 $y = f(x)$ 的两个点分别位于 x 轴的上、下两侧，则此曲线弧至少经过 x 轴一次（如图 1-39 所示）.

由定理 7 可推理得如下更一般性的结论：

定理 8 （介值定理）　若函数 $f(x)$ 在闭区间 $[a,b]$ 上连续，$f(a) \neq f(b)$，且 C 介于 $f(a)$ 与 $f(b)$ 之间，则至少存在一点 $\xi \in (a,b)$，使得 $f(\xi) = C$.

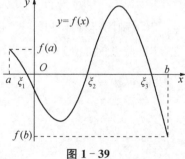

图 1-39

证　令 $F(x) = f(x) - C$，则函数 $F(x)$ 在闭区间 $[a,b]$ 上连续且

$$F(a) \cdot F(b) < 0,$$

因此，由定理 7，至少存在一点 $\xi \in (a,b)$，使得 $F(\xi) = f(\xi) - C = 0$，所以

$$f(\xi) = C.$$

由定理 6、定理 8 知:**若函数 $f(x)$ 在闭区间 $[a,b]$ 上连续,且最大值是 M,最小值是 m,则此函数 $f(x)$ 的值域是 $[m,M]$.**

【例 18】 证明方程 $x \cdot e^x = 1$ 在区间 $(0,1)$ 内有根.

证 $f(x) = x \cdot e^x - 1$ 在闭区间 $[0,1]$ 上连续,又

$$f(0) = -1 < 0, \quad f(1) = e - 1 > 0.$$

根据零点定理,在 $(0,1)$ 内至少有一点 ξ,使得 $f(\xi) = 0$,即

$$\xi \cdot e^\xi = 1.$$

习题 1-6

1. 判断下列说法是否正确.

(1) 函数 $f(x)$ 在点 $x = x_0$ 处连续而函数 $g(x)$ 在点 $x = x_0$ 处间断,则 $f(x) + g(x)$ 在点 $x = x_0$ 处间断;

(2) 若函数 $f(x)$ 在 $(-\infty, +\infty)$ 内连续,则函数 $f(x)$ 在任意闭区间 $[a,b]$ 内连续;

(3) 若函数 $f(x)$ 在任意开区间 (a,b) 内连续,则函数 $f(x)$ 在 $(-\infty, +\infty)$ 内连续;

(4) 若函数 $f(x)$ 在 (a,b) 内连续,则 $|f(x)|$ 也在 (a,b) 内连续;

(5) 若 $|f(x)|$ 在 (a,b) 内连续,则 $f(x)$ 也在 (a,b) 内连续;

(6) 若函数 $f(x)$ 在点 $x = x_0$ 处连续,则 $f^2(x)$ 在点 $x = x_0$ 处也连续;

(7) 若函数 $f(x)$ 在点 $x = x_0$ 处间断,则 $f^2(x)$ 在点 $x = x_0$ 处也间断.

2. 讨论下列函数 $f(x)$ 在点 $x = 0$ 处的连续性.

(1) $f(x) = \begin{cases} e^x - 2, & x \geqslant 0, \\ 2x, & x < 0; \end{cases}$
(2) $f(x) = \begin{cases} x \sin \dfrac{1}{x}, & x \neq 0, \\ 0, & x = 0. \end{cases}$

3. 指出下列函数的间断点,判断间断点的类型.

(1) $y = \dfrac{1}{(x-1)(x+3)}$;
(2) $y = \dfrac{x^2 - 1}{x^2 - 3x + 2}$;

(3) $y = \dfrac{x}{(x+1)^2}$;
(4) $y = 2^{\frac{1}{x}}$;

(5) $y = x^2 \sin \dfrac{1}{x}$;
(6) $y = \dfrac{\tan x}{x}$.

4. 求下列极限.

(1) $\lim\limits_{x \to 1} \dfrac{x^2 + \ln(2-x)}{\arctan x}$;
(2) $\lim\limits_{x \to \infty} 3^{\frac{1}{x}}$;

(3) $\lim\limits_{x \to 0} e^{\frac{\sin x}{x}}$;
(4) $\lim\limits_{x \to +\infty} (\sqrt{x^2 + x} - \sqrt{x^2 + 1})$;

(5) $\lim\limits_{x\to 0}\dfrac{3\sin x+x^2\cos\dfrac{1}{x}}{(1+\cos x)\ln(1+x)}$;

(6) $\lim\limits_{x\to 0}(1+2\tan^2 x)^{3\cot^2 x}$.

5. 设 $f(x)=\begin{cases}\dfrac{\sin 2x}{3x}, & x<0, \\ x^2-2x+2k, & x\geqslant 0,\end{cases}$ 试问 k 为何值时函数 $f(x)$ 在点 $x=0$ 处连续.

6. 某停车场每小时或不到一小时的收费为 5 元,一天最高的收费为 30 元.

(1) 求停车的收费 y(元)关于停车时间 x(小时)的函数表达式,其中 $0\leqslant x\leqslant 24$.

(2) 指出函数的间断点,判断间断点的类型.

7. 讨论函数 $f(x)=\lim\limits_{n\to\infty}\dfrac{1-x^{2n}}{1+x^{2n}}$ 的连续性,若有间断点,判断其类型.

8. 证明方程 $x^3-x-1=0$ 在区间 $(1,2)$ 内至少有一个根.

9. 证明方程 $x=a\sin x+b(a>0,b>0)$ 至少有一个不超过 $a+b$ 的正根.

10. 证明:若 $f(x)$ 在 $[a,b]$ 上连续且 $a<x_1<x_2<\cdots<x_n<b$,则在 (x_1,x_n) 内至少存在一点 ξ,使得 $f(\xi)=\dfrac{f(x_1)+f(x_2)+\cdots+f(x_n)}{n}$.

本章小结

本章介绍了学习高等数学要用到的基本知识:函数和极限。内容包括一元函数的相关概念和性质,函数极限的概念、性质和求法,函数连续的概念和相关性质,其中数列极限是一种特殊的函数极限.

一、函数

1. 函数的概念和性质.

2. 反函数和复合函数的概念.

3. 基本初等函数和初等函数的概念.

4. 极坐标系的概念,曲线在极坐标系和直角坐标系下的方程互化.

二、函数极限的概念

1. 数列极限和函数极限的描述性定义.

2. 数列极限和函数极限的精确定义.

三、函数极限的性质

1. 收敛数列的性质.

2. 函数极限的性质.

四、无穷小与无穷大

1. 无穷小与无穷大的概念.

2. 无穷小的性质.

3. 无穷小与无穷大的关系.

4. 无穷小的比较.

五、求数列或函数极限的方法

1. 观察法.

2. 极限的四则运算法则.

3. 消去零因子法.

4. 无穷小分出法.

5. 利用无穷小的性质.

6. 利用无穷小与无穷大的关系.

7. 利用等价无穷小替换.

8. 利用两个极限存在准则.

9. 利用两个重要极限.

10. 复合函数的极限运算法则.

11. 代入法(利用初等函数的连续性).

六、函数的连续性

1. 函数的连续性概念.

2. 函数间断点的概念,间断点的类型.

3. 初等函数的连续性.

4. 闭区间上连续函数的性质.

在高等数学中,有很多重要的概念和方法都和极限有关,如导数、微分、积分、级数等.本章介绍的求数列或函数极限的方法比较多,建议在学习这些方法的时候,注意适用条件.此外,关于求极限的方法,除了本章介绍的方法外,第三章还会介绍求函数极限的洛必达法则.

总习题一

一、单项选择题

1. 函数 $f(x)=\begin{cases}\sqrt{9-x^2}, & |x|\leqslant 3, \\ x^2-9, & 3<|x|<4\end{cases}$ 的定义域是(　　).

　　A. $[-3,4)$ 　　　　B. $(-3,4)$ 　　　　C. $[-4,4)$ 　　　　D. $(-4,4)$

2. 在 $(-\infty,+\infty)$ 内,下列函数是周期函数的是(　　).

　　A. $\sin x^2$ 　　　　B. $\sin 3x$ 　　　　C. $2x\sin x$ 　　　　D. $x\cos x$

3. 设函数 $f(x)=\ln(x+\sqrt{x^2+1})$,则该函数是(　　).

　　A. 奇函数 　　　　B. 偶函数 　　　　C. 非奇非偶函数

4. 函数 $y=e^x-1$ 的反函数是(　　).

A. $y=\ln x+1$ 　　　　　　　　　B. $y=\ln(x+1)$

C. $y=\ln x-1$ 　　　　　　　　　D. $y=\ln(x-1)$

5. 设函数 $f(x)=\begin{cases}-1,& x<0,\\0,& x=0,\\1,& x>0,\end{cases}$ 则 $f[f(x)]=(\quad)$.

　　A. $-f(x)$ 　　　B. $f(-x)$ 　　　C. 0 　　　　　D. $f(x)$

6. 下列数列中收敛的是(　　).

　　A. $x_n=-\dfrac{n+1}{n}$ 　　　　　　B. $x_n=n$

　　C. $x_n=\dfrac{1+(-1)^n}{2}$ 　　　　　D. 2^n

7. 当 $x\to\infty$ 时,下列函数有极限的是(　　).

　　A. $\sin x$ 　　　　　　　　　　B. 2^{-x}

　　C. $\dfrac{4x^2+1}{x^2+2x+3}$ 　　　　　D. $\arctan x$

8. 在给定的变化过程中,下列变量(　　)是无穷小.

　　A. $\dfrac{\sin x}{x},x\to0$ 　　　　　B. $x\sin\dfrac{1}{x},x\to\infty$

　　C. $\dfrac{\cos x}{x},x\to\infty$ 　　　　D. $\dfrac{x}{\tan x},x\to0$

9. 在 $x\to+\infty$ 时,下列变量(　　)是无穷大.

　　A. $\ln(1+x)$ 　　　　　　　　B. $x\sin\dfrac{1}{x}$

　　C. $x\cos x$ 　　　　　　　　　D. $e^{-x}+1$

10. $\lim\limits_{x\to x_0}f(x)$ 存在是函数 $f(x)$ 在 x_0 处连续的 (　　).

　　A. 必要条件 　　　　　　　　B. 充分条件

　　C. 充要条件 　　　　　　　　D. 既不充分也不必要条件

11. 设 $f(x)=\dfrac{|x-2|}{x-2}$,则 $\lim\limits_{x\to2}f(x)$ 是(　　).

　　A. 1 　　　B. -1 　　　C. 0 　　　　　D. 不存在

12. 函数 $f(x)=\dfrac{\sqrt{x+2}}{(x+1)(x-4)}$ 的连续区间为(　　).

　　A. $[-2,-1)\cup(-1,-4)$ 　　　　B. $(-1,4)\cup(4,+\infty)$

　　C. $[-2,4)\cup(4,+\infty)$ 　　　　D. $[-2,-1)\cup(-1,4)\cup(4,+\infty)$

13. 若 $\lim\limits_{x\to3}\dfrac{x^2-2x+k}{x-3}=4$,则 $k=(\quad)$.

A. 3　　　　　　B. -3　　　　　　C. 1　　　　　　D. -1

14. 当 $x \to 0$ 时,与无穷小 $x+100x^3$ 等价的无穷小是( ).

A. $\sin x^3$　　　　B. x^3　　　　　　C. $\sin 3x$　　　　D. $\sin x$

15. $\lim\limits_{x \to +\infty}\left(\dfrac{x+a}{x-a}\right)^x = e^2$,则 $a=($).

A. 0　　　　　　B. 1　　　　　　C. 2　　　　　　D. 4

二、解答题

1. 已知函数 $y=f(x)$ 定义域是 $[0,1]$,求下列函数的定义域.

(1) $f(\sqrt{x})$;　　　　　　　　　　(2) $f(\log_2 x)$;

(3) $f(\arcsin x)$;　　　　　　　　　(4) $f(2^x)$.

2. 下列函数 $f(x)$ 和 $g(x)$ 是否相同? 为什么?

(1) $f(x)=x$ 和 $g(x)=\sqrt{x^2}$;

(2) $f(x)=x \cdot \sqrt[3]{x-1}$ 和 $g(x)=\sqrt[3]{x^4-x^3}$;

(3) $f(x)=\sqrt{1-\cos 2x}$ 和 $g(x)=\sqrt{2} \cdot \sin x$.

3. 求下列极限.

(1) $\lim\limits_{x \to 0}(1+2x)(2+3x)(3+4x)$;　　　(2) $\lim\limits_{x \to 1}\dfrac{x^2-1}{2x^2-x-1}$;

(3) $\lim\limits_{x \to 3}\dfrac{\sqrt{1+x}-2}{x-3}$;　　　　　(4) $\lim\limits_{x \to \infty}x^2\left(\dfrac{1}{x+1}-\dfrac{1}{x-1}\right)$;

(5) $\lim\limits_{x \to \infty}\dfrac{(2x-3)^2 \cdot (3x+1)^3}{(2x+1)^5}$;　　(6) $\lim\limits_{x \to 0}\dfrac{\sqrt{x+1}-1}{\sqrt{x+4}-2}$;

(7) $\lim\limits_{x \to \infty}\dfrac{\arctan x}{x}$;　　　　　(8) $\lim\limits_{x \to \infty}\dfrac{x-\sin x}{x+\sin x}$;

(9) $\lim\limits_{x \to 0}\dfrac{x^2}{\sin^2 \frac{x}{2}}$;　　　　　(10) $\lim\limits_{x \to \infty}\left(\dfrac{x-3}{x}\right)^{2x}$;

(11) $\lim\limits_{x \to 0}\dfrac{\sqrt{1+\tan x}-\sqrt{1-\tan x}}{\sin x}$;　(12) $\lim\limits_{x \to 1}\left(\dfrac{3}{1-x^3}-\dfrac{1}{1-x}\right)$;

(13) $\lim\limits_{x \to 0}\dfrac{1-\cos 2x+\tan^2 x}{x\sin x}$;　　(14) $\lim\limits_{n \to \infty}\dfrac{1^2+2^2+3^2+\cdots+n^2}{n^3}$;

(15) $\lim\limits_{x \to 0}\dfrac{\sin x}{\sqrt{1+x}-1}$;　　　　(16) $\lim\limits_{x \to 0}\dfrac{\sqrt{1-\cos x^2}}{1-\cos x}$;

(17) $\lim\limits_{n \to \infty}\left[\dfrac{1}{1 \cdot 2}+\dfrac{1}{2 \cdot 3}+\dfrac{1}{3 \cdot 4}+\cdots+\dfrac{1}{n \cdot (n+1)}\right]$.

4. 当 $x=0$ 时,函数 $f(x)=\dfrac{x-|x|}{x}(-1<x<1)$ 无定义,问是否可定义 $f(0)$ 的数值,使

$f(x)$ 在 $x=0$ 连续?

5. 设 $f(x)=\begin{cases} \sin x, & x<0, \\ x, & 0\leqslant x\leqslant 1, \\ \dfrac{1}{x-1}, & x>1, \end{cases}$ 讨论 $f(x)$ 的连续性(间断点及连续区间).

6. 已知 a,b 为常数,$\lim\limits_{x\to 1}\dfrac{x^2+ax+b}{1-x}=1$,求 a,b 的值.

三、证明题

1. 证明当 $x\to 1$ 时,$1-x$ 与 $1-\sqrt[3]{x}$ 是同阶无穷小.

2. 证明当 $x\to 1$ 时,$\dfrac{1-x}{1+x}$ 与 $1-\sqrt{x}$ 是等价无穷小.

3. 证明当 $x\to 0$ 时,$(1-\cos x)^2$ 是 $\sin^2 x$ 的高阶无穷小.

4. 设函数 $f(x)$ 在 $[0,1]$ 上连续,且 $0<f(x)<1$,证明:方程 $f(x)-x=0$ 在区间 $(0,1)$ 内必有一个实数根.

5. 证明:方程 $x\ln x-2=0$ 在区间 $(1,e)$ 内恰好只有一个实数根.

*6. 根据极限的 $\varepsilon-\delta$ 定义证明.

(1) $\lim\limits_{x\to 3}\dfrac{x^2-x-6}{x-3}=5$;　　　　　(2) $\lim\limits_{x\to 5}\sqrt{x+4}=3$.

第二章　导数与微分

微分学是高等数学的重要组成部分,它的基本概念是导数与微分.

从本章开始,我们将讨论导数和微分的概念、函数的求导法则、反函数及复合函数的导数、隐函数的导数、由参数方程所确定函数的导数以及函数的高阶导数.

第一节　导数的概念

学习目标

1. 理解导数概念.
2. 了解导数作为函数变化率的实际意义.
3. 会用导数表达科学技术中一些量的变化率.
4. 了解导数的几何意义,会求平面曲线的切线方程和法线方程.
5. 理解函数的可导与连续之间的关系.

一、引例

导数的思想最初是法国数学家费马(Fermat)为解决极大、极小问题而引入的,但导数作为微分学中最主要概念,却是英国数学家牛顿(Newton)和德国数学家莱布尼茨(Leibniz)分别在研究力学与几何学过程中建立的.

下面我们分别以运动学、几何学问题为背景引入导数概念,然后再介绍导数的几何意义与应用.

1. 直线运动的速度

假设有一质点沿直线运动.在直线上取定一个时刻作为测量时间的零点,并把它记作原点,再规定正方向和单位长度,使直线成为数轴.设该质点于时刻 t 在直线上的位置坐标为 s.这样,该质点的运动完全由关于 t 的**位置函数**

$$s = f(t)$$

所确定.若 t_0 表示某一确定的时刻,t 为邻近于 t_0 的时刻,则

$$\bar{v}=\frac{f(t)-f(t_0)}{t-t_0} \tag{1.1}$$

是质点从 t_0 到 t 这一时间间隔内的**平均速度**.

如果当 $t \to t_0$ 时,(1.1)式极限存在,并记为 v,则称

$$v=\lim_{t \to t_0}\frac{f(t)-f(t_0)}{t-t_0} \tag{1.2}$$

为质点在时刻 t_0 的(**瞬时**)**速度**.

2. 平面曲线的切线

首先我们给出平面曲线在某一定点的切线的定义.

定义 1　　设点 M 是平面曲线 C 上的一个定点,点 N 是 C 上的动点,作割线 MN.当点 N 沿曲线 C 无限趋近点 M 时,如果割线 MN 绕点 M 旋转而趋于极限位置 MT,则称直线 MT 为曲线 C 在点 M 处的切线.

如图 2-1 所示,设曲线 C 的方程为 $y=f(x)$,$M(x_0,y_0)$ 为 C 上的点,其中 $y_0=f(x_0)$,在 C 上点 M 的邻近任取点 $N(x,y)$,则割线 MN 的斜率为

$$\tan\varphi=\frac{y-y_0}{x-x_0}=\frac{f(x)-f(x_0)}{x-x_0}, \tag{1.3}$$

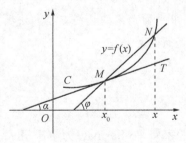

图 2-1

其中 φ 为割线 MN 的**倾角**.

当点 N 沿曲线 C 无限趋近点 M 时,即 $x \to x_0$,设割线 MN 的极限位置 MT 的倾角为 α,则**切线** MT 的**斜率**为

$$\tan\alpha=\lim_{N \to M}\tan\varphi=\lim_{x \to x_0}\frac{f(x)-f(x_0)}{x-x_0}. \tag{1.4}$$

从以上两个问题可以看出,尽管它们的具体背景各不相同,但最终都归结为讨论形如 (1.2)、(1.4)式的极限,也正是由于这类问题的研究促使导数概念的诞生.

二、导数的定义

定义 2　设函数 $y=f(x)$ 在点 x_0 的某个邻域内有定义,当自变量 x 在 x_0 处取得增量 Δx(点 $x_0+\Delta x$ 仍在该邻域内) 时,相应地,因变量取得增量 $\Delta y=f(x_0+\Delta x)-f(x_0)$;如果 Δy 与 Δx 之比当 $\Delta x\to 0$ 时的极限存在,那么称函数 $y=f(x)$ 在点 x_0 可导(有时也说成具有导数或导数存在),并称这个极限为函数 $y=f(x)$ 在点 x_0 的导数,记为 $f'(x_0)$,即

$$f'(x_0)=\lim_{\Delta x\to 0}\frac{\Delta y}{\Delta x}=\lim_{\Delta x\to 0}\frac{f(x_0+\Delta x)-f(x_0)}{\Delta x},\tag{1.5}$$

也可记作 $y'\Big|_{x=x_0}$,$\dfrac{\mathrm{d}f(x)}{\mathrm{d}x}\Big|_{x=x_0}$ 或 $\dfrac{\mathrm{d}y}{\mathrm{d}x}\Big|_{x=x_0}$.

可以看出导数是函数增量 Δy 与自变量增量 Δx 之比 $\dfrac{\Delta y}{\Delta x}$ 的极限.

导数的定义式(1.5)也可取不同的形式,常见的有

$$f'(x_0)=\lim_{h\to 0}\frac{f(x_0+h)-f(x_0)}{h}\tag{1.6}$$

和

$$f'(x_0)=\lim_{x\to x_0}\frac{f(x)-f(x_0)}{x-x_0},\tag{1.7}$$

这里(1.6)式中 h 即自变量增量 Δx,(1.7)式中 $\Delta x=x-x_0$,$\Delta y=f(x)-f(x_0)$.

若(1.5)式的极限不存在,则称函数 $y=f(x)$ 在点 x_0 处不可导,但如果不可导的原因是 $\Delta x\to 0$ 时,比式 $\dfrac{\Delta y}{\Delta x}\to\infty$,为了方便起见,也往往说函数 $y=f(x)$ 在点 x_0 处的导数为无穷大.

上面讲的是函数在一点处可导,如果函数 $y=f(x)$ 在开区间 I 内的每点处都可导,就称函数 $y=f(x)$ 在开区间 I 内可导,这时,对于任一 $x\in I$,都对应着 $f(x)$ 的一个确定的导数值,这样就构成了一个新的函数,这个函数叫作原来函数 $y=f(x)$ 的**导函数**,记作 $f'(x)$,y',$\dfrac{\mathrm{d}f(x)}{\mathrm{d}x}$ 或 $\dfrac{\mathrm{d}y}{\mathrm{d}x}$,即

$$y'=\lim_{\Delta x\to 0}\frac{f(x+\Delta x)-f(x)}{\Delta x},\tag{1.8}$$

或

$$y'=\lim_{h\to 0}\frac{f(x+h)-f(x)}{h}.\tag{1.9}$$

注意

(1) 在以上式子中,虽然 x 可以取区间 I 内的任何值,但在求极限过程中,x 是常量,Δx 或 h 是变量.

(2) 函数 $y=f(x)$ 在点 x_0 的导数 $f'(x_0)$ 就是导函数 $f'(x)$ 在点 $x=x_0$ 处的函数值,即

$$f'(x_0)=f'(x)\big|_{x=x_0}.$$

(3) 导函数 $f'(x)$ 简称为导数.

三、求导数举例

利用导数的定义求导数时,通常利用(1.8)式来求,并按照下面三个步骤:

(1) 求增量 $\Delta y=f(x+\Delta x)-f(x)$.

(2) 算比值 $\dfrac{\Delta y}{\Delta x}=\dfrac{f(x+\Delta x)-f(x)}{\Delta x}$;

(3) 取极限 $y'=\lim\limits_{\Delta x\to 0}\dfrac{\Delta y}{\Delta x}$.

【例1】 求函数 $f(x)=x^n$(n 为正整数)在 $x=1$ 处的导数.

解 首先求 $f'(x)$:

(1) 求增量 $\Delta y=f(x+\Delta x)-f(x)=(x+\Delta x)^n-x^n$.

(2) 算比值 $\dfrac{\Delta y}{\Delta x}=\dfrac{f(x+\Delta x)-f(x)}{\Delta x}=\dfrac{(x+\Delta x)^n-x^n}{\Delta x}$.

(3) 取极限

$$f'(x)=\lim_{\Delta x\to 0}\frac{f(x+\Delta x)-f(x)}{\Delta x}=\lim_{\Delta x\to 0}\frac{(x+\Delta x)^n-x^n}{\Delta x},$$

当 $n=1$ 时,$f'(x)=1$;

当 $n>1$ 时,$f'(x)=\lim\limits_{\Delta x\to 0}\dfrac{C_n^0\cdot x^n\cdot(\Delta x)^0+C_n^1\cdot x^{n-1}\cdot(\Delta x)+\cdots+C_n^n\cdot x^0\cdot(\Delta x)^n-x^n}{\Delta x}$

$\qquad\qquad\quad =\lim\limits_{\Delta x\to 0}[C_n^1\cdot x^{n-1}+C_n^2\cdot x^{n-2}\cdot(\Delta x)+\cdots+C_n^n\cdot x^0\cdot(\Delta x)^{n-1}]$

$\qquad\qquad\quad =nx^{n-1}.$

即 $(x^n)'=\begin{cases}1, & n=1,\\ nx^{n-1}, & n>1.\end{cases}$

又由于 $f'(x_0)=f'(x)\big|_{x=x_0}$,

因此,函数 $f(x)=x^n$ 在 $x=1$ 处的导数为 $f'(1)=f'(x)\big|_{x=1}=n$.

初学求导可用以上三步骤进行,熟练了以后,这三步骤可以合在一起写.

【例2】 求证:对于一切实数 μ,当 x 在幂函数 x^μ 的定义域内,且 $x \neq 0$ 时,有 $(x^\mu)' = \mu x^{\mu-1}$.

证 对于一切实数 μ,当 x 在幂函数 x^μ 的定义域内,且 $x \neq 0$ 时,

$$(x^\mu)' = \lim_{\Delta x \to 0} \frac{(x + \Delta x)^\mu - x^\mu}{\Delta x}$$

$$= x^{\mu-1} \lim_{\Delta x \to 0} \frac{\left(1 + \dfrac{\Delta x}{x}\right)^\mu - 1}{\dfrac{\Delta x}{x}},$$

当 $\Delta x \to 0, x \neq 0$ 时,$\dfrac{\Delta x}{x} \to 0$,

利用等价无穷小可知 $\left(1 + \dfrac{\Delta x}{x}\right)^\mu - 1 \sim \mu \cdot \dfrac{\Delta x}{x}$,

从而有 $(x^\mu)' = \mu x^{\mu-1}$.

【例3】 求函数 $y = \cos x$ 的导数以及 $(\cos x)' \big|_{x = \frac{\pi}{6}}$.

解 $(\cos x)' = \lim_{\Delta x \to 0} \dfrac{\cos(x + \Delta x) - \cos x}{\Delta x} = \lim_{\Delta x \to 0} \left[-\sin\left(x + \dfrac{\Delta x}{2}\right) \cdot \dfrac{\sin \dfrac{\Delta x}{2}}{\dfrac{\Delta x}{2}} \right]$

$$= -\sin x,$$

即 $(\cos x)' = -\sin x$.

也就是说,余弦函数的导数是负的正弦函数.

所以 $(\cos x)' \big|_{x = \frac{\pi}{6}} = -\sin x \big|_{x = \frac{\pi}{6}} = -\dfrac{1}{2}$.

用类似方法可得 $(\sin x)' = \cos x$.

即 正弦函数的导数是余弦函数.

【例4】 求函数 $f(x) = \ln x$ 的导数.

解 $(\ln x)' = \lim_{\Delta x \to 0} \dfrac{\ln(x + \Delta x) - \ln x}{\Delta x}$

$$= \lim_{\Delta x \to 0} \frac{\ln\left(1 + \dfrac{\Delta x}{x}\right)}{\Delta x} = \lim_{\Delta x \to 0} \frac{1}{\Delta x} \ln\left(1 + \dfrac{\Delta x}{x}\right)$$

$$= \lim_{\Delta x \to 0} \ln\left(1 + \dfrac{\Delta x}{x}\right)^{\frac{x}{\Delta x} \cdot \frac{1}{x}} = \ln \lim_{\Delta x \to 0} \left[\left(1 + \dfrac{\Delta x}{x}\right)^{\frac{x}{\Delta x}}\right]^{\frac{1}{x}}$$

$$= \ln e^{\frac{1}{x}} = \frac{1}{x} \ln e = \frac{1}{x}.$$

四、单侧导数

根据函数 $f(x)$ 在点 x_0 处的导数 $f'(x_0)$ 的定义式

$$f'(x_0) = \lim_{\Delta x \to 0} \frac{f(x_0 + \Delta x) - f(x_0)}{\Delta x}$$

是一个极限,而极限存在的充要条件是左、右极限都存在且相等,因此 $f(x)$ 在点 x_0 处可导的充要条件是左极限 $\lim\limits_{\Delta x \to 0^-} \dfrac{f(x_0 + \Delta x) - f(x_0)}{\Delta x}$ 及右极限 $\lim\limits_{\Delta x \to 0^+} \dfrac{f(x_0 + \Delta x) - f(x_0)}{\Delta x}$ 都存在且相等,这两个极限分别称为函数 $f(x)$ 在点 x_0 处的**左导数**和**右导数**,记作 $f_-'(x_0)$ 和 $f_+'(x_0)$,即

$$f_-'(x_0) = \lim_{\Delta x \to 0^-} \frac{f(x_0 + \Delta x) - f(x_0)}{\Delta x},$$

$$f_+'(x_0) = \lim_{\Delta x \to 0^+} \frac{f(x_0 + \Delta x) - f(x_0)}{\Delta x}.$$

换句话说,即函数 $f(x)$ 在点 x_0 处可导的充要条件是左导数 $f_-'(x_0)$ 和右导数 $f_+'(x_0)$ 都存在且相等.

【例5】 试求函数 $f(x) = \begin{cases} \sin x, & x < 0, \\ -x, & x \geqslant 0 \end{cases}$ 的 $f_-'(0)$ 和 $f_+'(0)$,并讨论其在 $x = 0$ 处的可导性.

解　显然函数在 $x = 0$ 处是连续的,

左导数 $f_-'(0) = \lim\limits_{\Delta x \to 0^-} \dfrac{f(0 + \Delta x) - f(0)}{\Delta x} = \lim\limits_{\Delta x \to 0^-} \dfrac{\sin \Delta x - 0}{\Delta x} = 1$,

右导数 $f_+'(0) = \lim\limits_{\Delta x \to 0^+} \dfrac{f(0 + \Delta x) - f(0)}{\Delta x} = \lim\limits_{\Delta x \to 0^+} \dfrac{-\Delta x - 0}{\Delta x} = -1$,

虽然函数在 $x = 0$ 处的左、右导数都存在,但不相等,所以函数 $f(x) = \begin{cases} \sin x, & x < 0, \\ -x, & x \geqslant 0 \end{cases}$ 在 $x = 0$ 处不可导.

左导数和右导数统称为**单侧导数**.

如果函数 $f(x)$ 在开区间 (a, b) 内可导,且 $f'_+(a)$ 及 $f'_-(b)$ 都存在,则称 $f(x)$ **在闭区间 $[a, b]$ 上可导**.

五、导数的几何意义

设曲线 C 的方程为 $y = f(x)$,$M(x_0, y_0)$ 为 C 上的点.由引例以及图 2-1 可知,曲线 $y = f(x)$ 在 M 点处切线斜率为

$$k = \tan\alpha = \lim_{N \to M} \tan\varphi = \lim_{x \to x_0} \frac{f(x) - f(x_0)}{x - x_0} = f'(x_0).$$

这就是说,函数 $y = f(x)$ 在点 x_0 的导数 $f'(x_0)$ 是曲线 $y = f(x)$ 在点 $(x_0, f(x_0))$ 处切线的斜率.易知 $f'(x_0) > 0$ 意味着切线与 x 轴正向的夹角为锐角,$f'(x_0) < 0$ 意味着切线与 x 轴正向的夹角为钝角,$f'(x_0) = 0$ 意味着切线与 x 轴平行或重合.

由平面解析几何可知,曲线 $y = f(x)$ 在 M 点处的**切线方程**是

$$y - y_0 = f'(x_0)(x - x_0).$$

另外,过切点 $M(x_0, y_0)$ 且与切线垂直的直线叫作曲线 $y = f(x)$ 在点 M 处的**法线**.如果 $f'(x_0) \neq 0$,法线的斜率为 $-\dfrac{1}{f'(x_0)}$,从而**法线方程**为

$$y - y_0 = -\frac{1}{f'(x_0)}(x - x_0).$$

【例 6】 求曲线 $y = x^2$ 在点 $P(x_0, y_0)$,$x_0 > 0$ 处的切线方程与法线方程.

解 由导数的几何意义得,切线斜率为

$$k = y'\big|_{x=x_0} = (x^2)'\big|_{x=x_0} = 2x_0.$$

所求曲线 $y = x^2$ 在点 $P(x_0, y_0)$ 处的切线方程为

$$y - y_0 = 2x_0(x - x_0).$$

由于 $2x_0 \neq 0$,则法线方程为

$$y - y_0 = -\frac{1}{2x_0}(x - x_0).$$

六、函数可导性与连续性的关系

一般来说,函数 $f(x)$ 在 x_0 处连续,但未必在 x_0 处可导(如前面的"例 5"),但反过来有下面的关系.

定理 **如果函数 $f(x)$ 在点 x_0 处可导,则 $f(x)$ 在点 x_0 处连续.**

证 由于 $y'\big|_{x=x_0} = \lim\limits_{\Delta x \to 0} \dfrac{\Delta y}{\Delta x} = f'(x_0)$,因此

$$\lim_{\Delta x \to 0} \Delta y = \lim_{\Delta x \to 0} \left(\frac{\Delta y}{\Delta x} \cdot \Delta x\right) = \lim_{\Delta x \to 0} \frac{\Delta y}{\Delta x} \cdot \lim_{\Delta x \to 0} \Delta x = 0.$$

从而 $f(x)$ 在点 x_0 处连续.

【例 7】 讨论函数 $f(x) = \begin{cases} x\sin\dfrac{1}{x}, & x \neq 0, \\ 0, & x = 0 \end{cases}$ 在 $x = 0$ 处的可导性和连续性.

解 因为 $\sin\dfrac{1}{x}$ 是有界函数,则 $\lim\limits_{x \to 0} f(x) = \lim\limits_{x \to 0} x\sin\dfrac{1}{x} = 0 = f(0)$,所以函数 $f(x)$ 在 $x = 0$ 处连续.

由于 $x = 0$ 和 $x \neq 0$ 时函数的表达式不同,因此要用导数的定义讨论 $f(x)$ 在 $x = 0$ 处的可导性(如图 2-2).

因为 $\lim\limits_{\Delta x \to 0} \dfrac{f(0+\Delta x) - f(0)}{\Delta x} = \lim\limits_{\Delta x \to 0} \dfrac{(\Delta x)\sin\dfrac{1}{\Delta x} - 0}{\Delta x} = \lim\limits_{\Delta x \to 0} \sin\dfrac{1}{\Delta x}$,

显然极限不存在,所以函数 $f(x)$ 在 $x = 0$ 处不可导.

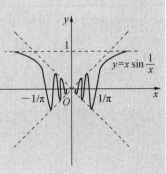

图 2-2

习题 2－1

1. 求证：

(1) $(\log_a x)' = \dfrac{1}{x \ln a}$ (a 为常数，并且 $a > 0, a \neq 1$)；

(2) $(C)' = 0$ (C 为常数)；

(3) $(\sin x)' = \cos x$.

2. 设 $f(x_0) = 0, f'(x_0) = 2$，试利用导数定义求下列极限.

(1) $\lim\limits_{\Delta x \to 0} \dfrac{f(x_0 + \Delta x)}{\Delta x}$；

(2) $\lim\limits_{x \to 0} \dfrac{x}{f(x_0 - x) - f(x_0)}$；

(3) $\lim\limits_{\Delta x \to 0} \dfrac{f(x_0 + a\Delta x) - f(x_0 + b\Delta x)}{\Delta x}$；

(4) $\lim\limits_{x \to 0} \dfrac{x}{f(x_0 - 2x) - f(x_0 + x)}$.

3. 利用本节例 2 结论计算下列函数的导数.

(1) $y = x^8$；
(2) $y = x^{1.9}$；
(3) $y = x^{-\frac{1}{2}}$；
(4) $y = \sqrt[3]{x^4}$；

(5) $y = \dfrac{1}{x^4}$；
(6) $y = x^3 \cdot \sqrt[3]{x}$；
(7) $y = \dfrac{\sqrt[3]{x^2}}{\sqrt[9]{x}}$；
(8) $y = \dfrac{1}{\sqrt[8]{x}}$.

4. 设 $f(x) = \dfrac{1}{1+x}$，按导数定义求 $f'(x), f'(0)$.

5. 已知 $f(x) = \begin{cases} x^2, & x \geq 0, \\ -x, & x < 0, \end{cases}$ 求 $f_-'(0), f_+'(0)$，并判断 $f'(0)$ 是否存在?

6. 求曲线 $y = \ln x$ 在 $(1, 0)$ 点处的切线和法线方程.

7. 设函数 $f(x)$ 可导，且 $f'(3) = 2$，求 $\lim\limits_{x \to 0} \dfrac{f(3-x) - f(3)}{2x}$.

8. 设 $f(x) = \begin{cases} ax + b, & x > 1, \\ x^2, & x \leq 1, \end{cases}$ 为了使 $f(x)$ 在 $x = 1$ 连续且可导，a, b 应取何值?

9. 已知 $f(x)$ 在 $x = 1$ 处连续，且 $\lim\limits_{x \to 1} \dfrac{f(x)}{x-1} = 2$，求 $f'(1)$.

10. 设函数 $f(x) = \begin{cases} x^3, & x < 0, \\ x^2, & x \geq 0, \end{cases}$ 求其导函数 $f'(x)$.

第二节　函数的求导法则

学习目标

熟练掌握导数的四则运算法则.

直接用导数定义求某些函数的导数是比较繁的,本节将引入一些求导法则,利用这些法则,能较简便地求出初等函数的导数.

定理　如果函数 $u=u(x),v=v(x)$ 在点 x 处可导,则它们的和、差、积、商在点 x 处(除分母为零的点外)也可导,并且

(1) $[u(x)\pm v(x)]'=u'(x)\pm v'(x)$;

(2) $[u(x)\cdot v(x)]'=u'(x)\cdot v(x)+u(x)\cdot v'(x)$;

(3) $\left[\dfrac{u(x)}{v(x)}\right]'=\dfrac{u'(x)\cdot v(x)-u(x)\cdot v'(x)}{v^2(x)}$ $(v(x)\neq 0)$.

(这里我们仅证明(1)、(2)).

证　(1)　$[u(x)\pm v(x)]'$

$$=\lim_{\Delta x\to 0}\frac{[u(x+\Delta x)\pm v(x+\Delta x)]-[u(x)\pm v(x)]}{\Delta x}$$

$$=\lim_{\Delta x\to 0}\frac{u(x+\Delta x)-u(x)}{\Delta x}\pm\lim_{\Delta x\to 0}\frac{v(x+\Delta x)-v(x)}{\Delta x}$$

$$=u'(x)\pm v'(x).$$

因为 $u(x),v(x)$ 在 x 点可导,(1)得到证明.

(2)　$[u(x)\cdot v(x)]'=\lim_{\Delta x\to 0}\dfrac{[u(x+\Delta x)\cdot v(x+\Delta x)]-u(x)\cdot v(x)}{\Delta x}$

$$=\lim_{\Delta x\to 0}\left[\frac{u(x+\Delta x)-u(x)}{\Delta x}\cdot v(x+\Delta x)+u(x)\cdot\frac{v(x+\Delta x)-v(x)}{\Delta x}\right]$$

$$=\lim_{\Delta x\to 0}\frac{u(x+\Delta x)-u(x)}{\Delta x}\cdot\lim_{\Delta x\to 0}v(x+\Delta x)+u(x)\cdot\lim_{\Delta x\to 0}\frac{v(x+\Delta x)-v(x)}{\Delta x}.$$

因为 $v(x)$ 在 x 点可导,所以 $v(x)$ 连续,故 $\lim\limits_{\Delta x\to 0}v(x+\Delta x)=v(x)$.

于是 $[u(x)\cdot v(x)]'=u'(x)\cdot v(x)+u(x)\cdot v'(x)$,(2)得到证明.

注意

(1) 以上公式可简单表示为

① $(u\pm v)'=u'\pm v'$;

② $(uv)'=u'v+uv'$;

③ $\left(\dfrac{u}{v}\right)'=\dfrac{u'v-uv'}{v^2}$　　$(v\neq0)$.

(2) 以上公式可得到如下几个推论:

① $(u\pm v\pm\omega)'=u'\pm v'\pm\omega'$;

② $(uvw)'=u'vw+uv'w+uvw'$;

③ $(Cu)'=Cu'(C$ 是常数).

【例1】 求函数 $y=3x^3+3\sin x-345$ 的导数.

解 根据第二章第一节例题1以及课后习题可知 $(x^3)'=3x^2$,

345是常数, $(345)'=0$, $(\sin x)'=\cos x$.

再根据定理可知

$$y'=(3x^3+3\sin x-345)'=(3x^3)'+(3\sin x)'-(345)'$$
$$=3(x^3)'+3(\sin x)'-0=9x^2+3\cos x.$$

初学求导可用以上步骤进行,熟练了以后,这些步骤可以合在一起写.

【例2】 已知函数 $f(x)=x^3+4-\sin x$,求 $f'\left(\dfrac{\pi}{2}\right)$ 以及 $\left(f\left(\dfrac{\pi}{2}\right)\right)'$.

解 由 $f(x)=x^3+4-\sin x$ 得

$$f'(x)=3x^2-\cos x,$$

$$f'\left(\dfrac{\pi}{2}\right)=\dfrac{3}{4}\pi^2,$$

$$\left(f\left(\dfrac{\pi}{2}\right)\right)'=\left(\dfrac{\pi^3}{8}+4-\sin\dfrac{\pi}{2}\right)'=0.$$

【例3】 已知函数 $y=x^2\cdot(\sin x+\cos x)$,求 y'.

解 $y'=(x^2)'\cdot(\sin x+\cos x)+x^2\cdot(\sin x+\cos x)'$

$\qquad=2x\cdot(\sin x+\cos x)+x^2\cdot(\cos x-\sin x)$

$\qquad=(2x-x^2)\cdot\sin x+(2x+x^2)\cdot\cos x.$

【例4】 已知函数 $y=(1+2x)\cdot(3x^3-2x^2)$,求 $\dfrac{\mathrm{d}y}{\mathrm{d}x}$.

解 $\dfrac{\mathrm{d}y}{\mathrm{d}x}=(1+2x)'\cdot(3x^3-2x^2)+(1+2x)\cdot(3x^3-2x^2)'$

$\qquad=2\cdot(3x^3-2x^2)+(1+2x)\cdot(9x^2-4x)$

$\qquad=6x^3-4x^2+9x^2-4x+18x^3-8x^2$

$\qquad=24x^3-3x^2-4x.$

【例5】 已知函数 $y=\csc x$，求 y'.

解 $y'=(\csc x)'=\left(\dfrac{1}{\sin x}\right)'=\dfrac{(1)'\cdot\sin x-1\cdot(\sin x)'}{\sin^2 x}$

$=\dfrac{-\cos x}{\sin^2 x}=-\csc x\cdot\cot x,$

即

$$(\csc x)'=-\csc x\cot x.$$

用类似方法可得

$$(\sec x)'=\sec x\tan x.$$

【例6】 已知函数 $y=\cot x$，求 y'.

解 $y'=(\cot x)'=\left(\dfrac{\cos x}{\sin x}\right)'=\dfrac{(\cos x)'\cdot\sin x-\cos x\cdot(\sin x)'}{\sin^2 x}$

$=-\dfrac{\sin^2 x+\cos^2 x}{\sin^2 x}=\dfrac{-1}{\sin^2 x}=-\csc^2 x,$

即

$$(\cot x)'=-\csc^2 x.$$

用类似方法可得

$$(\tan x)'=\sec^2 x.$$

习题 2-2

1. 求证：

(1) $(\tan x)'=\sec^2 x$；　　(2) $(\sec x)'=\sec x\tan x$.

2. 求下列函数的导数.

(1) $y=8x^6-\cos x$；　　(2) $y=x\sin x$；

(3) $y=\dfrac{x^3}{3}+\dfrac{1}{x}+12$；　　(4) $y=(1-x)(1-2x)$；

(5) $y=(1+x^2)\left(\dfrac{1}{x}-1\right)$；　　(6) $y=\dfrac{5x^3}{1+x}$；

(7) $y=\dfrac{\cos x+1}{\sin x}$；　　(8) $y=\dfrac{3}{5+x}+\dfrac{x^2}{2}$；

(9) $y=\tan x+\dfrac{1}{2\cos x}-3$；　　(10) $y=x\tan x$.

3. 求下列函数在给定点的导数值.

(1) $y=\dfrac{1}{2}x^2-\dfrac{1}{x}+6$，求 $y'|_{x=1}$；　　(2) $y=\dfrac{x^5+x+1}{x^2}$，求 $y'|_{x=1}$；

(3) $y=x^2\cos x+\sin 3$，求 $y'|_{x=\pi}$.

第三节　反函数及复合函数的导数

学习目标

1. 会求反函数的导数.
2. 熟练掌握复合函数求导法.
3. 熟练掌握基本初等函数的导数公式.

一、反函数的求导

定理 1　设函数 $x=\varphi(y)$ 是直接函数,函数 $y=f(x)$ 是它的反函数.如果 $x=\varphi(y)$ 在区间 I_y 内单调、可导并且 $\varphi'(y)\neq 0$,那么 $y=f(x)$ 在区间 $I_x=\{x\,|\,x=\varphi(y),y\in I_y\}$ 内也可导,并且有

$$[f(x)]'=\frac{1}{\varphi'(y)}\text{或者}\frac{\mathrm{d}y}{\mathrm{d}x}=\frac{1}{\dfrac{\mathrm{d}x}{\mathrm{d}y}}.$$

即　反函数的导数等于直接函数导数的倒数.

证　由于函数 $x=\varphi(y)$ 在 I_y 内单调、可导(从而连续),由第一章可以知道,函数 $x=\varphi(y)$ 的反函数 $y=f(x)$ 存在,并且 $y=f(x)$ 在 I_x 内单调、连续.

任取 $x\in I_x$,给 x 增量 $\Delta x(\Delta x\neq 0,x+\Delta x\in I_x)$,由 $y=f(x)$ 的单调性可知

$$\Delta y=f(x+\Delta x)-f(x)\neq 0,$$

于是有 $\dfrac{\Delta y}{\Delta x}=\dfrac{1}{\dfrac{\Delta x}{\Delta y}}.$

因为 $y=f(x)$ 连续,所以　$\lim\limits_{\Delta x\to 0}\Delta y=0.$

因此　$[f(x)]'=\lim\limits_{\Delta x\to 0}\dfrac{\Delta y}{\Delta x}=\lim\limits_{\Delta y\to 0}\dfrac{1}{\dfrac{\Delta x}{\Delta y}}=\dfrac{1}{\varphi'(y)}.$

【例 1】　求函数 $y=\arccos x$ 的导数.

解　因为 $x=\cos y$ 是 $y=\arccos x$ 的反函数,在 $I_y\in(0,\pi)$ 内单调、可导,且 $(\cos y)'=-\sin y<0.$

所以在 $I_x \in (-1,1)$ 内有

$$\frac{\mathrm{d}y}{\mathrm{d}x} = (\arccos x)'_x = \frac{1}{\frac{\mathrm{d}x}{\mathrm{d}y}} = \frac{1}{(\cos y)'_y} = -\frac{1}{\sin y} = \frac{1}{\sqrt{1-\cos^2 y}} = \frac{-1}{\sqrt{1-x^2}}.$$

类似可得：$(\arcsin x)' = \dfrac{1}{\sqrt{1-x^2}}$；$(\arctan x)' = \dfrac{1}{1+x^2}$；$(\operatorname{arccot} x)' = -\dfrac{1}{1+x^2}$.

【例 2】 求函数 $y = a^x (a>0, a \neq 1)$ 的导数.

解 因为 $x = \log_a y$ 是 $y = a^x$ 的反函数，在 $I_y = (0, +\infty)$ 内单调、可导，并且

$$(\log_a y)'_y = \left(\frac{\ln y}{\ln a}\right)'_y = \frac{1}{y \ln a}.$$

所以在 $I_x = \mathbf{R}$ 内有

$$\frac{\mathrm{d}y}{\mathrm{d}x} = (a^x)' = \frac{1}{\frac{\mathrm{d}x}{\mathrm{d}y}} = \frac{1}{(\log_a y)'_y} = y \ln a = a^x \ln a.$$

特别地，当 $a = \mathrm{e}$ 时，有 $(\mathrm{e}^x)' = \mathrm{e}^x$.

二、复合函数的求导法则

定理 2 如果函数 $u = \varphi(x)$ 在点 x 可导，而 $y = f(u)$ 在相应的点 $u = \varphi(x)$ 可导，则复合函数 $y = f[\varphi(x)]$ 在点 x 可导，且其导数为

$$\frac{\mathrm{d}y}{\mathrm{d}x} = f'(u) \cdot \varphi'(x) \text{ 或者} \frac{\mathrm{d}y}{\mathrm{d}x} = \frac{\mathrm{d}y}{\mathrm{d}u} \cdot \frac{\mathrm{d}u}{\mathrm{d}x}.$$

即因变量对自变量的导数等于因变量对中间变量导数乘以中间变量对自变量导数（链式法则）.

证 由 $y = f(u)$ 在点 u 可导，

所以
$$\lim_{\Delta u \to 0} \frac{\Delta y}{\Delta u} = f'(u),$$

故
$$\frac{\Delta y}{\Delta u} = f'(u) + \alpha \quad (\lim_{\Delta u \to 0} \alpha = 0),$$

即
$$\Delta y = f'(u) \Delta u + \alpha \Delta u.$$

当 $\Delta x \neq 0$ 时，$\dfrac{\Delta y}{\Delta x} = f'(u) \dfrac{\Delta u}{\Delta x} + \alpha \dfrac{\Delta u}{\Delta x}$，

令 $\Delta x \to 0$，又 $u = \varphi(x)$ 在点 x 处可导，所以在点 x 处连续.

因此 $\lim\limits_{\Delta x \to 0} \Delta u = 0$，

从而可以推知 $\lim\limits_{\Delta x \to 0} \alpha = \lim\limits_{\Delta u \to 0} \alpha = 0$，且 $\lim\limits_{\Delta x \to 0} \dfrac{\Delta u}{\Delta x} = \varphi'(x)$，

故
$$\lim_{\Delta x \to 0} \frac{\Delta y}{\Delta x} = \lim_{\Delta x \to 0} \left[f'(u) \cdot \frac{\Delta u}{\Delta x} + \alpha \cdot \frac{\Delta u}{\Delta x} \right]$$

$$= f'(u) \cdot \lim_{\Delta x \to 0} \frac{\Delta u}{\Delta x} + \lim_{\Delta x \to 0} \alpha \cdot \lim_{\Delta x \to 0} \frac{\Delta u}{\Delta x}$$

$$= f'(u) \cdot \varphi'(x).$$

推广 设 $y = f(u), u = \varphi(v), v = \psi(x)$，则复合函数 $y = f\{\varphi[\psi(x)]\}$ 的导数为

$$\frac{dy}{dx} = \frac{dy}{du} \cdot \frac{du}{dv} \cdot \frac{dv}{dx}.$$

这里假定上式中出现的导数在相应点处都存在.

【例3】 设 $y = \cos(3x^2 - x + 1)$，求 $\dfrac{dy}{dx}$.

解 函数 $y = \cos(3x^2 - x + 1)$ 可以看作由 $y = \cos u, u = 3x^2 - x + 1$ 复合而成，由于 $\dfrac{dy}{du} = -\sin u$，$\dfrac{du}{dx} = 6x - 1$.

所以 $\dfrac{dy}{dx} = \dfrac{dy}{du} \cdot \dfrac{du}{dx} = -\sin u \cdot (6x - 1) = -(6x - 1) \cdot \sin(3x^2 - x + 1)$

$$= (1 - 6x) \cdot \sin(3x^2 - x + 1).$$

【例4】 设 $y = x^\mu (x > 0, \mu$ 为实数)，求 $\dfrac{dy}{dx}$.

解 把 $y = x^\mu$ 可看作由 $y = e^v, v = \mu \ln x$ 复合而成，

由于 $\dfrac{dy}{dv} = e^v$，且 $\dfrac{dv}{dx} = \dfrac{\mu}{x}$.

因此 $\dfrac{dy}{dx} = \dfrac{dy}{dv} \cdot \dfrac{dv}{dx} = e^v \cdot \dfrac{\mu}{x} = x^\mu \cdot \dfrac{\mu}{x} = \mu \cdot x^{\mu - 1}$.

从以上例子可以看出，应用复合函数求导法则时，首先要分析所考虑的函数是由哪些函数复合而成的，然后按照复合函数的求导法则求导数.对复合函数的分解比较熟练后，就不必写出中间变量，而是按照以下例题的求解方法来计算.

【例5】 已知函数 $y = \ln\sqrt{\dfrac{1-x}{1+x^2}}$，求 $\dfrac{dy}{dx}$.

解 注意到函数 $f(x)$ 的定义域是 $(-\infty, 1)$，故函数 $f(x)$ 可以写成

$$f(x) = \frac{1}{2} \ln \frac{1-x}{1+x^2} = \frac{1}{2} [\ln(1-x) - \ln(1+x^2)].$$

从而有 $f'(x) = \dfrac{1}{2} \left[\dfrac{1}{1-x} \cdot (1-x)' - \dfrac{1}{1+x^2} \cdot (1+x^2)' \right] = \dfrac{1}{2(x-1)} - \dfrac{x}{1+x^2}, x < 1$.

【例6】 设 $f(x)$ 为可导函数，$y=\ln|f(x)|$，求 $\dfrac{\mathrm{d}y}{\mathrm{d}x}$.

解 $y=\ln|f(x)|$ 是一个分段函数 $y=\begin{cases}\ln f(x), & f(x)>0,\\ \ln(-f(x)), & f(x)<0,\end{cases}$ $(f(x)\neq 0)$.

当 $f(x)>0$ 时，由复合函数求导公式得

$$y'=(\ln f(x))'=\frac{1}{f(x)}\cdot f'(x).$$

当 $f(x)<0$ 时，令 $u=-f(x)$，则函数由 $y=\ln u$，$u=-f(x)$ 复合而成，

$$y'=\frac{1}{u}\cdot(-f(x))'=\frac{1}{-f(x)}\cdot(-f'(x))=\frac{f'(x)}{f(x)}.$$

于是有 $(\ln|f(x)|)'=\dfrac{f'(x)}{f(x)}$，$f(x)\neq 0$.

特别地，当 $f(x)=x$ 时，有 $(\ln|x|)'=\dfrac{1}{x}$，$x\neq 0$.

三、基本求导法则与导数公式

1. 常数和基本初等函数的导数公式

(1) $C'=0$,

(2) $(x^{\mu})'=\mu x^{\mu-1}$,

(3) $(\sin x)'=\cos x$,

(4) $(\cos x)'=-\sin x$,

(5) $(\tan x)'=\sec^2 x$,

(6) $(\cot x)'=-\csc^2 x$,

(7) $(\sec x)'=\sec x\tan x$,

(8) $(\csc x)'=-\csc x\cot x$,

(9) $(a^x)'=a^x\ln a$,

(10) $(\mathrm{e}^x)'=\mathrm{e}^x$,

(11) $(\log_a x)'=\dfrac{1}{x\ln a}$,

(12) $(\ln x)'=\dfrac{1}{x}$,

(13) $(\arcsin x)'=\dfrac{1}{\sqrt{1-x^2}}$,

(14) $(\arccos x)'=-\dfrac{1}{\sqrt{1-x^2}}$,

(15) $(\arctan x)'=\dfrac{1}{1+x^2}$,

(16) $(\mathrm{arccot}\,x)'=-\dfrac{1}{1+x^2}$.

2. 函数的和、差、积、商的求导法则

假设 $u=u(x)$，$v=v(x)$ 在点 x 处都可导，那么

(1) $(u\pm v)'=u'\pm v'$;

(2) $(Cu)'=Cu'$ （C 是常数）;

(3) $(uv)'=u'v+uv'$;

(4) $\left(\dfrac{u}{v}\right)'=\dfrac{u'v-uv'}{v^2}$ （$v\neq 0$）.

3. 反函数的求导法则

如果函数 $x=\varphi(y)$ 在区间 I_y 内单调、可导且 $\varphi'(y)\neq 0$，那么它的反函数 $y=f(x)$ 在区

间 $I_x=\{x\mid x=\varphi(y),y\in I_y\}$ 内也可导,且有

$$[f(x)]'=\frac{1}{\varphi'(y)}\text{或者}\frac{\mathrm{d}y}{\mathrm{d}x}=\frac{1}{\frac{\mathrm{d}x}{\mathrm{d}y}}.$$

4. 复合函数的求导法则

如果函数 $u=\varphi(x)$ 在点 x 可导,而 $y=f(u)$ 在点 $u=\varphi(x)$ 可导,则复合函数 $y=f[\varphi(x)]$ 在点 x 可导,且其导数为 $\frac{\mathrm{d}y}{\mathrm{d}x}=f'(u)\cdot\varphi'(x)$ 或者 $\frac{\mathrm{d}y}{\mathrm{d}x}=\frac{\mathrm{d}y}{\mathrm{d}u}\cdot\frac{\mathrm{d}u}{\mathrm{d}x}$.

习题 2-3

1. 证明:

(1) $(\arcsin x)'=\frac{1}{\sqrt{1-x^2}}$;　　(2) $(\arctan x)'=\frac{1}{1+x^2}$;

(3) $(\text{arccot}x)'=-\frac{1}{1+x^2}$.

2. 求下列函数的导数.

(1) $y=x^3+7x^{-4}-2x^{-1}+12$;　　(2) $y=5x^3-2^x+3\mathrm{e}^x$;

(3) $y=2\tan x+\sec x-1$;　　(4) $y=\sin x\cdot\cos x$;

(5) $y=x^2\cdot\ln x$;　　(6) $y=3\mathrm{e}^x\cdot\cos x$;

(7) $y=\frac{\ln x}{x}$;　　(8) $y=\frac{\mathrm{e}^x}{x^2}+\ln 4$;

(9) $y=x^2\cdot\ln x\cdot\cos x$;　　(10) $s=\frac{1+\sin t}{1+\cos t}$.

3. 求下列函数的导数.

(1) $y=(5x+7)^2$;　　(2) $y=\ln\cot x$;

(3) $y=\mathrm{e}^{x^5}$;　　(4) $y=\mathrm{e}^{\sin x}$;

(5) $y=\arctan\frac{1}{x}$;　　(6) $y=\ln\cos(1+x^2)$;

(7) $y=\frac{x^2}{\sqrt{1-x^2}}$;　　(8) $y=\arcsin\sqrt{x}$;

(9) $y=\sqrt{3+2\mathrm{e}^x}$;　　(10) $y=\frac{\sin^2 x}{\cos x^2}$;

(11) $y=\ln\sqrt{x}+\sqrt{\ln x}$;　　(12) $y=\cos\sqrt{x}+\sqrt{\cos x}$;

(13) $y=\mathrm{e}^{-x}\cdot\ln(1-x)$;　　(14) $y=6^{\sin x}$;

(15) $y=\log_a(1+x^2)$(其中 a 是常数,$a>0,a\neq1$).

4. 设 $f(x)$ 可导,试解下列各题.

(1) $y=f(x^2)$,求 $\dfrac{dy}{dx}$; (2) $y=[xf(x^2)]^2$,求 $\dfrac{dy}{dx}$.

第四节 高阶导数

学习目标

1. 了解高阶导数的概念.

2. 会求简单的函数的高阶导数.

假设一物体做直线运动,其位移 s 关于时间 t 的函数为 $s=s(t)$,则物体运动的瞬时速度为

$$v(t)=s'(t),$$

$v(t)$ 仍是关于时间 t 的函数,而其关于时间 t 的导数是物体的加速度,即 $a(t)=v'(t)$.

因此加速度是位移函数 $s(t)$ 的导数的导数,这就产生了高阶导数的概念.

定义 若函数 $f(x)$ 的导数 $f'(x)$ 在点 x_0 处可导,则称 $f'(x)$ 在点 x_0 处的导数为 $f(x)$ 在点 x_0 处的**二阶导数**,记作 $f''(x_0)$,即 $f''(x_0)=\lim\limits_{x\to x_0}\dfrac{f'(x)-f'(x_0)}{x-x_0}$,同时称 $f(x)$ 在点 x_0 处二阶可导.

若 $f(x)$ 在区间 I 上每一点都二阶可导,则得到一个定义在 I 上的**二阶导函数**,也简称二阶导数,记作 $f''(x),x\in I$,或简单记作 $f''(x)$.

仿照上述定义,可由二阶导数 $f''(x)$ 定义 $f(x)$ 在点 x 处的**三阶导数** $f'''(x)$ … 一般地,可由 $f(x)$ 的 $n-1$ 阶导数 $f^{(n-1)}(x)$ 定义 $f(x)$ 在点 x 处的 n **阶导数** $f^{(n)}(x)$.

函数 f 的 n 阶导数在 x_0 处的值记作

$$f^{(n)}(x_0)\text{ 或 }y^{(n)}\big|_{x=x_0}\text{ 或 }\dfrac{d^n y}{dx^n}\bigg|_{x=x_0}\text{ 或 }\dfrac{d^n f}{dx^n}\bigg|_{x=x_0}.$$

相应地函数 f 在任意点 x 处的 n 阶导数记作

$$f^{(n)}(x)\text{ 或 }y^{(n)}\text{ 或 }\dfrac{d^n y}{dx^n}\text{ 或 }\dfrac{d^n f}{dx^n}.$$

这里 $\dfrac{d^n y}{dx^n}$ 可以写成 $\dfrac{d^n}{dx^n}y$ 或者 $\overbrace{\dfrac{d}{dx}\Big(\dfrac{d}{dx}\Big(\cdots\Big(\dfrac{d}{dx}y\Big)\Big)\Big)}^{n\text{个}}$.

注意　如果函数 $f(x)$ 在点 x 处具有 n 阶导数，那么函数 $f(x)$ 在点 x 的某个邻域内必定具有一切低于 n 阶的导数．二阶及二阶以上的导数统称为**高阶导数**，相应地，将 $f(x)$ 的导数 $f'(x)$ 视为 $f(x)$ 的**一阶导数**，将 $f(x)$ 视为 $f(x)$ 的 **0 阶导数**.

由定义可以看出，计算高阶导数就是用一阶导数的求法对 $f(x)$ 接连多次求导．

【例 1】 已知 $y = ax^2 + bx + c$，求 y''.

解　$y' = 2ax + b$，$y'' = 2a$.

【例 2】 已知函数 $y = \sqrt{1-x^2}$，求 y''.

解　$y' = \dfrac{1}{2} \cdot (1-x^2)^{-\frac{1}{2}} \cdot (-2x) = \dfrac{-x}{\sqrt{1-x^2}}$；

$$y'' = \frac{(-x)' \cdot \sqrt{1-x^2} - (\sqrt{1-x^2})' \cdot (-x)}{(\sqrt{1-x^2})^2} = \frac{-\sqrt{1-x^2} - \dfrac{x^2}{\sqrt{1-x^2}}}{1-x^2} = -(1-x^2)^{-\frac{3}{2}}.$$

【例 3】 已知函数 $y = e^x \cdot \cos x$，试验证 $y'' - 2y' + 2y = 0$.

证　由 $y = e^x \cdot \cos x$ 得

$$y' = e^x \cdot (\cos x - \sin x),$$
$$y'' = e^x \cdot (-2\sin x).$$

从而 $y'' - 2y' + 2y = e^x \cdot (-2\sin x) - 2e^x \cdot (\cos x - \sin x) + 2e^x \cdot \cos x = 0$，得证．

下面介绍几个初等函数的 n 阶导数．

【例 4】 已知函数 $y = e^x$，求 $y^{(n)}$.

解　$y' = e^x$，$y'' = e^x$，$y''' = e^x$，$y^{(4)} = e^x$，$\cdots\cdots$

一般地 $$y^{(n)} = e^x,$$

即 $$(e^x)^{(n)} = e^x.$$

【例 5】 已知正弦函数 $y = \sin x$，求 $y^{(n)}$.

解　$y' = \dfrac{\mathrm{d}}{\mathrm{d}x} y = \cos x = \sin\left(x + \dfrac{\pi}{2}\right)$，

$$y'' = \frac{\mathrm{d}}{\mathrm{d}x} y' = \cos\left(x + \frac{\pi}{2}\right) = \sin\left(x + \frac{\pi}{2} + \frac{\pi}{2}\right) = \sin\left(x + 2 \cdot \frac{\pi}{2}\right),$$

$$y''' = \frac{\mathrm{d}}{\mathrm{d}x} y'' = \cos\left(x + 2 \cdot \frac{\pi}{2}\right) = \sin\left(x + 3 \cdot \frac{\pi}{2}\right),$$

$$y^{(4)} = \frac{\mathrm{d}}{\mathrm{d}x} y''' = \cos\left(x + 3 \cdot \frac{\pi}{2}\right) = \sin\left(x + 4 \cdot \frac{\pi}{2}\right),$$

$$\cdots\cdots$$

一般地，$y^{(n)} = \sin\left(x + n \cdot \dfrac{\pi}{2}\right)$，

即 $(\sin x)^{(n)} = \sin\left(x + n \cdot \dfrac{\pi}{2}\right)$.

用类似方法可求得余弦函数 $y = \cos x$ 的 n 阶导数为 $(\cos x)^{(n)} = \cos\left(x + n \cdot \dfrac{\pi}{2}\right)$.

【例 6】 已知函数 $y = \ln(1+x)$,求 $y^{(n)}$.

解　$y = \ln(1+x)$,$y' = \dfrac{1}{1+x}$,$y'' = -\dfrac{1}{(1+x)^2}$,$y''' = \dfrac{1 \cdot 2}{(1+x)^3}$,$y^{(4)} = -\dfrac{1 \times 2 \times 3}{(1+x)^4}$,

$\cdots\cdots$

一般地 $y^{(n)} = (-1)^{n-1} \dfrac{(n-1)!}{(1+x)^n}$,

即 $[\ln(1+x)]^{(n)} = (-1)^{n-1} \dfrac{(n-1)!}{(1+x)^n}$.

通常规定 $0! = 1$,所以这个公式当 $n = 1$ 时也成立.

【例 7】 已知 $f(x) = \cos(x+a)$,求 $f^{(n)}(x)$.

解
$$f'(x) = -\sin(x+a) = \cos\left(x + a + \frac{\pi}{2}\right),$$

$$f''(x) = -\cos\left(x + a + 2 \cdot \frac{\pi}{2}\right),$$

$$\cdots\cdots$$

$$(\cos(x+a))^{(n)} = \cos\left(x + a + n \cdot \frac{\pi}{2}\right).$$

下面介绍高阶导数运算法则

设函数 $u = u(x)$ 及 $v = v(x)$ 都在点 x 处具有 n 阶导数,那么

(1) $(u \pm v)^{(n)} = u^{(n)} \pm v^{(n)}$;

(2) $(Cu)^{(n)} = Cu^{(n)}$(C 为常数);

(3) $(u \cdot v)^{(n)} = C_n^0 u^{(n)} v + C_n^1 u^{(n-1)} v' + C_n^2 u^{(n-2)} v'' + \cdots + C_n^k u^{(n-k)} v^{(k)} + \cdots + C_n^n u v^{(n)}$

$$= \sum_{k=0}^{n} C_n^k u^{(n-k)} v^{(k)},$$

其中(3)称为**莱布尼茨(Leibniz)公式**.

【例 8】 已知函数 $y = e^x \cdot (x^2 - 3x + 1)$,求 $y^{(n)}$.

解　假设 $u(x) = e^x$,$v(x) = x^2 - 3x + 1$,那么

$$u^{(k)}(x) = e^x,$$

$$v'(x) = 2x - 3,$$

$$v''(x) = 2,$$

一般地,可得 $v^{(k)}(x) = 0 (k > 2)$.

代入莱布尼茨公式中得

$$y^{(n)} = \sum_{k=0}^{n} C_n^k u^{(n-k)}(x) v^{(k)}(x) = \sum_{k=0}^{2} C_n^k e^x v^{(k)}(x)$$

$$= e^x \cdot [C_n^0 \cdot (x^2 - 3x + 1) + C_n^1 \cdot (2x - 3) + C_n^2 \cdot 2]$$

$$= e^x [x^2 + (2n-3)x + n^2 - 4n + 1].$$

习题 2－4

1. 求下列函数在指定点的导数.

(1) $f(x) = x^2 - 9x - 1$，求 $f'(1), f''(1), f'''(1)$；

(2) $f(x) = \dfrac{4x^3 + \sqrt{x}}{x}$，求 $f'(1), f''(1)$.

2. 求下列函数的二阶导数.

(1) $y = 2x^2 + \ln x$；

(2) $y = x \cdot e^{x^2}$；

(3) $y = x \cdot \sqrt{1 + x^2}$；

(4) $y = \ln(1 - x^2)$；

(5) $y = (1 + x^2) \cdot \arctan x$；

(6) $y = \tan x$.

3. 求下列函数的 n 阶导数的一般表达式.

(1) $y = x^n + a_1 x^{n-1} + a_2 x^{n-2} + \cdots + a_{n-1} x + a_n$ ($a_1, a_2, \cdots, a_{n-1}, a_n$ 都是常数)；

(2) $y = e^x \cdot \cos x$.

4. 试证明：

(1) $y = \sqrt{\sec 2x}$ 满足关系式 $y'' - 3y^5 + y = 0$；

(2) $y = C_1 e^{\lambda x} + C_2 e^{-\lambda x}$ (C_1, C_2, λ 是常数)，满足关系式 $y'' - \lambda^2 y = 0$.

5. 假设 $y^{(n-1)}(x) = \dfrac{x}{\ln x}$，求 $y^{(n+1)}(x)$.

6. 设 $f''(x)$ 存在，求下列函数的二阶导数 $\dfrac{d^2 y}{dx^2}$.

(1) $y = f(x^2 + 2x)$；

(2) $y = e^{f(x)}$.

第五节　隐函数的导数　由参数方程所确定函数的导数

学习目标

1. 会求由隐函数所确定的函数的导数.

2. 会求由参数方程所确定的函数的导数.

一、隐函数的导数

如果将两个变量 y 与 x 之间的对应关系表示成 $y=f(x)$ 的形式,我们把这样的函数称为**显函数**.而如果变量 x 与 y 满足一个由方程 $F(x,y)=0$ 在一定条件下,当 x 取某区间内的任一值时,相应地总有满足这方程的唯一的 y 值存在,那么就说方程 $F(x,y)=0$ 在该区间内确定了一个**隐函数**.

例如方程 $x-y-2=0$,以及方程 $xy+9-\mathrm{e}^y=0$ 确定的函数都是隐函数.

对于方程 $x-y-2=0$,我们可以解出 $y=x-2$,即把隐函数化为显函数.把一个隐函数化为显函数,叫作**隐函数的显化**.

显然,把由方程 $xy+9-\mathrm{e}^y=0$ 确定的隐函数显化是有困难的.

在实际问题中,无论是可显化,还是不可显化的隐函数有时都需要计算它的导数,而前面求导法则对隐函数未必适用,于是我们直接从函数方程出发,在方程两边同时对自变量求导.下面通过具体例子来说明.

【例1】 求由方程 $y^3=x+\arccos y$ 所确定的隐函数的导数 $\dfrac{\mathrm{d}y}{\mathrm{d}x}$.

解 我们在方程两边分别对 x 求导数,其中 y 是 x 的函数,即 $y=f(x)$.

方程左边对 x 求导得

$$\frac{\mathrm{d}}{\mathrm{d}x}(y^3)=3y^2\,\frac{\mathrm{d}y}{\mathrm{d}x}.$$

方程右边对 x 求导得

$$\frac{\mathrm{d}}{\mathrm{d}x}[x+\arccos y]=1-\frac{1}{\sqrt{1-y^2}}\cdot\frac{\mathrm{d}y}{\mathrm{d}x}.$$

所以

$$3y^2\,\frac{\mathrm{d}y}{\mathrm{d}x}=1-\frac{1}{\sqrt{1-y^2}}\cdot\frac{\mathrm{d}y}{\mathrm{d}x},$$

从而

$$\frac{\mathrm{d}y}{\mathrm{d}x}=\frac{1}{\dfrac{1}{\sqrt{1-y^2}}+3y^2}.$$

【例2】 求圆 $x^2+y^2=R^2$ 在点 $(0,R)$ 处的切线方程.

解 由导数的几何意义知道,所求切线的斜率为 $k=y'\Big|_{\substack{x=0\\y=R}}$.

把圆方程的两边分别对 x 求导,有 $2x+2y\cdot\dfrac{\mathrm{d}y}{\mathrm{d}x}=0$.

从而有 $\dfrac{\mathrm{d}y}{\mathrm{d}x}=-\dfrac{x}{y}$.

此时 $k=y'\Big|_{\substack{x=0\\y=R}}=0$,

于是所求的切线方程为 $y-R=0(x-0)$,即 $y=R$.

【**例 3**】 求由方程 $y=1+x\mathrm{e}^y$ 所确定的隐函数的二阶导数 $\dfrac{\mathrm{d}^2y}{\mathrm{d}x^2}$.

解 应用隐函数的求导方法,得 $\qquad \dfrac{\mathrm{d}y}{\mathrm{d}x}=\mathrm{e}^y+x\mathrm{e}^y\dfrac{\mathrm{d}y}{\mathrm{d}x}.$

于是
$$\dfrac{\mathrm{d}y}{\mathrm{d}x}=\dfrac{\mathrm{e}^y}{1-x\mathrm{e}^y}.$$

即
$$\dfrac{\mathrm{d}y}{\mathrm{d}x}=\dfrac{\mathrm{e}^y}{2-y}.$$

上式两边再对 x 求导,得:

$$\dfrac{\mathrm{d}^2y}{\mathrm{d}x^2}=\dfrac{\mathrm{d}}{\mathrm{d}x}\left(\dfrac{\mathrm{e}^y}{2-y}\right)=\dfrac{\mathrm{e}^y\cdot\dfrac{\mathrm{d}y}{\mathrm{d}x}\cdot(2-y)+\dfrac{\mathrm{d}y}{\mathrm{d}x}\cdot\mathrm{e}^y}{(2-y)^2}$$

$$=\dfrac{\mathrm{e}^{2y}\cdot(3-y)}{(2-y)^3}.$$

上式右端分式中的 y 是由 $y=1+x\mathrm{e}^y$ 所确定的隐函数.

在某些场合,我们对方程 $y=f(x)$ 两边取对数,再利用隐函数求导方法来求幂指函数 $f(x)=u(x)^{v(x)}(u(x)>0)$ 的导数,这个方法称为**对数求导法**.

【**例 4**】 设 $y=x^x(x>0)$,求 y'.

解 等式两边取对数,得 $\ln y=x\cdot\ln x$,

上式两边对 x 求导,得 $\dfrac{1}{y}y'=\ln x+x\cdot\dfrac{1}{x}$,

所以 $\qquad y'=y\cdot(\ln x+1)=x^x(\ln x+1).$

另外,本题还可用如下方法求导,

因为 $y=x^x=\mathrm{e}^{x\ln x}$,

所以 $y'=(\mathrm{e}^{x\ln x})'=\mathrm{e}^{x\ln x}(1+\ln x)=x^x(1+\ln x).$

【**例 5**】 已知函数 $y=(x+1)\sqrt[3]{\dfrac{(x-1)^2}{x+2}}$,求 y'.

解 等式两边取绝对值后再取对数,有:

$$\ln|y|=\ln|x+1|+\dfrac{2}{3}\ln|x-1|-\dfrac{1}{3}\ln|x+2|,$$

上式两边对 x 求导,注意到 y 是 x 的函数,根据 $(\ln|f(x)|)'=\dfrac{f'(x)}{f(x)}$

有

$$\dfrac{y'}{y}=\dfrac{1}{x+1}+\dfrac{2}{3}\cdot\dfrac{1}{x-1}-\dfrac{1}{3}\cdot\dfrac{1}{x+2}.$$

所以

$$y'=(x+1)\sqrt[3]{\frac{(x-1)^2}{x+2}}\left(\frac{1}{x+1}+\frac{2}{3}\cdot\frac{1}{x-1}-\frac{1}{3}\cdot\frac{1}{x+2}\right).$$

二、由参数方程所确定函数的导数

在实际问题中,需要用参数方程

$$\begin{cases}x=\varphi(t),\\y=\psi(t),\end{cases}(a\leqslant t\leqslant b) \tag{5.1}$$

确定 y 与 x 间的函数关系,但是从(5.1)中消去参数 t 有时会有困难,因此,我们希望有一种方法能直接由(5.1)算出它所确定的函数的导数来.接下来,我们就来讨论由参数方程(5.1)所确定的函数的求导方法.

如果 $x=\varphi(t)$ 具有单调连续反函数 $t=\varphi^{-1}(x)$,那么它与 $y=\psi(t)$ 结合能得到由方程(5.1)确定的复合函数

$$y=\psi[\varphi^{-1}(x)]. \tag{5.2}$$

这时只要函数 φ,ψ 可导,且 $\varphi'(t)\neq0$,则由复合函数和反函数的求导公式可得由参数方程(5.1)所确定的函数(5.2)的导数公式

$$\frac{\mathrm{d}y}{\mathrm{d}x}=\frac{\mathrm{d}y}{\mathrm{d}t}\frac{\mathrm{d}t}{\mathrm{d}x}=\frac{\dfrac{\mathrm{d}y}{\mathrm{d}t}}{\dfrac{\mathrm{d}x}{\mathrm{d}t}}=\frac{\psi'(t)}{\varphi'(t)}. \tag{5.3}$$

我们指出

(1) 若 $y=\psi(t)$ 是单调连续反函数,且 $\varphi(t),\psi(t)$ 可导,$\psi'(t)\neq0$ 则有复合函数 $x=\varphi[\psi^{-1}(y)]$,

且

$$\frac{\mathrm{d}x}{\mathrm{d}y}=\frac{\mathrm{d}x}{\mathrm{d}t}\cdot\frac{\mathrm{d}t}{\mathrm{d}y}=\frac{\dfrac{\mathrm{d}x}{\mathrm{d}t}}{\dfrac{\mathrm{d}y}{\mathrm{d}t}}=\frac{\varphi'(t)}{\psi'(t)}.$$

(2) 若 φ,ψ 在 $[a,b]$ 上都是二阶可导,则由参数方程

$$\begin{cases}x=\varphi(t),\\\dfrac{\mathrm{d}y}{\mathrm{d}x}=\dfrac{\psi'(t)}{\varphi'(t)}\end{cases}$$

及公式(5.3)可得由参量方程(5.1)所确定的函数(5.2)的二阶导数

$$\frac{\mathrm{d}^2 y}{\mathrm{d}x^2} = \frac{\mathrm{d}}{\mathrm{d}x}\left(\frac{\mathrm{d}y}{\mathrm{d}x}\right) = \frac{\dfrac{\mathrm{d}}{\mathrm{d}t}\left(\dfrac{\mathrm{d}y}{\mathrm{d}x}\right)}{\dfrac{\mathrm{d}x}{\mathrm{d}t}} = \frac{\left(\dfrac{\psi'(t)}{\varphi'(t)}\right)'}{\varphi'(t)}$$

$$= \frac{\psi''(t)\varphi'(t) - \psi'(t)\varphi''(t)}{[\varphi'(t)]^3}. \tag{5.4}$$

【例6】 求平面曲线 $\begin{cases} x = 3t, \\ y = t^2 \end{cases}$ 在 $t = 1$ 处点 P 的切线方程.

解 当 $t = 1$ 时，$x = 3$，$y = 1$.

所以 P 点坐标为 $(3,1)$.

曲线在切点 P 处的切线斜率为

$$\frac{\mathrm{d}y}{\mathrm{d}x}\bigg|_{t=1} = \frac{\dfrac{\mathrm{d}y}{\mathrm{d}t}}{\dfrac{\mathrm{d}x}{\mathrm{d}t}}\bigg|_{t=1} = \frac{(t^2)'}{(3t)'}\bigg|_{t=1} = \frac{2t}{3}\bigg|_{t=1} = \frac{2}{3}.$$

利用点斜式可写出切线方程

$$y - 1 = \frac{2}{3}(x - 3).$$

化简后得

$$3y - 2x + 3 = 0.$$

【例7】 已知曲线方程 $\begin{cases} x = \ln(1 + t^2), \\ y = t - \arctan t, \end{cases}$ 求 $\dfrac{\mathrm{d}^2 y}{\mathrm{d}x^2}$.

解

$$\frac{\mathrm{d}y}{\mathrm{d}x} = \frac{\dfrac{\mathrm{d}y}{\mathrm{d}t}}{\dfrac{\mathrm{d}x}{\mathrm{d}t}} = \frac{1 - \dfrac{1}{1+t^2}}{\dfrac{2t}{1+t^2}} = \frac{t}{2},$$

$$\frac{\mathrm{d}^2 y}{\mathrm{d}x^2} = \frac{\mathrm{d}}{\mathrm{d}x}\left(\frac{\mathrm{d}y}{\mathrm{d}x}\right) = \frac{\mathrm{d}}{\mathrm{d}x}\left(\frac{t}{2}\right) = \frac{\dfrac{\mathrm{d}\left(\dfrac{t}{2}\right)}{\mathrm{d}t}}{\dfrac{\mathrm{d}x}{\mathrm{d}t}} = \frac{\dfrac{1}{2}}{\dfrac{2t}{1+t^2}} = \frac{1+t^2}{4t}.$$

【例8】 不计空气的阻力，以初速度 v_0，发射角 θ 发射炮弹，其运动方程为

$$\begin{cases} x = v_0 t \cos\theta, \\ y = v_0 t \sin\theta - \dfrac{1}{2} g t^2. \end{cases}$$

求：(1) 炮弹在 t_0 时刻的运动方向；(2) 炮弹在 t_0 时刻的速度大小.

解　(1) 在 t_0 时刻的运动方向即轨迹在 t_0 时刻的切线方向,可由切线的斜率来反映.

$$\frac{\mathrm{d}y}{\mathrm{d}x}=\frac{\left(v_0t\sin\theta-\frac{1}{2}gt^2\right)'_t}{(v_0t\cos\theta)'_t}=\frac{v_0\sin\theta-gt}{v_0\cos\theta}$$

$$\therefore\frac{\mathrm{d}y}{\mathrm{d}x}\bigg|_{t=t_0}=\frac{v_0\sin\theta-gt_0}{v_0\cos\theta}$$

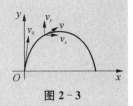

图 2-3

(2) 炮弹在 t_0 时刻沿 x,y 轴方向的分速度为

$$v_x=\frac{\mathrm{d}x}{\mathrm{d}t}\bigg|_{t=t_0}=(v_0t\cos\theta)'\bigg|_{t=t_0}=v_0\cos\theta$$

$$v_y=\frac{\mathrm{d}y}{\mathrm{d}t}\bigg|_{t=t_0}=\left(v_0t\sin\theta-\frac{1}{2}gt^2\right)'\bigg|_{t=t_0}=v_0\sin\theta-gt_0$$

$\therefore$ 在 t_0 时刻炮弹的速度为

$$v=\sqrt{v_x^2+v_y^2}=\sqrt{v_0^2-2v_0gt_0\sin\theta+g^2t_0^2}$$

习题 2-5

1. 求下列函数的 $\dfrac{\mathrm{d}y}{\mathrm{d}x},\dfrac{\mathrm{d}^2y}{\mathrm{d}x^2}$.

(1) $x^2+xy=1$;

(2) $y=x+\ln y$;

(3) $y=1+x\mathrm{e}^{-y}$;

(4) $y=x+\sin y$.

2. 求下列函数的 $\dfrac{\mathrm{d}y}{\mathrm{d}x}$.

(1) $y=x^{\frac{1}{x}}\ (x>0)$;

(2) $y=(\ln x)^x\ (x>1)$;

(3) $y=(\sin x)^{\cos x}\ (\sin x>0)$;

(4) $y=(x+\sqrt{1+x})^x\ (x+\sqrt{1+x}>0)$.

3. 求下列函数的 $\dfrac{\mathrm{d}y}{\mathrm{d}x},\dfrac{\mathrm{d}y}{\mathrm{d}x}\big|_{t=1},\dfrac{\mathrm{d}^2y}{\mathrm{d}x^2}$.

(1) $\begin{cases}x=t^2,\\y=1-t;\end{cases}$

(2) $\begin{cases}x=\cos t,\\y=3\sin t;\end{cases}$

(3) $\begin{cases}x=a(t-\sin t),\\y=b(1-\cos t);\end{cases}$

(4) $\begin{cases}x=t^2,\\y=\dfrac{1}{1+t};\end{cases}$

(5) $\begin{cases}x=\mathrm{e}^t\cos t,\\y=\mathrm{e}^t\sin t.\end{cases}$

4. 假设曲线方程 $\begin{cases}x=1-t^2,\\y=t-t^2,\end{cases}$ 求它在下列点处的切线方程和法线方程.

（1）$t=1$；　　　　　　　　　　　　（2）$t=\dfrac{\sqrt{2}}{2}$.

第六节　函数的微分

学习目标

1. 理解微分的概念.

2. 了解微分的几何意义.

3. 掌握微分的四则运算法则和一阶微分形式的不变性.

4. 了解微分在近似计算中的应用.

一、微分的概念

先考察一个具体问题，一块正方形金属薄片受温度的影响，其边长由 x_0 变为 $x_0+\Delta x$（如图 2-4），问此薄片的面积改变了多少？

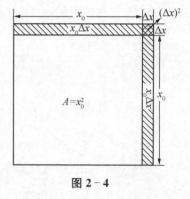

图 2-4

假设正方形的边长为 x，则它的面积为 $S=x^2$.若边长 x_0 变为 $x_0+\Delta x$，相应地正方形面积的增量为 $\Delta S=(x_0+\Delta x)^2-x_0^2=2x_0\Delta x+(\Delta x)^2$.

由上式可以看出，ΔS 由两部分组成，第一部分 $2x_0\Delta x$ 是 Δx 的线性函数（图 2-4 中单线阴影部分），当 $\Delta x \rightarrow 0$ 时，第二部分$(\Delta x)^2$ 是较 Δx 高阶的无穷小量，即$(\Delta x)^2=o(\Delta x)$（图 2-4中双线阴影部分）.由此可见，当给边长 x_0 一个微小的增量 Δx 时，由此所引起的正方形面积的增量 ΔS，可以近似地用第一部分 Δx 的线性函数 $2x_0\Delta x$ 来代替.

一般地，有如下定义：

定义 1　设函数 $y=f(x)$ 在某区间内有定义，x_0 及 $x_0+\Delta x$ 在这区间内，如果函数的增量

$$\Delta y=f(x_0+\Delta x)-f(x_0)=A\Delta x+o(\Delta x),\tag{6.1}$$

其中 A 是不依赖于 Δx 的常数，而 $o(\Delta x)$ 是比 Δx 高阶的无穷小，那么称 $y=f(x)$ 在点 x_0 是可微的，而 $A\Delta x$ 叫作函数 $y=f(x)$ 在点 x_0 相应于自变量增量 Δx 的微分，记作 $\mathrm{d}y$，即

$$\mathrm{d}y=A\Delta x.$$

由微分定义可见,函数的微分与增量仅相差一个较 Δx 高阶的无穷小量.由于 $\mathrm{d}y$ 是 Δx 的线性函数,所以当 $A \neq 0$ 时,微分 $\mathrm{d}y$ 是增量 Δy 的**线性主部**.

下面给出函数 $f(x)$ 在点 x_0 处可微的充要条件:

定理　函数 $y=f(x)$ **在点 x_0 可微的充分必要条件是** $y=f(x)$ **在点 x_0 可导,且**

$$A = f'(x_0).$$

证　必要性

因为 $f(x)$ 在点 x_0 可微,

所以　　　　　　　　　　　　　$\Delta y = A \cdot \Delta x + o(\Delta x),$

从而　　　　　　　　　　　　　$\dfrac{\Delta y}{\Delta x} = A + \dfrac{o(\Delta x)}{\Delta x},$

那么　　　　　　　　　　$\lim\limits_{\Delta x \to 0} \dfrac{\Delta y}{\Delta x} = A + \lim\limits_{\Delta x \to 0} \dfrac{o(\Delta x)}{\Delta x} = A.$

即函数 $f(x)$ 在点 x_0 可导,且 $A = f'(x_0)$.

充分性

因为函数 $f(x)$ 在点 x_0 可导,

所以　　　　　　　　　　　　$\lim\limits_{\Delta x \to 0} \dfrac{\Delta y}{\Delta x} = f'(x_0),$

即　　　　　　　$\dfrac{\Delta y}{\Delta x} = f'(x_0) + \alpha,$ 其中 $\lim\limits_{\Delta x \to 0} \alpha = 0,$

从而　　　　　　　　　　$\Delta y = f'(x_0) \cdot \Delta x + \alpha \cdot (\Delta x),$

$$\lim\limits_{\Delta x \to 0} \dfrac{\alpha \cdot \Delta x}{\Delta x} = \lim\limits_{\Delta x \to 0} \alpha = 0.$$

所以 $\alpha \cdot \Delta x$ 是 Δx 的高阶无穷小量,记为 $\alpha \cdot \Delta x = o(\Delta x)$,

故　　　　　　　　　　　$\Delta y = f'(x_0) \cdot \Delta x + o(\Delta x),$

即函数 $y=f(x)$ 在点 x_0 可微.

本定理告诉我们,可微当且仅当可导,同时函数 $y=f(x)$ 在点 x_0 可微时有

$$\mathrm{d}y = f'(x_0) \cdot \Delta x. \tag{6.2}$$

函数 $y=f(x)$ 在任意点 x 的微分,称为**函数的微分**,记作 $\mathrm{d}y$ 或 $\mathrm{d}f(x)$,即

$$\mathrm{d}y = f'(x) \cdot \Delta x.$$

【例1】　求函数 $y = 5^{\ln\tan x}$ 在 $x = \dfrac{\pi}{4}$,$\Delta x = 0.01$ 处的微分.

解　因为 $\mathrm{d}y = y' \cdot \Delta x.$

而　$y'=(5^{\ln\tan x})'=[5^{\ln\tan x}\cdot(\ln 5)]\cdot(\ln\tan x)'$

$$=5^{\ln\tan x}\cdot(\ln 5)\cdot\frac{1}{\tan x}\cdot\frac{1}{\cos^2 x}=5^{\ln\tan x}\cdot(\ln 5)\cdot\frac{2}{\sin 2x},$$

所以 $\mathrm{d}y=y'\cdot\Delta x=5^{\ln\tan x}\cdot(\ln 5)\cdot\dfrac{2}{\sin 2x}\cdot\Delta x.$

故　　　$\mathrm{d}y\Big|_{\substack{x=\frac{\pi}{4}\\ \Delta x=0.01}}=5^{\ln\tan\frac{\pi}{4}}\cdot(\ln 5)\cdot\dfrac{2}{\sin\frac{\pi}{2}}\cdot(0.01)$

$$=5^0\cdot(\ln 5)\cdot 2\cdot 0.01=0.02\cdot\ln 5.$$

通常把自变量 x 的增量 Δx 称为**自变量 x 的微分**，记作 $\mathrm{d}x$，即 $\mathrm{d}x=\Delta x.$

于是　　　　　　　　　　$\mathrm{d}y=f'(x)\cdot\Delta x=f'(x)\mathrm{d}x.$　　　　　　　　　　(6.3)

从而有　　　　　　　　　　　　　$\dfrac{\mathrm{d}y}{\mathrm{d}x}=f'(x).$

即函数的微分 $\mathrm{d}y$ 与自变量 x 的微分 $\mathrm{d}x$ 之商等于该函数的导数，所以导数又叫作"微商".

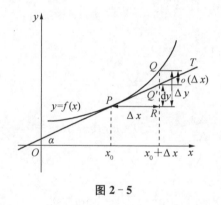

图 2-5

二、微分的几何意义

微分的几何解释如图 2-5 所示，当自变量由 x_0 增加到 $x_0+\Delta x$ 时，函数增量 $\Delta y=f(x_0+\Delta x)-f(x_0)=RQ$，而曲线 $y=f(x)$ 在点 $P(x_0,y_0)$ 处的切线（其倾斜角为 α）所对应的线性函数的增量是

$$RQ'=(\tan\alpha)\cdot\Delta x=f'(x_0)\cdot\Delta x.$$

所以 $\mathrm{d}y|_{x=x_0}=f'(x_0)\Delta x=RQ'.$

这表明，若函数 $y=f(x)$ 可微，当 Δy 是曲线 $y=f(x)$ 上点的纵坐标的增量时，则微分 $\mathrm{d}y$ 就是曲线的切线上点相应的纵坐标的增量.

而 Δy 与 $\mathrm{d}y$ 之差 QQ' 随着 Δx 趋于零而趋于零，且为 Δx 的高阶无穷小量，因而在 x_0 的充分小邻域内，可用 x_0 处的切线段来近似代替 x_0 处的曲线段.

三、基本初等函数的微分公式和微分运算法则

1. 基本初等函数的微分公式

(1) $d(C)=0$；

(2) $d(x^{\mu})=\mu x^{\mu-1}dx$；

(3) $d(\sin x)=\cos x\,dx$；

(4) $d(\cos x)=-\sin x\,dx$；

(5) $d(\tan x)=\sec^2 x\,dx$；

(6) $d(\cot x)=-\csc^2 x\,dx$；

(7) $d(\sec x)=\sec x\tan x\,dx$；

(8) $d(\csc x)=-\csc x\cot x\,dx$；

(9) $d(a^x)=a^x\ln a\,dx$；

(10) $d(e^x)=e^x dx$；

(11) $d(\log_a x)=\dfrac{1}{x\ln a}dx$；

(12) $d(\ln x)=\dfrac{1}{x}dx$；

(13) $d(\arcsin x)=\dfrac{1}{\sqrt{1-x^2}}dx$；

(14) $d(\arccos x)=-\dfrac{1}{\sqrt{1-x^2}}dx$；

(15) $d(\arctan x)=\dfrac{1}{1+x^2}dx$；

(16) $d(\text{arccot}\,x)=-\dfrac{1}{1+x^2}dx$.

2. 微分的四则运算法则

由导数与微分的关系，我们能立刻推出如下微分四则运算法则：

(其中 $u=u(x)$，$v=v(x)$ 都可导)

(1) $d(u\pm v)=du\pm dv$；

(2) $d(Cu)=Cdu$；

(3) $d(uv)=vdu+udv$；

(4) $d\left(\dfrac{u}{v}\right)=\dfrac{vdu-udv}{v^2}\quad(v\neq 0)$.

我们以(3)式为例证明，其余类似证明.

根据函数微分的表达式子，有

$$d(uv)=(uv)'dx.$$

再根据乘积的求导法则，有

$$(uv)'=u'v+uv'.$$

于是 $d(uv)=(uv)'dx=(u'v+uv')dx=u'vdx+uv'dx.$

又因为 $\qquad\qquad u'dx=du,v'dx=dv,$

所以 $\qquad\qquad d(uv)=vdu+udv.$

3. 复合函数微分法则

首先我们证明，在 $y=f(u)$ 的微分公式 $dy=f'(u)du$ 中，无论 u 作为自变量还是 u 作为中间变量，此公式形式不变.

事实上，

(1) 若 u 作为自变量时，显然函数 $y=f(u)$ 的微分有 $dy=f'(u)du$.

（2）若 u 作为中间变量时，$y=f(u)$，$u=g(x)$，那么 $y=f(g(x))$ 为复合函数.由复合函数求导法则，有

$$y'=f'[g(x)]g'(x).$$

且 $dy=df(g(x))=f'(u)g'(x)dx=f'(u)du$，其中 $du=dg(x)=g'(x)dx$.

这样求复合函数的微分就可以类似求复合函数导数那样，不必写出中间变量.这个性质通称为**微分形式不变性**.

【例 2】 已知函数 $y=e^{\sin(ax+b)}$，求 dy.

解 $dy=e^{\sin(ax+b)}d(\sin(ax+b))=e^{\sin(ax+b)}\cos(ax+b)d(ax+b)$

$$=ae^{\sin(ax+b)}\cdot\cos(ax+b)dx.$$

四、微分在近似计算中的应用

1. 函数的近似计算

微分概念在实际问题中有着许多重要的应用，它在工程近似计算方面的应用，可以起到简化计算的作用.

由增量与微分的关系 $\Delta y=dy+o(\Delta x)=f'(x_0)\Delta x+o(\Delta x)$，

当 Δx 很小时，有 $\Delta y\approx dy$，

即 $$f(x_0+\Delta x)-f(x_0)\approx f'(x_0)\Delta x,$$

或 $$f(x_0+\Delta x)\approx f'(x_0)\Delta x+f(x_0), \tag{6.4}$$

一般说，为求得 $f(x)$ 的近似值，可找一个邻近于 x 的值 x_0，只要 $f(x_0)$ 和 $f'(x_0)$ 易于计算，那么以 x 代替(6.4)式中的 $x_0+\Delta x$ 就得到 $f(x)$ 的近似值

$$f(x)\approx f(x_0)+f'(x_0)(x-x_0), \tag{6.5}$$

显然当 x_0 越靠近 x 的值，其计算精度就越高.

【例 3】 求 $\sqrt{4.01}$ 的近似值.

解 $\sqrt{4.01}=\sqrt{4+0.01}$，

令 $f(x)=\sqrt{x}$，$x_0=4$，$\Delta x=0.01$，

利用公式 $$f(x)\approx f(x_0)+f'(x_0)(x-x_0),$$

得 $$\sqrt{4.01}\approx 2+\frac{1}{4}\times(0.01)=2.002\ 5.$$

下面将给出一些函数在原点附近的近似公式(下面都假定 $|x|$ 是较小的数值).为此，在(6.5)式中取 $x_0=0$，则有 $f(x)\approx f(0)+f'(0)x$.

于是有

(1) $\sqrt[n]{1+x} \approx 1+\dfrac{1}{n}x$；

(2) $\sin x \approx x$；

(3) $\tan x \approx x$；

(4) $e^x \approx 1+x$；

(5) $\ln(1+x) \approx x$.

2. 误差估计

由于测量仪器的精度、测量的条件和测量的方法等各种因素的影响，测得的数据往往带有误差，而根据带有误差的数据计算所得的结果也会有误差，我们把它叫作**间接测量误差**.

定义 2 如果某个量的精确值是 A，它的近似值为 a，那么 $|A-a|$ 叫作 a 的**绝对误差**，而绝对误差 $|A-a|$ 与 $|a|$ 的比值 $\dfrac{|A-a|}{|a|}$ 叫作 a 的**相对误差**.

【例 4】 假设已测得一根圆轴的直径 $D=11$ cm，并知在测量中绝对误差不超过 0.1 cm，试求以此数据计算圆轴的横截面面积时所引起的误差.

解 利用所测的直径计算圆轴的横截面面积

$$S=f(D)=\frac{1}{4}\pi D^2=\frac{1}{4}\pi(11)^2=\frac{121}{4}\pi(\text{cm}^2).$$

它的绝对误差为

$$|\Delta S| \approx |dS|=|f'(D)\Delta D|=\left|\frac{1}{2}\pi D\right||\Delta D| \leqslant \frac{1}{2}\pi \cdot 11 \cdot 0.1=0.55\pi.$$

它的相对误差为

$$\frac{|\Delta S|}{S} \approx \frac{|dS|}{S}=\frac{\frac{1}{2}\pi D|\Delta D|}{\frac{1}{4}\pi D^2}=\frac{2|\Delta D|}{D} \leqslant \frac{0.2}{11} \approx 1.8\%.$$

习题 2-6

1. 求下列函数的微分.

(1) $y=8x^6-\cos x$；

(2) $y=\sqrt{x} \cdot \sin x$；

(3) $y=e^{x^5}$；

(4) $y=e^{\sin x}$；

(5) $y=x+\sin y$；

(6) $y=x^{-\frac{1}{x}}(x>0)$；

(7) $y=x^2 \cdot \cos 2x$；

(8) $y=x \cdot \ln x-x$；

(9) $y=\dfrac{x}{1-x^2}$；

(10) $y=e^{ax} \cdot \sin bx$.

2. 将适当的函数填入下列括号内，使等式成立.

(1) $d(\quad)=4dx$；

(2) $d(\quad)=7x\,dx$；

（3）d(　　　)＝$\sin x\,dx$；　　　　　　（4）d(　　　)＝$\sec^2 x\,dx$；

（5）d(　　　)＝$\csc x\cdot\cot x\,dx$；　　（6）d(　　　)＝$\dfrac{1}{x}dx$；

（7）d(　　　)＝$e^{-x}dx$；　　　　　　（8）d(　　　)＝$\csc^2 3x\,dx$.

3．求列各式的近似值.

（1）$\ln 1.01$；　　　　　　　　　　（2）$e^{0.05}$；

（3）$\sqrt[3]{8.02}$；　　　　　　　　　（4）$\sqrt{26}$.

本章小结

本章我们学习了导数和微分的概念、函数的求导法则、反函数及复合函数的导数、隐函数的导数、由参数方程所确定函数的导数以及函数的高阶导数.现总结如下：

一、导数和微分的概念

1．导数的实质：增量比的极限.

2．用定义求导数（求导数最基本的方法，导数与单侧导数的关系）.

3．导数的几何意义（切线的斜率）.

4．函数可导性与连续性的关系（函数可导一定连续，但连续不一定可导）.

5．判断可导性：不连续，一定不可导；连续则直接用定义或者看左右导数是否存在且相等.

二、函数的求导法则

四则运算求导法则.

三、反函数及复合函数的导数

1．反函数的求导.

2．复合函数的求导法则（链式法则）.

3．基本求导法则与导数公式.

四、高阶导数

1．高阶导数的概念（多次使用求导数运算）.

2．高阶导数的运算法则（高阶导数定义，使用莱布尼兹公式）.

五、隐函数的导数、由参数方程所确定函数的导数

1．隐函数的导数（等式两边同时对某个变量求导数）.

2．由参数方程所确定函数的导数.

六、函数的微分

1．微分的概念.

2．微分的几何意义.

3．微分公式和微分运算法则.

4．微分在近似计算中的应用.

本章是微积分的基础,内容比较多也很重要,部分内容高中已经学过,学习时要有所侧重,同时搞清楚各个概念之间的关系为后续学习打好基础.

总习题二

一、选择题

1. 设函数 $f(x)$ 在点 x_0 处可导是 $f(x)$ 在点 x_0 处连续的_____条件.

 A. 充分非必要   B. 必要非充分

 C. 充分必要   D. 既非充分又非必要

2. 设函数 $f(x)$ 在点 x_0 处可导是 $f(x)$ 在点 x_0 处左导数 $f'_-(x_0)$ 及右导数 $f'_+(x_0)$ 都存在且相等的_____条件.

 A. 充分非必要   B. 必要非充分

 C. 充分必要   D. 既非充分又非必要

3. 设函数 $f(x)$ 在点 x_0 处可导是 $f(x)$ 在点 x_0 处可微的_____条件.

 A. 充分非必要   B. 必要非充分

 C. 充分必要   D. 既非充分又非必要

4. 假设函数 $f(x) = e^{x^k}$,并且 $f'(1) = e$,那么 $k = ($ $)$.

 A. 1   B. -1 C. $\dfrac{1}{2}$ D. 2

5. 假设函数 $f(x) = e^{-\frac{1}{x}}$,那么 $\lim\limits_{\Delta x \to 0} \dfrac{f'(2-\Delta x) - f'(2)}{\Delta x} = ($ $)$.

 A. $\dfrac{1}{16\sqrt{e}}$ B. $-\dfrac{1}{16\sqrt{e}}$

 C. $\dfrac{3}{16\sqrt{e}}$ D. $-\dfrac{3}{16\sqrt{e}}$

6. 下列函数中(   )在点 $x=0$ 处可导.

 A. $\sqrt[3]{x}$ B. $|x|+1$ C. $|x|$ D. $e^{\sqrt[3]{x^2}} \ln(1+x)$

7. 假设函数 $f(x)$ 在 x_0 处不连续,则(   ).

 A. $f'(x_0)$ 必存在   B. $f'(x_0)$ 必不存在

 C. $\lim\limits_{x \to x_0} f(x)$ 必存在   D. $\lim\limits_{x \to x_0} f(x)$ 必不存在

二、计算题

1. 求下列函数的导数.

(1) $y = \arctan(2x+1)$;

(2) $y = \sqrt{1 + 2\ln^2 x}$;

(3) $y = \arctan(e^x)$;

(4) $y = \dfrac{\sqrt{1+x} - \sqrt{1-x}}{\sqrt{1+x} + \sqrt{1-x}}$.

2. 假设

(1) $f(x)=\begin{cases} e^x, & x\leqslant 0, \\ x^2+bx+c, & x>0; \end{cases}$　　　(2) $f(x)=\begin{cases} e^{2x}+c, & x\leqslant 0, \\ \sin bx, & x>0, \end{cases}$

求 b,c 的值使得函数 $f(x)$ 在 $x=0$ 处可导.

3. 利用对数求导法求下列函数的导数.

(1) $y=\sqrt{x\cdot\sin x\cdot\sqrt{1-e^x}}$;　　　　　(2) $x^y=y^x\,(x>0,y>0)$.

4. 求下列参数方程所确定的函数 y 的导数 $\dfrac{dy}{dx}$.

(1) $\begin{cases} x=\dfrac{1}{t+1}, \\ y=\left(\dfrac{t}{t+1}\right)^2; \end{cases}$　　　(2) $\begin{cases} x=t(1-\sin t), \\ y=t\cos t. \end{cases}$

5. 求函数 $\begin{cases} x=\dfrac{1}{2}t^2, \\ y=t^3 \end{cases}$ 在 $t=1$ 相应的点处的切线方程以及法线方程.

第三章 微分中值定理与导数的应用

在本章中,我们将研究微分学的基本定理——中值定理,并引出计算未定式极限的一个重要方法——洛必达法则,然后利用导数来研究函数的某些特性,并利用这些知识解决一些实际问题.

第一节 微分中值定理

学习目标

1. 理解罗尔定理、拉格朗日中值定理,了解柯西中值定理.
2. 应用微分中值定理证明不等式及相关问题.

我们先讲罗尔定理,然后由它推出拉格朗日中值定理和柯西中值定理.

一、罗尔(Rolle)定理

费马引理 设函数 $f(x)$ 在 x_0 的某邻域 $U(x_0)$ 内有定义,且在 x_0 处可导,若对 $\forall x \in U(x_0)$,有

$$f(x) \leqslant f(x_0) \ (\text{或} \ f(x) \geqslant f(x_0)),$$

则

$$f'(x_0) = 0.$$

证 设 $x \in U(x_0)$ 时, $f(x) \leqslant f(x_0)$ (若 $f(x) \geqslant f(x_0)$,可以类似证明).设 x 在 x_0 处有增量 Δx,且 $x_0 + \Delta x \in U(x_0)$,则

$$\Delta y = f(x_0 + \Delta x) - f(x_0) \leqslant 0.$$

从而当 $\Delta x > 0$ 时,$\dfrac{\Delta y}{\Delta x} \leqslant 0$;当 $\Delta x < 0$ 时,$\dfrac{\Delta y}{\Delta x} \geqslant 0$.由函数 $f(x)$ 在 x_0 可导的定义及极限的保号

性，得：

$$f'(x_0) = f'_+(x_0) = \lim_{\Delta x \to 0^+} \frac{\Delta y}{\Delta x} \leqslant 0,$$

$$f'(x_0) = f'_-(x_0) = \lim_{\Delta x \to 0^-} \frac{\Delta y}{\Delta x} \geqslant 0,$$

于是 $f'(x_0) = 0$.

罗尔定理　如果函数 $f(x)$ 满足：

(1) 在闭区间 $[a,b]$ 上连续；

(2) 在开区间 (a,b) 内可导；

(3) $f(a) = f(b)$，

那么在 (a,b) 内至少存在一点 ξ，使得 $f'(\xi) = 0$.

证　由于 $f(x)$ 在闭区间 $[a,b]$ 上连续，所以函数 $f(x)$ 在 $[a,b]$ 上存在最大值 M 及最小值 m，分以下两种情况讨论：

(1) $M = m$，这时 $f(x)$ 在 $[a,b]$ 上为常数 M，故 $\forall x \in (a,b)$，有 $f'(x) = 0$. 因此，(a,b) 内的每一点都可以取作 ξ.

(2) $M > m$，因为 $f(a) = f(b)$，故在 M 与 m 中至少有一个不等于 $f(a)$. 不妨设 $M \neq f(a)$，那么在 (a,b) 内存在一点 ξ，使得 $f(\xi) = M$. 因此，$\forall x \in [a,b]$，有 $f(x) \leqslant f(\xi)$，又 $f(x)$ 在点 ξ 可导，由费马引理知，$f'(\xi) = 0$.

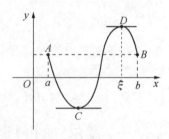

罗尔定理的几何意义如图 3-1 所示. 若连续且处处有切线的曲线 $y = f(x)$ 在端点 a, b 处纵坐标相等，则曲线弧上除端点外至少有一点处的切线平行于 x 轴，即曲线弧上至少有一条水平切线.

图 3-1

注意　罗尔定理的三个条件缺一不可. 如果有一个不满足，定理的结论可能不成立. 下面的例 1 可以说明这一点.

【例1】　(a) $f(x) = \begin{cases} x, & -1 \leqslant x < 1, \\ -1, & x = 1; \end{cases}$

(b) $g(x) = |x|, -1 \leqslant x \leqslant 1;$

(c) $h(x) = x, -1 \leqslant x \leqslant 1.$

(a) 满足罗尔定理的条件(2)和(3)，不满足条件(1)，显然没有罗尔定理的结论.

(b) 满足罗尔定理的条件(1)和(3)，不满足条件(2)，显然没有罗尔定理的结论.

(c) 满足罗尔定理的条件(1)和(2)，不满足条件(3)，也没有罗尔定理的结论.

其图形如图 3-2 所示.

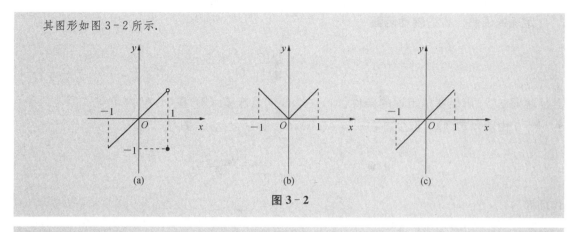

图 3-2

【例2】 已知 $f(x)=(x+1)(x-1)(x-3)$,不求导数,判断 $f'(x)=0$ 有几个实根,并确定根所在的范围.

解 显然 $f(x)$ 在 **R** 上连续且可导,另外 $f(-1)=f(1)=f(3)=0$,所以 $f(x)$ 在 $[-1,1]$ 及 $[1,3]$ 上分别满足罗尔定理的条件.

因此,由罗尔定理,存在 $\xi_1\in(-1,1)$,使得 $f'(\xi_1)=0$;存在 $\xi_2\in(1,3)$,使得 $f'(\xi_2)=0$.即 ξ_1,ξ_2 为 $f'(x)=0$ 的两个实根,从而 $f'(x)=0$ 至少有两个实根.又因为 $f'(x)$ 为二次多项式,故 $f'(x)=0$ 至多有两个实根.因此,$f'(x)=0$ 恰有两个实根,分别在区间 $(-1,1)$ 及 $(1,3)$ 内.

二、拉格朗日(Lagrange)中值定理

拉格朗日中值定理 如果函数 $f(x)$ 满足:

(1) 在闭区间 $[a,b]$ 上连续;

(2) 在开区间 (a,b) 内可导,

那么在 (a,b) 内至少存在一点 ξ,使得

$$f'(\xi)=\frac{f(b)-f(a)}{b-a}.$$

在证明之前,先看一下拉格朗日中值定理的几何意义.由图 3-3 可以看出,$\dfrac{f(b)-f(a)}{b-a}$ 表示弦 AB 的斜率,所以拉格朗日中值定理表明在曲线上至少有一点 $C(\xi,f(\xi))$ 处的切线平行于弦 AB.

从图 3-1 看到,在罗尔定理中,由于 $f(a)=f(b)$,弦 AB 是平行于 x 轴的,所以,点 $(\xi,f(\xi))$ 处的切线也平行于弦 AB.由此可见,罗尔定理是拉格朗日中值定理的特殊情况.

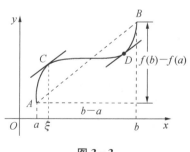

图 3-3

定理的证明 构造辅助函数

$$\varphi(x)=f(x)-f(a)-\frac{f(b)-f(a)}{b-a}(x-a),$$

容易验证 $\varphi(x)$ 满足罗尔定理的条件:(1) 在 $[a,b]$ 上连续;(2) 在 (a,b) 内可导;(3) $\varphi(a)=\varphi(b)=0$.由罗尔定理知,至少存在一点 $\xi\in(a,b)$,使 $\varphi'(\xi)=0$,即

$$\varphi'(\xi)=f'(\xi)-\frac{f(b)-f(a)}{b-a}=0,$$

移项即

$$f'(\xi)=\frac{f(b)-f(a)}{b-a}.$$

由于 $a\neq b$,所以定理的结论 $f'(\xi)=\frac{f(b)-f(a)}{b-a}$ 也可写成

$$f(b)-f(a)=f'(\xi)(b-a).$$

上式也称为拉格朗日中值公式.

推论 1 若函数 $f(x)$ 在区间 I 上连续,在 I 内导数恒为零,则 $f(x)$ 在区间 I 上是一个常数.

证 设对任意 $x_1,x_2\in I,x_1<x_2$,则 $f(x)$ 在 $[x_1,x_2]$ 上连续,在 (x_1,x_2) 内可导.在 $[x_1,x_2]$ 上对 $f(x)$ 应用拉格朗日中值定理得,存在 $\xi\in(x_1,x_2)$,使得

$$f(x_2)-f(x_1)=f'(\xi)(x_2-x_1).$$

由题知 $f'(\xi)=0$,故 $f(x_2)=f(x_1)$.由 x_1,x_2 的任意性知,$f(x)$ 在区间 I 上是一个常数.

推论 2 若函数 $f(x),g(x)$ 在区间 I 上连续,在区间 I 内可导,且 $f'(x)=g'(x)$,则对任意的 $x\in I,f(x)=g(x)+C$(其中 C 为常数).

证 令 $\varphi(x)=f(x)-g(x)$,对 $\varphi(x)$ 应用推论 1 即得.

【例 3】 证明:当 $0<a<b$ 时,有:

$$1-\frac{a}{b}<\ln\frac{b}{a}<\frac{b}{a}-1.$$

证 设 $f(x)=\ln x$,则 $f(x)$ 在 $[a,b]$ 上连续,在 (a,b) 内可导,根据拉格朗日中值定理,存在 $\xi\in(a,b)$,使得

$$\frac{1}{\xi}=f'(\xi)=\frac{f(b)-f(a)}{b-a}=\frac{\ln b-\ln a}{b-a},$$

即

$$\ln b - \ln a = \frac{1}{\xi}(b-a).$$

由于 $0 < a < \xi < b$，故 $\frac{1}{b} < \frac{1}{\xi} < \frac{1}{a}$，因此

$$\frac{b-a}{b} < \ln b - \ln a < \frac{b-a}{a},$$

即

$$1 - \frac{a}{b} < \ln \frac{b}{a} < \frac{b}{a} - 1.$$

【例 4】 证明等式 $\arcsin x + \arccos x = \frac{\pi}{2}$ $(-1 \leqslant x \leqslant 1)$.

证 令 $f(x) = \arcsin x + \arccos x$，显然 $f(x)$ 在 $(-1,1)$ 内可导，且

$$f'(x) = \frac{1}{\sqrt{1-x^2}} - \frac{1}{\sqrt{1-x^2}} = 0.$$

则由推论 1，任意的 $x \in (-1,1)$

$$f(x) = \arcsin x + \arccos x = C.$$

取 $x = \frac{\sqrt{2}}{2}$，有 $f\left(\frac{\sqrt{2}}{2}\right) = \frac{\pi}{4} + \frac{\pi}{4} = \frac{\pi}{2}$，故 $C = \frac{\pi}{2}$.又 $f(-1) = -\frac{\pi}{2} + \pi = \frac{\pi}{2}$，$f(1) = \frac{\pi}{2} + 0 = \frac{\pi}{2}$，故对任意的 $x \in [-1,1]$，$\arcsin x + \arccos x = \frac{\pi}{2}$.

*三、柯西(Cauchy)中值定理

柯西中值定理　如果函数 $f(x)$ 与 $g(x)$ 满足：

(1) 在闭区间 $[a,b]$ 上连续；

(2) 在开区间 (a,b) 内可导；

(3) 对任意的 $x \in (a,b)$，$g'(x) \neq 0$，

那么在 (a,b) 内至少存在一点 ξ，使得

$$\frac{f'(\xi)}{g'(\xi)} = \frac{f(b)-f(a)}{g(b)-g(a)}. \tag{1.1}$$

证 若 $g(a) = g(b)$，对 $g(x)$ 在 $[a,b]$ 上应用罗尔定理知，存在 $c \in (a,b)$，使 $g'(c) = 0$，与条件(3)矛盾，故 $g(a) \neq g(b)$.令

$$F(x) = f(x) - f(a) - \frac{f(b)-f(a)}{g(b)-g(a)}(g(x)-g(a)),$$

则 $F(x)$ 在 $[a,b]$ 上满足罗尔定理的条件，故至少存在一点 $\xi \in (a,b)$，使 $F'(\xi) = 0$.又

$$F'(x)=f'(x)-\frac{f(b)-f(a)}{g(b)-g(a)}g'(x),$$

故 $F'(\xi)=0$，即 $\dfrac{f'(\xi)}{g'(\xi)}=\dfrac{f(b)-f(a)}{g(b)-g(a)}.$

注意　如果取 $g(x)=x$，则 $g(b)-g(a)=b-a,g'(x)=1$，则公式(1.1)可写成：$f(b)-f(a)=f'(\xi)(b-a),\xi\in(a,b)$，即转化为拉格朗日中值定理.

罗尔定理、拉格朗日中值定理、柯西中值定理称为微分中值定理，是微积分学的理论基础，在许多方面都有重要作用.

习题 3-1

1. 验证罗尔定理对函数 $y=\ln(1+\sin x)$ 在区间 $[0,\pi]$ 上的正确性，并求出定理中的 ξ.

2. 验证拉格朗日中值定理对函数 $y=4x^3-5x^2+x-2$ 在区间 $[0,1]$ 上的正确性，并求出定理中的 ξ.

3. 设 $f(x)=x(x+1)(x+2)(x+3)$，利用罗尔定理求方程 $f'(x)=0$ 根的个数，并指出它们所在区间.

4. 证明下列恒等式.

(1) $\arctan x+\text{arccot} x=\dfrac{\pi}{2}$；

(2) 当 $x\geqslant1$ 时，$2\arctan x+\arcsin\dfrac{2x}{1+x^2}=\pi$.

5. 应用拉格朗日中值定理证明下列不等式.

(1) 当 $b>a>0,n>1$ 时，$nb^{n-1}(a-b)<a^n-b^n<na^{n-1}(a-b)$；

(2) 当 $x>0$ 时，$\dfrac{x}{1+x^2}<\arctan x<x$；

(3) 当 $0<x<1$ 时，$1+x<e^x<1+ex$.

6. 设函数 $f(x)$ 在 $[a,b]$ 上连续，在 (a,b) 内二阶可导，且 $f(a)=f(c)=f(b),a<c<b$. 求证：至少存在一点 $\xi\in(a,b)$，使得 $f''(\xi)=0$.

第二节　洛必达法则

学习目标

1. 理解洛必达法则.

2. 掌握用洛必达法则求未定式的极限.

如果当 $x \to a$ 时, 函数 $f(x)$ 与 $g(x)$ 都趋于零或都趋于无穷大, 那么极限 $\lim\limits_{x \to a} \dfrac{f(x)}{g(x)}$ 可能存在也可能不存在, 如 $\lim\limits_{x \to 0} \dfrac{\sin x}{x} = 1$, " $\lim\limits_{x \to 1} \dfrac{\dfrac{1}{(x-1)^2}}{\dfrac{1}{x-1}} = \infty$ ", 通常把这种极限称为**未定式**, 并简记为 $\dfrac{0}{0}$ 或 $\dfrac{\infty}{\infty}$. 在本节中, 我们根据第一节所介绍的中值定理来推导出求这类未定式的一种简便且重要的方法——洛必达法则.

一、$\dfrac{0}{0}$ 及 $\dfrac{\infty}{\infty}$ 型未定式

定理 1　设函数 $f(x)$ 与 $g(x)$ 满足:

(1) $\lim\limits_{x \to a} f(x) = 0$, $\lim\limits_{x \to a} g(x) = 0$;

(2) 在点 a 的某去心邻域内 $f(x)$, $g(x)$ 都可导, 且 $g'(x) \neq 0$;

(3) $\lim\limits_{x \to a} \dfrac{f'(x)}{g'(x)} = K$ (或 ∞),

则有

$$\lim\limits_{x \to a} \frac{f(x)}{g(x)} = \lim\limits_{x \to a} \frac{f'(x)}{g'(x)}.$$

证　因为极限 $\lim\limits_{x \to a} \dfrac{f(x)}{g(x)}$ 与 $f(a)$, $g(a)$ 无关, 故定义 $f(a) = g(a) = 0$, 此时 $f(x)$ 与 $g(x)$ 在点 a 的某邻域连续. 对点 a 的右邻域内的任一 x, $f(x)$ 与 $g(x)$ 在 $[a, x]$ 连续, 在 (a, x) 内可导, 且 $g'(x) \neq 0$, 由柯西中值定理, 至少存在一点 $\xi \in (a, x)$, 使得

$$\frac{f(x)}{g(x)} = \frac{f(x) - f(a)}{g(x) - g(a)} = \frac{f'(\xi)}{g'(\xi)}.$$

当 $x \to a^+$ 时, 必有 $\xi \to a^+$, 于是

$$\lim\limits_{x \to a^+} \frac{f(x)}{g(x)} = \lim\limits_{x \to a^+} \frac{f'(\xi)}{g'(\xi)} = \lim\limits_{\xi \to a^+} \frac{f'(\xi)}{g'(\xi)} = \lim\limits_{x \to a^+} \frac{f'(x)}{g'(x)},$$

对于点 a 左邻域内的任一 x, 同样有:

$$\lim\limits_{x \to a^-} \frac{f(x)}{g(x)} = \lim\limits_{x \to a^-} \frac{f'(x)}{g'(x)}.$$

综合可得:

$$\lim\limits_{x \to a} \frac{f(x)}{g(x)} = \lim\limits_{x \to a} \frac{f'(x)}{g'(x)}.$$

这种在一定条件下通过分子分母分别求导再求极限来确定未定式的值的方法称为**洛必达**

法则.

注意 (1) 将上述定理中"$x \to a$"换成"$x \to a^+$","$x \to a^-$",或"$x \to \infty$"(或"$x \to +\infty$",或"$x \to -\infty$"),结论仍成立.

(2) 如果 $\lim\limits_{x \to a} \dfrac{f'(x)}{g'(x)}$ 仍为 $\dfrac{0}{0}$ 型未定式,且 $f'(x), g'(x)$ 满足定理 1 中的条件,则可继续使用洛必达法则,即

$$\lim_{x \to a} \frac{f(x)}{g(x)} = \lim_{x \to a} \frac{f'(x)}{g'(x)} = \lim_{x \to a} \frac{f''(x)}{g''(x)}.$$

【例 1】 求 $\lim\limits_{x \to 0} \dfrac{e^x - e^{-x}}{\sin x}$.

解 这是 $\dfrac{0}{0}$ 型未定式,利用定理 1 有:

$$原式 \overset{\left(\frac{0}{0}\right)}{=} \lim_{x \to 0} \frac{e^x + e^{-x}}{\cos x} = 2.$$

【例 2】 求 $\lim\limits_{x \to 0} \dfrac{\ln(1+x)}{x^2}$.

解 $原式 \overset{\left(\frac{0}{0}\right)}{=} \lim\limits_{x \to 0} \dfrac{\dfrac{1}{1+x}}{2x} = \lim\limits_{x \to 0} \dfrac{1}{2x(1+x)} = \infty.$

【例 3】 求 $\lim\limits_{x \to 1} \dfrac{x^3 - 3x + 2}{x^3 - x^2 - x + 1}$.

解 $原式 \overset{\left(\frac{0}{0}\right)}{=} \lim\limits_{x \to 1} \dfrac{3x^2 - 3}{3x^2 - 2x - 1} \overset{\left(\frac{0}{0}\right)}{=} \lim\limits_{x \to 1} \dfrac{6x}{6x - 2} = \dfrac{3}{2}.$

【例 4】 求 $\lim\limits_{x \to 0} \dfrac{x - \sin x}{x^3}$.

解 这是 $\dfrac{0}{0}$ 型未定式,利用定理 1 和等价无穷小替换得

$$原式 \overset{\left(\frac{0}{0}\right)}{=} \lim_{x \to 0} \frac{1 - \cos x}{3x^2} = \lim_{x \to 0} \frac{\dfrac{x^2}{2}}{3x^2} = \frac{1}{6}.$$

【例 5】 求 $\lim\limits_{x \to +\infty} \dfrac{\ln\left(1 + \dfrac{1}{x}\right)}{\operatorname{arccot} x}$.

解 这是 $\dfrac{0}{0}$ 型未定式,利用等价无穷小替换有

$$原式 = \lim_{x \to +\infty} \frac{\frac{1}{x}}{\operatorname{arccot} x} \overset{\left(\frac{0}{0}\right)}{=} \lim_{x \to +\infty} \frac{-\frac{1}{x^2}}{-\frac{1}{1+x^2}} = \lim_{x \to +\infty} \frac{1+x^2}{x^2} = 1.$$

由例 4、例 5 可见,在用洛必达法则求极限过程中,充分运用已有的求极限方法,如极限的运算法则,等价无穷小替换等,可使计算变简单.

对于 $x \to a$ 时的 $\dfrac{\infty}{\infty}$ 型的未定式,也有相应的洛必达法则.

定理 2　设函数 $f(x)$ 与 $g(x)$ 满足:

(1) $\lim\limits_{x \to a} f(x) = \infty$, $\lim\limits_{x \to a} g(x) = \infty$;

(2) **在点 a 的某去心邻域内 $f(x)$, $g(x)$ 都可导,且 $g'(x) \neq 0$;**

(3) $\lim\limits_{x \to a} \dfrac{f'(x)}{g'(x)} = K$ **(或 ∞)**,

则有

$$\lim_{x \to a} \frac{f(x)}{g(x)} = \lim_{x \to a} \frac{f'(x)}{g'(x)}.$$

与定理 1 一样,定理 2 中的"$x \to a$"也可以换成"$x \to a^+$""$x \to a^-$""$x \to \infty$""$x \to +\infty$"及"$x \to -\infty$"中的任一种,由此可见,只要是 $\dfrac{0}{0}$ 或 $\dfrac{\infty}{\infty}$ 型的未定式,则不管自变量 x 何种趋势,在满足相应的条件下,结论均成立.

【例 6】　求 $\lim\limits_{x \to 0^+} \dfrac{\ln \sin mx}{\ln \sin x}$ $(m > 0)$.

解　这是 $\dfrac{\infty}{\infty}$ 型未定式,利用定理 2 有

$$原式 \overset{\left(\frac{\infty}{\infty}\right)}{=} \lim_{x \to 0^+} \frac{m \dfrac{\cos mx}{\sin mx}}{\dfrac{\cos x}{\sin x}} = m \lim_{x \to 0^+} \frac{\cos mx}{\cos x} \cdot \frac{\sin x}{\sin mx} = 1.$$

【例 7】　求 $\lim\limits_{x \to +\infty} \dfrac{\ln x}{x^\alpha}$ (常数 $\alpha > 0$).

解　$原式 \overset{\left(\frac{\infty}{\infty}\right)}{=} \lim\limits_{x \to +\infty} \dfrac{1}{\alpha x^\alpha} = 0.$

【例 8】　求 $\lim\limits_{x \to +\infty} \dfrac{x^n}{e^{\lambda x}}$ $(n \in \mathbf{N}$, 常数 $\lambda > 0)$.

解　$原式 \overset{\left(\frac{\infty}{\infty}\right)}{=} \lim\limits_{x \to +\infty} \dfrac{n x^{n-1}}{\lambda e^{\lambda x}} \overset{\left(\frac{\infty}{\infty}\right)}{=} \lim\limits_{x \to +\infty} \dfrac{n(n-1) x^{n-2}}{\lambda^2 e^{\lambda x}} = \cdots = \lim\limits_{x \to +\infty} \dfrac{n!}{\lambda^n e^{\lambda x}} = 0.$

由例 7、例 8 可见，$x \to +\infty$ 时，对数函数 $\ln x$，幂函数 $x^\alpha (\alpha > 0)$，指数函数 $e^{\lambda x} (\lambda > 0)$ 都是无穷大，但 x^α 增大快于 $\ln x$，而 $e^{\lambda x}$ 增大又快于 x^α.

在本部分的最后，我们指出，如果 $\lim\limits_{x \to a} \dfrac{f'(x)}{g'(x)}$ 不存在，不能断言 $\lim\limits_{x \to a} \dfrac{f(x)}{g(x)}$ 也不存在，只能说不能用洛必达法则求解. 例如，求极限

$$\lim_{x \to 0} \frac{x + x^2 \sin \dfrac{1}{x}}{x},$$

显然，这是 $\dfrac{0}{0}$ 型未定式，若使用洛必达法则，得：

$$\lim_{x \to 0} \frac{x + x^2 \sin \dfrac{1}{x}}{x} = \lim_{x \to 0}\left(1 + 2x \sin \frac{1}{x} - \cos \frac{1}{x}\right),$$

上述极限不存在. 但此时我们不能说原极限不存在，正确解法为

$$\lim_{x \to 0} \frac{x + x^2 \sin \dfrac{1}{x}}{x} = \lim_{x \to 0}\left(1 + x \sin \frac{1}{x}\right) = 1.$$

二、其他类型未定式

除了 $\dfrac{0}{0}$ 型和 $\dfrac{\infty}{\infty}$ 型未定式，还有一些 $0 \cdot \infty$，$\infty - \infty$，0^0，1^∞，∞^0 型未定式，这些类型的未定式可以经过适当变形，化为含有 $\dfrac{0}{0}$ 型或 $\dfrac{\infty}{\infty}$ 型的不定式，再利用洛必达法则可求得. 下面举例说明.

【例 9】 求 $\lim\limits_{x \to 1}(x - 1) \cdot \cot(\pi x)$.

解 这是 $0 \cdot \infty$ 型未定式，

$$原式 = \lim_{x \to 1} \frac{x - 1}{\sin(\pi x)} \cdot \cos(\pi x) = \lim_{x \to 1} \frac{x - 1}{\sin(\pi x)} \cdot (-1) \overset{\left(\frac{0}{0}\right)}{=} -\lim_{x \to 1} \frac{1}{\pi \cos(\pi x)} = \frac{1}{\pi}.$$

【例 10】 求 $\lim\limits_{x \to 0}\left(\dfrac{1}{\tan x} - \dfrac{1}{x}\right)$.

解 这是 $\infty - \infty$ 型未定式，由于 $x \to 0$ 时，$\tan x \sim x$，故

$$原式 = \lim_{x \to 0} \frac{x - \tan x}{x \tan x} = \lim_{x \to 0} \frac{x - \tan x}{x^2} \overset{\left(\frac{0}{0}\right)}{=} \lim_{x \to 0} \frac{1 - \sec^2 x}{2x} = \lim_{x \to 0} \frac{-\tan^2 x}{2x} = 0.$$

【例 11】 求 $\lim\limits_{x \to 0^+} x^x$.

解　这是 0^0 型未定式，而 $x^x = e^{x \ln x}$ $(x > 0)$. 由于

$$\lim_{x \to 0^+} x \ln x = \lim_{x \to 0^+} \frac{\ln x}{x^{-1}} \overset{\left(\frac{\infty}{\infty}\right)}{=\!=} \lim_{x \to 0^+} \frac{x^{-1}}{-x^{-2}} = -\lim_{x \to 0^+} x = 0,$$

所以

$$\lim_{x \to 0^+} x^x = e^0 = 1.$$

【例 12】 求 $\lim\limits_{x \to 0} \left(\dfrac{\sin x}{x}\right)^{\frac{1}{1 - \cos x}}$.

解　这是 1^∞ 型未定式，而 $\left(\dfrac{\sin x}{x}\right)^{\frac{1}{1 - \cos x}} = e^{\frac{1}{1 - \cos x} \ln \frac{\sin x}{x}}$. 由于 $x \to 0$ 时，$\sin x \sim x$，

$$\lim_{x \to 0} \frac{\ln \dfrac{\sin x}{x}}{1 - \cos x} \overset{\left(\frac{0}{0}\right)}{=\!=} \lim_{x \to 0} \frac{x \cos x - \sin x}{x \sin^2 x} = \lim_{x \to 0} \frac{x \cos x - \sin x}{x^3}$$

$$\overset{\left(\frac{0}{0}\right)}{=\!=} \lim_{x \to 0} \frac{-x \sin x}{3x^2} = -\frac{1}{3}.$$

所以

$$\lim_{x \to 0} \left(\frac{\sin x}{x}\right)^{\frac{1}{1 - \cos x}} = \lim_{x \to 0} e^{\frac{1}{1 - \cos x} \ln \left(\frac{\sin x}{x}\right)} = e^{-\frac{1}{3}}.$$

习题 3 - 2

1. 求下列极限.

(1) $\lim\limits_{x \to a} \dfrac{\sin x - \sin a}{x - a}$；

(2) $\lim\limits_{x \to 0} \dfrac{a^x - b^x}{\sin x}$；

(3) $\lim\limits_{x \to 0} \dfrac{\cos ax - \cos bx}{x^2}$；

(4) $\lim\limits_{x \to 0^+} \dfrac{\ln \sin 7x}{\ln \sin 2x}$；

(5) $\lim\limits_{x \to 0} \dfrac{x - \tan x}{x^3}$；

(6) $\lim\limits_{x \to 0} \dfrac{\sin x - x \cos x}{\sin^3 x}$.

2. 求下列极限.

(1) $\lim\limits_{x \to 1} \left(\dfrac{2}{x^2 - 1} - \dfrac{1}{x - 1}\right)$；

(2) $\lim\limits_{x \to 1} \left(\dfrac{x}{x - 1} - \dfrac{1}{\ln x}\right)$；

(3) $\lim\limits_{x \to 1} (1 - x) \tan \dfrac{\pi x}{2}$；

(4) $\lim\limits_{x \to 1^-} \ln x \ln(1 - x)$；

(5) $\lim\limits_{x \to 0^+} x^{\sin x}$；

(6) $\lim\limits_{x \to 0^+} \left(\dfrac{1}{x}\right)^{\tan x}$；

$(7)\lim\limits_{x\to 0}\left(\dfrac{a^x+b^x}{2}\right)^{\frac{1}{x}}$;

$(8)\lim\limits_{x\to 0}\left(\dfrac{\sin x}{x}\right)^{\frac{1}{\arctan x}}$.

3. 下列极限存在吗？能否用洛必达法则求出来？

$(1)\ \lim\limits_{x\to+\infty}\dfrac{e^x-e^{-x}}{e^x+e^{-x}}$;

$(2)\ \lim\limits_{x\to+\infty}\dfrac{x^2}{x-\sin x}$.

第三节　泰勒公式

学习目标

1. 了解泰勒公式以及用多项式逼近函数的思想.
2. 了解泰勒公式、麦克劳林公式的应用.

为了便于研究一些较为复杂的函数，常常希望用一些简单的函数来近似表示. 由于多项式函数只包含加、减、乘三种运算，函数值容易计算，因此能否用多项式函数来近似表示其他函数呢？下面我们来讨论这个问题.

前面我们已经介绍过：在利用微分进行近似计算时，当 $|x-x_0|$ 很小，则有近似计算表达式 $f(x)\approx f(x_0)+f'(x_0)(x-x_0)$. 但是这种近似表达式（$(x-x_0)$ 的一次多项式）存在着不足之处，首先是精确度不高，它所产生的误差仅是 $x-x_0$ 的高阶无穷小. 其次是用它来作近似计算时不能估算出误差大小. 于是就想到寻找关于 $(x-x_0)$ 的 n 次多项式

$$P_n(x)=a_0+a_1(x-x_0)+a_2(x-x_0)^2+\cdots+a_n(x-x_0)^n \tag{3.1}$$

来近似表示 $f(x)$，且希望当 $x\to x_0$ 时，

$$f(x)-P_n(x)=o((x-x_0)^n).$$

设函数 $f(x)$ 在 x_0 的某个邻域 $U(x_0)$ 内具有 $(n+1)$ 阶导数，且 $P_n(x)$ 和 $f(x)$ 在 x_0 处有相同的函数值和直到 n 阶导数的各阶导数，即

$$P_n(x_0)=f(x_0),P_n'(x_0)=f'(x_0),P_n''(x_0)=f''(x_0),\cdots,P_n^{(n)}(x_0)=f^{(n)}(x_0).$$

这样，对 (3.1) 求各阶导数，然后分别代入以上等式得：

$$a_0=f(x_0),\quad 1!a_1=f'(x_0),\quad 2!a_2=f''(x_0),\cdots,\quad n!a_n=f^{(n)}(x_0),$$

即得

$$a_0=f(x_0),\quad a_1=f'(x_0),\quad a_2=\frac{1}{2!}f''(x_0),\cdots,a_n=\frac{1}{n!}f^{(n)}(x_0).$$

把所求得的系数 $a_0, a_1, a_2, \cdots, a_n$ 代入(3.1)式,有

$$P_n(x) = f(x_0) + f'(x_0)(x-x_0) + \frac{f''(x_0)}{2!}(x-x_0)^2 + \cdots + \frac{f^{(n)}(x_0)}{n!}(x-x_0)^n. \quad (3.2)$$

接下来我们可以证明(3.2)的确是我们所要找的 n 次多项式.只需证明 $f(x)-P_n(x)=R_n(x)$ (称之为**余项**)是较 $(x-x_0)^n$ 的高阶无穷小.

显然,$R_n(x)$ 在 $U(x_0)$ 内具有直到 $(n+1)$ 阶导数,且

$$R_n(x_0) = R_n{}'(x_0) = R_n{}''(x_0) = \cdots = R_n^{(n)}(x_0) = 0.$$

据此重复使用洛必达法则,可得:

$$\lim_{x \to x_0} \frac{R_n(x)}{(x-x_0)^n} = \lim_{x \to x_0} \frac{R_n{}'(x)}{n(x-x_0)^{n-1}} = \lim_{x \to x_0} \frac{R_n{}''(x)}{n(n-1)(x-x_0)^{n-2}}$$

$$= \cdots = \lim_{x \to x_0} \frac{R_n^{(n-1)}(x)}{n!\ (x-x_0)} = \frac{1}{n!} R_n^{(n)}(x_0) = 0.$$

即当 $x \to x_0$ 时,$R_n(x)$ 为 $(x-x_0)^n$ 的高阶无穷小,于是 $f(x)$ 可表示为

$$f(x) = f(x_0) + f'(x_0)(x-x_0) + \frac{f''(x_0)}{2!}(x-x_0)^2 + \cdots + \frac{f^{(n)}(x_0)}{n!}(x-x_0)^n + R_n(x).$$

不仅如此,下面的定理还给出了余项 $R_n(x)$ 的具体表达式.

泰勒中值定理　设函数 $f(x)$ 在点 x_0 的某邻域 $U(x_0)$ 内 $(n+1)$ 阶可导,则对任意的 $x \in U(x_0)$,存在 $\xi \in (x_0, x)$ (或 (x, x_0)),使得

$$f(x) = f(x_0) + f'(x_0)(x-x_0) + \frac{f''(x_0)}{2!}(x-x_0)^2 + \cdots + \frac{f^{(n)}(x_0)}{n!}(x-x_0)^n + R_n(x),$$

$$(3.3)$$

这里

$$R_n(x) = \frac{f^{(n+1)}(\xi)}{(n+1)!}(x-x_0)^{n+1}. \quad (3.4)$$

泰勒中值定理可以利用柯西中值定理给出证明,有兴趣的读者可以参看其他教材,此处从略.

我们称(3.3)式为函数 $f(x)$ 在点 x_0 的**带有拉格朗日余项的** n **阶泰勒公式**,称(3.4)式为**拉格朗日余项**.$|R_n(x)|$ 就是用 n 次泰勒多项式(3.2) 来近似表达 $f(x)$ 所产生的误差,这一误差是当 $x \to x_0$ 时比 $(x \to x_0)^n$ 高阶的无穷小.

当 $n=0$ 时,泰勒公式变成拉格朗日中值公式:

$$f(x) = f(x_0) + f'(\xi)(x-x_0), \xi \text{ 介于 } x_0 \text{ 与 } x \text{ 之间}.$$

因此,泰勒中值定理是拉格朗日中值定理的推广.

在不需要余项的精确表达式时,泰勒公式(3.3)可以写成

$$f(x)=f(x_0)+f'(x_0)(x-x_0)+\frac{f''(x_0)}{2!}(x-x_0)^2+\cdots+\frac{f^{(n)}(x_0)}{n!}(x-x_0)^n+o((x-x_0)^n).$$

$$(3.5)$$

称(3.5)式为 $f(x)$ 在点 x_0 的带有佩亚诺余项的 n 阶泰勒公式.

在泰勒公式(3.3)中,若取 $x_0=0$,那么 ξ 介于 0 与 x 之间.因此可以令 $\xi=\theta x$ $(0<\theta<1)$,则(3.3)可以变为较简单的形式

$$f(x)=f(0)+f'(0)x+\frac{f''(0)}{2!}x^2+\cdots+\frac{f^{(n)}(0)}{n!}x^n+\frac{f^{(n+1)}(\theta x)}{(n+1)!}x^{n+1} \quad (0<\theta<x).$$

$$(3.6)$$

在(3.5)中取 $x_0=0$,则得:

$$f(x)=f(0)+f'(0)x+\frac{f''(0)}{2!}x^2+\cdots+\frac{f^{(n)}(0)}{n!}x^n+o(x^n). \tag{3.7}$$

(3.6)式,(3.7)式分别称为带有拉格朗日余项和带有佩亚诺余项的**麦克劳林公式**.若将麦克劳林公式中的余项略去,可得 $f(x)$ 在点 $x=0$ 的 n 次近似表达式

$$f(x)\approx f(0)+f'(0)x+\frac{f''(0)}{2!}x^2+\cdots+\frac{f^{(n)}(0)}{n!}x^n.$$

【例1】 求函数 $f(x)=e^x$ 的带有拉格朗日余项的 n 阶麦克劳林公式.

解 因为 $f'(x)=f''(x)=\cdots=f^{(n)}(x)=e^x$,所以 $f(0)=f''(0)=\cdots=f^{(n)}(0)=1$.
把这些值代入公式(3.6)便得

$$e^x=1+x+\frac{x^2}{2!}+\cdots+\frac{x^n}{n!}+\frac{e^{\theta x}}{(n+1)!}x^{n+1} \ (0<\theta<1).$$

由这个公式可知,若把 e^x 用它的 n 次泰勒多项式表达为

$$e^x\approx 1+x+\frac{x^2}{2!}+\cdots+\frac{x^n}{n!},$$

这时所产生的误差为

$$|R_n(x)|=\left|\frac{e^{\theta x}}{(n+1)!}x^{n+1}\right|<\frac{e^{|x|}}{(n+1)!}|x|^{n+1} \quad (0<\theta<1).$$

如果取 $x=1$,则得无理数 e 的近似式为

$$e\approx 1+1+\frac{1}{2!}+\cdots+\frac{1}{n!},$$

其误差

$$|R_n| < \frac{e}{(n+1)!} < \frac{3}{(n+1)!}.$$

当 $n=10$ 时,可算得 $e \approx 2.718\,282$,其误差不超过 10^{-6}.

【例 2】 求函数 $f(x) = \sin x$ 的带有佩亚诺余项的 n 阶麦克劳林公式.

解 因为 $f'(x) = \cos x, f''(x) = -\sin x, f'''(x) = -\cos x,$

$$f^{(4)}(x) = \sin x, \cdots, f^{(n)}(x) = \sin\left(x + n \cdot \frac{\pi}{2}\right),$$

所以 $f(0) = 0, f'(0) = 1, f''(0) = 0, f'''(0) = -1, f^{(4)}(0) = 0, \cdots, f^{(n)}(0) = \sin\frac{n\pi}{2},$

当 $n = 2m-1$ 时, $f^{(n)}(0) = (-1)^{m+1}$;当 $n = 2m$ 时, $f^{(n)}(0) = 0$.

代入(3.7)式,得

$$\sin x = x - \frac{x^3}{3!} + \frac{x^5}{5!} - \frac{x^7}{7!} + \cdots + (-1)^{m-1}\frac{x^{2m-1}}{(2m-1)!} + o(x^{2m}).$$

类似地,可得

$$\cos x = 1 - \frac{x^2}{2!} + \frac{x^4}{4!} - \cdots + (-1)^m \frac{x^{2m}}{(2m)!} + o(x^{2m+1}).$$

$$\ln(1+x) = x - \frac{1}{2}x^2 + \frac{1}{3}x^3 - \cdots + (-1)^{n-1}\frac{1}{n}x^n + o(x^n).$$

$$\frac{1}{1-x} = 1 + x + x^2 + \cdots + x^n + o(x^n).$$

$$(1+x)^\alpha = 1 + \alpha x + \frac{\alpha(\alpha-1)}{2!}x^2 + \cdots + \frac{\alpha(\alpha-1)\cdots(\alpha-n+1)}{n!}x^n + o(x^n).$$

以上介绍的几个函数的麦克劳林展开式在应用中经常遇到.

【例 3】 利用带有佩亚诺余项的麦克劳林公式,求极限 $\lim\limits_{x \to 0}\dfrac{\cos x - e^{-\frac{x^2}{2}}}{x^4}$.

解 因为

$$\cos x = 1 - \frac{x^2}{2!} + \frac{x^4}{4!} + o(x^4), e^{-\frac{x^2}{2}} = 1 - \frac{x^2}{2} + \frac{x^4}{8} + o(x^4) \quad (x \to 0),$$

所以

$$\lim_{x \to 0}\frac{\cos x - e^{-\frac{x^2}{2}}}{x^4} = \lim_{x \to 0}\frac{1 - \frac{x^2}{2!} + \frac{x^4}{4!} + o(x^4) - \left[1 - \frac{x^2}{2} + \frac{x^4}{8} + o(x^4)\right]}{x^4}$$

$$= \lim_{x \to 0}\frac{-\frac{1}{12}x^4 + o(x^4)}{x^4} = -\frac{1}{12}.$$

习题 3 - 3

1. 求下列函数在给定点处带有佩亚诺余项的 n 阶泰勒公式.

(1) $f(x) = x^4 - 5x^3 + x^2 - 3x + 4, x_0 = 4$；(2) $f(x) = \ln x, x_0 = 2$.

2. 求函数 $f(x) = x e^x$ 带有拉格朗日余项的 n 阶麦克劳林公式.

3. 求函数 $f(x) = \tan x$ 的带有佩亚诺余项的 3 阶麦克劳林公式.

4. 利用泰勒公式求下列各数值的近似值，精确到 0.001.

(1) $\sqrt[3]{30}$；　　　　　　　　　　(2) $\sin 18°$.

5. 利用带有佩亚诺余项的麦克劳林公式，求下列极限.

(1) $\lim\limits_{x \to 0} \dfrac{\sin x - x \cos x}{\sin^3 x}$；　　　　(2) $\lim\limits_{x \to 0} \dfrac{1 + \dfrac{1}{2} x^2 - \sqrt{1 + x^2}}{(\cos x - e^{x^2}) \sin x^2}$.

第四节　函数的单调性与极值

学习目标

1. 理解函数的极值概念，掌握用导数判断函数的单调性和求极值的方法.

2. 会求简单的最大值与最小值的应用问题.

一、函数的单调性

研究函数的图像首先考虑的问题就是函数的单调性问题，但是根据单调性的定义判定函数的单调性，一般来说是比较困难的.本节利用导数来对函数的单调性进行研究.如果函数 $y = f(x)$ 在 $[a, b]$ 上单调增加(或减少)，那么该函数的图形是一条沿 x 轴正向上升(或下降)的曲线，由图 3 - 4 可见，曲线上各点处的切线斜率是非负(或非正)的，即 $y' \geqslant 0$ (或 $y' \leqslant 0$).由此可见，函数的单调性与导数的符号密切相关.

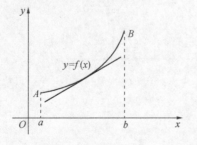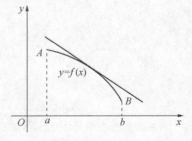

图 3 - 4

定理 1 设函数 $f(x)$ 在区间 $[a,b]$ 上连续，在 (a,b) 内可导.

(1) 如果在 (a,b) 内 $f'(x)>0$，则 $f(x)$ 在 $[a,b]$ 上单调增加；

(2) 如果在 (a,b) 内 $f'(x)<0$，则 $f(x)$ 在 $[a,b]$ 上单调减少.

证 我们仅就单调增加的情况给出证明，单调减少的情况可类似证明.

设对任意的 $x_1,x_2\in[a,b]$，$x_1<x_2$，显然 $f(x)$ 在区间 $[x_1,x_2]$ 上满足拉格朗日中值定理的条件. 对 $f(x)$ 在 $[x_1,x_2]$ 上应用拉格朗日中值定理，至少存在一点 $\xi\in(x_1,x_2)$，使得：

$$f(x_2)-f(x_1)=f'(\xi)(x_2-x_1)>0,$$

即 $f(x_1)<f(x_2)$，由此函数 $f(x)$ 在区间 $[a,b]$ 上单调增加.

注意 (1) 如果在 $[a,b]$ 上 $f'(x)\geq 0(\leq 0)$，且等号仅仅在个别点处成立，则 $f(x)$ 在 $[a,b]$ 上仍然单调增加（减少）. 如：$f(x)=x^3$ 仅在 $x=0$ 处的导数为零，在其余点处的导数均大于零，故 $f(x)=x^3$ 在 R 上仍然是单调增加函数.(2) 把这个定理中的闭区间换成其他各种区间，结论仍然成立.

【例 1】 讨论函数 $f(x)=x-\sin x$ 在 $[-\pi,\pi]$ 上的单调性.

解 显然 $f(x)$ 在 $[-\pi,\pi]$ 上连续，且在 $(-\pi,\pi)$ 内 $f'(x)=1-\cos x\geq 0$，等号只在 $x=0$ 处成立. 故由定理 1 知函数在 $[-\pi,\pi]$ 上单调增加.

【例 2】 讨论函数 $f(x)=e^x-x-1$ 的单调性.

解 $f(x)$ 的定义域为 $(-\infty,+\infty)$. $f'(x)=e^x-1$. 当 $x<0$ 时，$f'(x)<0$，故函数单调减少；当 $x>0$ 时，$f'(x)>0$，故函数单调增加.

【例 3】 讨论函数 $f(x)=x^{\frac{2}{5}}$ 的单调性.

解 $f(x)$ 的定义域为 $(-\infty,+\infty)$. $f'(x)=\dfrac{2}{5}x^{-\frac{3}{5}}$. 当 $x<0$ 时，$f'(x)<0$，故函数单调减少；当 $x>0$ 时，$f'(x)>0$，故函数单调增加.

由例 2 可以看出，有些函数在整个定义区间上不是单调的，但是当我们用导数为零的点来分割定义区间后，就可以使函数在各个部分区间上是单调的. 这个结论对于在定义区间上有连续导数的函数都是成立的. 另外，从例 3 可以看出，导数不存在的点也有可能是单调性变化的分界点.

若函数在其定义区间的某个子区间内是单调的，则称该子区间为函数的**单调区间**.

综上所述，讨论函数 $f(x)$ 单调性的步骤如下：

(1) 确定定义域；

(2) 求 $f'(x)$，找出 $f'(x)=0$ 和 $f'(x)$ 不存在的点，用这些点把定义域分成若干个子区间；

(3) 在每个子区间上判别 $f'(x)$ 的符号，从而确定函数 $f(x)$ 的单调性.

【例 4】 讨论函数 $f(x)=2x^3-9x^2+12x-3$ 的单调区间.

解　$f(x)$ 的定义域为 $(-\infty,+\infty)$，且在 $(-\infty,+\infty)$ 内可导.

$$f'(x)=6x^2-18x+12=6(x-1)(x-2).$$

令 $f'(x)=0$，得 $x_1=1,x_2=2$.列表如下：

x	$(-\infty,1)$	1	$(1,2)$	2	$(2,+\infty)$
$f'(x)$	+	0	−	0	+
$f(x)$	↗		↘		↗

上表中，"↗"表示单调增加，"↘"表示单调减少.所以 $f(x)$ 在 $(-\infty,1]$ 与 $[2,+\infty)$ 上单调增加，在 $[1,2]$ 上单调减少.

【例 5】 证明：$x>0$ 时，$\ln(1+x)<x$.

证　设 $f(x)=\ln(1+x)-x$，则 $f(x)$ 在 $[0,+\infty)$ 上连续且 $f(0)=0$.

由于 $x>0$ 时，$f'(x)=\dfrac{1}{1+x}-1=\dfrac{-x}{1+x}<0$.

故 $f(x)$ 在 $[0,+\infty)$ 上单调减少，因而当 $x>0$ 时，$f(x)<f(0)=0$，即 $\ln(1+x)<x$.

二、函数的极值

定义（极值）　设 $f(x)$ 在点 x_0 的某邻域 $U(x_0)$ 内有定义，若对任意的 $x\in\mathring{U}(x_0)$，都有 $f(x)<f(x_0)$（或 $f(x)>f(x_0)$），则称 $f(x_0)$ 是 $f(x)$ 的一个极大值（或极小值），x_0 称为 $f(x)$ 的一个极大值点（或极小值点）.极大值与极小值统称为极值，极大值点与极小值点统称为极值点.

注意　（1）函数的极值只是一个局部性的概念.如果 $f(x_0)$ 是 $f(x)$ 的一个极大值，那只是在 x_0 附近的一个局部范围内，$f(x_0)$ 是一个最大值，如果就 $f(x)$ 的整个定义域来说，$f(x_0)$ 不一定是最大的.

（2）函数 $f(x)$ 在定义域内可能有多个极大值与多个极小值.如图 3-5 所示，$f(x)$ 有两个极大值 $f(x_2)$ 和 $f(x_4)$，三个极小值 $f(x_1),f(x_3)$ 和 $f(x_5)$，且极大值 $f(x_2)$ 小于极小值 $f(x_5)$.

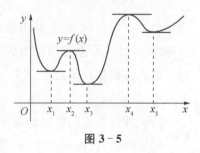

图 3-5

现在我们讨论函数极值存在的必要条件和充分条件.

由本章第一节费马引理可知，如果函数 $f(x)$ 在 x_0 处可导，且 $f(x)$ 在 x_0 处取得极值，那么 $f'(x_0)=0$.这就是可导函数取得极值的必要条件.现将此结论叙述成如下定理.

定理 2（极值的必要条件）　设函数 $y=f(x)$ 在 x_0 处可导，且在 x_0 处取得极值，那么

$f'(x_0)=0.$

我们把使 $f'(x_0)=0$ 的点 x_0 称为**驻点**.定理 2 就是说:可导函数的极值点一定是它的驻点.但是驻点未必都是极值点,如 $f(x)=x^3$ 的驻点 $x=0$ 就不是它的极值点.此外函数的不可导点也可能是极值点,如 $x=0$ 是 $f(x)=|x|$ 的不可导点,但 $x=0$ 是 $|x|$ 的极小值点.

综上可得,驻点及不可导点都是可疑极值点.如何判断函数在可疑极值点处是否取得极值? 我们有下面的定理.

定理 3（极值的充分条件 I ）　设函数 $f(x)$ 在 x_0 的邻域 $U(x_0,\delta)$ 内连续,在其去心邻域 $\overset{\circ}{U}(x_0,\delta)$ 内可导,

(1) 如果 $x\in(x_0-\delta,x_0)$ 时,$f'(x)>0$；$x\in(x_0,x_0+\delta)$ 时,$f'(x)<0$,则 $f(x_0)$ 为 $f(x)$ 的一个极大值;

(2) 如果 $x\in(x_0-\delta,x_0)$ 时,$f'(x)<0$；$x\in(x_0,x_0+\delta)$ 时,$f'(x)>0$,则 $f(x_0)$ 为 $f(x)$ 的一个极小值;

(3) 如果 $x\in\overset{\circ}{U}(x_0,\delta)$ 时,$f'(x)$ 不变号,则 $f(x_0)$ 不是 $f(x)$ 的极值.

证　(1) 当 $x\in(x_0-\delta,x_0)$ 时,$f'(x)>0$,故在 x_0 的左邻域内,$f(x)$ 单调增加,即 $f(x)<f(x_0)$；当 $x\in(x_0,x_0+\delta)$ 时,$f'(x)<0$,故在 x_0 的右邻域内,$f(x)$ 单调减少,即 $f(x)<f(x_0)$.即当 $x\in\overset{\circ}{U}(x_0,\delta)$ 时,$f(x)<f(x_0)$,故 $f(x_0)$ 是 $f(x)$ 的一个极大值.

同理可证(2)(3)的结论.

【例 6】　求 $f(x)=2x^3-9x^2+12x-3$ 的极值.

解　由例 4 得,$f(x)$ 有驻点 $x_1=1$ 及 $x_2=2$,无不可导点.由于 $f(x)$ 在 $(-\infty,1]$ 单调增加,在 $[1,2]$ 上单调减少,所以有极大值 $f(1)=2$；又 $f(x)$ 在 $[2,+\infty)$ 上单调增加,所以有极小值 $f(2)=1$.

【例 7】　求 $f(x)=x-\dfrac{3}{2}x^{\frac{2}{3}}$ 的极值.

解　$f(x)$ 的定义域为 $(-\infty,+\infty)$.$f'(x)=1-x^{-\frac{1}{3}}=\dfrac{\sqrt[3]{x}-1}{\sqrt[3]{x}}$.

可疑的极值点:令 $f'(x)=0$ 得驻点 $x_1=1$,导数不存在的点 $x_2=0$.列表如下:

x	$(-\infty,0)$	0	$(0,1)$	1	$(1,+\infty)$
$f'(x)$	$+$	不存在	$-$	0	$+$
$f(x)$	↗	0	↘	$-\dfrac{1}{2}$	↗

故 $x_2=0$ 为极大值点,极大值为 $f(0)=0$；$x_1=1$ 为极小值点,极小值为 $f(1)=-\dfrac{1}{2}$.

当函数在其驻点处的二阶导数存在且不为零时,有更简单的极值判别方法.

定理 4（极值的充分条件 II ）　设函数 $f(x)$ 在 x_0 处具有二阶导数,$f'(x_0)=0$,$f''(x_0)\neq$

0.则

　　(1) 若 $f''(x_0)>0$,则 $f(x_0)$ 是 $f(x)$ 的极小值；

　　(2) 若 $f''(x_0)<0$,则 $f(x_0)$ 是 $f(x)$ 的极大值.

　　证　(1) 由二阶导数的定义及 $f'(x_0)=0$ 得

$$f''(x_0)=\lim_{x\to x_0}\frac{f'(x)-f'(x_0)}{x-x_0}=\lim_{x\to x_0}\frac{f'(x)}{x-x_0}>0,$$

应用极限的局部保号性,存在 x_0 的去心邻域 $\mathring{U}(x_0,\delta)$,使得 $\forall x\in\mathring{U}(x_0,\delta)$,有 $\dfrac{f'(x)}{x-x_0}>0$.所以,当 $x\in(x_0-\delta,x_0)$ 时,$f'(x)<0$；当 $x\in(x_0,x_0+\delta)$ 时,$f'(x)>0$.由定理 3 可知,$f(x_0)$ 为 $f(x)$ 的一个极小值.

　　同理可证(2)的结论.

　　定理 4 表明,如果函数 $f(x)$ 在驻点 x_0 处的二阶导数 $f''(x_0)\neq0$,那么该驻点一定是极值点,且可以按二阶导数的符号判定 $f(x_0)$ 是极大值还是极小值.但如果 $f''(x_0)=0$,那么定理 4 失效,这时仍需运用第一充分条件判别.

【例 8】　求 $f(x)=x^3-3x^2-9x+5$ 的极值.

　　解　$f(x)$ 在 $(-\infty,+\infty)$ 可导,且

$$f'(x)=3x^2-6x-9=3(x-3)(x+1),$$
$$f''(x)=6x-6.$$

令 $f'(x)=0$ 得驻点 $x_1=-1,x_2=3$,又 $f''(-1)=-12<0$,　$f''(3)=12>0$.
由定理 4 可知 $f(-1)=10$ 为 $f(x)$ 的极大值,$f(3)=-22$ 为 $f(x)$ 的极小值.

三、函数的最值

　　由连续函数的性质可知,闭区间上的连续函数必存在最大值与最小值.该最大值与最小值可能出现在区间的端点,也可能出现在区间的内部.若出现在区间的内部,则它必是函数的极值点,也就是函数的驻点或不可导点.因此,要求函数在闭区间上的最大值和最小值,只要把区间内的所有极值点以及端点处的函数值都求出来,则它们中的最大值和最小值分别就是函数在闭区间上的最大值和最小值.因此求连续函数在闭区间 $[a,b]$ 上的最大值和最小值可按如下步骤进行：

　　(1) 求出 $f(x)$ 在 (a,b) 内的驻点 $x_1,x_2,\cdots,x_m$ 及不可导点 $x'_1,x'_2,\cdots,x'_n$；

　　(2) 计算函数值 $f(x_1),f(x_2),\cdots,f(x_m)$；$f(x'_1),f(x'_2),\cdots,f(x'_n)$；$f(a),f(b)$；

　　(3) 比较(2)中的各函数值,其中最大的就是 $f(x)$ 在 $[a,b]$ 上的最大值,最小的就是 $f(x)$ 在 $[a,b]$ 上的最小值.

【例 9】　求函数 $f(x)=3\sqrt[3]{x^2}+2x$ 在 $[-1,1]$ 上的最大值和最小值.

解　令 $f'(x)=2x^{-\frac{1}{3}}+2=\dfrac{2(1+\sqrt[3]{x})}{\sqrt[3]{x}}=0$ 得驻点 $x=-1$,而 $x=0$ 为不可导点. 又 $f(-1)=1,f(0)=0$,

$f(1)=5$,比较之,得 $f(x)$ 在 $[-1,1]$ 上的最大值为 $f(1)=5$,最小值为 $f(0)=0$.

在实际问题中,如果建立的函数在定义区间内连续且仅有一个驻点,而问题本身确有最大(小)值,且在定义区间内部取得,则这个驻点就是所求的最大(小)值点.

【例 10】　一公司生产某种商品,其年销售量为 100 万件,每生产一批商品需增加准备费 1 000 元,商品库存费为每件 0.05 元,如果年销售率是均匀的且上批销售完后立即生产下一批(此时商品库存数为批量的一半),问分几批生产,才能使生产准备费及库存费之和最小.

解　设分 x 批生产,生产准备费及库存费之和为 y,由题意得

$$y=1\,000x+\frac{1\,000\,000}{2x}\times0.05=1\,000x+\frac{25\,000}{x},x>0,$$

$$y'=1\,000-\frac{25\,000}{x^2}.$$

令 $y'=0$ 得唯一的驻点 $x=5(x=-5$ 不合理,舍去$)$,且 $y''|_{x=5}=400>0$. 因此,当 $x=5$ 时,y 取到最小值. 即分 5 批生产,才能使生产准备费及库存费之和最小.

【例 11】　从北到南的铁路经过甲、乙两城,相距为 100 km,某工厂位于乙城正东 20 km 处,拟从铁路上某点处修一条公路到乙厂. 若每吨货物铁路运费为 3 元/km,公路运费为 5 元/km,问公路起点应取何处,可使从甲城到工厂运费最省?

解　设起点取在铁路上距乙城 x km 处,则每吨货物的运费为

$$W=3(100-x)+5\sqrt{20^2+x^2},x\in[0,100].$$

求导得:

$$W'=-3+\frac{5x}{\sqrt{400+x^2}}.$$

由 $W'=0$,解得唯一驻点 $x=15$.

又 $W(15)=380,W(0)=400,W(100)=509.9$,因此当 $x=15$ 时,运费最省.

习题 3 - 4

1. 求下列函数的单调区间和极值.

(1) $y=x^3-6x^2+9x$;

(2) $y=\dfrac{2x}{1+x^2}$;

(3) $y=x^2\mathrm{e}^{-x^2}$;

(4) $y=x+\sqrt{1-x}$;

(5) $y=3(x-2)^{\frac{2}{3}}-1$.

2. 证明下列不等式.

(1) 当 $x>0$ 时, $1+\dfrac{1}{2}x>\sqrt{1+x}$ ；　　　　(2) 当 $x>0$ 时, $e^x>1+x$ ；

(3) 当 $x>0$ 时, $\ln(1+x)>x-\dfrac{1}{2}x^2$ ；　　　(4) 当 $0<x<\dfrac{\pi}{2}$ 时, $\tan x>x+\dfrac{x^3}{3}$.

3. 证明方程 $x^3+x-1=0$ 有且仅有一个正实根.

4. 设 1 和 2 均为函数 $y=a\ln x+bx^2+3x$ 的极值点,求 a,b 的值.

5. 求下列函数的最大值,最小值.

(1) $y=x+2\sqrt{x}$, $x\in[0,4]$ ；　　　　(2) $y=x^4-2x^2+5$, $x\in[-2,2]$ ；

(3) $y=x+\sqrt{1-x}$, $x\in[-5,1]$.

6. 假设某种商品的需求量 Q 是单价 P 的函数 $Q=12\,000-80P$,商品的总成本 C 是需求量 Q 的函数 $C=25\,000+50Q$,每单位商品需要纳税 2,试求使销售利润最大的商品价格和最大利润.

7. 设生产某商品的总成本为 $C(x)=1\,000+50x+x^2$ （ x 为产量）,问产量为多少时,每件产品的平均成本最低.

第五节　曲线的凹凸性与拐点 函数作图

学习目标

1. 理解函数凹凸性的概念,会用导数判断函数图形的凹凸性和拐点.

2. 会描绘一些简单函数的图形.

一、曲线的凹凸性与拐点

在第四节中,我们研究了函数单调性的判别法.函数的单调性反映在图形上,就是曲线的上升或者下降.但是,曲线在上升或者下降的过程中,还有一个弯曲方向的问题.例如,图3-6中有两条曲线弧,虽然他们都是上升的,但是图形却又显著的差别.弧 $\overset{\frown}{ACB}$ 是向上凸的曲线弧,但弧 $\overset{\frown}{ADB}$ 是向上凹的曲线弧.它们的凹凸性不同,下面我们就来研究曲线的凹凸性及其判别法.

从几何上看（如图3-7所示）,在凹的曲线弧(a)上任意取两点 x_1,x_2 ,连接这两点的弦总在曲线弧的上方,即 $f\left(\dfrac{x_1+x_2}{2}\right)<\dfrac{f(x_1)+f(x_2)}{2}$.类似地,在凸的曲线弧(b)上任意取两点

x_1,x_2，连接这两点的弦总在曲线弧的下方，即 $f\left(\dfrac{x_1+x_2}{2}\right)>\dfrac{f(x_1)+f(x_2)}{2}$，于是很自然地得到了凹凸性的定义.

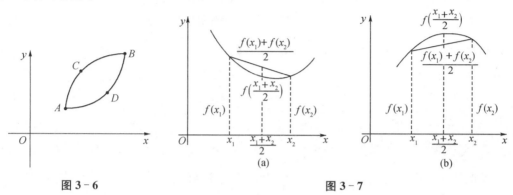

图 3-6　　　　　　　　　　　　　　　　　图 3-7

定义 1　设函数 $f(x)$ 在区间 I 上连续，如果对 I 上任意两点 x_1,x_2 恒有

$$f\left(\frac{x_1+x_2}{2}\right)<\frac{f(x_1)+f(x_2)}{2},$$

那么称 $f(x)$ 在区间 I 上的图形是（向上）凹的（或凹弧）；

如果恒有

$$f\left(\frac{x_1+x_2}{2}\right)>\frac{f(x_1)+f(x_2)}{2},$$

那么称 $f(x)$ 在区间 I 上的图形是（向上）凸的（或凸弧）.

如何判断曲线的凹凸性呢？由图 3-8(a)可看到，当曲线 $f(x)$ 为凹时，其切线斜率 $f'(x)=\tan\alpha$ 随 x 增加而增加，即 $f'(x)$ 是一个增函数；由图 3-8(b)可看到，当曲线 $f(x)$ 为凸时，其切线斜率 $f'(x)=\tan\alpha$ 随 x 增加而减少，即 $f'(x)$ 是个减函数，而 $f'(x)$ 的增减性是可以用二阶导数 $f''(x)$ 来刻化的.

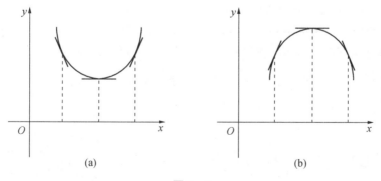

(a)　　　　　　　　　　　　　　　(b)

图 3-8

因此，可以利用二阶导数得到曲线的凹凸性的判别法.下面不加证明地给出判定曲线凹凸

性的定理.

定理　设函数 $f(x)$ 在区间 I 内存在二阶导数,则

(1) 如果在 I 内 $f''(x)>0$,则 $f(x)$ 在区间 I 上的图形是凹的;

(2) 如果在 I 内 $f''(x)<0$,则 $f(x)$ 在区间 I 上的图形是凸的.

【例 1】　判定曲线 $y=\sin x$ 在 $[0,2\pi]$ 上的凹凸性.

解　因为

$$y'=\cos x, y''=-\sin x.$$

当 $x\in(0,\pi)$ 时,$y''<0$,所以曲线是凸的;

当 $x\in(\pi,2\pi)$ 时,$y''>0$,所以曲线是凹的.

本例曲线 $y=\sin x$ 上的点 $(\pi,0)$ 是一种特殊点,它恰好是曲线凹凸性的分界点,这样的点称为曲线的**拐点**.

定义 2　连续曲线上凹弧与凸弧的分界点称为拐点.

注　由拐点定义知,拐点是曲线上的点,它与极值点的概念不同.

那么如何来寻找曲线 $y=f(x)$ 的拐点呢?

我们已经知道,由 $f''(x)$ 的符号可以判断曲线的凹凸性.如果 $f''(x)$ 在 x_0 的左右邻域异号,那么点 $(x_0,f(x_0))$ 就是该曲线的一个拐点.所以若 $f(x)$ 在区间 I 内具有二阶连续导数,则在拐点处必有 $f''(x_0)=0$.但是反过来,使 $f''(x_0)=0$ 的点 x_0 对应的曲线上的点 $(x_0,f(x_0))$ 不一定是拐点(例如 $f(x)=x^4$,易得 $f''(0)=0$.但是无论 $x<0$ 或者 $x>0$ 都有 $f''(x)=12x^2>0$.所以点 $(0,0)$ 不是拐点).另外,在 $f(x)$ 的二阶导数不存在的地方也可能取到拐点.例如 $y=\sqrt[3]{x}$,因 $y'=\dfrac{1}{3\sqrt[3]{x^2}}$,$y''=-\dfrac{2}{9x\sqrt[3]{x^2}}$,当 $x<0$ 时,$y''>0$,曲线是凹的;当 $x>0$ 时,$y''<0$,曲线是凸的,所以曲线上的点 $(0,0)$ 是其拐点,但当 $x=0$ 时,y'' 不存在.综上分析,我们可按下列步骤求 $y=f(x)$ 的拐点:

(1) 求 $f''(x)$;

(2) 令 $f''(x)=0$,解出此方程的根,并求出 $f''(x)$ 不存在的点;

(3) 对于(2)中求出的每一个 x_0,检查 $f''(x)$ 在 x_0 左右两侧的符号,当两侧的符号相反时,$(x_0,f(x_0))$ 是拐点;当两侧的符号相同时,$(x_0,f(x_0))$ 不是拐点.

【例 2】　求 $f(x)=2x^3-9x^2+12x-3$ 的凹凸区间及拐点.

解　$f(x)$ 的定义域为 $(-\infty,+\infty)$,且

$$f'(x)=6x^2-18x+12, f''(x)=12x-18.$$

令 $f''(x)=0$ 得 $x=\dfrac{3}{2}$.当 $x<\dfrac{3}{2}$ 时,$f''(x)<0$;当 $x>\dfrac{3}{2}$ 时,$f''(x)>0$.所以 $\left(-\infty,\dfrac{3}{2}\right]$ 是 $f(x)$ 的凸区间,$\left[\dfrac{3}{2},+\infty\right)$ 是 $f(x)$ 的凹区间,$\left(\dfrac{3}{2},f\left(\dfrac{3}{2}\right)\right)=\left(\dfrac{3}{2},\dfrac{3}{2}\right)$ 是 $f(x)$ 的拐点.

【例3】　求曲线 $f(x)=x-\sqrt[3]{x-1}$ 的凹凸区间及拐点.

解　函数的定义域为 $(-\infty,+\infty)$.

$$f'(x)=1-\frac{1}{3}(x-1)^{-\frac{2}{3}},\ f''(x)=\frac{2}{9\sqrt[3]{(x-1)^5}}.$$

当 $x=1$ 时,$f''(x)$ 不存在;当 $x\in(-\infty,1)$ 时,$f''(x)<0$;当 $x\in(1,+\infty)$ 时,$f''(x)>0$.所以 $(-\infty,1]$ 是 $f(x)$ 凸区间,$[1,+\infty)$ 是 $f(x)$ 凹区间,$(1,f(1))=(1,1)$ 是 $f(x)$ 的拐点.

二、曲线的渐近线

定义 3　若曲线 C 上的动点 P 沿着曲线无限远离原点时,点 P 与一条定直线 L 的距离趋于零,则称直线 L 为曲线 C 的一条渐近线;当 L 平行于 x 轴时,称 L 为曲线 C 的水平渐近线;当 L 垂直于 x 轴时,称 L 为曲线 C 的垂直渐近线.

由定义 3,立即可得:

(1) 直线 $y=A$ 是曲线 $f(x)$ 的水平渐近线充要条件是

$$\lim_{x\to-\infty}f(x)=A\ 或\ \lim_{x\to+\infty}f(x)=A;$$

(2) 直线 $x=x_0$ 是曲线 $f(x)$ 的垂直渐近线充要条件是

$$\lim_{x\to x_0^-}f(x)=\infty\ 或\ \lim_{x\to x_0^+}f(x)=\infty,$$

即 $x=x_0$ 是函数 $f(x)$ 的无穷间断点.

如图所示.

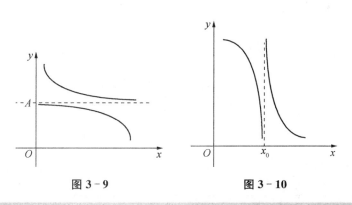

图 3 - 9　　　　　　　　　图 3 - 10

【例4】　求曲线 $y=x\mathrm{e}^{\frac{1}{x}}$ 的渐近线.

解　因为

$$\lim_{x\to0^+}x\mathrm{e}^{\frac{1}{x}}=\lim_{x\to0^+}\frac{\mathrm{e}^{\frac{1}{x}}}{\frac{1}{x}}\overset{\left(\frac{\infty}{\infty}\right)}{=}\lim_{x\to0^+}\mathrm{e}^{\frac{1}{x}}=+\infty,$$

故 $x=0$ 为曲线的一条垂直渐近线;但是 $\lim\limits_{x\to-\infty}x\mathrm{e}^{\frac{1}{x}}$,$\lim\limits_{x\to+\infty}x\mathrm{e}^{\frac{1}{x}}$ 都不存在,故该曲线无水平渐近线.

三、函数作图

要比较准确地描绘出一般函数的图形,仅用描点作图是不够的,为了提高作图的准确度,可将前面讨论的函数的性态应用到曲线的作图上,即借助于一阶导数的符号,确定函数的单调性及极值点;借助于二阶导数的符号,确定函数曲线的凹凸性及拐点,通过曲线的渐近线又可以知道曲线无穷伸展的情况,这样可以把图形描绘得更加准确.

一般步骤如下:

(1) 确定函数的定义域;

(2) 讨论函数的周期性、奇偶性与连续性;

(3) 计算 $f'(x),f''(x)$,求出 $f'(x),f''(x)$ 为零的点及不存在的点,用这些点把函数的定义域划分成几个部分区间;

(4) 利用(3)的结果,讨论函数 $f(x)$ 的单调性与极值、凹凸性与拐点;

(5) 求曲线 $y=f(x)$ 的渐近线;

(6) 确定函数的某些特殊点,如间断点及与坐标轴的交点;

(7) 绘制图形.

【例5】 作函数 $y=\dfrac{1}{\sqrt{2\pi}}e^{-\frac{x^2}{2}}$ 的图形.

解 (1) 函数定义域为 $(-\infty,+\infty)$,且是偶函数,图形关于 y 轴对称,故只要讨论 $(0,+\infty)$ 上图形;

(2) $y'=-\dfrac{x}{\sqrt{2\pi}}e^{-\frac{x^2}{2}}$,$y''=\dfrac{x^2-1}{\sqrt{2\pi}}e^{-\frac{x^2}{2}}$,

在 $(0,+\infty)$ 上,令 $y'=0$,得驻点 $x_1=0$;令 $y''=0$ 得 $x_2=1$;

(3) 列表讨论:

x	0	$(0,1)$	1	$(1,+\infty)$
y'	0	$-$		$-$
y''		$-$	0	$+$
y	$\dfrac{1}{\sqrt{2\pi}}$	↘	$\dfrac{1}{\sqrt{2\pi}}e^{-\frac{1}{2}}$	↘

$x=0$ 为极大值点,极大值 $y(0)=\dfrac{1}{\sqrt{2\pi}}\approx0.399$,拐点 $\left(1,\dfrac{1}{\sqrt{2\pi}}e^{-\frac{1}{2}}\right)$;

(4) $\lim\limits_{x\to\infty}y=0$,所以 $y=0$ 为曲线的一条水平渐近线;

(5) 增算 $y(2)=\dfrac{1}{\sqrt{2\pi}e^2}\approx0.054$;

综上所述,可描出函数在 $[0,+\infty)$ 的图形,再利用对称性,便得到整个图形(图 3-11).

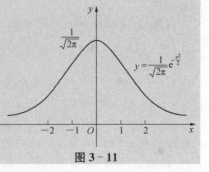

图 3-11

【例6】 作函数 $f(x)=\dfrac{x}{(x+1)^2}$ 的图形.

解 (1) 函数定义域 $(-\infty,-1)\bigcup(-1,+\infty)$;

(2) $f'(x)=\dfrac{1-x}{(x+1)^3},f''(x)=\dfrac{2(x-2)}{(x+1)^4}$,

令 $f'(x)=0$,得驻点 $x_1=1$;$f''(x)=0$ 得 $x=2$;

(3) 列表讨论:

x	$(-\infty,-1)$	$(-1,1)$	1	$(1,2)$	2	$(2,+\infty)$
$f'(x)$	$-$	$+$	0	$-$		$-$
$f''(x)$	$-$	$-$		$-$	0	$+$
$f(x)$	↘	↗		↘		↘

$x=1$ 为极大值点,极大值 $f(1)=\dfrac{1}{4}$,$\left(2,\dfrac{2}{9}\right)$ 为拐点;

(4) $\lim\limits_{x\to\infty}f(x)=0$,所以 $y=0$ 为图形一条水平渐近线;

$\lim\limits_{x\to-1}f(x)=-\infty$,所以 $x=-1$ 为图形一条垂直渐近线;

(5) 增算 $f(-3)=-\dfrac{1}{4}$,$f(-2)=-2$,$f(0)=0$,$f(3)=$

$\dfrac{3}{16}$,得图形上的点,$M_1\left(-3,-\dfrac{1}{4}\right)$,$M_2(-2,-2)$,$M_3(0,$

$0)$,$M_4\left(1,\dfrac{1}{4}\right)$,$M_5\left(2,\dfrac{2}{9}\right)$,$M_6\left(3,\dfrac{3}{16}\right)$.

综上所述,可描出所给函数图形(如图3-12所示).

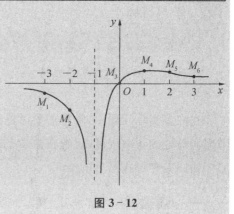

图 3-12

习题 3-5

1. 求下列曲线的凹凸区间和拐点.

(1) $y=2x^3-3x^2-36x+25$;
(2) $y=x+\dfrac{1}{x}$;

(3) $y=xe^{-x}$;
(4) $y=x^2\ln x$;

(5) $y=\dfrac{2x-1}{(x+1)^2}$;
(6) $y=(x+1)^2+e^x$.

2. 问 a,b 为何值时,点 $(1,3)$ 是曲线 $y=ax^3+bx^2$ 的拐点.

3. 试确定 a,b,c 的值,使三次曲线 $y=ax^3+bx^2+cx$ 有一拐点 $(1,2)$,且在该点处的切线斜率为 -1.

4. 求下列曲线的渐近线.

(1) $y=e^{-x^2}$;
(2) $y=\dfrac{\ln x}{x-1}$;

(3) $y = xe^{-x}$;　　　　　　　　　　(4) $y = 2x + \arctan \dfrac{x}{2}$.

5. 描绘下列函数图形.

(1) $y = x^3 - x^2 - x + 1$;　　　　　　(2) $y = \dfrac{x}{1+x}$;

(3) $y = x^2 + \dfrac{1}{x}$;　　　　　　　　(4) $y = xe^{-x}$.

第六节　曲　率

学习目标

1. 了解曲率和曲率半径的概念.

2. 会计算曲率和曲率半径.

在许多实际问题中,常常需要讨论曲线的弯曲程度,如在设计铁路或公路的弯道时,必须考虑弯道处的弯曲程度,反映在数学上即光滑曲线 $f(x)$ 的弯曲程度.

我们先介绍弧微分的概念.

一、弧微分

如果函数 $y = f(x)$ 在区间 (a, b) 内有连续的导数,则称曲线 $y = f(x)$ 是 (a, b) 内的光滑曲线.理论上可以证明:光滑曲线弧是可以求长度的.

选定曲线 $y = f(x)$ 上一点 $M_0(x_0, y_0)$ 作为计算弧长的基点(图 3 - 13),并以 x 的增大方向作为曲线的正方向.那么,对曲线弧上任一点 $M(x, y)$,弧段 $\overset{\frown}{M_0 M}$ 是有方向的,称之为**有向弧段**,并作如下规定:

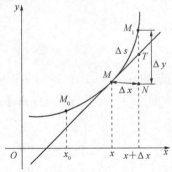

图 3 - 13

记有向弧段 $\overset{\frown}{M_0M}$ 的长度为 s，当 $\overset{\frown}{M_0M}$ 的方向与曲线方向的正向一致时，s 取正号；当 $\overset{\frown}{M_0M}$ 的方向与曲线的正向相反时，s 取负号.

这样，对任意 $x \in (a,b)$，在曲线上相应地有一个点 M，那么 s 就有一个确定的值与之对应，因此 s 是 x 的函数，记为 $s=s(x)$，称为弧函数.由上述规定可知，$s(x)$ 是单调增加函数.

下面我们来讨论函数 $s(x)$ 的微分，简称为弧微分.

在 x 点邻近任取一点 $x+\Delta x$，其在曲线 $y=f(x)$ 上的对应点为 $M_1(x+\Delta x, y+\Delta y)$，产生的弧 s 的相对应的增量为 $\Delta s = \overset{\frown}{MM_1}$，由 $s(x)$ 是单调增加函数易知，Δx 与 Δs 同号.因此

$$\frac{\Delta s}{\Delta x} = \left| \frac{\Delta s}{\Delta x} \right| = \left| \frac{\overset{\frown}{MM_1}}{\Delta x} \right| = \left| \frac{\overset{\frown}{MM_1}}{MM_1} \right| \cdot \left| \frac{MM_1}{\Delta x} \right| = \left| \frac{\overset{\frown}{MM_1}}{MM_1} \right| \sqrt{1+\left(\frac{\Delta y}{\Delta x}\right)^2},$$

令 $\Delta x \to 0$，则 $M_1 \to M$，由于 $\lim\limits_{M_1 \to M} \left| \dfrac{\overset{\frown}{MM_1}}{MM_1} \right| = 1$，于是得曲线弧长的导数公式，

$$\frac{ds}{dx} = \lim_{\Delta x \to 0} \frac{\Delta s}{\Delta x} = \lim_{\Delta x \to 0} \sqrt{1+\left(\frac{\Delta y}{\Delta x}\right)^2} = \sqrt{1+(y')^2},$$

则

$$ds = \sqrt{1+(y')^2}\,dx. \tag{6.1}$$

(6.1)式称为**弧微分公式**，

由弧微分公式可得 $(ds)^2 = (dx)^2 + (dy)^2$，因此 $|dx|$，$|dy|$，$|ds|$ 构成图 $3-13$ 的直角三角形 MNT 的三条边，称 $\triangle MNT$ 为微分三角形，弧微分就是微分三角形 MNT 的有向斜边 MT 的值.

【例1】 求曲线 $y=x^3-1$ 的弧微分.

解 因为 $y'=3x^2$，所以 $ds = \sqrt{1+(y')^2}\,dx = \sqrt{1+9x^4}\,dx$.

【例2】 求椭圆曲线 $\begin{cases} x=a\cos\theta \\ y=b\sin\theta \end{cases}$ 的弧微分.

解 因为

$$dx = -a\sin\theta\,d\theta, \qquad dy = b\cos\theta\,d\theta,$$

所以

$$ds = \sqrt{(dx)^2+(dy)^2} = \sqrt{a^2\sin^2\theta + b^2\cos^2\theta}\,d\theta.$$

二、曲率及其计算公式

曲率是用来定量刻化曲线弯曲程度的，那么影响曲线的弯曲程度的因素有哪些呢？

(1) 它与曲线的切线转角有关.在图 3-14(a)中,当动点 A 沿曲线移动到点 B 时,相应地点 A 处切线变动为点 B 处的切线,我们把形成的切线转角记为 $\Delta\alpha$,容易看出,$\Delta\alpha$ 越大,弧$\overparen{AB}$弯曲得越厉害.确切地说,曲线的弯曲程度与其切线转角 $\Delta\alpha$ 成正比.

(2) 它与曲线的长度有关.在图 3-14(b)中,弧$\overparen{AB}$与弧$\overparen{CD}$的切线转角都是 $\Delta\alpha$,但很明显,长度小的弧 $\overparen{CD}$ 的弯曲程度更大.因此曲线的弯曲程度与曲线的长度成反比.

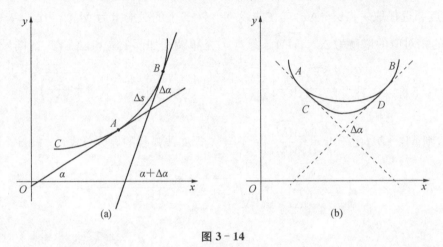

图 3-14

由以上分析,我们考虑用单位弧长上曲线切线转角的大小来度量曲线的弯曲程度.为使得曲线长度可求,这里所指曲线 $y=f(x)$ 为**光滑曲线**,即 $f(x)$ 是具有一阶连续导数的函数.

定义 1　弧$\overparen{AB}$的切线转角 $\Delta\alpha$ 与该弧长 Δs 之比的绝对值称为该弧的**平均曲率**,记为 $\overline{K}$,即 $\overline{K}=\left|\dfrac{\Delta\alpha}{\Delta s}\right|$.

显然平均曲率只反映了某段曲线上平均弯曲程度,类似于从平均速度引进瞬时速度的方法,可得到精确度量弯曲程度需要的一点处曲率的概念.

定义 2　A,B 为光滑曲线 C 上两点(图 3-14(a)),当 $\Delta s\to 0$ 时(即 $A\to B$ 时)如果弧$\overparen{AB}$的平均曲率的极限存在,则称此极限值为曲线 C 在点 A 处的**曲率**,记为 K,即 $K=\lim\limits_{\Delta s\to 0}\left|\dfrac{\Delta\alpha}{\Delta s}\right|$.

当导数 $\dfrac{\mathrm{d}\alpha}{\mathrm{d}s}$ 存在时,则

$$K=\left|\frac{\mathrm{d}\alpha}{\mathrm{d}s}\right|. \tag{6.2}$$

【例 3】　求直线上任一点处的曲率.

解　由于直线上任一点处的切线就是直线本身,故其上任两点之间线段上切线转角 $\Delta\alpha=0$,因此 $\overline{K}=\left|\dfrac{\Delta\alpha}{\Delta s}\right|=0$,从而 $K=0$.

这表明直线处处不弯曲,这正是我们对直线的认识.

【例 4】　求半径为 R 的圆上任一点的曲率.

解　设点 A 为圆上任一点(图 3-15)，B 为圆上异于 A 的一动点，点 A 到点 B 的切线转角 $\Delta\alpha$ 等于圆心角 $\angle AOB$，$\Delta s = R \cdot \Delta\alpha$ 因此 $\overline{K} = \left| \dfrac{\Delta\alpha}{\Delta s} \right| = \left| \dfrac{\Delta\alpha}{R \cdot \Delta\alpha} \right| = \dfrac{1}{R}$.

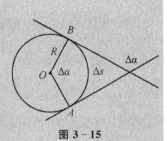

图 3-15

让 $A \to B$，得到点 A 处曲率 $K = \dfrac{1}{R}$. 这表明，圆周上任一点出弯曲程度一致，均为 $\dfrac{1}{R}$，显然 R 越小，曲率越大，圆也弯曲得越厉害，这正符合我们对圆的认识.

例 3、例 4 说明了曲率确能衡量曲线的弯曲程度，不过要想利用定义计算一般曲线的曲率并不容易，为此需要推导计算曲率的公式.

设函数 $y = f(x)$ 有二阶导数，因为 $\tan\alpha = y'$，$\alpha = \arctan y'$，因此

$$\frac{\mathrm{d}\alpha}{\mathrm{d}x} = \frac{y''}{1 + (y')^2},$$

而 $\mathrm{d}s = \sqrt{1 + (y')^2}\,\mathrm{d}x$，于是得到曲线 $y = f(x)$ 在任意点处的曲率计算公式：

$$K = \left| \frac{\mathrm{d}\alpha}{\mathrm{d}s} \right| = \left| \frac{\mathrm{d}\alpha}{\mathrm{d}x} \cdot \frac{\mathrm{d}x}{\mathrm{d}s} \right| = \frac{|y''|}{[1 + (y')^2]^{\frac{3}{2}}}. \tag{6.3}$$

若曲线由参数方程 $\begin{cases} x = \varphi(t), \\ y = \psi(t) \end{cases}$ 给定，则利用参数式函数的求导法则，求出 y' 及 y'' 代入 (6.3) 可得：

$$K = \frac{|\varphi'(t)\psi''(t) - \varphi''(t)\psi'(t)|}{[(\varphi'(t))^2 + (\psi'(t))^2]^{\frac{3}{2}}}. \tag{6.4}$$

三、曲率圆和曲率半径

在例 4 中看到，圆周上每一点的曲率都是相同的常数，它与半径互为倒数，即 $R = \dfrac{1}{K}$，对一般曲线 $y = f(x)$，若已求得其在点 $A(x, y)$ 处的曲率 K，只要 $K \neq 0$，便可以取 $\dfrac{1}{K}$ 为半径，过点 A 画一个圆，并将这个圆的圆心 D 取在曲线在点 A 处的法线指向凹的那一侧上(见图 3-16).

易知：

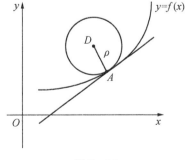

图 3-16

(1) 这个圆与曲线 $y=f(x)$ 在点 A 处具有相同的弯曲程度;

(2) 这个圆和曲线 $y=f(x)$ 在点 A 处有相同的切线;

(3) 这个圆和曲线 $y=f(x)$ 在点 A 处有相同的凹向.

这说明:这个圆和点 A 附近的曲线弧关系相当密切,性态非常接近,用这样的圆在点 A 附近的一段圆弧来近似代替点 A 附近的曲线弧研究曲线,可使问题简化.这个圆叫作曲线在点 A 处的曲率圆(也叫密切圆),圆心 D 叫曲率中心,半径 DA 叫曲率半径,以 ρ 表示,即 $\rho=\dfrac{1}{K}$.

【例5】 设工件内表面的截线为抛物线 $y=0.4x^2$(见图 3-17),现在要用砂轮磨削其内表面,问用直径多大的砂轮才比较合适?

解 为了磨削时不使工件磨得太多,砂轮的半径应不超过抛物线上曲率半径的最小值.为此,先计算曲率半径的最小值,因为 $y'=0.8x$,$y''=0.8$,所以该抛物线上任一点曲率

$$K=\frac{0.8}{(1+0.64x^2)^{\frac{3}{2}}}.$$

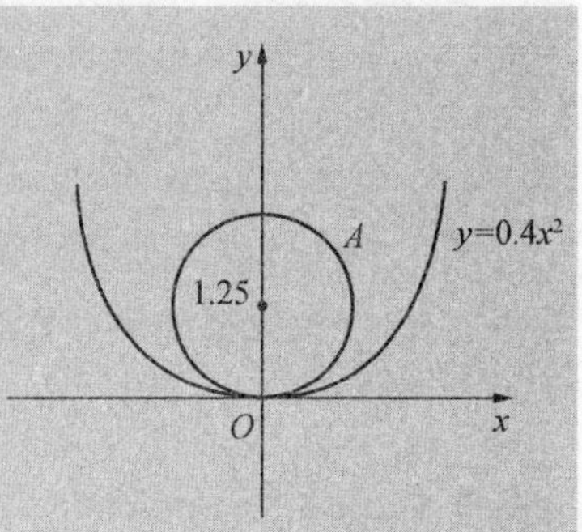

故曲率半径 $\rho=\dfrac{1}{K}=\dfrac{(1+0.64x^2)^{\frac{3}{2}}}{0.8}$.

显然,当 $x=0$ 时,曲率半径最小,最小值为

$$\rho=\frac{1}{0.8}=1.25.$$

可见,应选半径不超过 1.25 单位长,即直径不超过 2.5 单位长的砂轮.

图 3-17

习题 3-6

1. 求下列曲线的弧微分.

(1) $y=x^3-x$;

(2) $y=\mathrm{e}^x$;

(3) $\begin{cases} x=\dfrac{1+t}{t}, \\ y=\dfrac{1-t}{t}; \end{cases}$

(4) $\begin{cases} x=a\cos^3 t, \\ y=a\sin^3 t, \end{cases}$ $(a>0)$.

2. 求下列曲线在给定点的曲率和曲率半径.

(1) $y=x-x^2$,点 $(0,0)$;

(2) $y=\ln(1-x^2)$,点 $(0,0)$;

(3) $\begin{cases} x=3t, \\ y=t^2-6, \end{cases}$ $t=1$;

(4) $\begin{cases} x=a\cos^3 t, \\ y=a\sin^3 t, \end{cases}$ $(a>0)$,$t=t_0$ 处.

3. 抛物线 $y=ax^2+bx+c$ 上哪一点处的曲率最大?

4. 求曲线 $y=\ln x$ 上最小曲率半径.

本章小结

一、学习重点

微分中值定理,洛必达法则,泰勒公式,函数的极值的求法,函数图形的描绘,曲率.

二、学习总结

本章内容主要是应用第二章所介绍的函数的微分学来解决一些实际问题.

1. 微分中值定理,是对函数的定性理论的探讨.

2. 洛必达法则是应用导数来求一些特殊未定式 $\left(\dfrac{0}{0},\dfrac{\infty}{\infty}\right)$ 的极限,这使得求这类函数的极限变得更简单,利用洛必达法则也可以解决 $1^0,\infty^0,\infty-\infty,0^0$ 等未定式的极限问题.

3. 利用泰勒公式可以把一些性质比较好(比如高阶可导)的函数展开为简单的多项式,这为后续要介绍的将函数展开为更好的形式(无穷级数)奠定了基础.

4. 优化问题在众多学科(比如经济学、金融学、运筹学等)中都是比较重要的,本章介绍了如何利用导数工具来判别并且求得函数的极值,为后续要学习的多元函数的极值也奠定了基础.

5. 尽管现在计算机发展比较迅速,在软件中输入一个函数表达式很容易就得到函数的图形,但是我们仍然可以用导数分析的方法来判定函数的性态,这对解决实际问题是比较重要的.

6. 作为工程上的一个应用,本章介绍了弧微分的概念和曲率的求法,这也对后续将要学习的曲线积分奠定基础.

总习题三

1. 判断并说明原因.

(1) 极值点处一定存在切线.　　　　　　　　　　　　　　　　（　　）

(2) 驻点一定是极值点.　　　　　　　　　　　　　　　　　　（　　）

(3) 切线水平的一定是极值点.　　　　　　　　　　　　　　　（　　）

(4) 拐点处二阶导数等于零.　　　　　　　　　　　　　　　　（　　）

(5) 最大值点必是极大值点,极大值点不一定是最值点.　　　　（　　）

(6) 洛必达定理能求所有未定型的极限.　　　　　　　　　　　（　　）

2. 填空题.

(1) 已知 $f(x)$ 具有连续的二阶导数,且 $\lim\limits_{x\to 0}\dfrac{f(x)}{1-\cos x}=2$ 在,则 $f''(0)=$ _____.

(2) 曲线 $y=14-9x-3x^2-x^3$ 的凹区间为 _____,凸区间为 _____,拐点为 _____.

(3) 函数 $f(x)=2x^3-9x^2+12x-3$ 在 $(-\infty,+\infty)$ 内零点的个数为 _____.

(4) 函数 $y = x^2 \ln x$ 在 $[1,\mathrm{e}]$ 区间上的最大值是_____,最小值是_____.

3. 选择题.

(1) $f(x)$ 在点 x_0 处取得极大值,则必有(   ).

    A. $f'(x_0) = 0$ B. $f''(x_0) < 0$

    C. $f'(x_0) = 0$ 且 $f''(x_0) < 0$ D. $f'(x_0) = 0$ 或不存在

(2) 设 $\lim\limits_{x \to x_0} \dfrac{f(x) - f(x_0)}{(x - x_0)^2} = 2$,则在 x_0 处 $f(x)$ (   ).

    A. 可导且 $f'(x_0) \neq 0$ B. 不可导

    C. 取得极小值   D. 取得极大值

(3) 若 $f(x) = f(-x)$,且在 $(0,+\infty)$ 内,$f'(x) > 0$,$f''(x) > 0$ 则 $f(x)$ 在 $(-\infty,0)$ 内必有(   ).

    A. $f'(x) < 0$,$f''(x) < 0$ B. $f'(x) < 0$,$f''(x) > 0$

    C. $f'(x) > 0$,$f''(x) < 0$ D. $f'(x) > 0$,$f''(x) > 0$

(4) 若曲线方程为 $y = \dfrac{\sin x}{x} + \arctan(1 - \sqrt{x})$,则(   ).

    A. 直线 $x = 0$ 为曲线垂直渐近线

    B. 直线 $y = -\dfrac{\pi}{2}$ 为曲线水平渐近线

    C. 直线 $y = \dfrac{\pi}{2}$ 为曲线水平渐近线

    D. 曲线无垂直和水平渐近线

4. 求下列极限.

(1) $\lim\limits_{x \to 0} \dfrac{2x\sin 2x}{x^2}$;   (2) $\lim\limits_{x \to 1} \dfrac{x - x^x}{1 - x + \ln x}$;

(3) $\lim\limits_{x \to 0} \left[\dfrac{1}{\ln(1+x)} - \dfrac{1}{x} \right]$;   (4) $\lim\limits_{x \to +\infty} \left(\dfrac{2}{\pi} \arctan x \right)^x$.

5. 下面应用洛必达定理错在何处?

$$\lim\limits_{x \to 1} \dfrac{x^3 + x - 2}{x^2 - 3x + 2} = \lim\limits_{x \to 1} \dfrac{3x^2 + 1}{2x - 3} = \lim\limits_{x \to 1} \dfrac{6x}{2} = 3$$

6. 证明下列不等式.

(1) 设常数 $p > 1$,当 $0 \leqslant x \leqslant 1$ 时,$\dfrac{1}{2^{p-1}} \leqslant x^p + (1-p)^p \leqslant 1$;

(2) 设常数 $a > \mathrm{e}$,当 $x > 0$ 时,$(a+x)^a < a^{x+a}$.

7. 已知函数 $y = ax^3 + bx^2 + cx + d$ 有拐点 $(-1,4)$,且在 $x = 0$ 处有极大值 2,求 a,b,c,d 的值.

8. 证明曲线 $y = \sin x$ 的拐点位于曲线 $y^2(4+x^2) = 4x^2$ 上.

第四章　不定积分

在第二章中,我们讨论的是一元函数的微分运算,即对给定的函数,求出它的导数或微分.但在科学技术的许多问题中,我们要讨论的却是它的相反问题,即函数的导数是已知的,去求这个函数,这种运算就叫求原函数,也就是求不定积分,这是积分学的一个基本问题.

在本章中,我们将学习不定积分的概念及性质和相关的解决方法,并利用这些方法求解一些不定积分问题.

第一节　不定积分的概念与性质

学习目标

1. 理解原函数的概念.
2. 理解不定积分的概念.
3. 掌握不定积分的性质.
4. 熟练掌握基本积分表.

一、原函数与不定积分的概念

定义 1　若在区间 I 上,对任一 $x \in I$,可导函数 $F(x)$ 与其导函数 $f(x)$ 有

$$F'(x) = f(x)（或 \, \mathrm{d}F(x) = f(x)\mathrm{d}x）,$$

则在区间 I 上,函数 $F(x)$ 称为 $f(x)$(或 $f(x)\mathrm{d}x$)的一个原函数.

例如:函数 $f(x) = x^3, x \in (-\infty, +\infty)$,由幂函数求导的特点,在求导时,幂函数次数降低一次,所以原函数具有的形式是 ax^4,即

$$(ax^4)' = 4ax^3 = x^3,$$

取 $a = \dfrac{1}{4}$,得到函数 $f(x) = x^3, x \in (-\infty, +\infty)$ 的原函数为 $\dfrac{1}{4}x^4$.

另外，容易看出 $\dfrac{1}{4}x^4+1,\dfrac{1}{4}x^4+2,\dfrac{1}{4}x^4+C(C$ 是任意常数）都是 x^3 的原函数.

又如函数 $f(x)=\sin2x,x\in(-\infty,+\infty)$，它的原函数是什么呢？容易想到函数 $\cos2x$，而 $(\cos2x)'=-2\sin2x$，调整一下系数，可得：$\sin2x$ 的一个原函数为 $-\dfrac{1}{2}\cos2x$.

又因为

$$(\sin^2x)'=2\sin x\cos x=\sin2x,$$

所以 $\sin^2x$ 也是 $\sin2x$ 的一个原函数；

又因为

$$(-\cos^2x)'=2\cos x\sin x=\sin2x,$$

所以 $-\cos^2x$ 也是 $\sin2x$ 的一个原函数.

这几个原函数虽然从形式上看不一样，事实上彼此之间仅相差一个常数：

$$-\dfrac{1}{2}\cos2x=-\dfrac{1}{2}(2\cos^2x-1)=-\dfrac{1}{2}(1-2\sin^2x).$$

由上面的两个例子，有以下两点说明：

第一，若在区间 I 上，函数 $f(x)$ 有原函数 $F(x)$，则其原函数不唯一.

因为 $[F(x)+C]'=F'(x)=f(x)$　　（C 为任意常数）.

这表明，对任意常数 C，函数 $F(x)+C$ 也是 $f(x)$ 的原函数.因此，$f(x)$ 有无穷多个原函数.

第二，在区间 I 上，若函数 $F(x)$ 是 $f(x)$ 的一个原函数，假设 $f(x)$ 的另一个原函数 $G(x)$，则函数 $F(x)$ 和 $G(x)$ 仅相差某一个常数，即 $G(x)=F(x)+C_0$.这是因为：$F'(x)=G'(x)=f(x)$，由第三章第一节的推论 2 知，在区间 I 上 $G(x)=F(x)+C_0$.

因此，表达式 $F(x)+C(C$ 是任意常数）可以表示 $f(x)$ 的任意一个原函数，这样 $f(x)$ 的全体原函数集合即可表示为 $\{F(x)+C\mid-\infty<C<+\infty\}$ 简记为

$$F(x)+C,$$

即函数 $f(x)$ 的原函数的一般表达式是 $F(x)+C(C$ 是任意常数）.

定义 2　在区间 I 上，函数 $f(x)$ 带有任意常数的原函数，称为 $f(x)$（或者 $f(x)\mathrm{d}x$）在区间 I 上的不定积分，

记为　　　　　　　　　　　　　　　$\displaystyle\int f(x)\mathrm{d}x,$

其中"$\displaystyle\int$"称为积分号，$f(x)$ 称为被积函数，$f(x)\mathrm{d}x$ 称为被积表达式，x 称为积分变量.

由定义 2 知，若 $F(x)$ 为 $f(x)$ 在区间 I 上的一个原函数，那么 $F(x)+C$ 即 $f(x)$ 的不定

积分.则

$$\int f(x)\mathrm{d}x = F(x) + C.$$

因而知:不定积分 $\int f(x)\mathrm{d}x$ 可以表示 $f(x)$ 的任意一个原函数.求函数的不定积分,只要求出一个原函数即可,可以写:

$$\int x^3\mathrm{d}x = \frac{1}{4}x^4 + C;$$

$$\int \sin2x\,\mathrm{d}x = -\frac{1}{2}\cos2x + C(或写成\int \sin2x\,\mathrm{d}x = \sin^2 x + C;\int \sin2x\,\mathrm{d}x = -\cos^2 x + C$$

在第五章,我们会证明:(原函数存在定理)若函数 $f(x)$ 在区间 I 上连续,那么在区间 I 上一定存在原函数,即一定存在可导函数 $F(x)$,使得对任一 $x \in I$ 都有

$$F'(x) = f(x).$$

简单地说就是:**连续函数一定有原函数.**

【例 1】　求 $\int x^3\mathrm{d}x$.

解　因为 $\left(\frac{1}{4}x^4\right)' = x^3$,所以 $\frac{x^4}{4}$ 是 x^3 的一个原函数.

因此 $\int x^3\mathrm{d}x = \frac{x^4}{4} + C$.

【例 2】　求 $\int x\sqrt{x}\,\mathrm{d}x$.

解　因为 $\left(\frac{2}{5}x^{\frac{5}{2}}\right)' = x^{\frac{3}{2}} = x\sqrt{x}$,所以 $\frac{2}{5}x^{\frac{5}{2}}$ 是 $x\sqrt{x}$ 的一个原函数.

因此 $\int x\sqrt{x}\,\mathrm{d}x = \frac{2}{5}x^{\frac{5}{2}} + C$.

【例 3】　求 $\int \frac{1}{x}\mathrm{d}x$.

解　在导数中已证明:$(\ln|x|)' = \frac{1}{x}$,即 $\ln|x|$ 是 $\frac{1}{x}$ 的一个原函数,所以

$$\int \frac{\mathrm{d}x}{x} = \ln|x| + C.$$

【例 4】　设曲线过原点,且在任一点 $P(x,y)$ 处的切线斜率等于 3^x,求此曲线方程.

解　设所求曲线方程为 $y = f(x)$,由导数的几何意义知:$y' = 3^x$,则:

$$\int 3^x\mathrm{d}x = 3^x\frac{1}{\ln3} + C,$$

故必有某一个常数 C，使得 $f(x)=\dfrac{3^x}{\ln 3}+C$，

即曲线方程为 $f(x)=\dfrac{3^x}{\ln 3}+C$.

由曲线过原点 $(0,0)$，即 $y\big|_{x=0}=0$ 代入上式　$0=3^0\dfrac{1}{\ln 3}+C$.

得：$C=-\dfrac{1}{\ln 3}$.

于是所求曲线方程为 $y=\dfrac{1}{\ln 3}(3^x-1)$.

【例 5】 一辆汽车在平直的路上以 $18\ \text{m/s}$ 的速度行驶.当制动时,汽车获得加速度为 $-0.4\ \text{m/s}^2$,求制动后汽车的运动规律,并求制动后多少时间汽车停住了.

解 设汽车在开始制动后 t 秒时,行驶了 s 米.汽车的运动规律 $s=s(t)$,速度 $v(t)$ 满足下列条件:$s(0)=0,s'(0)=v(0)=18$

$$\frac{\mathrm{d}^2 s}{\mathrm{d}t^2}=\frac{\mathrm{d}v}{\mathrm{d}t}=-0.4 \tag{1.1}$$

对 (1.1) 积分得

$$v(t)=-0.4t+C_1 \tag{1.2}$$

因为初始速度为 $v(0)=18$,所以在 (1.2) 式中令 $t=0$,得到 $C_1=18$,于是有

$$v(t)=-0.4t+18 \tag{1.3}$$

由于

$$\frac{\mathrm{d}s}{\mathrm{d}t}=v(t)=-0.4t+18,$$

解出：

$$s(t)=\int(-0.4t+18)\,\mathrm{d}t=-0.2t^2+18t+C_2$$

令 $t=0$,得 $s(0)=0=-2\times 0^2+18\times 0+C_2$,

所以

$$C_2=0$$

所以汽车的运动规律为：$s(t)=-0.2t^2+18t$

(1.3) 式中令 $v=0$,得到汽车从开始制动到完全停住的时间 $t=45(\text{s})$.

二、基本积分表

由不定积分的定义,可知以下结果:

$$\frac{\mathrm{d}}{\mathrm{d}x}\left[\int f(x)\,\mathrm{d}x\right]=f(x),$$

或

$$\mathrm{d}\!\int f(x)\mathrm{d}x = f(x)\mathrm{d}x ;$$

另外,若 $F(x)$ 为 $f(x)$ 的一个原函数,则有

$$\int F'(x)\mathrm{d}x = F(x) + C,$$

或

$$\int \mathrm{d}F(x) = F(x) + C.$$

由此可知,积分运算"$\int$"与微分运算"d"是逆运算.当计算时记号 $\int$ 和记号 d 相连时,或抵消,或抵消后差一个常数.

易知:有一个导数公式就对应地有一个不定积分公式,下面我们把基本的积分公式列成一个表,也称为基本积分表:

(1) $\int k\,\mathrm{d}x = kx + C$　　（k 是常数），

(2) $\int x^{\alpha}\,\mathrm{d}x = \dfrac{x^{\alpha+1}}{\alpha+1} + C$　　（$\alpha \neq -1$），

(3) $\int \dfrac{\mathrm{d}x}{x} = \ln|x| + C,$

(4) $\int \sin x\,\mathrm{d}x = -\cos x + C,$

(5) $\int \cos x\,\mathrm{d}x = \sin x + C,$

(6) $\int \dfrac{\mathrm{d}x}{\cos^2 x} = \int \sec^2 x\,\mathrm{d}x = \tan x + C,$

(7) $\int \dfrac{\mathrm{d}x}{\sin^2 x} = \int \csc^2 x\,\mathrm{d}x = -\cot x + C,$

(8) $\int \dfrac{1}{1+x^2}\,\mathrm{d}x = \arctan x + C,$

(9) $\int \dfrac{1}{\sqrt{1-x^2}}\,\mathrm{d}x = \arcsin x + C,$

(10) $\int \sec x\,\tan x\,\mathrm{d}x = \sec x + C,$

(11) $\int \csc x\,\cot x\,\mathrm{d}x = -\csc x + C,$

(12) $\int \mathrm{e}^x\,\mathrm{d}x = \mathrm{e}^x + C,$

(13) $\int a^x \mathrm{d}x = \dfrac{a^x}{\ln a} + C.$

以上十三个公式从导数公式很容易推得，也是计算不定积分的基础，必须熟记.下面的几个例子是应用幂函数积分公式(2)的例子.

【例6】 求 $\int \sqrt{x\sqrt{x\sqrt{x}}}\,\mathrm{d}x.$

解 $\int \sqrt{x\sqrt{x\sqrt{x}}}\,\mathrm{d}x = \int x^{\frac{7}{8}}\mathrm{d}x = \dfrac{1}{\frac{7}{8}+1}x^{\frac{7}{8}+1}+C = \dfrac{8}{15}x^{\frac{15}{8}}+C.$

【例7】 求 $\int \dfrac{1}{x\sqrt[3]{x^2}}\mathrm{d}x.$

解 $\int \dfrac{1}{x\sqrt[3]{x^2}}\mathrm{d}x = \int x^{-\frac{5}{3}}\mathrm{d}x = \dfrac{1}{1-\frac{5}{3}}x^{-\frac{5}{3}+1}+C = -\dfrac{3}{2}x^{-\frac{2}{3}}+C.$

有时被积函数的形式需要整理或者化简后再作运算.如上例6、例7两例表明，被积函数虽然用分式或者根式表示，但整理后可转化为 x^a 的形式，然后再应用幂函数的积分公式(2)来求解.

三、不定积分的性质

假定以下所涉及的函数 $f(x)$，$g(x)$ 原函数都存在，则由微分运算法则，易得以下不定积分的运算性质：

性质1 $\displaystyle\int [f(x)+g(x)]\mathrm{d}x = \int f(x)\mathrm{d}x + \int g(x)\mathrm{d}x.$ （1.4）

证 因为对(1.4)式右端求导可得：

$$\left[\int f(x)\mathrm{d}x + \int g(x)\mathrm{d}x\right]' = \left[\int f(x)\mathrm{d}x\right]' + \left[\int g(x)\mathrm{d}x\right]' = f(x)+g(x).$$

这表明，(1.4)式的右端是 $f(x)+g(x)$ 的原函数，因此(1.4)式的右端是 $f(x)+g(x)$ 的不定积分.等式成立.

性质1可推广到有限多个函数相加减求积分的情况.

性质2 $\displaystyle\int kf(x)\mathrm{d}x = k\int f(x)\mathrm{d}x$ （k 是常数，$k\neq 0$）.

证明类似于性质1(略).

注意 若 $k=0$，则 $\displaystyle\int kf(x)\mathrm{d}x = \int 0\mathrm{d}x = C,$

而 $k\displaystyle\int f(x)\mathrm{d}x = 0$，因而 $\displaystyle\int kf(x)\mathrm{d}x \neq k\int f(x)\mathrm{d}x.$

利用基本积分表和不定积分的性质,可以求出一些函数的不定积分.

【例8】 求 $\int(4x^2+3x-2)\mathrm{d}x$.

解 $\int(4x^2+3x-2)\mathrm{d}x = 4\int x^2\mathrm{d}x + 3\int x\mathrm{d}x - 2\int\mathrm{d}x = \dfrac{4}{2+1}x^3 + \dfrac{3}{1+1}x^2 - 2x + C$

$$= \dfrac{4}{3}x^3 + \dfrac{3}{2}x^2 - 2x + C.$$

注意 由于任意常数之和仍为任意常数,故在有多个不定积分的运算中,只在最后一个不定积分计算完后加一个任意常数 C.

对于一般的多项式函数 $P_n(x) = a_0 x^n + a_1 x^{n-1} + \cdots + a_{n-1}x + a_n (n$ 是正整数),

有: $\int P_n(x)\mathrm{d}x = a_0\int x^n\mathrm{d}x + a_1\int x^{n-1}\mathrm{d}x + \cdots + a_{n-1}\int x\mathrm{d}x + a_n\int\mathrm{d}x$

$$= \dfrac{a_0}{n+1}x^{n+1} + \dfrac{a_1}{n}x^n + \cdots + \dfrac{a_{n-1}}{2}x^2 + a_n x + C.$$

所以,多项式积分后仍是多项式,只是其次数较积分前增加了一次.

由积分与导数的关系可知,检验积分计算结果是否正确的方法是:只要对积分的结果求导,看它的导数与被积函数是否相同,若不同就说明积分结果是错误的.如例8的结果

$$\left(\dfrac{4}{3}x^3 + \dfrac{3}{2}x^2 - 2x + C\right)' = 4x^2 + 3x - 2,$$

所以结果是正确的.

【例9】 求 $\int\left(\sin x + 3\mathrm{e}^x - \dfrac{2}{\sqrt{1-x^2}}\right)\mathrm{d}x$.

解 $\int\left(\sin x + 3\mathrm{e}^x - \dfrac{2}{\sqrt{1-x^2}}\right)\mathrm{d}x = \int\sin x\mathrm{d}x + 3\int\mathrm{e}^x\mathrm{d}x - 2\int\dfrac{1}{\sqrt{1-x^2}}\mathrm{d}x$

$$= -\cos x + 3\mathrm{e}^x - 2\arcsin x + C.$$

【例10】 求 $\int\dfrac{2-x+3x^2}{x^2}\mathrm{d}x$.

解 $\int\dfrac{2-x+3x^2}{x^2}\mathrm{d}x = \int\left(\dfrac{2}{x^2} - \dfrac{1}{x} + 3\right)\mathrm{d}x = 2\int\dfrac{1}{x^2}\mathrm{d}x - \int\dfrac{1}{x}\mathrm{d}x + 3\int\mathrm{d}x$

$$= -\dfrac{2}{x} - \ln|x| + 3x + C.$$

【例11】 求 $\int\dfrac{2+3x^2}{x^2(1+x^2)}\mathrm{d}x$.

解 $\int\dfrac{2+3x^2}{x^2(1+x^2)}\mathrm{d}x = \int\dfrac{(2+2x^2)+x^2}{x^2(1+x^2)}\mathrm{d}x = 2\int\dfrac{1}{x^2}\mathrm{d}x + \int\dfrac{1}{1+x^2}\mathrm{d}x$

$$= -\dfrac{2}{x} + \arctan x + C.$$

【例 12】 求 $\int \tan^2 x \, \mathrm{d}x$.

解 在基本积分表中没有这种类型的积分,需要先利用三角恒等式变形转化成可以用积分表中所含类型的积分.

$$\int \tan^2 x \, \mathrm{d}x = \int (\sec^2 x - 1) \mathrm{d}x = \int \sec^2 x \, \mathrm{d}x - \int \mathrm{d}x = \tan x - x + C.$$

【例 13】 求 $\int \dfrac{1}{1 + \cos 2x} \, \mathrm{d}x$.

解 与例 12 方法相类似,先利用三角恒等式变形然后再求积分.

$$\int \frac{1}{1 + \cos 2x} \mathrm{d}x = \int \frac{1}{1 + 2\cos^2 x - 1} \mathrm{d}x = \frac{1}{2} \int \frac{1}{\cos^2 x} \mathrm{d}x = \frac{1}{2} \tan x + C.$$

四、不定积分的几何意义

假设可导函数 $F(x)$ 是 $f(x)$ 的一个原函数,则 $F(x)$ 的图形叫作 $f(x)$ 的一条积分曲线,不定积分 $\int f(x)\mathrm{d}x$ 得到的是一族积分曲线,如图 4-1 所示.

说明:(1) 向上、向下平移曲线 $y = F(x)$ 得另一条积分曲线 $y = F(x) + C_1$,依据这种方法,可以得到 $y = F(x) + C$ 整个曲线族.因而,不定积分 $\int f(x)\mathrm{d}x$ 是向上、向下平行移动积分曲线族.

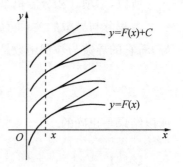

图 4-1

(2) 因为 $[F(x) + C]' = f(x)$,所以在点 x 处,各个积分曲线在该点的切线平行.

(3) 当用条件 $y(x_0) = y_0$ 确定出常数 C 的值时,它就为一条特定的积分曲线.这里用于确定任意常数 C 的条件:$y(x_0) = y_0$ 称为初始条件.

习题 4-1

1. 求下列不定积分.

(1) $\int (2 + \sec^2 x) \mathrm{d}x$;

(2) $\int (x^4 + \mathrm{e}^x - 2x^2) \mathrm{d}x$;

(3) $\int \left(\dfrac{1}{x} + \dfrac{1}{x^2} + \dfrac{1}{x^3} \right) \mathrm{d}x$;

(4) $\int \dfrac{(1-x)^2}{\sqrt{x}} \mathrm{d}x$;

(5) $\int \left(1 - \dfrac{1}{x^3} \right) \sqrt{x \sqrt{x}} \, \mathrm{d}x$;

(6) $\int (3 - x^2)^2 \mathrm{d}x$;

(7) $\int \dfrac{2^x}{3^x} \mathrm{d}x$;

(8) $\int \dfrac{(x-2)^2}{x} \mathrm{d}x$;

(9) $\int \dfrac{x^2}{1+x^2} \mathrm{d}x$;　　　　　　(10) $\int \dfrac{x^4}{x^2+1} \mathrm{d}x$;

(11) $\int \dfrac{2x^4+2x^2+1}{x^2+1} \mathrm{d}x$;　　　(12) $\int \dfrac{1}{x^2(x^2+1)} \mathrm{d}x$;

(13) $\int \dfrac{\mathrm{e}^{2x}-1}{\mathrm{e}^x+1} \mathrm{d}x$;　　　　　(14) $\int 3^x \mathrm{e}^x \mathrm{d}x$;

(15) $\int \cos^2 \dfrac{x}{2} \mathrm{d}x$;　　　　　(16) $\int \dfrac{\cos 2x}{\cos x - \sin x} \mathrm{d}x$;

(17) $\int \dfrac{x^2+\sin^2 x}{x^2+1} \sec^2 x \, \mathrm{d}x$;　　(18) $\int \dfrac{1+\cos 2x}{1-\cos 2x} \mathrm{d}x$;

(19) $\int \dfrac{1}{\cos^2 x \, \sin^2 x} \mathrm{d}x$;　　　(20) $\int \dfrac{2 \cdot 3^x + 5 \cdot 2^x}{3^x} \mathrm{d}x$;

(21) $\int \cot^2 x \, \mathrm{d}x$;　　　　　　(22) $\int \dfrac{\cos 2x}{\cos^2 x \, \sin^2 x} \mathrm{d}x$;

(23) $\int \cos x (\sec x + \tan x) \mathrm{d}x$;　(24) $\int \dfrac{1+\cos^2 x}{1+\cos 2x} \mathrm{d}x$.

2. 利用积分与导数的关系,验证下列等式的正确性.

(1) $\int \dfrac{1}{x^2-4^2} \mathrm{d}x = \dfrac{1}{8} \ln \left| \dfrac{x-4}{x+4} \right| + C$;

(2) $\int \csc x \, \mathrm{d}x = \dfrac{1}{2} \ln \left| \dfrac{1-\cos x}{1+\cos x} \right| + C$;

(3) $\int \dfrac{1}{\sqrt{x^2+a^2}} \mathrm{d}x = \ln \left(\dfrac{x}{a} + \dfrac{\sqrt{x^2+a^2}}{a} \right) + C \ (a>0)$;

(4) $\int \dfrac{1}{\sqrt{a^2-x^2}} \mathrm{d}x = \arcsin \dfrac{x}{a} + C$;

(5) $\int \sin(\ln x) \mathrm{d}x = \dfrac{x}{2} \left[\sin(\ln x) - \cos(\ln x) \right] + C$;

(6) $\int \mathrm{e}^x \sin x \, \mathrm{d}x = \dfrac{\mathrm{e}^x}{2} (\sin x - \cos x) + C$.

3. 若函数 $f(x)$ 的导数是 $\sin x$,则 $f(x)$ 的一个原函数是(　).

　　A. $1+\sin x$　　　　　　　　B. $1-\sin x$

　　C. $1+\cos x$　　　　　　　　D. $1-\cos x$

4. 设函数 $f(x)$ 在 $(-\infty,+\infty)$ 上连续,则 $\mathrm{d}\left[\int f(x) \mathrm{d}x \right]$ 等于(　).

　　A. $f(x)$　　　B. $f(x)+C$　　　C. $f(x)\mathrm{d}x$　　　D. $f'(x)\mathrm{d}x$

5. 一曲线过点 $(3,2)$,且在任一点处切线的斜率为这点横坐标的 8 倍,求此曲线方程.

6. 一曲线过点 $(\mathrm{e},2)$,且在任一点处的切线斜率等于该点横坐标的倒数,求该曲线方程.

7. 一物体由静止开始运动,经 t 秒后的速度是 $3t^2(\mathrm{m/s})$,问:

(1) 在 3 秒后物体离开出发点的距离是多少?

(2) 物体走完 1 000 米需要多少时间?

第二节　换元积分法

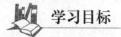 **学习目标**

1. 熟练掌握不定积分的第一类换元法(凑微分法).

2. 熟练掌握不定积分的第二类换元法.

从上一节看到,虽然利用基本积分表和积分性质可以求出一些函数的原函数.但是,我们所遇到的积分仅凭这些方法还不能完全解决.

在一般的不定积分的计算中,还需要有更多的方法和技巧.在本节中,我们把复合函数的微分法反过来用于求不定积分,利用中间变量的代换,得到复合函数的积分法——**换元积分法**(简称"换元法").换元法通常分为两类:第一类换元法(也称"凑微分法")和第二类换元法.下面我们先介绍第一类换元法.

一、第一类换元法

有一些不定积分,将积分变量进行一定的变换后就能由基本积分公式求出所要求的积分.

例如,求解 $\int \cos 3x \, \mathrm{d}x$.

在基本积分表中 $\int \cos x \, \mathrm{d}x = \sin x + C$,

这个积分公式不能直接应用.由微分的定义知 $\mathrm{d}(\sin x) = \cos x \, \mathrm{d}x$,再根据一阶微分形式不变性知,$u$ 无论是自变量还是中间变量都有 $\mathrm{d}(\sin u) = \cos u \, \mathrm{d}u$,因而有

$$\int \cos u \, \mathrm{d}u = \sin u + C.$$

而 $\int \cos 3x \, \mathrm{d}x$ 不满足上式结构,故让我们先来看这个不定积分:

$$\int 3\cos 3x \, \mathrm{d}x,$$

设 $u = 3x$;则 $\cos 3x = \cos u$;因为 $\mathrm{d}u = 3\mathrm{d}x$,

所以
$$\int 3\cos 3x\,\mathrm{d}x = \int \cos 3x\,(3\mathrm{d}x) = \int \cos 3x\,\mathrm{d}(3x)$$

$$= \int \cos u\,\mathrm{d}u = \sin u + C = \sin 3x + C.$$

故
$$\int \cos 3x\,\mathrm{d}x = \frac{1}{3}\int 3\cos 3x\,\mathrm{d}x = \frac{1}{3}\sin 3x + C.$$

一般情形：设 $f(u)$ 的原函数是 $F(u)$，且 $u = \varphi(x)$ 可微，则由复合函数微分法可知：$\mathrm{d}F[\varphi(x)] = f[\varphi(x)]\varphi'(x)\mathrm{d}x$，因此有：

$$\int f[\varphi(x)]\varphi'(x)\mathrm{d}x = \left[\int f(u)\mathrm{d}u\right]_{u=\varphi(x)} = F(u)\big|_{u=\varphi(x)} + C = F[\varphi(x)] + C.$$

由此可得换元法定理如下：

定理 1　设 $\displaystyle\int f(u)\mathrm{d}u = F(u) + C, u = \varphi(x)$ **导数存在**，则

$$\int f[\varphi(x)]\varphi'(x)\mathrm{d}x = \int f(u)\mathrm{d}u = [F(u) + C]_{u=\varphi(x)} = F[\varphi(x)] + C. \qquad (2.1)$$

这就是**不定积分的第一类换元法**.

如何应用公式(2.1)来求不定积分呢？

当所要求的不定积分是 $\displaystyle\int g(x)\mathrm{d}x$，而 $\displaystyle\int g(x)\mathrm{d}x$ 可以凑成 $\displaystyle\int f[\varphi(x)]\varphi'(x)\mathrm{d}x$ 的形式，那么

$$\int g(x)\mathrm{d}x = \int f[\varphi(x)]\varphi'(x)\mathrm{d}x = \left[\int f(u)\mathrm{d}u\right]\bigg|_{u=\varphi(x)}.$$

这里采用了"凑微分"的方法，因此第一类换元法也称为"**凑微分法**".

例如：求 $\displaystyle\int \mathrm{e}^{x+2}\mathrm{d}x$.

令 $u = x + 2, \mathrm{d}u = \mathrm{d}x$，则

$$\int \mathrm{e}^{x+2}\mathrm{d}x = \int \mathrm{e}^{u}\mathrm{d}u = [\mathrm{e}^{u} + C]_{u=x+2} = \mathrm{e}^{x+2} + C.$$

下面我们利用公式(2.1)求解一些问题：

【例1】　求 $\displaystyle\int \frac{1}{1+3x}\mathrm{d}x$.

解　因为被积函数 $\dfrac{1}{1+3x} = \dfrac{1}{u}, u = 1+3x$. 这里 $\dfrac{\mathrm{d}u}{\mathrm{d}x} = 3$ 缺少这个常数因子，可以改变系数凑出这个因子：

$$\frac{1}{1+3x} = \frac{1}{3}\cdot\frac{1}{1+3x}\cdot 3 = \frac{1}{3}\cdot\frac{1}{1+3x}\cdot(1+3x)',$$

所以,令 $u=1+3x$,则被积函数转化为: $\dfrac{1}{3} \cdot \dfrac{1}{u}$.

$$\int \frac{1}{1+3x}\mathrm{d}x = \frac{1}{3}\int \frac{1}{1+3x} \cdot (1+3x)'\mathrm{d}x = \frac{1}{3}\left[\int \frac{1}{u}\mathrm{d}u\right]\bigg|_{u=1+3x}$$

$$= \frac{1}{3}\ln|u| + C\bigg|_{u=1+3x} = \frac{1}{3}\ln|1+3x| + C.$$

一般地,对于积分 $\displaystyle\int f(ax+b)\mathrm{d}x\ (a\neq 0)$,可作代换 $u=ax+b$,若 $f(u)$ 的原函数是 $F(u)$,则原积分

$$\int f(ax+b)\mathrm{d}x = \frac{1}{a}\int f(ax+b)\mathrm{d}(ax+b) = \frac{1}{a}\left[\int f(u)\mathrm{d}u\right]_{u=\varphi(x)} = \frac{1}{a}\left[F(u)\right]_{u=ax+b} + C.$$

【例2】 求 $\displaystyle\int (1-5x)^2\mathrm{d}x$.

解 令 $u=1-5x$,则 $x=\dfrac{1}{5}(1-u)$,$\mathrm{d}x=-\dfrac{1}{5}\mathrm{d}u$.因此

$$\int (1-5x)^2\mathrm{d}x = -\frac{1}{5}\int (1-5x)^2\mathrm{d}(1-5x) = -\frac{1}{5}\int u^2\mathrm{d}u = -\frac{1}{15}(1-5x)^3 + C.$$

【例3】 求 $\displaystyle\int x^2\mathrm{e}^{x^3}\mathrm{d}x$.

解 因为 $x^2\mathrm{d}x=\dfrac{1}{3}\mathrm{d}x^3$,被积函数的一部分因子 $\mathrm{e}^{x^3}=\mathrm{e}^u$,$u=x^3$,剩下的 x^2 恰好是 $\dfrac{1}{3}x^3$ 的导数,所以 $\displaystyle\int x^2\mathrm{e}^{x^3}\mathrm{d}x = \dfrac{1}{3}\int \mathrm{e}^{x^3}\mathrm{d}x^3$,令 $u=x^3$,

因此 $$\int x^2\mathrm{e}^{x^3}\mathrm{d}x = \frac{1}{3}\int \mathrm{e}^u\mathrm{d}u = \frac{1}{3}\mathrm{e}^u + C = \frac{1}{3}\mathrm{e}^{x^3} + C.$$

对变量代换比较熟练以后,中间变量就不一定要写出来了.

【例4】 求 $\displaystyle\int \frac{1}{a^2+x^2}\mathrm{d}x\quad (a\neq 0)$.

解 $\displaystyle\int \frac{1}{a^2+x^2}\mathrm{d}x = \frac{1}{a^2}\int \frac{1}{1+\left(\dfrac{x}{a}\right)^2}\mathrm{d}x = \frac{1}{a}\int \frac{1}{1+\left(\dfrac{x}{a}\right)^2}\mathrm{d}\left(\frac{x}{a}\right) = \frac{1}{a}\arctan \frac{x}{a} + C.$

本例中,其实有一个令 $u=\dfrac{x}{a}$ 变量代换过程,并在求出 $\dfrac{1}{a}\displaystyle\int \dfrac{1}{1+u^2}\mathrm{d}u$ 的积分后,代回原积分变量,只是这两个步骤没有写出来.

【例 5】 求 $\int \dfrac{1}{\sqrt{a^2-x^2}}\mathrm{d}x$ $(a>0)$.

解 $\int \dfrac{1}{\sqrt{a^2-x^2}}\mathrm{d}x = \int \dfrac{1}{a\sqrt{1-\left(\dfrac{x}{a}\right)^2}}\mathrm{d}x = \int \dfrac{\mathrm{d}\left(\dfrac{x}{a}\right)}{\sqrt{1-\left(\dfrac{x}{a}\right)^2}} = \arcsin\dfrac{x}{a}+C.$

【例 6】 求 $\int \dfrac{1}{\sqrt{x(1-x)}}\mathrm{d}x$.

解 方法一

$$\int \frac{1}{\sqrt{x(1-x)}}\mathrm{d}x = \int \frac{1}{\sqrt{\dfrac{1}{4}-\left(x-\dfrac{1}{2}\right)^2}}\mathrm{d}x = \int \frac{\mathrm{d}\left(x-\dfrac{1}{2}\right)}{\sqrt{\dfrac{1}{4}-\left(x-\dfrac{1}{2}\right)^2}} = \arcsin(2x-1)+C.$$

方法二

$$\int \frac{1}{\sqrt{x(1-x)}}\mathrm{d}x = \int \frac{1}{\sqrt{x}\sqrt{1-(\sqrt{x})^2}}\mathrm{d}x = 2\int \frac{\mathrm{d}\sqrt{x}}{\sqrt{1-(\sqrt{x})^2}}\mathrm{d}x = 2\arcsin\sqrt{x}+C.$$

【例 7】 求 $\int \dfrac{1}{x^2-a^2}\mathrm{d}x$ $(a\neq 0)$.

解 $\begin{aligned}\int \frac{1}{x^2-a^2}\mathrm{d}x &= \frac{1}{2a}\int\left(\frac{1}{x-a}-\frac{1}{x+a}\right)\mathrm{d}x\\ &= \frac{1}{2a}\left[\int \frac{1}{x-a}\mathrm{d}(x-a)-\int \frac{1}{x+a}\mathrm{d}(x+a)\right]\\ &= \frac{1}{2a}[\ln|x-a|-\ln|x+a|]+C\\ &= \frac{1}{2a}\ln\left|\frac{x-a}{x+a}\right|+C.\end{aligned}$

【例 8】 求 $\int \tan x\,\mathrm{d}x$.

解 $\int \tan x\,\mathrm{d}x = \int \dfrac{\sin x}{\cos x}\mathrm{d}x = -\int \dfrac{\mathrm{d}(\cos x)}{\cos x} = -\ln|\cos x|+C.$

类似地可得：$\int \cot x\,\mathrm{d}x = \ln|\sin x|+C.$

【例 9】 求 $\int \csc x \, dx$.

解 方法一 $\int \csc x \, dx = \int \dfrac{1}{\sin x} dx = \int \dfrac{1}{2\sin \dfrac{x}{2} \cos \dfrac{x}{2}} dx$

$$= \int \dfrac{1}{\tan \dfrac{x}{2} \left(\cos \dfrac{x}{2}\right)^2} d\left(\dfrac{x}{2}\right) = \int \dfrac{1}{\tan \dfrac{x}{2}} d\left(\tan \dfrac{x}{2}\right)$$

$$= \ln \left| \tan \dfrac{x}{2} \right| + C.$$

因为

$$\tan \dfrac{x}{2} = \dfrac{\sin \dfrac{x}{2}}{\cos \dfrac{x}{2}} = \dfrac{2\sin^2 \dfrac{x}{2}}{2\cos \dfrac{x}{2} \sin \dfrac{x}{2}} = \dfrac{1-\cos x}{\sin x} = \csc x - \cot x,$$

所以上面的结果又可以表示为

$$\int \csc x \, dx = \ln | \csc x - \cot x | + C.$$

方法二 $\int \csc x \, dx = \int \dfrac{1}{\sin x} dx = \int \dfrac{\sin x}{\sin^2 x} dx = -\int \dfrac{1}{1-\cos^2 x} d(\cos x)$

$$= \int \dfrac{1}{\cos^2 x - 1} d(\cos x).$$

由例 7 结果可得：

$$原式 = \dfrac{1}{2} \ln \left| \dfrac{1-\cos x}{1+\cos x} \right| + C = \dfrac{1}{2} \ln \left| \dfrac{(1-\cos x)^2}{\sin^2 x} \right| + C = \ln | \csc x - \cot x | + C.$$

【例 10】 求 $\int \sec x \, dx$.

解 $\int \sec x \, dx = \int \dfrac{1}{\cos x} dx$

$$= \int \dfrac{1}{\sin\left(x + \dfrac{\pi}{2}\right)} d\left(x + \dfrac{\pi}{2}\right).$$

利用例 9 的结果，有

$$原式 = \ln \left| \csc\left(x + \dfrac{\pi}{2}\right) - \cot\left(x + \dfrac{\pi}{2}\right) \right| + C = \ln | \sec x + \tan x | + C.$$

【例 11】 求 $\displaystyle\int \frac{1}{x(2+3\ln x)}\mathrm{d}x$.

解 $\displaystyle\int \frac{1}{x(2+3\ln x)}\mathrm{d}x = \int \frac{1}{2+3\ln x}\mathrm{d}(\ln x)$

$$= \frac{1}{3}\int \frac{1}{2+3\ln x}\mathrm{d}(2+3\ln x) = \frac{1}{3}\ln|2+3\ln x| + C.$$

【例 12】 求 $\displaystyle\int \frac{1}{1+\mathrm{e}^x}\mathrm{d}x$.

解 $\displaystyle\int \frac{1}{1+\mathrm{e}^x}\mathrm{d}x = \int \frac{1+\mathrm{e}^x-\mathrm{e}^x}{1+\mathrm{e}^x}\mathrm{d}x = \int\left(1-\frac{\mathrm{e}^x}{1+\mathrm{e}^x}\right)\mathrm{d}x = \int \mathrm{d}x - \int \frac{\mathrm{e}^x}{1+\mathrm{e}^x}\mathrm{d}x$

$$= \int \mathrm{d}x - \int \frac{1}{1+\mathrm{e}^x}\mathrm{d}(1+\mathrm{e}^x) = x - \ln(1+\mathrm{e}^x) + C.$$

【例 13】 求 $\displaystyle\int \cos^2 x\, \mathrm{d}x$.

解 $\displaystyle\int \cos^2 x\, \mathrm{d}x = \int \frac{1+\cos 2x}{2}\mathrm{d}x = \frac{1}{2}\left[\int \mathrm{d}x + \int \cos 2x\, \mathrm{d}x\right]$

$$= \frac{x}{2} + \frac{1}{4}\int \cos 2x\, \mathrm{d}(2x) = \frac{x}{2} + \frac{1}{4}\sin 2x + C.$$

【例 14】 求 $\displaystyle\int \sin^2 x \cos^4 x\, \mathrm{d}x$.

解 $\displaystyle\int \sin^2 x \cos^4 x\, \mathrm{d}x = \int \frac{1}{4}\sin^2 2x \cdot \frac{1+\cos 2x}{2}\mathrm{d}x$

$$= \frac{1}{8}\int \sin^2 2x \cos 2x\, \mathrm{d}x + \frac{1}{8}\int \sin^2 2x\, \mathrm{d}x$$

$$= \frac{1}{8}\int \sin^2 2x \cdot \frac{1}{2}\mathrm{d}(\sin 2x) + \frac{1}{8}\int \frac{1}{2}(1-\cos 4x)\mathrm{d}x$$

$$= \frac{1}{48}\sin^3 2x + \frac{x}{16} - \frac{1}{64}\sin 4x + C.$$

说明:对此类积分 $\displaystyle\int \sin^m x \cos^n x\, \mathrm{d}x$,当 m,n 均为偶数时,总是可以利用三角恒等公式:$\sin^2 x = \frac{1}{2}(1-\cos 2x)$,$\cos^2 x = \frac{1}{2}(1+\cos 2x)$ 化成 $\cos 2x$ 的多项式,然后用例 14 的方法求解.

当 m,n 中有一个为奇数,则可以用凑微分法积分,如下例:

【例 15】 求 $\int \sin^2 x \cos^3 x \, \mathrm{d}x$.

解 $\int \sin^2 x \cos^3 x \, \mathrm{d}x = \int \sin^2 x \cos^2 x \, \mathrm{d}(\sin x)$

$$= \int \sin^2 x (1 - \sin^2 x) \, \mathrm{d}(\sin x) = \frac{1}{3} \sin^3 x - \frac{1}{5} \sin^5 x + C.$$

【例 16】 求 $\int \cos 3x \cdot \sin x \, \mathrm{d}x$.

解 $\int \cos 3x \cdot \sin x \, \mathrm{d}x = \frac{1}{2} \int (\sin 4x - \sin 2x) \, \mathrm{d}x = \frac{1}{2} \left(-\frac{1}{4} \cos 4x + \frac{1}{2} \cos 2x \right) + C$

$$= -\frac{1}{8} (\cos 4x - 2\cos 2x) + C = \frac{1}{4} \cos 2x - \frac{1}{8} \cos 4x + C.$$

【例 17】 求 $\int \tan^n x \, \mathrm{d}x$(其中 $n \geqslant 2$ 且为正整数).

解 设 $I_n = \int \tan^n x \, \mathrm{d}x = \int \tan^{n-2} x \, \frac{\sin^2 x}{\cos^2 x} \, \mathrm{d}x$

$$= \int \tan^{n-2} x \, \frac{1 - \cos^2 x}{\cos^2 x} \, \mathrm{d}x = \int \tan^{n-2} x \, \mathrm{d}(\tan x) - \int \tan^{n-2} x \, \mathrm{d}x$$

$$= \frac{1}{n-1} \tan^{n-1} x - I_{n-2}.$$

利用这个递推公式,我们可以求出 I_n,比如 $n = 3$ 时,

$$I_3 = \int \tan^3 x \, \mathrm{d}x = \frac{1}{2} \tan^2 x - \int \tan x \, \mathrm{d}x$$

$$= \frac{1}{2} \tan^2 x + \ln|\cos x| + C;$$

如 $n = 4$ 时,

$$I_4 = \int \tan^4 x \, \mathrm{d}x = \frac{1}{3} \tan^3 x - \int \tan^2 x \, \mathrm{d}x.$$

利用第一节例 12 可直接得到结果,或者再用一次递推公式

$$I_4 = \frac{1}{3} \tan^3 x - \int \tan^2 x \, \mathrm{d}x = \frac{1}{3} \tan^3 x - \tan x + \int \tan^0 x \, \mathrm{d}x$$

$$= \frac{1}{3} \tan^3 x - \tan x + x + C.$$

注意 在凑微分时常用下列微分式,熟悉它们对求不定积分有一定的帮助.

$$\mathrm{d}x = \frac{1}{a} \mathrm{d}(ax + b); \qquad\qquad 2x \, \mathrm{d}x = \mathrm{d}(x^2); \qquad\qquad \frac{1}{\sqrt{x}} \mathrm{d}x = 2\mathrm{d}\sqrt{x};$$

$$-\frac{1}{x^2} \mathrm{d}x = \mathrm{d}\left(\frac{1}{x}\right); \qquad\qquad \mathrm{e}^x \, \mathrm{d}x = \mathrm{d}(\mathrm{e}^x); \qquad\qquad \cos x \, \mathrm{d}x = \mathrm{d}(\sin x);$$

$$\sin x \, \mathrm{d}x = \mathrm{d}(-\cos x); \qquad \frac{\mathrm{d}x}{1+x^2} = \mathrm{d}(\arctan x); \qquad \sec^2 x \, \mathrm{d}x = \mathrm{d}(\tan x).$$

从上面的例子中,我们可以看出,第一类换元法公式(2.1)的使用在求解不定积分时很重要.但是,在计算过程中需要一定的技巧,要熟练掌握这种方法,除了熟悉一些比较典型的例子外,还应多做练习.

上面的例子用的都是第一类换元法,也就是形如 $u = \varphi(x)$ 的变量代换.下面介绍的方法是另一种形式的变量代换 $x = \psi(t)$,称为第二类换元法.

二、第二类换元法

上面介绍的第一类换元法是设 $u = \varphi(x)$,将所求的积分通过凑微分的方法转变成 $\int f[\varphi(x)] \varphi'(x) \mathrm{d}x$ 的形式,再转换成 $\int f(u) \mathrm{d}u$,从而求出不定积分,但有些不定积分,例如:

$\int \dfrac{\mathrm{d}x}{\sqrt{x^2 + a^2}} (a > 0), \int \dfrac{\mathrm{d}x}{\sqrt{x^2 - a^2}} (a > 0)$ 等,就难以用第一类换元法来积分了.

现在,我们来研究另一种求不定积分的换元方法,设所求不定积分是 $\int f(x) \mathrm{d}x$,令 $x = \psi(t)$,在 t 的某一区间上可导且反函数存在,则 $\int f(x) \mathrm{d}x = \int f[\psi(t)] \psi'(t) \mathrm{d}t$,从而由 $\int f[\psi(t)] \psi'(t) \mathrm{d}t$ 可以求出不定积分,再由 $t = \psi^{-1}(x)$ 回代求出原不定积分.因此,使用这种变量代换的方法必须满足一定条件:

① 不定积分 $\int f[\psi(t)] \psi'(t) \mathrm{d}t$ 存在,

② $x = \psi(t)$ 在 t 的某一区间内单调、可导,且 $\psi'(t) \neq 0$.

可得如下定理:

定理 2　函数 $x = \psi(t)$ 是单调的可导函数,且 $\psi'(t) \neq 0$,又函数 $f[\psi(t)] \psi'(t)$ 原函数存在,则

$$\int f(x) \mathrm{d}x = \left[\int f[\psi(t)] \psi'(t) \mathrm{d}t \right]_{t = \psi^{-1}(x)}, \tag{2.2}$$

其中 $\psi^{-1}(x)$ 是 $x = \psi(t)$ 的反函数.

证　设 $f[\psi(t)] \psi'(t)$ 的原函数为 $\Phi(t)$,记 $\Phi[\varphi^{-1}(x)] = F(x)$.

由复合函数的求导法则及反函数的导数公式,可得

$$F'(x) = \frac{\mathrm{d}\Phi}{\mathrm{d}t} \cdot \frac{\mathrm{d}t}{\mathrm{d}x} = f[\psi(t)] \psi'(t) \cdot \frac{1}{\psi'(t)} = f[\psi(t)] = f(x).$$

也就是说:$F(x)$ 是 $f(x)$ 的原函数,所以可得:

$$\int f(x)\mathrm{d}x = F(x) + C = \Phi[\psi^{-1}(x)] + C = \left[\int f[\psi(t)]\psi'(t)\mathrm{d}t\right]_{t=\psi^{-1}(x)}.$$

公式得证.

使用公式(2.2)时，通过变量代换 $x=\psi(t)$ 将原积分化为关于 t 的积分，最后一定要把求出的关于 t 的函数回代为关于 x 的函数.

下面举例说明公式(2.2)的应用.

首先介绍三角代换.

【例 18】 求 $\int \sqrt{a^2-x^2}\,\mathrm{d}x \quad (a>0)$.

解 这个积分的难点在于有根式 $\sqrt{a^2-x^2}$，可以利用三角公式 $1-\sin^2 t = \cos^2 t$ 来化去根式.

令 $x=a\sin t, -\dfrac{\pi}{2}<t<\dfrac{\pi}{2}$，且 $t=\arcsin\dfrac{x}{a}$，则

$\sqrt{a^2-x^2}=a\cos t, \mathrm{d}x=a\cos t\,\mathrm{d}t$，因此有

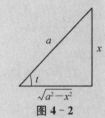

$$\int \sqrt{a^2-x^2}\,\mathrm{d}x = \int a\cos t \cdot a\cos t\,\mathrm{d}t = a^2\int \cos^2 t\,\mathrm{d}t$$
$$= a^2\int \frac{1+\cos 2t}{2}\mathrm{d}t = \frac{a^2}{2}\left(t+\frac{1}{2}\sin 2t\right)+C$$
$$= \frac{a^2}{2}(t+\sin t\cos t)+C.$$

图 4-2

最后再将 t 的函数形式转化为 x 的表达式，根据 $\dfrac{x}{a}=\sin t$ 作辅助三角形(如图 4-2 所示).

所以 $\int \sqrt{a^2-x^2}\,\mathrm{d}x = \dfrac{a^2}{2}\arcsin\dfrac{x}{a} + \dfrac{x}{2}\sqrt{a^2-x^2}+C.$

【例 19】 求 $\int \dfrac{\mathrm{d}x}{\sqrt{a^2+x^2}} \quad (a>0)$.

解 与例 18 类似，可以利用三角公式 $1+\tan^2 t = \sec^2 t$ 把根式化去.

设 $x=a\tan t, -\dfrac{\pi}{2}<t<\dfrac{\pi}{2}$，则

$\sqrt{a^2+x^2}=a\sec t, \mathrm{d}x=a\sec^2 t\,\mathrm{d}t$，因此有

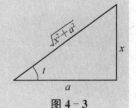

$$\int \frac{\mathrm{d}x}{\sqrt{a^2+x^2}} = \int \frac{1}{a\sec t}a\sec^2 t\,\mathrm{d}t = \int \sec t\,\mathrm{d}t = \ln|\sec t + \tan t|+C_1.$$

图 4-3

为了要把 $\tan t$ 和 $\sec t$ 换回成 x 的函数，根据 $\dfrac{x}{a}=\tan t$，作辅助三角形(如图 4-3 所示).

$$\int \frac{\mathrm{d}x}{\sqrt{a^2+x^2}} = \ln\left|\frac{\sqrt{a^2+x^2}}{a} + \frac{x}{a}\right|+C_1 = \ln(x+\sqrt{x^2+a^2})+C,$$

其中 $C=C_1-\ln a$.

【例 20】　求 $\displaystyle\int \frac{\mathrm{d}x}{\sqrt{x^2-a^2}}$　$(a>0)$.

解　与上面的两个例子类似,可以利用三角公式 $\sec^2 t-1=\tan^2 t$ 化去根式,注意到被积函数的定义域是 $x>a$ 和 $x<-a$ 两个区间.因此,我们在两个区间内分别去求积分.

当 $x>a$ 时,令 $x=a\sec t,0<t<\dfrac{\pi}{2}$,则

$\sqrt{x^2-a^2}=a\tan t,\mathrm{d}x=a\sec t\tan t\,\mathrm{d}t$,因此有

$$\int \frac{\mathrm{d}x}{\sqrt{x^2-a^2}}=\int \frac{a\sec t\tan t}{a\tan t}\mathrm{d}t=\int \sec t\,\mathrm{d}t$$
$$=\ln(\sec t+\tan t)+C_1.$$

为了要把 $\tan t$ 和 $\sec t$ 换回成 x 的函数,根据 $\sec t=\dfrac{x}{a}$ 作辅助三角形(如图 4-4 所示).

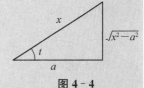

图 4-4

可得: $\displaystyle\int \frac{\mathrm{d}x}{\sqrt{x^2-a^2}}=\ln\left(\frac{x+\sqrt{x^2-a^2}}{a}\right)+C_1$

$$=\ln(x+\sqrt{x^2-a^2})+C,$$

其中 $C=C_1-\ln a$.

当 $x<-a$ 时,令 $x=-u$,则 $u>a>0$,由前面的结果,有

$\sqrt{x^2-a^2}=a\tan t,\mathrm{d}x=a\sec t\tan t\,\mathrm{d}t$ 因此

$$\int \frac{\mathrm{d}x}{\sqrt{x^2-a^2}}=-\int \frac{\mathrm{d}u}{\sqrt{u^2-a^2}}=-\ln(u+\sqrt{u^2-a^2})+C_1$$

$$=-\ln(-x+\sqrt{x^2-a^2})+C_1=\ln\frac{-x-\sqrt{x^2-a^2}}{a^2}+C_1$$

$$=\ln(-x-\sqrt{x^2-a^2})+C,\text{其中 } C=C_1-2\ln a.$$

把 $x>a$ 和 $x<-a$ 的两个结果合起来,可以写作:

$$\int \frac{\mathrm{d}x}{\sqrt{x^2-a^2}}=\ln\left|x+\sqrt{x^2-a^2}\right|+C.$$

说明:以上几例所使用的均为三角代换,三角代换的目的是化掉根式.当被积函数中含有

(i) $\sqrt{a^2-x^2}$,可令 $x=a\sin t$,

(ii) $\sqrt{a^2+x^2}$,可令 $x=a\tan t$,

(iii) $\sqrt{x^2-a^2}$,可令 $x=a\sec t$.

但具体解题时要分析被积函数的具体情况,选取尽可能简单的代换,不要拘泥于上述的变量代换(如例 5).

下面我们再来看一些利用公式(2.2)求解不定积分的例子.

【例 21】 求 $\int \dfrac{x^5}{\sqrt{1+x^2}} dx$.

注意 积分中为了化掉根式是否一定采用三角代换并不是绝对的,需结合被积函数的情况,比如本题可令 $t=\sqrt{1+x^2}$.

解 $\displaystyle\int \frac{x^5}{\sqrt{1+x^2}} dx = \frac{1}{2}\int \frac{x^4}{\sqrt{1+x^2}} d(x^2+1) = \int \frac{(t^2-1)^2}{t}\cdot t\, dt$

$$= \int (t^4-2t^2+1) dt = \frac{1}{5}t^5 - \frac{2}{3}t^3 + t + C$$

$$= \frac{1}{5}\sqrt{(1+x^2)^5} - \frac{2}{3}\sqrt{(1+x^2)^3} + \sqrt{1+x^2} + C.$$

【例 22】 求 $\int \dfrac{1}{x(x^7+2)} dx$.

解 分母次数远远高于分子,可用倒代换,令 $t=\dfrac{1}{x}$,即得 $dx = -\dfrac{dt}{t^2}$,于是

$$\int \frac{1}{x(x^7+2)} dx = \int \frac{t^8}{1+2t^7}\left(-\frac{1}{t^2}\right) dt = -\int \frac{t^6}{1+2t^7} dt$$

$$= -\frac{1}{7}\int \frac{dt^7}{1+2t^7} = -\frac{1}{14}\ln|1+2t^7| + C$$

$$= -\frac{1}{14}\ln|x^7+2| + \frac{1}{2}\ln|x| + C.$$

在本节的例题中,有几个积分是以后常会遇到的,所以它们也被当作公式使用.以下公式中,其中常数 $a>0$.这样,常用的积分公式.再添加下面几个:

(14) $\displaystyle\int \tan x\, dx = -\ln|\cos x| + C,$

(15) $\displaystyle\int \cot x\, dx = \ln|\sin x| + C,$

(16) $\displaystyle\int \sec x\, dx = \ln|\sec x + \tan x| + C,$

(17) $\displaystyle\int \csc x\, dx = \ln|\csc x - \cot x| + C,$

(18) $\displaystyle\int \frac{1}{a^2+x^2} dx = \frac{1}{a}\arctan \frac{x}{a} + C,$

(19) $\displaystyle\int \frac{1}{x^2-a^2} dx = \frac{1}{2a}\ln\left|\frac{x-a}{x+a}\right| + C,$

(20) $\displaystyle\int \frac{1}{\sqrt{a^2-x^2}} dx = \arcsin \frac{x}{a} + C,$

(21) $\displaystyle\int \frac{1}{\sqrt{x^2-a^2}} dx = \ln\left|x+\sqrt{x^2-a^2}\right| + C,$

$(22) \int \dfrac{1}{\sqrt{x^2+a^2}} \mathrm{d}x = \ln(x+\sqrt{x^2+a^2})+C.$

【例 23】　求 $\int \sqrt{5-4x-x^2} \, \mathrm{d}x.$

解　配方 $5-4x-x^2=9-(x+2)^2$,利用例 18 结果:

$$\int \sqrt{5-4x-x^2} \, \mathrm{d}x = \int \sqrt{9-(x+2)^2} \, \mathrm{d}x$$

$$= \frac{9}{2} \arcsin \frac{x+2}{3} + \frac{x+2}{2} \sqrt{5-4x-x^2}+C.$$

【例 24】　求 $\int \dfrac{\mathrm{d}x}{\sqrt{x(1+x)}}.$

解　$\displaystyle \int \frac{\mathrm{d}x}{\sqrt{x(1+x)}} = \int \frac{\mathrm{d}x}{\sqrt{\left(x+\frac{1}{2}\right)^2 - \left(\frac{1}{2}\right)^2}} = \int \frac{\mathrm{d}\left(x+\frac{1}{2}\right)}{\sqrt{\left(x+\frac{1}{2}\right)^2 - \left(\frac{1}{2}\right)^2}}$

利用公式(21)得:

原式$= \ln \left| 2x+1+2\sqrt{x^2+x} \right| +C.$

【例 25】　求 $\int \dfrac{x^2 \mathrm{d}x}{(x^2+2x+2)^2}.$

解　注意到分母是二次质因式的平方,不能拆项

$$\int \frac{x^2 \mathrm{d}x}{(x^2+2x+2)^2} = \int \frac{(x^2+2x+2)-(2x+2)}{(x^2+2x+2)^2} \mathrm{d}x$$

$$= \int \frac{1}{x^2+2x+2} \mathrm{d}x - \int \frac{2x+2}{(x^2+2x+2)^2} \mathrm{d}x$$

$$= \int \frac{\mathrm{d}(x+1)}{(x+1)^2+1} - \int \frac{\mathrm{d}(x^2+2x+2)}{(x^2+2x+2)^2}$$

$$= \arctan(x+1) + \frac{1}{x^2+2x+2} +C.$$

习题 4-2

1. 在下列各式的等号的右端填入适当的系数,使等式成立.

(1) $\mathrm{d}x = \underline{\hspace{2cm}} \mathrm{d}(3x+1);$

(2) $x \, \mathrm{d}x = \underline{\hspace{2cm}} \mathrm{d}(3x^2+2);$

(3) $x^2 \mathrm{d}x = \underline{\hspace{2cm}} \mathrm{d}(5-x^3);$

(4) $\dfrac{\mathrm{d}x}{\sqrt{x}} = \underline{\hspace{2cm}} \mathrm{d}(\sqrt{x});$

(5) $\mathrm{e}^{\frac{x}{2}} \mathrm{d}x = \underline{\hspace{2cm}} \mathrm{d}(\mathrm{e}^{\frac{x}{2}});$

(6) $x \mathrm{e}^{x^2} \mathrm{d}x = \underline{\hspace{2cm}} \mathrm{d}(\mathrm{e}^{x^2});$

(7) $\dfrac{1}{x} \mathrm{d}x = \underline{\hspace{2cm}} \mathrm{d}(2-3ln|x|);$

(8) $\dfrac{1}{1+4x^2} \mathrm{d}x = \underline{\hspace{2cm}} \mathrm{d}(\arctan 2x);$

(9) $\sin(2x+3)\mathrm{d}x=$ _____ $\mathrm{d}(\cos(2x+3))$；　(10) $\sec^2 2x\,\mathrm{d}x=$ _____ $\mathrm{d}(\tan 2x)$.

2. 求下列不定积分.

(1) $\displaystyle\int \frac{\mathrm{d}x}{3x-2}$；

(2) $\displaystyle\int e^{3t}\,\mathrm{d}t$；

(3) $\displaystyle\int \sin(2t-\varphi)\mathrm{d}t\,(\varphi\ 为常数)$；

(4) $\displaystyle\int \frac{\mathrm{d}x}{\sqrt{1-\left(\dfrac{x+3}{2}\right)^2}}$；

(5) $\displaystyle\int e^{4x+3}\,\mathrm{d}x$；

(6) $\displaystyle\int x\sqrt{3+x^2}\,\mathrm{d}x$；

(7) $\displaystyle\int e^{2x}2^x\,\mathrm{d}x$；

(8) $\displaystyle\int \frac{1}{x^2+2x+3}\,\mathrm{d}x$；

(9) $\displaystyle\int x\,(2x^2+3)^3\,\mathrm{d}x$；

(10) $\displaystyle\int \frac{\ln x}{x}\,\mathrm{d}x$；

(11) $\displaystyle\int \frac{\ln(1+2x)}{1+2x}\,\mathrm{d}x$；

(12) $\displaystyle\int \frac{\arcsin x}{\sqrt{1-x^2}}\,\mathrm{d}x$；

(13) $\displaystyle\int \tan^9 x\,\sec^2 x\,\mathrm{d}x$；

(14) $\displaystyle\int \frac{1}{\sin^2\left(x+\dfrac{\pi}{3}\right)}\,\mathrm{d}x$；

(15) $\displaystyle\int \frac{\sin x\cos x}{1+\sin^4 x}\,\mathrm{d}x$；

(16) $\displaystyle\int \frac{1}{1-\cos x}\,\mathrm{d}x$；

(17) $\displaystyle\int \frac{\cos^2 x\sin x}{1+\cos^3 x}\,\mathrm{d}x$；

(18) $\displaystyle\int \frac{1}{e^x+e^{-x}}\,\mathrm{d}x$；

(19) $\displaystyle\int \frac{x^3}{1+x^2}\,\mathrm{d}x$；

(20) $\displaystyle\int x\tan(x^2+1)\,\mathrm{d}x$；

(21) $\displaystyle\int \frac{1+\ln x}{(x\ln x)^2}\,\mathrm{d}x$；

(22) $\displaystyle\int \frac{1}{\sqrt{x}\,(1+x)}\,\mathrm{d}x$；

(23) $\displaystyle\int \frac{\sin x+\cos x}{\sqrt[3]{\sin x-\cos x}}\,\mathrm{d}x$；

(24) $\displaystyle\int \frac{\arctan\sqrt{x}}{\sqrt{x}\,(1+x)}\,\mathrm{d}x$；

(25) $\displaystyle\int (2x-1)e^{x^2-x+1}\,\mathrm{d}x$；

(26) $\displaystyle\int \frac{\cot\theta}{\sqrt{\sin\theta}}\,\mathrm{d}\theta$；

(27) $\displaystyle\int e^{e^x+x}\,\mathrm{d}x$；

(28) $\displaystyle\int \frac{\mathrm{d}x}{\sin^2 x+2\cos^2 x}$；

(29) $\displaystyle\int \frac{\mathrm{d}x}{x\ln x\ln(\ln x)}$；

(30) $\displaystyle\int \tan\sqrt{1+x^2}\,\frac{x\,\mathrm{d}x}{\sqrt{1+x^2}}$；

(31) $\displaystyle\int \cos^2(3t)\sin(3t)\,\mathrm{d}t$；

(32) $\displaystyle\int \frac{\ln(\tan x)}{\cos x\sin x}\,\mathrm{d}x$；

(33) $\displaystyle\int \frac{\cos\sqrt{x}-1}{\sqrt{x}\,\sin^2\sqrt{x}}\,\mathrm{d}x$；

(34) $\displaystyle\int \frac{\arcsin\sqrt{x}}{\sqrt{x(1-x)}}\,\mathrm{d}x$.

3. 求下列不定积分.

(1) $\int \dfrac{\cos\sqrt{x}}{\sqrt{x}}\mathrm{d}x$;

(2) $\int \dfrac{1}{1+\sqrt[3]{x}}\mathrm{d}x$;

(3) $\int \dfrac{x^2}{\sqrt{4-x^2}}\mathrm{d}x$;

(4) $\int \dfrac{\sqrt{x^2-4}}{x}\mathrm{d}x\,(x>2)$;

(5) $\int \dfrac{\mathrm{d}x}{1+\sqrt{1-x^2}}$;

(6) $\int \dfrac{x+1}{x^2\sqrt{1-x^2}}\mathrm{d}x$;

(7) $\int \dfrac{\mathrm{d}x}{\sqrt{(1+x^2)^3}}$;

(8) $\int \dfrac{1-x}{\sqrt{9-4x^2}}\mathrm{d}x$;

(9) $\int \dfrac{\mathrm{d}x}{1+\sqrt{1-x^2}}$;

(10) $\int \dfrac{x-1}{x^2+2x+2}\mathrm{d}x$.

4. 选择题.

(1) 设 $F(x)$ 是 $f(x)$ 的一个原函数,则 $\int f(3x-2)\mathrm{d}x =$( ).

A. $F(x)+C$

B. $F(3x-2)+C$

C. $\dfrac{1}{3}F(3x-2)+C$

D. $\dfrac{1}{3}F(3x)+C$

(2) 若函数 $f(x)$ 的一个原函数是 $x\mathrm{e}^x$,则 $f'(x)=$( ).

A. $(1+x)\mathrm{e}^x$

B. $(2+x)\mathrm{e}^x$

C. $x\mathrm{e}^x-\mathrm{e}^x$

D. $x\mathrm{e}^x-\mathrm{e}^x+C$

(3) 下列式子中正确的是( ).

A. $\dfrac{\mathrm{d}}{\mathrm{d}x}\int f(x)\mathrm{d}x = f(x)\mathrm{d}x$

B. $\int \mathrm{d}f(x) = f(x)$

C. $\int f'(x)\mathrm{d}x = f(x)$

D. $\mathrm{d}\int f(x)\mathrm{d}x = f(x)\mathrm{d}x$

(4) 若 $\int f(x)\mathrm{d}x = x^2+C$,则 $\int xf(1-x^2)\mathrm{d}x =$( ).

A. $2(1-x^2)^2+C$

B. $-2(1-x^2)^2+C$

C. $\dfrac{1}{2}(1-x^2)^2+C$

D. $-\dfrac{1}{2}(1-x^2)^2+C$

第三节　分部积分法

学习目标

1. 理解分部积分法的原理.

2. 熟练掌握分部积分法.

换元积分法已经能帮助我们解决很多不定积分，但对下列的这些积分：

$$\int \ln^2 x \, dx, \quad \int e^x \sin x \, dx, \quad \int x^2 \cos x \, dx$$

等却无能为力，这里我们来学习另一种基本积分的方法：分部积分法.

分部积分法是利用积分是微分的逆运算，由两个函数乘积的导数法则推得的.

设函数 $u(x)$，$v(x)$（简写为 u，v）具有连续的导数，由两个函数乘积的导数公式

$$(uv)' = u'v + uv'$$

移项可得：

$$uv' = (uv)' - u'v,$$

对上式两边求不定积分，有

$$\int uv' dx = uv - \int u'v \, dx. \tag{3.1}$$

写成更便于使用的形式，(3.1)式变为

$$\int u \, dv = uv - \int v \, du. \tag{3.2}$$

公式(3.1)、(3.2)是不定积分的**分部积分公式**.由公式(3.2)可见，若要求的左端积分 $\int u \, dv$ 较难求解，而 $\int v \, du$ 容易积分或可用以前的知识能够积分，使用公式(3.2)就将问题化难为易了.

下面通过具体的例题加以说明如何运用这个公式.

【例1】　求 $\int x\sin x\,\mathrm{d}x$.

解　这个积分用上一节的换元积分法不易求出结果,可以试用分部积分法来求解.但在使用公式时,函数 u 与 $\mathrm{d}v$ 如何选取呢? 如果设 $u=x$, $\mathrm{d}v=\sin x\,\mathrm{d}x$, 则 $\mathrm{d}u=\mathrm{d}x$, $v=-\cos x$, 代入分部积分公式:

$$\int x\sin x\,\mathrm{d}x = -\int x\,\mathrm{d}\cos x = -\left(x\cos x - \int \cos x \cdot (x)'\mathrm{d}x\right)$$

$$= -x\cos x + \int \cos x\,\mathrm{d}x;$$

而显然 $\int v\,\mathrm{d}u = \int \cos x\,\mathrm{d}x$ 易积,所以

$$\int x\sin x\,\mathrm{d}x = -x\cos x + \sin x + C.$$

在求这个积分的时候,如果设 $u=\sin x$, $\mathrm{d}v=x\,\mathrm{d}x$, 则 $\mathrm{d}u=\cos x\,\mathrm{d}x$, $v=\dfrac{x^2}{2}$, 有

$$\int x\sin x\,\mathrm{d}x = \sin x \cdot \frac{x^2}{2} - \int \frac{1}{2}x^2\cos x\,\mathrm{d}x.$$

上式右端的积分比原积分更不易求出.因此,这样选择的 u 与 $\mathrm{d}v$ 是错误的.

说明:如果 u 与 $\mathrm{d}v$ 选取不当,可能会求不出积分结果,因而在应用分部积分时,恰当地选取 u 与 $\mathrm{d}v$ 是非常重要的步骤,因而选取时,要注意以下几点:

(1) v 比较容易能够求得.

(2) $\int v\,\mathrm{d}u$ 要比 $\int u\,\mathrm{d}v$ 容易求积.

(3) 分部积分法可重复使用,但注意,第一次选为 $u(x)$ 的函数类型若在被积式中再次出现,则仍应选为 $u(x)$,不可另选.

(4) 熟悉了分部积分的步骤后,可以不明确写出 u, $\mathrm{d}v$,而直接用公式来做.

【例2】　求 $\int x\mathrm{e}^{2x}\,\mathrm{d}x$.

解　设 $u=x$, $\mathrm{d}v=\mathrm{e}^{2x}\,\mathrm{d}x$, 则 $\mathrm{d}u=\mathrm{d}x$, $v=\dfrac{1}{2}\mathrm{e}^{2x}$. 于是

$$\int x\mathrm{e}^{2x}\,\mathrm{d}x = \frac{1}{2}\left[x\mathrm{e}^{2x} - \int \mathrm{e}^{2x}\,\mathrm{d}x\right] = \frac{1}{2}x\mathrm{e}^{2x} - \frac{1}{4}\mathrm{e}^{2x} + C.$$

运用分部积分公式(3.2)的形式,本例的求解过程也可以表述如下:

$$\int x\mathrm{e}^{2x}\,\mathrm{d}x = \frac{1}{2}\int x\,\mathrm{d}\mathrm{e}^{2x} = \frac{1}{2}\left[x\mathrm{e}^{2x} - \int \mathrm{e}^{2x}\,\mathrm{d}x\right] = \frac{1}{2}x\mathrm{e}^{2x} - \frac{1}{4}\mathrm{e}^{2x} + C.$$

【例3】 求 $\int x^2 \mathrm{e}^x \mathrm{d}x$.

解 $\int x^2 \mathrm{e}^x \mathrm{d}x = \int x^2 \mathrm{d}\mathrm{e}^x = x^2 \mathrm{e}^x - \int \mathrm{e}^x \mathrm{d}x^2 = x^2 \mathrm{e}^x - 2\int x\mathrm{e}^x \mathrm{d}x = x^2 \mathrm{e}^x - 2\int x \mathrm{d}\mathrm{e}^x$

$$= x^2 \mathrm{e}^x - 2(x\mathrm{e}^x - \int \mathrm{e}^x \mathrm{d}x) = x^2 \mathrm{e}^x - 2x\mathrm{e}^x + 2\mathrm{e}^x + C$$

$$= \mathrm{e}^x(x^2 - 2x + 2) + C.$$

本例中运用了两次分部积分法，且在每一次使用的时候，u 与 v 函数的选取类型不变.

【例4】 求 $\int x^2 \cos 2x \mathrm{d}x$.

解 $\int x^2 \cos 2x \mathrm{d}x = \frac{1}{2}\int x^2 \mathrm{d}\sin 2x = \frac{1}{2}x^2 \sin 2x - \int x\sin 2x \mathrm{d}x$

$$= \frac{1}{2}x^2 \sin 2x + \frac{1}{2}\int x\mathrm{d}\cos 2x$$

$$= \frac{1}{2}x^2 \sin 2x + \frac{1}{2}x\cos 2x - \frac{1}{2}\int \cos 2x \mathrm{d}x$$

$$= \frac{1}{2}x^2 \sin 2x + \frac{1}{2}x\cos 2x - \frac{1}{4}\sin 2x + C.$$

由上面四个例子可以知道，如果被积函数是幂函数和正（余）弦函数，幂函数和指数函数的乘积，就可以用分部积分法，并设幂函数为 u.这样用一次分部积分就可以使幂函数的幂次降低一次（这里假定幂函数的指数是正整数）.

【例5】 求 $\int x\ln x \mathrm{d}x$.

解 $\int x\ln x \mathrm{d}x = \frac{1}{2}\int \ln x \mathrm{d}x^2 = \frac{1}{2}\left[x^2 \ln x - \int x^2 \mathrm{d}\ln x\right]$

$$= \frac{1}{2}\left[x^2 \ln x - \int x\mathrm{d}x\right] = \frac{1}{2}\left[x^2 \ln x - \frac{1}{2}x^2\right] + C$$

$$= \frac{1}{2}x^2 \ln x - \frac{1}{4}x^2 + C.$$

【例6】 求 $\int \arctan x \mathrm{d}x$.

解 设 $u = \arctan x, \mathrm{d}v = \mathrm{d}x$，得 $\mathrm{d}u = \frac{1}{1+x^2}\mathrm{d}x, v = x$，则

$$\int \arctan x \mathrm{d}x = x\arctan x - \int \frac{x}{1+x^2}\mathrm{d}x = x\arctan x - \frac{1}{2}\int \frac{\mathrm{d}x^2}{1+x^2}$$

$$= x\arctan x - \frac{1}{2}\ln(1+x^2) + C.$$

由上面两个例子可以知道，如果被积函数是幂函数和对数函数，幂函数和反三角函数的乘

积,就可以用分部积分法,并设对数函数或者反三角函数为 u.

【例7】 求 $\int e^x \sin x \, dx$.

解 $\int e^x \sin x \, dx = \int \sin x \, de^x = e^x \sin x - \int e^x \cos x \, dx$.

等式右端的积分与等式左端的积分的被积函数仍是同一种类型的积分,与第一次分部积分相同,设 $v = e^x$,再用一次分部积分.

$$\int e^x \cos x \, dx = \int \cos x \, de^x = \cos x \, e^x + \int \sin x \, e^x \, dx,$$

代回上式:

原式 $= e^x \sin x - e^x \cos x - \int e^x \sin x \, dx$.

由于上式右端的第三项就是所求的积分 $\int e^x \sin x \, dx$,把它移到等式左边,得:

$$2\int e^x \sin x \, dx = e^x (\sin x - \cos x) + 2C.$$

因为上式的右端不含有积分项,所以必须加上任意常数,在等式两端再同除以 2,得:

$$\int e^x \sin x \, dx = \frac{1}{2} e^x (\sin x - \cos x) + C.$$

【例8】 求 $\int \sin(\ln x) \, dx$.

解 $\int \sin(\ln x) \, dx = x \sin(\ln x) - \int x \cos(\ln x) \cdot \frac{1}{x} \, dx$

$$= x \sin(\ln x) - \int \cos(\ln x) \, dx$$

$$= x \sin(\ln x) - \left[x \cos(\ln x) + \int \sin(\ln x) \, dx \right].$$

因此 $\quad 2\int \sin(\ln x) \, dx = x[\sin(\ln x) - \cos(\ln x)] + 2C,$

从而 $\quad \int \sin(\ln x) \, dx = \frac{x}{2} [\sin(\ln x) - \cos(\ln x)] + C.$

上两例都是运用了两次分部积分后,被积函数还原成要求的被积函数的形式.

在积分过程中,有时需要换元积分法与分部积分法同时使用.

【例9】 求 $\int \frac{\ln(1+x)}{\sqrt{x}} \, dx$.

解 $\int \frac{\ln(1+x)}{\sqrt{x}} \, dx = 2\int \ln(1+x) \, d(\sqrt{x}) = 2\sqrt{x} \ln(1+x) - \int \frac{2\sqrt{x}}{1+x} \, dx$.

令 $t = \sqrt{x}$,得:$dx = 2t \, dt$,则

$$\int \frac{2\sqrt{x}}{1+x}\mathrm{d}x = 4\int \frac{t^2}{1+t^2}\mathrm{d}t = 4\int \mathrm{d}t - 4\int \frac{1}{1+t^2}\mathrm{d}t = 4t - 4\arctan t - C$$

$$= 4\sqrt{x} - 4\arctan\sqrt{x} - C.$$

所以原积分 $\displaystyle\int \frac{\ln(1+x)}{\sqrt{x}}\mathrm{d}x = 2\sqrt{x}\ln(1+x) - 4\sqrt{x} + 4\arctan\sqrt{x} + C.$

【例 10】 求 $\displaystyle\int \sqrt{x^2-1}\,\mathrm{d}x.$

解 此题可用第二节的第二类换元法进行求解,也可以用分部积分法求解.

$$\int \sqrt{x^2-1}\,\mathrm{d}x = x\sqrt{x^2-1} - \int \frac{x^2}{\sqrt{x^2-1}}\mathrm{d}x = x\sqrt{x^2-1} - \int \frac{x^2-1+1}{\sqrt{x^2-1}}\mathrm{d}x$$

$$= x\sqrt{x^2-1} - \int \sqrt{x^2-1}\,\mathrm{d}x - \int \frac{\mathrm{d}x}{\sqrt{x^2-1}}$$

$$= x\sqrt{x^2-1} - \int \sqrt{x^2-1}\,\mathrm{d}x - \ln\left| x + \sqrt{x^2-1} \right|.$$

使用一次分部积分后,等号右边又出现原来要求的积分,与本节例 7 相似的处理方式,可得:

$$\int \sqrt{x^2-1}\,\mathrm{d}x = \frac{1}{2}\left(x\sqrt{x^2-1} - \ln\left| x + \sqrt{x^2-1} \right| \right) + C.$$

【例 11】 求 $\displaystyle\int \sin^4 x\,\mathrm{d}x.$

解 在上节中,我们讨论过这种类型的积分求解过程,可以通过三角恒等公式 $\sin^2 x = \dfrac{1}{2}(1-\cos 2x)$,

$\cos^2 x = \dfrac{1}{2}(1+\cos 2x)$ 降次的方法来求解,这里用分部积分法求解.

$$\int \sin^4 x\,\mathrm{d}x = -\int \sin^3 x\,\mathrm{d}\cos x = -\left(\sin^3 x\cos x - 3\int \sin^2 x\,\cos^2 x\,\mathrm{d}x \right)$$

$$= -\sin^3 x\cos x + 3\int \sin^2 x\,(1-\sin^2 x)\,\mathrm{d}x$$

$$= -\sin^3 x\cos x + 3\int \sin^2 x\,\mathrm{d}x - 3\int \sin^4 x\,\mathrm{d}x.$$

$$\int \sin^4 x\,\mathrm{d}x = \frac{1}{4}\left(-\sin^3 x\cos x + 3\int \sin^2 x\,\mathrm{d}x \right)$$

$$= \frac{1}{4}\left(-\sin^3 x\cos x + \frac{3}{2}\int (1-\cos 2x)\,\mathrm{d}x \right)$$

$$= \frac{1}{4}\left(-\sin^3 x\cos x + \frac{3}{2}\left(x - \frac{1}{2}\sin 2x \right) \right) + C$$

$$= \frac{3}{8}x - \frac{1}{4}\sin^3 x\cos x - \frac{3}{16}\sin 2x + C.$$

附录一积分表(95)(96)两个公式可用此方法推导.

习题 **4 - 3**

1. 求下列不定积分.

(1) $\int x\mathrm{e}^{-x}\mathrm{d}x$;

(2) $\int x\sin^2 x\mathrm{d}x$;

(3) $\int x^3\mathrm{e}^{-x^2}\mathrm{d}x$;

(4) $\int x^3\ln x\mathrm{d}x$;

(5) $\int \dfrac{1}{\sin^3 x}\mathrm{d}x$;

(6) $\int \dfrac{1}{\cos^3 x}\mathrm{d}x$;

(7) $\int \mathrm{e}^x\cos x\mathrm{d}x$;

(8) $\int \mathrm{e}^{2x}\cos^2 x\mathrm{d}x$;

(9) $\int \dfrac{\ln x}{\sqrt{x}}\mathrm{d}x$;

(10) $\int \cos(\ln x)\mathrm{d}x$;

(11) $\int \left(\dfrac{\ln x}{x}\right)^2\mathrm{d}x$;

(12) $\int \dfrac{\ln(1+\mathrm{e}^x)}{\mathrm{e}^x}\mathrm{d}x$;

(13) $\int \dfrac{x\cos x}{\sin^3 x}\mathrm{d}x$;

(14) $\int \dfrac{\mathrm{arccot}\mathrm{e}^x}{\mathrm{e}^x}\mathrm{d}x$;

(15) $\int (x+1)\ln x\mathrm{d}x$;

(16) $\int \dfrac{\ln(1+\mathrm{e}^x)}{\mathrm{e}^x}\mathrm{d}x$.

2. 已知 $f(x)$ 的一个原函数为 $(1+\sin x)\ln x$,求 $\int xf'(x)\mathrm{d}x$.

3. 已知 $f(x)=\dfrac{\mathrm{e}^x}{x}$,求 $\int xf''(x)\mathrm{d}x$.

第四节　几种特殊类型函数的积分

学习目标

1. 掌握有理函数的积分方法.

2. 了解三角函数有理式的积分方法.

3. 掌握简单无理式的积分方法.

在前三节中,我们已经学习了求不定积分的一些基本方法.本节中,我们利用换元积分法和分部积分法来讨论几种特殊类型函数的积分——有理函数的积分及可以转化为有理函数的积分.

一、有理函数的积分

设 $P(x),Q(x)$ 是两个多项式,凡是形如

$$\frac{P(x)}{Q(x)}=\frac{a_0x^n+a_1x^{n-1}+\cdots+a_{n-1}x+a_n}{b_0x^m+b_1x^{m-1}+\cdots+b_{m-1}x+a_m} \tag{4.1}$$

的函数称为**有理函数**,也称为有理分式.其中 $a_0,a_1,a_2,\cdots,a_n$ 及 $b_0,b_1,b_2,\cdots,b_m$ 为常数,且 $a_0\neq0,b_0\neq0$.例如:

$$\frac{1}{x^2+x+1},\quad \frac{x^3+2x-1}{x-4},\quad \frac{2x^3-3x+1}{x^4+1}$$

等都是有理函数.

假定分子多项式 $P(x)$ 与分母多项式 $Q(x)$ 之间没有公因式,且分子多项式 $P(x)$ 的次数为 n,分母多项式 $Q(x)$ 的次数为 m,当 $n<m$ 时,称这有理函数是真分式;当 $n\geq m$ 时,称这有理函数是假分式.

利用多项式除法可得,任一假分式可转化为多项式与真分式之和.例如:

$$\frac{x^3+x+1}{x^2+1}=x+\frac{1}{x^2+1}.$$

多项式的积分的求法我们已经学过,这里我们只讨论真分式的不定积分.

我们先来举例说明一下有理函数的积分方法.

【例1】 求 $\int\frac{1}{x^2-3x+2}dx$.

解 此时被积函数可以表示为

$$\frac{1}{x^2-3x+2}=\frac{1}{(x-2)(x-1)}=\frac{1}{x-2}-\frac{1}{x-1};$$

于是 $\int\frac{1}{x^2-3x+2}dx=\int\frac{1}{x-2}dx-\int\frac{1}{x-1}dx=\ln|x-2|-\ln|x-1|+C$

$$=\ln\left|\frac{x-2}{x-1}\right|+C.$$

从这个例子可以看出,求有理函数不定积分的关键,在于把被积函数分解为简单分式之和.

对真分式 $\frac{P(x)}{Q(x)}$,如果分母可以分解成两个多项式的乘积 $Q(x)=A(x)B(x)$,且 $A(x),B(x)$ 没有公因式,则它可拆成两个真分式之和.

$\frac{P(x)}{Q(x)}=\frac{P_1(x)}{A(x)}+\frac{P_2(x)}{B(x)}$,这个步骤称为把真分式分解为**部分分式**之和.

如果分母的 $A(x),B(x)$ 还能再分解为两个没有公因式的多项式的乘积,那就可以再拆项成更简单的部分分式.

可是,怎样来分解呢?

一般用待定系数的方法来分解.

比如在例 1 中,分母 $x^2-3x+2=(x-1)(x-2)$,所以,被积函数可以表达成

$$\frac{1}{x^2-3x+2}=\frac{A}{x-2}-\frac{B}{x-1}$$

其中 A,B 是待定的系数,将右边通分,然后比较两边的分子,得:

$$1=A(x-1)+B(x-2),$$
$$1=(A+B)x-(A+2B),$$

则有

$$\begin{cases} A+B=0, \\ -(A+2B)=1, \end{cases}$$

解之,得到 $A=1,B=-1$,从而得到

$$\frac{1}{x^2-3x+2}=\frac{1}{x-2}-\frac{1}{x-1}.$$

这样,我们的问题就迎刃而解了.

【例 2】 求 $\int \dfrac{x^3-x^2+x+2}{x^2-1}\mathrm{d}x.$

解 被积函数 $\dfrac{x^3-x^2+x+2}{x^2-1}$ 分子的次数比分母高,利用多项式的除法,将假分式变成一个多项式和一个真分式之和的形式

$$\frac{x^3-x^2+x+2}{x^2-1}=x-1+\frac{2x+1}{x^2-1}.$$

而对 $\dfrac{2x+1}{x^2-1}$ 用待定系数法

$$\frac{2x+1}{x^2-1}=\frac{A}{x-1}+\frac{B}{x+1},$$

则

$$2x+1=A(x+1)+B(x-1),$$

即

$$\begin{cases} A+B=2, \\ A-B=1, \end{cases}$$

得到

$$A=\frac{3}{2};B=\frac{1}{2}.$$

所以

$$\int \frac{x^3-x^2+x+2}{x^2-1}\mathrm{d}x = \int x\mathrm{d}x - \int \mathrm{d}x + \frac{3}{2}\int \frac{1}{x-1}\mathrm{d}x + \frac{1}{2}\int \frac{1}{x+1}\mathrm{d}x$$

$$= \frac{1}{2}x^2 - x + \frac{3}{2}\ln|x-1| + \frac{1}{2}\ln|x+1| + C.$$

这个例子说明,当被积函数分子的次数不低于分母的次数时,可以用多项式除法把它化成一个多项式和一个真分式之和.

【**例 3**】 将 $\dfrac{2x^2+7x-1}{x^3-x^2-x+1}$ 分解为简单的分式之和.

解 分母因式分解为 $x^3-x^2-x+1=(x-1)^2(x+1)$,

则设

$$\frac{2x^2+7x-1}{x^3-x^2-x+1} = \frac{2x^2+7x-1}{(x-1)^2(x+1)} = \frac{A}{x+1} + \frac{B}{x-1} + \frac{C}{(x-1)^2},$$

用待定系数法求 A,B,C 的值

$$2x^2+7x-1 = A(x-1)^2 + B(x+1)(x-1) + C(x+1),$$

比较上式两端同次幂的系数,得:
$$\begin{cases} A+B=2, \\ -2A+C=7, \\ A-B+C=-1, \end{cases}$$

解之得

$$A = -\frac{3}{2}; B = \frac{7}{2}; C = 4.$$

所以

$$\frac{2x^2+7x-1}{x^3+x^2-x-1} = -\frac{3}{2(x+1)} + \frac{7}{2(x-1)} + \frac{4}{(x-1)^2}.$$

根据多项式理论,任一多项式 $Q(x)$ 在实数范围内能分解为一次因式和二次质因式的乘积,即

$$Q(x) = b_0(x-a)^\alpha \cdots (x-b)^\beta (x^2+px+q)^\lambda \cdots (x^2+rx+s)^\mu,$$

其中 $p^2-4q<0,\cdots,r^2-4s<0$.

所以,把真分式 $\dfrac{P(x)}{Q(x)}$ 分解为简单分式之和的办法,归纳起来,主要有以下两点:

① 若 $Q(x)$ 有一个 α 重实根 a,则分解时必含有以下的分式:

$$\frac{A_1}{(x-a)^\alpha} + \frac{A_2}{(x-a)^{\alpha-1}} + \cdots + \frac{A_\alpha}{(x-a)},$$

其中 $A_1, A_2, \cdots, A_a$ 为待定系数；

② 若 $Q(x)$ 有一关于 x^2+px+q 的 λ 重因子，且 $p^2-4q<0$，则分解时必含有以下 λ 个部分分式之和的形式：

$$\frac{M_1x+N_1}{(x^2+px+q)^\lambda}+\frac{M_2x+N_2}{(x^2+px+q)^{\lambda-1}}+\cdots+\frac{M_\lambda x+N_\lambda}{(x^2+px+q)},$$

其中 $M_1, N_1, M_2, N_2, \cdots, M_\lambda, N_\lambda$ 是待定系数.

由此可见，任何一个真分式 $\dfrac{P(x)}{Q(x)}$ 都可以分解成若干简单的部分分式之和，而这些简单的分式不外乎以下四种类型：

(1) $\dfrac{A}{x-a}$,

(2) $\dfrac{A}{(x-a)^n}$　$(n=2,3,\cdots)$,

(3) $\dfrac{Bx+C}{x^2+px+q}$,

(4) $\dfrac{Bx+C}{(x^2+px+q)^n}$　$(n=2,3,\cdots)$.

其中 A, B, C, a, p, q 都是常数，并设二次三项式 x^2+px+q 没有实根，即 $p^2-4q<0$.

那么，求任何一个真分式 $\dfrac{P(x)}{Q(x)}$ 的不定积分的问题就化成以上四种类型的积分，我们分别求出如下：

(1) $\dfrac{A}{x-a}$,

$$\int \frac{A}{x-a}\mathrm{d}x = A\ln|x-a|+C.$$

(2) $\dfrac{A}{(x-a)^n}$　$(n=2,3,\cdots)$,

$$\int \frac{A}{(x-a)^n}\mathrm{d}x = \frac{A}{-n+1}(x-a)^{-n+1}+C.$$

(3) $\dfrac{Bx+C}{x^2+px+q}$,

注意到 $\mathrm{d}(x^2+px+q)=(2x+p)\mathrm{d}x$，所以可将分子分解为

$$Bx+C=\frac{B}{2}(2x+p)+\left(C-\frac{Bp}{2}\right),$$

这样 $\dfrac{Bx+C}{x^2+px+q}=\dfrac{B}{2}\dfrac{2x+p}{x^2+px+q}+\left(C-\dfrac{Bp}{2}\right)\dfrac{1}{x^2+px+q}$.

从而 $\displaystyle\int\dfrac{Bx+C}{x^2+px+q}\mathrm{d}x=\dfrac{B}{2}\int\dfrac{2x+p}{x^2+px+q}\mathrm{d}x+\left(C-\dfrac{Bp}{2}\right)\int\dfrac{\mathrm{d}x}{x^2+px+q}$

$$=\dfrac{B}{2}\int\dfrac{\mathrm{d}(x^2+px+q)}{x^2+px+q}+\left(C-\dfrac{Bp}{2}\right)\int\dfrac{\mathrm{d}\left(x+\dfrac{p}{2}\right)}{x^2+px+q}$$

$$=\dfrac{B}{2}\int\dfrac{\mathrm{d}(x^2+px+q)}{x^2+px+q}+\left(C-\dfrac{Bp}{2}\right)\int\dfrac{\mathrm{d}\left(x+\dfrac{p}{2}\right)}{\left(x+\dfrac{p}{2}\right)^2+\left(q-\dfrac{p^2}{4}\right)}$$

$$=\dfrac{B}{2}\ln(x^2+px+q)+\dfrac{2C-Bp}{\sqrt{4q-p^2}}\arctan\dfrac{2x+p}{\sqrt{4q-p^2}}+\widetilde{C}$$

(4) $\dfrac{Bx+C}{(x^2+px+q)^n}$ $(n=2,3,\cdots)$.

对这种形式,我们不做详细叙述了.参见本章第二节例 25.

【例 4】 求 $\displaystyle\int\dfrac{x+3}{x^2+2x+4}\mathrm{d}x$.

解 分母已为二次质因式,分子可写为

$$x+3=\dfrac{1}{2}(2x+2)+2,$$

得:

$$\int\dfrac{x+3}{x^2+2x+4}\mathrm{d}x=\int\dfrac{\dfrac{1}{2}(2x+2)+2}{x^2+2x+4}\mathrm{d}x$$

$$=\dfrac{1}{2}\int\dfrac{2x+2}{x^2+2x+4}\mathrm{d}x+2\int\dfrac{\mathrm{d}x}{x^2+2x+4}$$

$$=\dfrac{1}{2}\int\dfrac{\mathrm{d}(x^2+2x+4)}{x^2+2x+4}+2\int\dfrac{\mathrm{d}(x+1)}{(x+1)^2+(\sqrt{3})^2}$$

$$=\dfrac{1}{2}\ln(x^2+2x+3)+\dfrac{2}{\sqrt{3}}\arctan\dfrac{x+1}{\sqrt{3}}+C.$$

【例 5】 求 $\displaystyle\int\dfrac{1}{(1+2x)(1+x^2)}\mathrm{d}x$.

解 待定系数列式,设

$$\dfrac{1}{(1+2x)(1+x^2)}=\dfrac{A}{1+2x}+\dfrac{Bx+C}{1+x^2},$$

其中 A,B,C 为待定系数.上式两端去分母后,可得:

$$A(1+x^2)+(Bx+C)(1+2x)=1,$$

比较上式两端同次幂的系数,即得:$\begin{cases} A+2B=0, \\ B+2C=0, \\ A+C=1, \end{cases}$

解之得:$A=\dfrac{4}{5}$;$B=-\dfrac{2}{5}$;$C=\dfrac{1}{5}$.

所以　$\dfrac{1}{(1+2x)(1+x^2)}=\dfrac{1}{5}\left(\dfrac{4}{1+2x}+\dfrac{-2x+1}{1+x^2}\right),$

因此

$$\begin{aligned}
\int\dfrac{1}{(1+2x)(1+x^2)}\mathrm{d}x &=\dfrac{1}{5}\int\left(\dfrac{4}{1+2x}+\dfrac{-2x+1}{1+x^2}\right)\mathrm{d}x \\
&=\dfrac{2}{5}\int\dfrac{2}{1+2x}\mathrm{d}x-\dfrac{1}{5}\int\dfrac{2x}{1+x^2}\mathrm{d}x+\dfrac{1}{5}\int\dfrac{1}{1+x^2}\mathrm{d}x \\
&=\dfrac{2}{5}\int\dfrac{1}{1+2x}\mathrm{d}(1+2x)-\dfrac{1}{5}\int\dfrac{1}{1+x^2}\mathrm{d}(1+x^2)+\dfrac{1}{5}\int\dfrac{1}{1+x^2}\mathrm{d}x \\
&=\dfrac{2}{5}\ln|1+2x|-\dfrac{1}{5}\ln(1+x^2)+\dfrac{1}{5}\arctan x+C.
\end{aligned}$$

二、三角函数有理式的积分

如果 $R(u,v)$ 为关于 u,v 的有理式,则 $R(\sin x,\cos x)$ 称为**三角函数有理式**.对于含有三角函数的积分,由于 $\sec x,\csc x,\tan x,\cot x$ 都可以转化为 $\sin x,\cos x$ 的函数,所以,在这里我们只要讨论 $\int R(\sin x,\cos x)\mathrm{d}x$ 的积分就可以了.

对于这类积分,我们可以尝试作代换 $\tan\dfrac{x}{2}=u(-\pi<x<\pi)$,使积分化为关于 u 的有理式.事实上,做这样的代换后,就有

$$\sin x=2\sin\dfrac{x}{2}\cos\dfrac{x}{2}=\dfrac{2\tan\dfrac{x}{2}}{1+\tan^2\dfrac{x}{2}}=\dfrac{2u}{1+u^2},$$

$$\cos x=\cos^2\dfrac{x}{2}-\sin^2\dfrac{x}{2}=\dfrac{1-\tan^2\dfrac{x}{2}}{1+\tan^2\dfrac{x}{2}}=\dfrac{1-u^2}{1+u^2},$$

$$\tan x=\dfrac{\sin x}{\cos x}=\dfrac{2\sin\dfrac{x}{2}\cos\dfrac{x}{2}}{\cos^2\dfrac{x}{2}-\sin^2\dfrac{x}{2}}=\dfrac{2\tan\dfrac{x}{2}}{1-\tan^2\dfrac{x}{2}}=\dfrac{2u}{1-u^2}.$$

$$\mathrm{d}x = \frac{2}{1+u^2}\mathrm{d}u.$$

因此有

$$\int R(\sin x, \cos x)\mathrm{d}x = \int R\left(\frac{2u}{1+u^2}, \frac{1-u^2}{1+u^2}\right)\frac{2}{1+u^2}\mathrm{d}u \quad \left(\text{其中 } u = \tan\frac{x}{2}\right).$$

这样就转化为关于有理函数的积分了.

【例 6】 求 $\displaystyle\int\frac{\sin x}{1+\sin x}\mathrm{d}x$.

解 方法一 作变量代换 $u=\tan\dfrac{x}{2}$,可得

$$\sin x = \frac{2u}{1+u^2}, \mathrm{d}x = \frac{2}{1+u^2}\mathrm{d}u.$$

因此得

$$\int\frac{\sin x}{1+\sin x}\mathrm{d}x = \int\frac{\dfrac{2u}{1+u^2}}{1+\dfrac{2u}{1+u^2}}\cdot\frac{2}{1+u^2}\mathrm{d}u$$

$$= \int\frac{4u}{(1+u^2)(1+u)^2}\mathrm{d}u = 2\int\left[\frac{1}{1+u^2}-\frac{1}{(1+u)^2}\right]\mathrm{d}u$$

$$= 2\left(\arctan u + \frac{1}{1+u}\right) + C = x + \frac{2}{\tan\dfrac{x}{2}+1} + C.$$

方法二 $\displaystyle\int\frac{\sin x}{1+\sin x}\mathrm{d}x = \int\frac{\sin x(1-\sin x)}{\cos^2 x}\mathrm{d}x = \int\frac{\sin x - \sin^2 x}{\cos^2 x}\mathrm{d}x$

$$= -\int\frac{\mathrm{d}\cos x}{\cos^2 x} - \int\tan^2 x\,\mathrm{d}x = \frac{1}{\cos x} - \int(\sec^2 x - 1)\mathrm{d}x$$

$$= \frac{1}{\cos x} - \tan x + x + C = \sec x - \tan x + x + C.$$

方法三 $\displaystyle\int\frac{\sin x}{1+\sin x}\mathrm{d}x = \int\left(1 - \frac{1}{1+\sin x}\right)\mathrm{d}x = x - \int\frac{1}{1+\cos\left(x-\dfrac{\pi}{2}\right)}\mathrm{d}x$

$$= x - \int\frac{1}{2\cos^2\left(\dfrac{x}{2}-\dfrac{\pi}{4}\right)}\mathrm{d}x = x - \tan\left(\frac{x}{2}-\frac{\pi}{4}\right) + C.$$

虽然对形如 $\displaystyle\int R(\sin x, \cos x)\mathrm{d}x$ 的积分,可以通过代换 $u=\tan\dfrac{x}{2}$ 将其有理化,然而有时做这样的代换运算比较复杂.因此,对于某些类型的三角函数的积分,不必做这样的代换,而是利用三角恒等式,有时也可以很方便的求出不定积分,这些方法我们在第二节已经介绍过,这里就不再赘述.

三、简单无理式的积分

我们仅讨论 $\int R(x, \sqrt[n]{ax+b})\,\mathrm{d}x, \int R\left(x, \sqrt[n]{\dfrac{ax+b}{cx+d}}\right)\mathrm{d}x$ 这两类函数的积分.

【例7】　求 $\displaystyle\int \frac{x+1}{\sqrt[3]{3x+1}}\,\mathrm{d}x.$

解　令 $t=\sqrt[3]{3x+1}$，则 $x=\dfrac{t^3-1}{3}$，$\mathrm{d}x=t^2\mathrm{d}t$，所以

$$\int \frac{x+1}{\sqrt[3]{3x+1}}\,\mathrm{d}x = \int \frac{\dfrac{t^3-1}{3}+1}{t}\cdot t^2\mathrm{d}t = \frac{1}{3}\int (t^4+2t)\mathrm{d}t$$

$$= \frac{1}{15}t^5+\frac{1}{3}t^2+C = \frac{1}{15}(3x+1)^{\frac{5}{3}}+\frac{1}{3}(3x+1)^{\frac{2}{3}}+C.$$

【例8】　求 $\displaystyle\int \frac{\mathrm{d}x}{\sqrt[3]{(x-1)(x+1)^2}}.$

解　先将不定积分改写成：

$$\int \frac{\mathrm{d}x}{\sqrt[3]{(x-1)(x+1)^2}} = \int \sqrt[3]{\frac{x+1}{x-1}}\cdot \frac{\mathrm{d}x}{x+1}.$$

令 $\sqrt[3]{\dfrac{x+1}{x-1}}=t$，则 $x=\dfrac{t^3+1}{t^3-1}$，$\mathrm{d}x=\dfrac{-6t^2}{(t^3-1)^2}\mathrm{d}t$，所以

$$\int \frac{\mathrm{d}x}{\sqrt[3]{(x-1)(x+1)^2}} = -\int \frac{3}{t^3-1}\mathrm{d}t = -\int \frac{1}{t-1}\mathrm{d}t + \int \frac{t+2}{t^2+t+1}\mathrm{d}t$$

$$= -\ln|t-1| + \frac{1}{2}\int \frac{2t+1}{t^2+t+1}\mathrm{d}t + \frac{3}{2}\int \frac{\mathrm{d}t}{t^2+t+1}$$

$$= -\ln|t-1| + \frac{1}{2}\ln(t^2+t+1) + \frac{3}{2}\int \frac{\mathrm{d}t}{\left(t+\dfrac{1}{2}\right)^2+\dfrac{3}{4}}$$

$$= -\ln|t-1| + \frac{1}{2}\ln(t^2+t+1) + \sqrt{3}\arctan \frac{2t+1}{\sqrt{3}}+C$$

$$= -\ln\left|\sqrt[3]{\frac{x+1}{x-1}}-1\right| + \frac{1}{2}\ln\left(\sqrt[3]{\left(\frac{x+1}{x-1}\right)^2}+\sqrt[3]{\frac{x+1}{x-1}}+1\right)+$$

$$\sqrt{3}\arctan \frac{2\sqrt[3]{\dfrac{x+1}{x-1}}+1}{\sqrt{3}}+C.$$

【例9】 求 $\displaystyle\int \frac{\mathrm{d}x}{\sqrt[3]{x}+\sqrt{x}}$.

解 令 $\sqrt[6]{x}=t$，则 $x=t^6$，$\mathrm{d}x=6t^5\mathrm{d}t$，所以

$$\int \frac{\mathrm{d}x}{\sqrt[3]{x}+\sqrt{x}} = \int \frac{6t^5}{t^2+t^3}\mathrm{d}t = 6\int \frac{t^3}{1+t}\mathrm{d}t = 6\int \left(t^2-t+1-\frac{1}{1+t}\right)\mathrm{d}t$$

$$= 2t^3-3t^2+6t-6\ln|1+t|+C$$

$$= 2\sqrt{x}-3\sqrt[3]{x}+6\sqrt[6]{x}-6\ln|1+\sqrt[6]{x}|+C.$$

以上几例表明，当被积函数中含有形如 $\sqrt[n]{ax+b}$，$\sqrt[n]{\dfrac{ax+b}{cx+d}}$ 的简单根式的积分，可以令这些简单根式为 t.由于这样的变换具有反函数，且其反函数是关于 t 的有理函数，因此就可以把原积分根式去掉转化成有理函数的积分.

通常所说的"求不定积分"，是指用初等函数的形式把这个不定积分表示出来.在这个意义下，并不是任何初等函数的不定积分都能"求出"来的.

例如 $\displaystyle\int \mathrm{e}^{-x^2}\mathrm{d}x$，$\displaystyle\int \frac{\mathrm{d}x}{\ln x}$，$\displaystyle\int \frac{\sin x}{x}\mathrm{d}x$ 等就是这样.

习题 4－4

求下列不定积分.

(1) $\displaystyle\int \frac{1}{(x+1)(x^2+1)}\mathrm{d}x$；

(2) $\displaystyle\int \frac{1}{(x+1)(x+2)(x+3)}\mathrm{d}x$；

(3) $\displaystyle\int \frac{x}{x^3-3x+2}\mathrm{d}x$；

(4) $\displaystyle\int \frac{2x^5+6x^3+1}{x^4+2x^2}\mathrm{d}x$；

(5) $\displaystyle\int \frac{1+\sin x}{1+\cos x}\mathrm{d}x$；

(6) $\displaystyle\int \frac{x}{(x^2+4)(x^2+9)}\mathrm{d}x$；

(7) $\displaystyle\int \frac{\sin x}{\sin x+\cos x}\mathrm{d}x$；

(8) $\displaystyle\int \sin^6 x\,\mathrm{d}x$；

(9) $\displaystyle\int \sin^5 x\,\mathrm{d}x$；

(10) $\displaystyle\int \ln(x+\sqrt{1+x^2})\mathrm{d}x$；

(11) $\displaystyle\int \frac{\mathrm{d}x}{\sqrt{x}\,(1+\sqrt[4]{x})^3}$；

(12) $\displaystyle\int \frac{x^5+x^4-8}{x^3-x}\mathrm{d}x$；

(13) $\displaystyle\int \frac{\mathrm{d}x}{x^6(1+x^2)}$；

(14) $\displaystyle\int \frac{x^5}{1+x}\mathrm{d}x$.

第五节　积分表的应用

学习目标

学会将被积函数转化成可对应积分表中的形式,会利用积分表查积分结果.

【例1】 求 $\int \dfrac{x}{(5x+8)^2}\mathrm{d}x$.

解 被积函数中含有 $ax+b$

在积分表(一)中查得公式(7)

$$\int \frac{x}{(ax+b)^2}\mathrm{d}x = \frac{1}{a^2}\left[\ln|ax+b| + \frac{b}{ax+b}\right] + C,$$

现在 $a=5,b=8$ 于是

$$\int \frac{x}{(5x+8)^2}\mathrm{d}x = \frac{1}{25}\left[\ln|5x+8| + \frac{8}{5x+8}\right] + C.$$

【例2】 求 $\int \dfrac{1}{5-3\sin x}\mathrm{d}x$.

解 被积函数中含有三角函数,

在积分表中查得此类公式有两个,公式(103)与公式(104).

因为 $a=5,b=-3,a^2>b^2$,

$$\int \frac{\mathrm{d}x}{a+b\sin x} = \frac{2}{\sqrt{a^2-b^2}}\arctan\frac{a\tan\frac{x}{2}+b}{\sqrt{a^2-b^2}} + C,$$

所以

$$\int \frac{1}{5-3\sin x}\mathrm{d}x = \frac{2}{\sqrt{5^2-(-3)^2}}\arctan\frac{5\tan\frac{x}{2}-3}{\sqrt{5^2-(-3)^2}} + C$$

$$= \frac{1}{2}\arctan\frac{5\tan\frac{x}{2}-3}{4} + C.$$

【例 3】 求 $\displaystyle\int \frac{\mathrm{d}x}{x\sqrt{4x^2+9}}$.

解 表中不能直接查出,需先进行变量代换.

令 $2x=u \Rightarrow \sqrt{4x^2+9}=\sqrt{u^2+3^2}$,

$$\int \frac{\mathrm{d}x}{x\sqrt{4x^2+9}}=\int \frac{\frac{1}{2}\mathrm{d}u}{\frac{u}{2}\sqrt{u^2+3^2}}=\int \frac{\mathrm{d}u}{u\sqrt{u^2+3^2}},$$

被积函数中含有 $\sqrt{u^2+3^2}$,

在积分表中查得公式

$$\int \frac{\mathrm{d}x}{x\sqrt{x^2+a^2}}=\frac{1}{a}\ln\frac{|x|}{a+\sqrt{x^2+a^2}}+C,$$

所以

$$\int \frac{\mathrm{d}u}{u\sqrt{u^2+3^2}}=\frac{1}{3}\ln\frac{|u|}{3+\sqrt{u^2+3^2}}+C.$$

将 $u=2x$ 代入

$$\int \frac{\mathrm{d}x}{x\sqrt{4x^2+9}}=\frac{1}{3}\ln\frac{2|x|}{3+\sqrt{4x^2+9}}+C.$$

【例 4】 求 $\displaystyle\int \frac{\mathrm{d}x}{\cos^5 x}$.

解 由积分表中公式可得:

$$\int \frac{\mathrm{d}x}{\cos^n x}=\frac{1}{n-1}\cdot\frac{\sin x}{\cos^{n-1} x}+\frac{n-2}{n-1}\int \frac{\mathrm{d}x}{\cos^{n-2} x}.$$

利用此公式可使正弦的幂的次数减少两次,重复使用可使正弦的幂的次数继续减少,直到求出结果.这个公式叫递推公式.

现在 $n=5$,得:

$$\int \frac{\mathrm{d}x}{\cos^5 x}=\frac{1}{4}\cdot\frac{\sin x}{\cos^4 x}+\frac{3}{4}\int \frac{\mathrm{d}x}{\cos^3 x}.$$

对 $\displaystyle\int \frac{\mathrm{d}x}{\cos^3 x}$ 再用此公式

$$\int \frac{\mathrm{d}x}{\cos^3 x}=\frac{1}{2}\cdot\frac{\sin x}{\cos^2 x}+\frac{1}{2}\int \frac{\mathrm{d}x}{\cos x}=\frac{1}{2}\cdot\frac{\sin x}{\cos^2 x}+\frac{1}{2}\ln|\sec x+\tan x|+\frac{4}{3}C.$$

$$\int \frac{\mathrm{d}x}{\cos^5 x}=\frac{1}{4}\cdot\frac{\sin x}{\cos^4 x}+\frac{3}{4}\left[\frac{1}{2}\cdot\frac{\sin x}{\cos^2 x}+\frac{1}{2}\ln|\sec x+\tan x|+\frac{4}{3}C\right]$$

$$=\frac{1}{4}\cdot\frac{\sin x}{\cos^4 x}+\frac{3}{8}\cdot\frac{\sin x}{\cos^2 x}+\frac{3}{8}\ln|\sec x+\tan x|+C.$$

一般说来,查积分表可以节省计算积分的时间,但是,只有掌握了前面学过的基本积分方法才能灵活地使用积分表,而且对一些比较简单的积分,应用基本积分方法来计算比查表更快些.所以,求积分时究竟是直接计算,还是查表,或是两者结合使用,应该具体分析,不能一概而论.

习题 4-5

利用积分表计算下列不定积分.

(1) $\displaystyle\int \frac{\mathrm{d}x}{\sqrt{5x^2-7}}$;

(2) $\displaystyle\int \sqrt{3x^2+4}\,\mathrm{d}x$;

(3) $\displaystyle\int x^2 \arcsin \frac{x}{3}\mathrm{d}x$;

(4) $\displaystyle\int \mathrm{e}^{-2x}\sin^2 3x\,\mathrm{d}x$;

(5) $\displaystyle\int \frac{1}{x^2(1-x)}\mathrm{d}x$;

(6) $\displaystyle\int \frac{1}{x^2\sqrt{5-x^2}}\mathrm{d}x$;

(7) $\displaystyle\int x^2\sqrt{x^2-2}\,\mathrm{d}x$;

(8) $\displaystyle\int \sqrt{\frac{1-x}{1+x}}\,\mathrm{d}x$;

(9) $\displaystyle\int \cos^2 x\,\sin^3 x\,\mathrm{d}x$;

(10) $\displaystyle\int \frac{\mathrm{d}x}{8+7\cos x}$;

(11) $\displaystyle\int \frac{\sqrt{4-x^2}}{x^2}\mathrm{d}x$;

(12) $\displaystyle\int \frac{\mathrm{d}x}{x(3x^2+4)}$;

(13) $\displaystyle\int \frac{x}{x^2+2x+4}\mathrm{d}x$;

(14) $\displaystyle\int \frac{\mathrm{d}x}{x(2x+1)^2}$.

本章小结

本章学习了不定积分相关概念和求解方法,主要是以下几点:

一、理解原函数概念,不定积分的概念和性质,熟练掌握基本积分表

二、求解不定积分的方法

1. 直接积分法:利用恒等变形、积分表及不定积分的性质等求解.

常用的恒等变形有利用三角公式、分项积分、代数公式等.

2. 换元积分法:注意第一类换元法(凑微分法)与第二类换元法的不同点,并注意定理的使用条件.

在使用第一类换元法时,一般无须写出换元过程,因而无须还原;在使用第二类换元法时,一般要写出换元过程,因而必须还原.

使用第二类换元法时常用的变量代换有:三角代换、根式代换、倒代换等.

3. 分部积分法:关键是如何把被积函数分成两个部分,如何选取 u 和 $\mathrm{d}v$.

比如:$\displaystyle\int P_n(x)\mathrm{e}^{kx}\mathrm{d}x,\int P_n(x)\sin ax\,\mathrm{d}x,\int P_n(x)\cos ax\,\mathrm{d}x$(其中 k,a 为常数,$P_n(x)$ 为 n 次

多项式，选取：$u(x)=P_n(x),\mathrm{d}v=e^{kx}\mathrm{d}x$（或 $\sin ax\mathrm{d}x,\cos ax\mathrm{d}x$）；对于 $\int \sin(ax+b)e^{kx}\mathrm{d}x$，$\int \cos(ax+b)e^{kx}\mathrm{d}x$（其中 k、a、b 为常数），$u(x),v(x)$ 的选取可随意；而对于 $\int P_n(x)\ln x\mathrm{d}x$，$\int P_n(x)\arcsin x\mathrm{d}x,\int P_n(x)\arctan x\mathrm{d}x$，则选取 $u(x)=\ln x,\arcsin x,\arctan x;\mathrm{d}v=P_n(x)\mathrm{d}x$.

三、有理函数、三角函数有理式、简单无理函数的积分方法

有理函数和积分主要是利用观察法或待定系数法将被积函数分解成原函数已知和一些积分的线性组合，然后分别进行积分.

三角函数有理式和积分可以利用万能代换公式 $\left(t=\tan\dfrac{x}{2}\right)$ 将其化成有理函数的积分，对一些特殊的三角有理式的积分也可以利用其特点做其他变换求解.

简单无理式的积分：利用三角代换或者根式代换去根号.

在下一章定积分中由微积分基本公式可知：求定积分的问题，实质上是求被积函数的原函数问题；后继课程无论是二重积分、三重积分、曲线积分还是曲面积分，最终的解决都归结为对定积分的求解；而在第七章学习的求解微分方程更是直接归结为求不定积分. 从这种意义上讲，不定积分在整个积分学理论中起到了根基的作用，积分的问题会不会求解及求解的快慢程度，完全取决于对这一章掌握的好坏. 这一点随着学习的深入，同学们会慢慢体会到！

总习题四

求下列不定积分.

(1) $\displaystyle\int \frac{e^x(1+e^x)}{\sqrt{1-e^{2x}}}\mathrm{d}x$；

(2) $\displaystyle\int \frac{x+\sin x}{1+\cos x}\mathrm{d}x$；

(3) $\displaystyle\int \frac{(x^2+1)\arcsin x}{x^2\sqrt{1-x^2}}\mathrm{d}x$；

(4) $\displaystyle\int e^{\sin x}\frac{x\cos^3 x-\sin x}{\cos^2 x}\mathrm{d}x$；

(5) $\displaystyle\int \frac{\ln\sin x}{\sin^2 x}\mathrm{d}x$；

(6) $\displaystyle\int \frac{\mathrm{d}x}{\sqrt{x(4-x)}}$；

(7) $\displaystyle\int \frac{x^{2n-1}}{1+x^n}\mathrm{d}x$；

(8) $\displaystyle\int \frac{\mathrm{d}x}{2-\sin x}$；

(9) $\displaystyle\int \frac{\mathrm{d}x}{\sqrt{1+e^x}}$；

(10) $\displaystyle\int \frac{\arctan x}{x^2(1+x^2)}\mathrm{d}x$；

(11) $\displaystyle\int \frac{xe^{\arctan x}}{(1+x^2)^{\frac{3}{2}}}\mathrm{d}x$；

(12) $\displaystyle\int \frac{x^{11}}{x^8+3x^4+2}\mathrm{d}x$；

(13) $\displaystyle\int \frac{x^2 e^x}{(x+2)^2}\mathrm{d}x$；

(14) $\displaystyle\int \frac{\mathrm{d}x}{\sqrt{1+\sin x}}$；

(15) $\displaystyle\int e^{2x}(\tan x+1)^2\mathrm{d}x$；

(16) $\displaystyle\int \frac{x^2+\sin^2 x}{x^2+1}\mathrm{d}x$；

(17) $\int \dfrac{1+\sin x}{1+\cos x} e^x \, \mathrm{d}x$;

(18) $\int \dfrac{1-x^7}{x(1+x^7)} \, \mathrm{d}x$;

(19) $\int \dfrac{\mathrm{d}x}{x(x^{10}+1)^2}$;

(20) $\int \dfrac{\sin x}{1+\sin x} \, \mathrm{d}x$;

(21) $\int \dfrac{\mathrm{d}x}{1+\sin x+\cos x}$;

(22) $\int \dfrac{\mathrm{d}x}{2^x(1+4^x)}$;

(23) $\int \arcsin \sqrt{\dfrac{x}{1+x}} \, \mathrm{d}x$;

(24) $\int \sqrt{\dfrac{x}{1-x\sqrt{x}}} \, \mathrm{d}x$;

(25) $\int \sqrt{\dfrac{e^x-1}{e^x+1}} \, \mathrm{d}x$;

(26) $\int \sin^5 x \cos^6 x \, \mathrm{d}x$;

(27) $\int \dfrac{\mathrm{d}x}{\sin^4 x+\cos^4 x}$;

(28) $\int \dfrac{\mathrm{d}x}{\sqrt[3]{(x+1)^2 (x-1)^4}}$;

(29) $\int \max\{1,|x|\} \, \mathrm{d}x$;

(30) $\int \dfrac{4\sin x+3\cos x}{\sin x+2\cos x} \, \mathrm{d}x$;

(31) $\int \dfrac{\arccos x}{\sqrt{(1-x^2)^3}} \, \mathrm{d}x$;

(32) $\int \arctan(1+\sqrt{x}) \, \mathrm{d}x$;

(33) $\int \dfrac{f'(\ln x)}{x\sqrt{f(\ln x)}} \, \mathrm{d}x$;

(34) $\int \left[\dfrac{f(x)}{f'(x)} - \dfrac{f^2(x)f''(x)}{f'^3(x)}\right] \mathrm{d}x$.

第五章　定积分

　　本章讨论的定积分问题是积分学的另一个重要的基本问题.它与导数的概念一样,也是在分析、解决实际问题的过程中逐渐形成并发展起来的.我们先由实际问题引出定积分的定义,然后讨论定积分的基本性质,揭示定积分与不定积分之间的关系,得出微积分基本公式,最后给出定积分的计算方法.

第一节　定积分的概念与性质

学习目标

1. 理解定积分的概念、几何意义、物理意义.
2. 了解什么样的函数具有定积分.
3. 掌握定积分的性质.

一、定积分问题举例

1. 曲边梯形的面积

　　曲边梯形是指如图 5-1(a)所示:由直线 $x=a$,$x=b$,$y=0$ 及在区间$[a,b]$上非负、连续曲线 $y=f(x)$ 所围成的图形.其中,区间$[a,b]$上的曲线段 $y=f(x)$ 称为曲边梯形的曲边.

　　当 $f(x)$ 为常数时,图 5-1(a)所示的曲边梯形之曲边 $f(x)$ 变为直线 $y=f(a)$,则曲边梯形面积 S 也随之而变为矩形面积 $S_{矩形}=长\times宽=f(a)\cdot(b-a)$;当 $f(x)$ 不是常数时,曲边梯形就不是一个简单的矩形了,其面积的定义和计算就不能利用矩形的公式.

　　如图 5-1(b)所示,我们在区间$[a,b]$中插入 $n-1$ 个分点,过每个分点作垂直于 x 轴的直线,将区间$[a,b]$分成 n 个小区间,这样也就把原曲边梯形分成了 n 个小曲边梯形.如果分得足够细,则连续曲线 $f(x)$ 在每个小区间上的变化将足够小,每个小区间上的 $f(x)$ 都可以近似地看作一个常数.于是每个小曲边梯形的面积也都可以近似地用矩形面积公式计算.这 n 个小矩形面积之和近似于原曲边梯形的面积.需注意:分割越细,精度越高.小矩形面积之和 $S_{小矩形和}$ 与原曲边梯形面积 $S_{曲边梯形}$ 就越接近.显然,当每个小区间的长度都趋于零时,$S_{小矩形和}$ 与 $S_{曲边梯形}$ 就无限接近.这样就可以通过下面的步骤求出曲边梯形的面积:

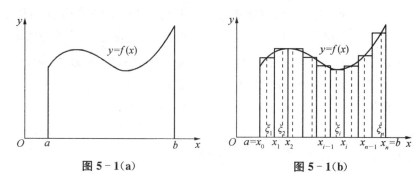

图 5-1(a)　　　　　　　　　图 5-1(b)

(1) 分割

用分点 $a=x_0<x_1<x_2<\cdots<x_{n-1}<x_n=b$ 把区间 $[a,b]$ 任意分成 n 个小区间:

$$[x_0,x_1],[x_1,x_2],[x_2,x_3],\cdots,[x_{i-1},x_i],\cdots,[x_{n-1},x_n].$$

这些小区间的长度分别记为　$\Delta x_1=x_1-x_0,\Delta x_2=x_2-x_1,\cdots,\Delta x_n=x_n-x_{n-1}.$

过每个分点 $x_i(i=1,2,3,\cdots,n-1)$ 作垂直于 x 轴的直线,把原曲边梯形分成 n 个小曲边梯形.若 ΔS_i 表示第 i 个小曲边梯形的面积,则原曲边梯形面积

$$S_{曲边梯形}=\Delta S_1+\Delta S_2+\cdots+\Delta S_i+\cdots+\Delta S_n=\sum_{i=1}^{n}\Delta S_i.$$

(2) 近似求和

在每个小区间 $[x_{i-1},x_i](i=1,2,3,\cdots,n)$ 上任取一点 $\xi_i(x_{i-1}\leqslant\xi_i\leqslant x_i)$,用小矩形面积 $f(\xi_i)\cdot\Delta x_i$ 近似代替相对应的小曲边梯形面积 ΔS_i,即

$$\Delta S_1\approx f(\xi_1)\cdot\Delta x_1,\Delta S_2\approx f(\xi_2)\cdot\Delta x_2,\cdots,\Delta S_i\approx f(\xi_i)\cdot\Delta x_i,\cdots,\Delta S_n\approx f(\xi_n)\cdot\Delta x_n.$$

n 个小矩形的面积之和:

$$f(\xi_1)\cdot\Delta x_1+f(\xi_2)\cdot\Delta x_2+\cdots+f(\xi_i)\cdot\Delta x_i+\cdots+f(\xi_n)\cdot\Delta x_n=\sum_{i=1}^{n}f(\xi_i)\cdot\Delta x_i$$

是 n 个小曲边梯形面积之和 $\sum\limits_{i=1}^{n}\Delta S_i=\Delta S_1+\Delta S_2+\cdots+\Delta S_i+\cdots+\Delta S_n$ 的近似值,即

$$S_{曲边梯形}=\sum_{i=1}^{n}\Delta S_i\approx\sum_{i=1}^{n}f(\xi_i)\cdot\Delta x_i.$$

(3) 取极限

当分点数 n 无限增多,且小区间中最大的区间长度 $\max\limits_{1\leqslant i\leqslant n}\{\Delta x_i\}=\lambda$,当 $\lambda\to0$ 时,便得曲边梯形面积精确值的计算方法:$S_{曲边梯形}=\sum\limits_{i=1}^{n}\Delta S_i=\lim\limits_{\lambda\to0}\sum\limits_{i=1}^{n}f(\xi_i)\cdot\Delta x_i.$

2. 变速直线运动的路程

在匀速(速度为常量)直线运动中,路程=速度×时间.

但现实中,速度往往是随时间变化的变量,因此,路程 S 往往不能用上面的公式计算.物体运动的速度函数 $v=v(t)$ 是连续变化的,即在足够短的一段时间内,速度的变化很小,近似于匀速.因此,我们如果把时间间隔分得足够小,在每一个很小的时间段内,以匀速运动代替变速运动的话,则可计算出每一个小段路程的近似值,再求和得到整个路程的近似值.最后,再通过对时间间隔的无限细分而得到近似值与实际值无限接近,即实际值=近似值的极限.

具体计算步骤:

(1) 分割

在时间间隔 $[T_1, T_2]$ 内任意插入 $n-1$ 个分点:

$$T_1 = t_0 < t_1 < t_2 < \cdots < t_{n-1} < t_n = T_2.$$

把 $[T_1, T_2]$ 分成 n 个小时段:$[t_0, t_1], [t_1, t_2], \cdots, [t_{n-1}, t_n]$ 各小时段的长度分别为 $\Delta t_1 = t_1 - t_0, \Delta t_2 = t_2 - t_1, \cdots, \Delta t_n = t_n - t_{n-1}$,相对应各时间段内物体经过的路程若为 $\Delta s_1, \Delta s_2, \cdots, \Delta s_n$,则物体经过路程 $S = \Delta s_1 + \Delta s_2 + \cdots + \Delta s_n$.

(2) 近似求和

在每一个小时段 $[t_{i-1}, t_i]$ 上任取一个时刻 $\tau_i (t_{i-1} \leqslant \tau_i \leqslant t_i)$,以 τ_i 时刻的速度 $v(\tau_i)$ 来代替 $[t_{i-1}, t_i]$ 上各个时刻的速度,得到每一个小时段上路程 Δs_i 的近似值:

$$\Delta s_i \approx v(\tau_i) \cdot \Delta t_i \quad (i = 1, 2, \cdots, n).$$

于是,这 n 个小时段上的路程就有如下近似计算:

$$S = \Delta s_1 + \Delta s_2 + \cdots + \Delta s_{n-1} + \Delta s_n = \sum_{i=1}^{n} \Delta s_i$$
$$\approx v(\tau_1) \cdot \Delta t_1 + v(\tau_2) \cdot \Delta t_2 + \cdots + v(\tau_{n-1}) \cdot \Delta t_{n-1} + v(\tau_n) \cdot \Delta t_n$$
$$= \sum_{i=1}^{n} v(\tau_i) \cdot \Delta t_i.$$

(3) 取极限

若记 $\lambda = \max\{\Delta t_1, \Delta t_2, \cdots, \Delta t_n\}$,则当 $\lambda \to 0$ 时,便得变速直线运动的路程计算方法:

$$S = \sum_{i=1}^{n} \Delta s_i = \lim_{\lambda \to 0} \sum_{i=1}^{n} v(\tau_i) \cdot \Delta t_i.$$

二、定积分的定义

上述两例虽然所要计算的量不同,但问题都表现为"曲"与"直"、"变"与"不变"的矛盾,计算的方法和步骤也相同,即用"无限分割,以常代变(或以直代曲),求近似和,取极限"的方法,最终归结为求一种特定和式的极限.还有许多实际问题也都可以归结为求这种和式的极限.因此,我们抛开问题的具体意义,抓住它们在数量关系上共同的本质与特性加以抽象概括,引出定积分的定义.

定义 1　如果函数 $f(x)$ 在区间 $[a,b]$ 上有界,在 $[a,b]$ 中任意插入 $(n-1)$ 个分点

$$a=x_0<x_1<x_2<\cdots x_{n-1}<x_n=b.$$

把区间 $[a,b]$ 分成 n 个小区间 $[x_{i-1},x_i](i=1,2,3,\cdots,n)$,其长度 $\Delta x_i=x_i-x_{i-1}$,在每个小区间 $[x_{i-1},x_i]$ 上任取一点 $\xi_i(x_{i-1}\leqslant\xi_i\leqslant x_i)$,作函数值 $f(\xi_i)$ 与小区间长度 Δx_i 的乘积 $f(\xi_i)\cdot\Delta x_i$,并求其和

$$S_n=\sum_{i=1}^n\Delta S_i=\sum_{i=1}^n f(\xi_i)\cdot\Delta x_i \quad（称为积分和式）. \tag{1.1}$$

而 Δx_i 中最大者 $\max\limits_{1\leqslant i\leqslant n}\{\Delta x_i\}=\lambda\to0$ 时,此时必有 n 无限增大,和式 S_n 总趋于确定的数 I（极限）,且此极限 I 与区间 $[a,b]$ 的分法以及 ξ_i 的取法无关,那么称函数 $f(x)$ 在区间 $[a,b]$ 上可积,并称此极限值为函数 $f(x)$ 在区间 $[a,b]$ 上的定积分.记为 $\int_a^b f(x)\mathrm{d}x$,即

$$\int_a^b f(x)\mathrm{d}x=\lim_{\lambda\to0}S_n=\lim_{\lambda\to0}\sum_{i=1}^n f(\xi_i)\cdot\Delta x_i. \tag{1.2}$$

其中各个部分的符号名称分别为

$f(x)$—被积函数;$f(x)\cdot\mathrm{d}x$—被积表达式;x—积分变量;

$\mathrm{d}x$—积分微元;$[a,b]$—积分区间;a—积分下限;b—积分上限.

根据定积分的定义,前面的两个例子可分别表示为

(1) $S_{曲边梯形}=\int_a^b f(x)\mathrm{d}x.$

(2) 变速直线运动的路程 $S=\int_{T_1}^{T_2}v(t)\mathrm{d}t.$

注意　(1) 定积分 $\int_a^b f(x)\mathrm{d}x$ 是积分和式的极限,只要存在的话,一定是一个常数.它的大小与被积函数 $f(x)$ 有关,与积分区间 $[a,b]$ 的长度有关,而与积分变量的选取无关.即如果不改变被积函数的对应关系 f,同时也不改变积分区间 $[a,b]$,仅改变积分变量的话,那么这个值是不会改变的.所以有

$$\int_a^b f(x)\mathrm{d}x=\int_a^b f(t)\mathrm{d}t=\int_a^b f(\theta)\mathrm{d}\theta=\int_a^b f(u)\mathrm{d}u=\cdots$$

(2) 在定积分的定义中,a 与 b 的关系是 $a<b$.如果 $a>b$ 或 $a=b$,并没有定义 $\int_a^b f(x)\mathrm{d}x$ 的意义,为了以后使用方便,我们规定

当 $a > b$ 时，　　　　　　　　$\displaystyle\int_a^b f(x)\mathrm{d}x = -\int_b^a f(x)\mathrm{d}x$；

当 $a = b$ 时，　　　　　　　　$\displaystyle\int_a^b f(x)\mathrm{d}x = 0$.

如果函数 $f(x)$ 在区间 $[a,b]$ 上的定积分存在，则称 $f(x)$ 在 $[a,b]$ 上可积.那么，在什么条件下，$f(x)$ 在 $[a,b]$ 上一定可积呢? 我们有如下两条定积分存在定理:

定理 1　若函数 $f(x)$ 在区间 $[a,b]$ 上连续，则 $f(x)$ 在 $[a,b]$ 上一定可积.

定理 2　若函数 $f(x)$ 在区间 $[a,b]$ 上有界，且只有有限个间断点，则 $f(x)$ 在 $[a,b]$ 上一定可积.

上述两定理也是定积分存在的充分条件.

下面介绍定积分的几何意义:前面已经知道，在区间 $[a,b]$ 上 $f(x) \geqslant 0$ 时，定积分 $\displaystyle\int_a^b f(x)\mathrm{d}x$ 在几何上表示由直线 $x = a, x = b, y = 0$ 及连续曲线 $y = f(x)$ 所围成的曲边梯形的面积;在区间 $[a,b]$ 上 $f(x) \leqslant 0$ 时，定积分 $\displaystyle\int_a^b f(x)\mathrm{d}x$ 在几何上表示由直线 $x = a, x = b, y = 0$ 及连续曲线 $y = f(x)$ 所围成的曲边梯形面积相反数，此时曲边梯

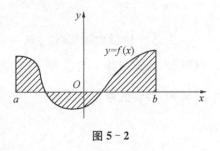

图 5-2

形位于 x 轴下方;在区间 $[a,b]$ 上 $f(x)$ 有正有负(如图 5-2 所示)时，连续曲线 $y = f(x)$ 某些部分在 x 轴上方，其余部分在 x 轴下方，此时定积分 $\displaystyle\int_a^b f(x)\mathrm{d}x$ 表示 x 轴上方图形面积与 x 轴下方图形面积的差.

【例 1】　利用定义计算定积分 $\displaystyle\int_0^1 x\mathrm{d}x$.

解　因为被积函数 $f(x) = x$ 在积分区间 $[0,1]$ 上连续，所以可积.

而定积分与区间 $[0,1]$ 的分割(任意)及点 ξ_i 的取法(任意)都是无关的，为了便于计算，不妨把区间 $[0,1]$ 分成 n 等份，分点为 $x_i = \dfrac{i}{n}(i = 1,2,\cdots,n-1)$，每个小区间 $[x_{i-1}, x_i]$ 的长度为 $\Delta x_i = \dfrac{1}{n}(i = 1,2,\cdots,n)$；取 $\xi_i = x_i(i = 1,2,\cdots,n)$.

于是有 $\displaystyle\sum_{i=1}^n f(\xi_i) \cdot \Delta x_i = \sum_{i=1}^n \xi_i \cdot \Delta x_i = \sum_{i=1}^n x_i \cdot \Delta x_i$

$$= \sum_{i=1}^n \left(\frac{i}{n}\right) \cdot \frac{1}{n} = \frac{1}{n^2} \cdot \sum_{i=1}^n i$$

$$= \frac{1}{n^2} \cdot \frac{1}{2} n(n+1) = \frac{n^2 + n}{2n^2} = \frac{n+1}{2n}.$$

故：$\displaystyle\int_0^1 x \mathrm{d}x = \lim_{\lambda \to 0}\sum_{i=1}^{n} f(\xi_i) \cdot \Delta x_i = \lim_{\lambda \to 0}\sum_{i=1}^{n}\xi_i \cdot \Delta x_i = \lim_{n \to \infty}\frac{n+1}{2n} = \frac{1}{2}.$

本例中，对于任意的一个确定的自然数 n 来说，积分和 $\displaystyle\sum_{i=1}^{n} f(\xi_i) \cdot \Delta x_i = \frac{n+1}{2n}$ 是定积分 $\displaystyle\int_0^1 x \mathrm{d}x$ 的近似值，通常，n 值取得越大，近似精度就越高.

三、定积分的性质

下面讨论定积分的性质.首先，我们假定所讨论的定积分都是存在的.

性质 1 常数因子可以提到积分号前，即

$$\int_a^b k \cdot f(x)\mathrm{d}x = k \cdot \int_a^b f(x)\mathrm{d}x \qquad (k \text{ 为常数}).$$

证 左边 $= \displaystyle\int_a^b k \cdot f(x) \cdot \mathrm{d}x = \lim_{\lambda \to 0}\sum_{i=1}^{n} k \cdot f(\xi_i) \cdot \Delta x_i$

$$= k \cdot \lim_{\lambda \to 0}\sum_{i=1}^{n} f(\xi_i) \cdot \Delta x_i$$

$$= k \cdot \int_a^b f(x)\mathrm{d}x = \text{右边}.$$

性质 2 两个函数代数和的积分等于这两个函数各自积分的代数和，即

$$\int_a^b [f(x) \pm g(x)]\mathrm{d}x = \int_a^b f(x)\mathrm{d}x \pm \int_a^b g(x)\mathrm{d}x.$$

证 左边 $= \displaystyle\lim_{\lambda \to 0}\sum_{i=1}^{n} [f(\xi_i) \pm g(\xi_i)] \cdot \Delta x_i$

$$= \lim_{\lambda \to 0}\Big(\sum_{i=1}^{n} f(\xi_i) \cdot \Delta x_i \pm \sum_{i=1}^{n} g(\xi_i) \cdot \Delta x_i\Big)$$

$$= \lim_{\lambda \to 0}\sum_{i=1}^{n} f(\xi_i) \cdot \Delta x_i \pm \lim_{\lambda \to 0}\sum_{i=1}^{n} g(\xi_i) \cdot \Delta x_i$$

$$= \text{右边}.$$

性质 3（定积分的区间可加性） 对于任意三个不相等的数 a, b, c 总有

$$\int_a^b f(x)\mathrm{d}x = \int_a^c f(x)\mathrm{d}x + \int_c^b f(x)\mathrm{d}x.$$

证 （1）当 $a < c < b$ 时，因为 $f(x)$ 在 $[a, b]$ 上可积，所以不论怎样分割 $[a, b]$，积分和的极限都是不变的.分割时，可以将 c 永远作为一个分点，那么

$$\sum_{[a,b]} f(\xi_i) \cdot \Delta x_i = \sum_{[a,c]} f(\xi_i) \cdot \Delta x_i + \sum_{[c,b]} f(\xi_i) \cdot \Delta x_i.$$

其中 $\sum\limits_{[a,b]}$、$\sum\limits_{[a,c]}$、$\sum\limits_{[c,b]}$ 分别表示在相应区间上的分割求和，当 $\lambda \to 0$ 时，上式两边同时取极限，可得：

$$\int_a^b f(x)\mathrm{d}x = \int_a^c f(x)\mathrm{d}x + \int_c^b f(x)\mathrm{d}x.$$

（2）当 $a < b < c$ 时，由(1)可得：

$$\int_a^c f(x)\mathrm{d}x = \int_a^b f(x)\mathrm{d}x + \int_b^c f(x)\mathrm{d}x = \int_a^b f(x)\mathrm{d}x - \int_c^b f(x)\mathrm{d}x.$$

移项即得：

$$\int_a^b f(x)\mathrm{d}x = \int_a^c f(x)\mathrm{d}x + \int_c^b f(x)\mathrm{d}x.$$

（3）当 $c < a < b$ 时，亦不难推出 $\int_a^b f(x)\mathrm{d}x = \int_a^c f(x)\mathrm{d}x + \int_c^b f(x)\mathrm{d}x$.

性质 4　若 $f(x) = k$（k 为常数），则 $\int_a^b f(x)\mathrm{d}x = \int_a^b k\mathrm{d}x = k \cdot (b-a)$. 特别地，当 $k=1$ 时，有 $\int_a^b 1 \cdot \mathrm{d}x = \int_a^b \mathrm{d}x = b - a$.

性质 5　若在区间 $[a,b]$ 上，有 $f(x) \geqslant g(x)$，则在区间 $[a,b]$ 上必有 $\int_a^b f(x)\mathrm{d}x \geqslant \int_a^b g(x)\mathrm{d}x$.

证　$\int_a^b f(x)\mathrm{d}x - \int_a^b g(x)\mathrm{d}x = \int_a^b [f(x) - g(x)]\mathrm{d}x = \lim\limits_{\lambda \to 0} \sum\limits_{i=0}^n [f(\xi_i) - g(\xi_i)] \cdot \Delta x_i$.
由于 $f(\xi_i) \geqslant g(\xi_i)$，$\Delta x_i \geqslant 0$（$i = 1, 2, \cdots, n$），由极限的保号性即有：

$$\int_a^b f(x)\mathrm{d}x - \int_a^b g(x)\mathrm{d}x \geqslant 0，\text{所以} \int_a^b f(x)\mathrm{d}x \geqslant \int_a^b g(x)\mathrm{d}x.$$

推论 1　若 $f(x) \geqslant 0, b > a$，则 $\int_a^b f(x)\mathrm{d}x \geqslant 0$（上述性质的证明中，令 $g(x) = 0$ 即得证）.

推论 2　$\left| \int_a^b f(x)\mathrm{d}x \right| \leqslant \int_a^b |f(x)|\mathrm{d}x \ (b > a)$.

证　因为 $-|f(x)| \leqslant f(x) \leqslant |f(x)|$，所以由性质5和性质1可得 $-\int_a^b |f(x)|\mathrm{d}x \leqslant \int_a^b f(x)\mathrm{d}x \leqslant \int_a^b |f(x)|\mathrm{d}x$，

即　$\left| \int_a^b f(x)\mathrm{d}x \right| \leqslant \int_a^b |f(x)|\mathrm{d}x \ (b > a)$.

性质 6（估值定理）　如果函数 $f(x)$ 在区间 $[a,b]$ 上的最大值与最小值分别为 M 与 m，那么必定有　$m \cdot (b-a) \leqslant \int_a^b f(x)\mathrm{d}x \leqslant M \cdot (b-a)$.

证　因为 $m \leqslant f(x) \leqslant M$,

所以由性质 5 可知　$\int_a^b m \mathrm{d}x \leqslant \int_a^b f(x)\mathrm{d}x \leqslant \int_a^b M \mathrm{d}x,$

再根据性质 4 即得：$m \cdot (b-a) \leqslant \int_a^b f(x)\mathrm{d}x \leqslant M \cdot (b-a).$

　　性质 7（积分中值定理）　如果函数 $f(x)$ 在区间 $[a,b]$ 上连续，那么在 $[a,b]$ 内至少存在一点 ξ，使得等式

$$\int_a^b f(x)\mathrm{d}x = f(\xi) \cdot (b-a)$$

成立.

　　证　由于 $f(x)$ 在 $[a,b]$ 上连续，所以 $f(x)$ 有最大值 M 与最小值 m，由性质 6 得：

$$m \cdot (b-a) \leqslant \int_a^b f(x)\mathrm{d}x \leqslant M \cdot (b-a),$$

即　$m \leqslant \dfrac{1}{b-a}\int_a^b f(x)\mathrm{d}x \leqslant M.$

　　这就表示了数 $\dfrac{1}{b-a}\int_a^b f(x)\mathrm{d}x$ 介于 $f(x)$ 的最大值 M 与最小值 m 之间，因为 $f(x)$ 在 $[a,b]$ 内连续，所以由连续函数的介值定理可知，至少存在一点 $\xi \in [a,b]$，使得

$$f(\xi) = \dfrac{1}{b-a}\int_a^b f(x)\mathrm{d}x,$$

即 $\int_a^b f(x)\mathrm{d}x = f(\xi) \cdot (b-a)$　　　$(a \leqslant \xi \leqslant b).$

　　该积分中值定理的几何意义是：曲线 $y=f(x)$、直线 $x=a$、$x=b$ 及 x 轴所围成曲边梯形的面积等于以区间 $[a,b]$ 为底，以这个区间内某一点 ξ 处曲线 $y=f(x)$ 的纵坐标 $f(\xi)$ 为高的矩形的面积(图 5-3).

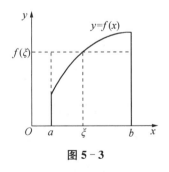

图 5-3

　　通常，我们称 $f(\xi) = \dfrac{1}{b-a}\int_a^b f(x)\mathrm{d}x$ 为函数 $f(x)$ 在区间 $[a,b]$ 上的**积分平均值**.如图 5-3 中，$f(\xi)$ 可看作曲边梯形的平均高度.

　　又例，若物体以 $v(t)$ 作变速直线运动，在时间区间 $[T_1,T_2]$ 上经过的路程为 $\int_{T_1}^{T_2} v(t)\mathrm{d}t$，则可称该物体在 $[T_1,T_2]$ 的时间段上的平均速度为

$$v(\xi) = \dfrac{1}{T_2-T_1}\int_{T_1}^{T_2} v(t)\mathrm{d}t, \xi \in [T_1,T_2].$$

【例2】 估计 $\int_{-2}^{1}(1+x^2)\mathrm{d}x$ 的大小.

解　因为在 $[-2,1]$ 上, $f(x)=1+x^2$ 只有一个驻点 $x=0$,

可能的极值仅有 $f(0)=1$,又 $f(-2)=5$, $f(1)=2$,

比较得函数 $1+x^2$ 在 $[-2,1]$ 上的最小值 $m=1$,最大值 $M=5$,

所以 $[1-(-2)]\leqslant\int_{-2}^{1}(1+x^2)\mathrm{d}x\leqslant 5[1-(-2)]$,

即 $3\leqslant\int_{-2}^{1}(1+x^2)\mathrm{d}x\leqslant 15$.

【例3】 比较 $\int_{0}^{1}x^2\mathrm{d}x$ 与 $\int_{0}^{1}x^3\mathrm{d}x$ 的大小.

解　因为在 $[0,1]$ 上, $x^2\geqslant x^3$,所以 $\int_{0}^{1}x^2\mathrm{d}x\geqslant\int_{0}^{1}x^3\mathrm{d}x$.

习题 5 – 1

1. 不计算积分,比较下列积分的大小.

(1) $\int_{1}^{2}x^2\mathrm{d}x$ 与 $\int_{1}^{2}x^3\mathrm{d}x$;　　　　　(2) $\int_{-1}^{0}x^2\mathrm{d}x$ 与 $\int_{-1}^{0}x^3\mathrm{d}x$;

(3) $\int_{-1}^{0}x^3\mathrm{d}x$ 与 $\int_{-1}^{0}x^5\mathrm{d}x$;　　　　　(4) $\int_{-2}^{-1}x^3\mathrm{d}x$ 与 $\int_{-2}^{-1}x^5\mathrm{d}x$;

(5) $\int_{-1}^{0}x^2\mathrm{d}x$ 与 $\int_{-1}^{0}x^4\mathrm{d}x$;　　　　　(6) $\int_{-2}^{-1}x^2\mathrm{d}x$ 与 $\int_{-2}^{-1}x^4\mathrm{d}x$;

(7) $\int_{3}^{4}\ln x\,\mathrm{d}x$ 与 $\int_{3}^{4}(\ln x)^2\mathrm{d}x$;　　(8) $\int_{0}^{1}\mathrm{e}^x\mathrm{d}x$ 与 $\int_{0}^{1}\mathrm{e}^{x^2}\mathrm{d}x$.

2. 估计下列各积分的值.

(1) $\int_{1}^{4}(x^2+1)\mathrm{d}x$;　　　　　　　　(2) $\int_{0}^{1}\mathrm{e}^{x^2}\mathrm{d}x$.

* 3. 证明下列各不等式.

(1) $\pi<\int_{\frac{\pi}{4}}^{\frac{5}{4}\pi}(1+\sin^2 x)\mathrm{d}x<2\pi$;　　(2) $2\mathrm{e}^{-\frac{1}{4}}<\int_{0}^{2}\mathrm{e}^{x^2-x}\mathrm{d}x<2\mathrm{e}^2$.

* 4. 利用定积分的定义计算.

(1) $\int_{a}^{b}x\mathrm{d}x\ (a<b)$;　　　　　　(2) $\int_{0}^{1}\mathrm{e}^x\mathrm{d}x$;

(3) 由抛物线 $y=x^2+1$,两直线 $x=a$、$x=b(a<b)$ 及 x 轴所围成的图形面积.

第二节　微积分基本公式

📖 **学习目标**

1. 掌握变限积分的定义及其求导公式.
2. 掌握牛顿-莱布尼茨公式.

由第一节可以看出,按定积分定义来计算定积分的值,难度很大.因此,我们必须寻求计算定积分的新方法.从表面上看,定积分与不定积分是两个不同的概念,但其实这两者之间存在着非常密切的内在联系.本节从实际问题出发来探讨这两个概念之间的关系,从而得出切实可行、有效又易掌握的计算定积分的方法.

一、变速直线运动中位置函数与速度函数之间的关系

一物体在一直线上运动.在直线上取定原点、正向和长度单位,使它成一数轴.设时刻 t 时物体所在位置为 $s(t)$,速度为 $v(t)$.

为讨论方便,设 $v(t) > 0$,因为物体在时间间隔 $[T_1, T_2]$ 内经过的路程可以用速度函数 $v(t)$ 在 $[T_1, T_2]$ 上的定积分

$$\int_{T_1}^{T_2} v(t)\mathrm{d}t$$

来计算;另外,这段路程又可以通过位置函数 $s(t)$ 在区间 $[T_1, T_2]$ 上的增量

$$\Delta s = s(T_2) - s(T_1)$$

来表达.因此,位置函数 $s(t)$ 与速度函数 $v(t)$ 之间有如下关系:

$$\int_{T_1}^{T_2} v(t)\mathrm{d}t = s(T_2) - s(T_1). \tag{2.1}$$

又因为 $s'(t) = v(t)$,即位置函数 $s(t)$ 是速度函数 $v(t)$ 的一个原函数,所以(2.1)又表示:**被积(速度)函数 $v(t)$ 在闭区间 $[T_1, T_2]$ 上的定积分等于它的一个原(位置)函数 $s(t)$ 在该区间上的增量.**

从变速直线运动的路程这个具体问题中得到的关系,在一定条件下具有普遍性.事实上,在后面我们还将会看到:如果函数 $f(x)$ 在闭区间 $[a,b]$ 上连续,那么 $f(x)$ 在闭区间 $[a,b]$ 上的定积分就等于 $f(x)$ 的一个原函数(设为 $F(x)$),在闭区间 $[a,b]$ 上的增量

$$F(b) - F(a).$$

二、变上限函数及其性质

由定积分的概念知道，定积分是一个确定的数值，这个数值的大小与被积函数有关、与积分上下限有关.当我们固定被积函数与积分下限时，则这个数值的大小仅与积分上限有关了.如设 $f(x)$ 为区间 $[a,b]$ 上的连续函数，x 为区间 $[a,b]$ 上的一点，定积分 $\int_a^x f(t)\mathrm{d}t$ 一定存在，且是一个与 x 有关的值（当 $f(x)$ 非负时，其几何意义如图 5-4 所示）；当我们让 x 在区间 $[a,b]$ 上任意变动时，这个定积分都有一个对应值，因而它在 $[a,b]$ 上定义了一个函数：

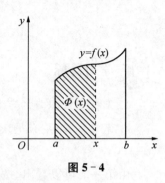

图 5-4

$$\Phi(x) = \int_a^x f(t)\mathrm{d}t \quad (a \leqslant x \leqslant b).$$

这个函数因上限变动而得，故称为**变上限函数**.

变上限函数 $\Phi(x)$ 有以下重要性质：

定理 1　**若函数 $f(x)$ 在闭区间 $[a,b]$ 上连续，则变上限函数**

$$\Phi(x) = \int_a^x f(t)\mathrm{d}t$$

在 $[a,b]$ 上可导，且

$$\Phi'(x) = \frac{\mathrm{d}}{\mathrm{d}x} \int_a^x f(t)\mathrm{d}t = f(x) \quad (a \leqslant x \leqslant b). \tag{2.2}$$

证　给 x 以增量 Δx，则 $\Phi(x + \Delta x) = \int_a^{x+\Delta x} f(t)\mathrm{d}t$，

于是　　　　　　　　$\Delta\Phi = \Phi(x + \Delta x) - \Phi(x)$

$$= \int_a^{x+\Delta x} f(t)\mathrm{d}t - \int_a^x f(t)\mathrm{d}t = \int_a^{x+\Delta x} f(t)\mathrm{d}t + \int_x^a f(t)\mathrm{d}t$$

$$= \int_x^{x+\Delta x} f(t)\mathrm{d}t.$$

由积分中值定理，在 x 和 $x + \Delta x$ 之间至少存在一点 ξ，使

$$\Delta\Phi = \int_x^{x+\Delta x} f(t)\mathrm{d}t = f(\xi)(x + \Delta x - x) = f(\xi)\Delta x.$$

当 $\Delta x \neq 0$ 时，$\dfrac{\Delta\Phi}{\Delta x} = f(\xi)$，其中 ξ 在 x 与 $x + \Delta x$ 之间.

令 $\Delta x \to 0$，则 $x + \Delta x \to x$，$\xi \to x$；由函数 $f(x)$ 的连续性得

$$\lim_{\Delta x \to 0} f(\xi) = \lim_{\xi \to x} f(\xi) = f(x).$$

故： $\Phi'(x)=\lim\limits_{\Delta x\to 0}\dfrac{\Delta\Phi}{\Delta x}=\lim\limits_{\xi\to x}f(\xi)=f(x).$

这个定理指出：只要 $f(x)$ 连续，则 $f(x)$ 的原函数总是存在的，这个原函数就是变上限函数 $\Phi(x)$.

于是，我们有**原函数存在**定理：

定理 2　若函数 $f(x)$ 在闭区间 $[a,b]$ 上连续，则函数 $\Phi(x)=\displaystyle\int_a^x f(t)\mathrm{d}t$ 就是 $f(x)$ 在闭区间 $[a,b]$ 上的一个原函数.

【例 1】　求 $\left(\displaystyle\int_0^x t^2\mathrm{d}t\right)'$.

解　$\left(\displaystyle\int_0^x t^2\mathrm{d}t\right)'=x^2.$

【例 2】　求 $\dfrac{\mathrm{d}}{\mathrm{d}x}\displaystyle\int_a^x \mathrm{e}^{-2t^2}\mathrm{d}t$.

解　$\dfrac{\mathrm{d}}{\mathrm{d}x}\displaystyle\int_a^x \mathrm{e}^{-2t^2}\mathrm{d}t=\mathrm{e}^{-2x^2}.$

【例 3】　$y=\displaystyle\int_x^2 \dfrac{1}{1+s^2}\mathrm{d}s$，求 $\dfrac{\mathrm{d}y}{\mathrm{d}x}$.

解　$\dfrac{\mathrm{d}y}{\mathrm{d}x}=\left(\displaystyle\int_x^2\dfrac{1}{1+s^2}\mathrm{d}s\right)'=-\left(\displaystyle\int_2^x\dfrac{1}{1+s^2}\mathrm{d}s\right)'=-\dfrac{1}{1+x^2}.$

【例 4】　求 $\lim\limits_{x\to 3}\dfrac{\displaystyle\int_3^x \mathrm{e}^{t^2}\mathrm{d}t}{x^2-9}$.

解　这是一个 $\dfrac{0}{0}$ 型的未定式，可以利用洛必达法则来求解

$$\lim\limits_{x\to 3}\dfrac{\displaystyle\int_3^x \mathrm{e}^{t^2}\mathrm{d}t}{x^2-9}=\lim\limits_{x\to 3}\dfrac{\mathrm{e}^{x^2}}{2x}=\dfrac{1}{6}\mathrm{e}^9.$$

* **定理 2 的推广**　若 $f(x)$ 在 $[a,b]$ 上连续，$\varphi(x)$ 在区间 I 上可导且 $\{\varphi(x)\,|\,x\in I\}\subseteq[a,b]$，则 $\Phi(x)=\displaystyle\int_a^{\varphi(x)}f(t)\mathrm{d}t$ 在 I 上可导，且 $\Phi'(x)=\dfrac{\mathrm{d}}{\mathrm{d}x}\displaystyle\int_a^{\varphi(x)}f(t)\mathrm{d}t=f[\varphi(x)]\cdot[\varphi(x)]'$.

这是因为令：$u=\varphi(x)$，则：

$$\Phi'(x)=\dfrac{\mathrm{d}}{\mathrm{d}x}\int_a^{\varphi(x)}f(t)\mathrm{d}t=\dfrac{\mathrm{d}}{\mathrm{d}x}\int_a^u f(t)\mathrm{d}t=\dfrac{\mathrm{d}}{\mathrm{d}u}\int_a^u f(t)\mathrm{d}t\cdot\dfrac{\mathrm{d}u}{\mathrm{d}x}$$

$$=f(u)\cdot u'=f[\varphi(x)]\cdot[\varphi(x)]'.$$

*【例5】 $y = \int_0^{x^2} \dfrac{dt}{1+t^2}$，求 y'.

解 $y' = \left(\int_0^{x^2} \dfrac{dt}{1+t^2}\right)' = \dfrac{1}{1+(x^2)^2} \cdot (x^2)' = \dfrac{2x}{1+x^4}$.

*【例6】 $y = \int_{-x^2}^{e^x} (1+t^2)dt$，求 $\dfrac{d^2y}{dx^2}$.

解 因为 $\dfrac{dy}{dx} = \left(\int_{-x^2}^0 (1+t^2)dt + \int_0^{e^x} (1+t^2)dt\right)'$

$= \left(\int_0^{e^x} (1+t^2)dt\right)' - \left(\int_0^{-x^2} (1+t^2)dt\right)'$

$= (1+(e^x)^2) \cdot (e^x)' - (1+x^4) \cdot (-x^2)'$

$= e^x + e^{3x} + 2x + 2x^5$.

所以 $\dfrac{d^2y}{dx^2} = e^x + 3e^{3x} + 2 + 10x^4$.

三、牛顿（Newton）-莱布尼茨（Leibniz）公式

定理3 若函数 $f(x)$ 在区间 $[a,b]$ 上连续，且 $F(x)$ 是 $f(x)$ 的一个原函数，则

$$\int_a^b f(x)dx = F(b) - F(a). \tag{2.3}$$

证 因为 $F(x)$ 是 $f(x)$ 的一个原函数，又由定理2知 $\Phi(x) = \int_a^x f(t)dt$ 也是 $f(x)$ 的一个原函数，而同一函数的任意两个原函数仅相差一个常数 C，

所以 $\qquad F(x) = \Phi(x) + C \quad (a \leqslant x \leqslant b)$，

令 $x = a$，得 $F(a) = \Phi(a) + C$，

再令 $x = b$，得 $F(b) = \Phi(b) + C$.

又 $\qquad \Phi(a) = \int_a^a f(t)dt = 0, \Phi(b) = \int_a^b f(t)dt$，

所以 $F(b) - F(a) = \Phi(b) - \Phi(a) = \int_a^b f(t)dt = \int_a^b f(x)dx$，即

$$\int_a^b f(x)dx = F(b) - F(a).$$

公式(2.3)称为牛顿-莱布尼茨公式. 为了方便起见，通常把 $F(b) - F(a)$ 记为 $F(x)\Big|_a^b$ 或 $[F(x)]_a^b$，因而有：

$$\int_a^b f(x)dx = F(x)\Big|_a^b = F(b) - F(a),$$

或
$$\int_a^b f(x)\mathrm{d}x = \left[F(x)\right]_a^b = F(b) - F(a).$$

牛顿-莱布尼茨公式是微积分基本公式,它揭示了定积分与不定积分之间的联系,并且为定积分的计算提供了一个有效而简便的方法,即用原函数来计算定积分,而不是用极其繁琐的定义来进行计算.

【例7】 计算 $\int_0^1 x^2 \mathrm{d}x$.

解 因为 $\frac{1}{3}x^3$ 是 x^2 的一个原函数,由牛顿-莱布尼茨公式有:
$$\int_0^1 x^2 \mathrm{d}x = \frac{1}{3}x^3 \Big|_0^1 = \frac{1}{3}(1^3 - 0^3) = \frac{1}{3}.$$

【例8】 计算 $\int_0^1 \dfrac{8x^3 - 3x^2 + 4x + 7}{2x^4 - x^3 + 2x^2 + 7x - 1}\mathrm{d}x$.

解 $\int_0^1 \dfrac{8x^3 - 3x^2 + 4x + 7}{2x^4 - x^3 + 2x^2 + 7x - 1}\mathrm{d}x$

$= \int_0^1 \dfrac{\mathrm{d}(2x^4 - x^3 + 2x^2 + 7x - 1)}{2x^4 - x^3 + 2x^2 + 7x - 1}$ (视为 $\int \frac{1}{u} \cdot \mathrm{d}u$,由不定积分的第一类换元法)

$= \left[\ln|2x^4 - x^3 + 2x^2 + 7x - 1|\right]\Big|_0^1 = \ln 9 - \ln|-1| = 2\ln 3.$

【例9】 计算 $\int_{-\pi}^{\pi} \cos x \,\mathrm{d}x$.

解 $\int_{-\pi}^{\pi} \cos x \,\mathrm{d}x = \left[\sin x\right]_{-\pi}^{\pi} = \sin \pi - \sin(-\pi) = 0 - 0 = 0.$

【例10】 计算 $\int_{-\pi}^{\pi} |\sin x| \,\mathrm{d}x$.

解 $\int_{-\pi}^{\pi} |\sin x| \,\mathrm{d}x = \int_{-\pi}^{0} (-\sin x)\mathrm{d}x + \int_0^{\pi} \sin x \,\mathrm{d}x = \left[\cos x\right]_{-\pi}^{0} - \left[\cos x\right]_0^{\pi}$

$\qquad = \cos 0 - \cos(-\pi) - (\cos \pi - \cos 0)$

$\qquad = 4.$

【例11】 计算曲线 $y = \cos\left(x - \dfrac{\pi}{2}\right)$ 在 $[0, \pi]$ 上与 x 轴所围成的平面图形的面积.

解 这个图形是曲边梯形的一个特例(两平行直边变为两点),它的面积为

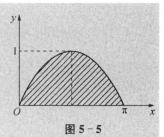

图 5-5

$$S = \int_0^{\pi} \cos\left(x - \frac{\pi}{2}\right)\mathrm{d}x = \int_0^{\pi} \cos\left(x - \frac{\pi}{2}\right)\mathrm{d}\left(x - \frac{\pi}{2}\right).$$

由于 $\cos\left(x-\dfrac{\pi}{2}\right)$ 的一个原函数是 $\sin\left(x-\dfrac{\pi}{2}\right)$，所以

$$S = \int_0^\pi \cos\left(x-\frac{\pi}{2}\right)\mathrm{d}\left(x-\frac{\pi}{2}\right) = \left[\sin\left(x-\frac{\pi}{2}\right)\right]_0^\pi = \sin\frac{\pi}{2} - \sin\frac{-\pi}{2} = 1-(-1) = 2.$$

【例 12】 汽车以 36 km/h 的速度行驶，到某处需减速停车。设汽车以等加速度 $a=-5$ m/s² 刹车，问从开始刹车到停车，汽车驶过了多少距离？

解 先算刹车到停车的时间。

设开始刹车的时刻为 $t=0$，

则此时汽车速度为 $\qquad\qquad v_0 = 36 \text{ km/h} = 10(\text{m/s})$，

刹车后汽车匀减速速度 $\qquad v(t) = v_0 + at = (10-5t)(\text{m/s})$。

到停车时，速度 $v(t)=0$，由 $v(t)=10-5t=0$，解得 $t=2(\text{s})$，

于是，在 $[0,2]$ 这段时间内，汽车行驶的距离为

$$S = \int_0^2 v(t)\mathrm{d}t = \int_0^2 (10-5t)\mathrm{d}t = \left[10t - \frac{5}{2}t^2\right]_0^2 = 10(\text{m}).$$

习题 5 - 2

1. 求下列函数的导数。

(1) $\displaystyle\int_0^x t\mathrm{e}^{-t}\mathrm{d}t$；

(2) $\displaystyle\int_0^x \ln(1+t)\mathrm{d}t$；

(3) $y = \displaystyle\int_0^x \sin t\,\mathrm{d}t$，求 $x=0$ 及 $x=\dfrac{\pi}{4}$ 时的导数；

*(4) $\dfrac{\mathrm{d}}{\mathrm{d}x}\displaystyle\int_0^{x^2} \sqrt{1+t^2}\,\mathrm{d}t$；

*(5) $\dfrac{\mathrm{d}}{\mathrm{d}x}\displaystyle\int_{x^2}^{x^3} \dfrac{\mathrm{d}t}{\sqrt{1+t^4}}$；

*(6) $\dfrac{\mathrm{d}}{\mathrm{d}x}\displaystyle\int_{\sin x}^{\cos x} \cos(\pi t^2)\,\mathrm{d}t$。

2. 对下列隐函数求 $\dfrac{\mathrm{d}y}{\mathrm{d}x}$。

(1) $\displaystyle\int_0^y \mathrm{e}^t\mathrm{d}t + \int_0^x \sin t\,\mathrm{d}t = 0$；

(2) $\displaystyle\int_1^y \mathrm{e}^{t^2}\mathrm{d}t + \int_0^x \cos^2 t\,\mathrm{d}t = 1$。

3. 当 x 为何值时，函数 $y = \displaystyle\int_{-1}^x t\mathrm{e}^{-t^2}\mathrm{d}t$ 有极值？

4. 计算下列定积分。

(1) $\displaystyle\int_{-1}^2 (2x+1)\mathrm{d}x$；

(2) $\displaystyle\int_1^2 \dfrac{\mathrm{d}x}{2x-1}$；

(3) $\displaystyle\int_4^9 \sqrt{x}\,(1+\sqrt{x})\mathrm{d}x$；

(4) $\displaystyle\int_0^1 \dfrac{x}{1+x^2}\mathrm{d}x$；

(5) $\displaystyle\int_0^\pi (1-\sin^3\theta)\mathrm{d}\theta$;

(6) $\displaystyle\int_1^2 \frac{\mathrm{e}^{\frac{1}{x}}}{x^2}\mathrm{d}x$;

(7) $\displaystyle\int_0^1 t\mathrm{e}^{-\frac{t^2}{2}}\mathrm{d}t$;

(8) $\displaystyle\int_{-1}^1 \frac{x}{2+x^4}\mathrm{d}x$;

(9) $\displaystyle\int_0^\pi |\cos x|\,\mathrm{d}x$;

(10) $\displaystyle\int_{-1}^1 \mathrm{e}^{|x|}\,\mathrm{d}x$;

(11) $\displaystyle\int_0^{\frac{\pi}{4}} \tan^2\theta\,\mathrm{d}\theta$;

(12) $\displaystyle\int_{-1}^1 \frac{\mathrm{e}^x}{1+\mathrm{e}^x}\mathrm{d}x$;

(13) $\displaystyle\int_{\frac{1}{\sqrt{3}}}^{\sqrt{3}} \frac{\mathrm{d}x}{1+x^2}$;

(14) $\displaystyle\int_{-\frac{1}{2}}^{\frac{1}{2}} \frac{\mathrm{d}x}{\sqrt{1-x^2}}$;

(15) $\displaystyle\int_0^{\sqrt{3}a} \frac{\mathrm{d}x}{a^2+x^2}$;

(16) $\displaystyle\int_0^1 \frac{\mathrm{d}x}{\sqrt{4-x^2}}$;

(17) $\displaystyle\int_{-1}^0 \frac{3x^4+3x^2+1}{x^2+1}\mathrm{d}x$;

(18) $\displaystyle\int_{-\mathrm{e}-1}^{-2} \frac{\mathrm{d}x}{1+x}$;

(19) $\displaystyle\int_0^{2\pi} |\sin x|\,\mathrm{d}x$;

(20) $f(x)=\begin{cases} x+1, & x\leqslant 1, \\ \dfrac{1}{2}x^2, & x>1, \end{cases}$ 求 $\displaystyle\int_0^2 f(x)\mathrm{d}x$.

5. 求下列极限.

(1) $\displaystyle\lim_{x\to 0} \frac{\displaystyle\int_0^x \sqrt{1+t^2}\,\mathrm{d}t}{x}$;

(2) $\displaystyle\lim_{x\to 0} \frac{\displaystyle\int_0^x \cos t^2\,\mathrm{d}t}{x}$;

*(3) $\displaystyle\lim_{x\to 1} \frac{\left(\displaystyle\int_1^x \mathrm{e}^{t^2}\,\mathrm{d}t\right)^2}{\displaystyle\int_1^x t\mathrm{e}^{2t^2}\,\mathrm{d}t}$.

*6. 设 $f(x)=\begin{cases} x^2, & x\in[0,1), \\ x, & x\in[1,2]. \end{cases}$

求 $\varPhi(x)=\displaystyle\int_0^x f(t)\mathrm{d}t$ 在$[0,2]$上的表达式,并讨论 $\varPhi(x)$ 在$[0,2]$上的连续性.

*7. 设 $f(x)=\begin{cases} \dfrac{1}{2}\sin x, & 0\leqslant x\leqslant \pi, \\ 0, & x<0 \text{ 或 } x>\pi. \end{cases}$

求 $\varPhi(x)=\displaystyle\int_0^x f(t)\mathrm{d}t$ 在$(-\infty,+\infty)$ 内的表达式.

第三节　定积分的换元积分法

📖 学习目标

1. 掌握定积分的换元积分法.
2. 理解换元必换限、配元不换限的含义.
3. 了解常用换元公式的应用.

牛顿-莱布尼茨公式给出了计算定积分的最基本的方法.在不定积分中,换元积分法可以求出一些函数的原函数.实际上,在一定条件下,可以用换元积分法来直接计算定积分.下面就来讨论定积分的换元积分法.

定理 设函数 $f(x)$ 在 $[a,b]$ 上连续,作变量代换 $x=\varphi(t)$,它满足以下三个条件:

(1) $\varphi(\alpha)=a,\varphi(\beta)=b$;

(2) 当 t 在 $[\alpha,\beta]$(或 $[\beta,\alpha]$)上变化时,$x=\varphi(t)$ 的值在 $[a,b]$ 上变化;

(3) $\varphi'(t)$ 在 $[\alpha,\beta]$(或 $[\beta,\alpha]$)上连续.

则下述定积分换元公式成立:

$$\int_a^b f(x)\mathrm{d}x = \int_\alpha^\beta f[\varphi(t)]\varphi'(t)\mathrm{d}t. \tag{3.1}$$

证 若 $F(x)$ 是 $f(x)$ 的一个原函数,即不定积分 $\int f(x)\mathrm{d}x=F(x)+C$,作变量代换 $x=\varphi(t)$,则有:

$$\int f[\varphi(t)]\mathrm{d}\varphi(t) = \int f[\varphi(t)]\varphi'(t)\mathrm{d}t = F[\varphi(t)]+C.$$

故

$$\int_\alpha^\beta f[\varphi(t)]\varphi'(t)\mathrm{d}t = F[\varphi(\beta)]-F[\varphi(\alpha)]=F(b)-F(a)=\int_a^b f(x)\mathrm{d}x.$$

【例1】 计算 $\displaystyle\int_0^{\sqrt{3}} \frac{\mathrm{d}x}{\sqrt{4-x^2}}$.

解 令 $x=2\sin t$,则 $\mathrm{d}x=2\cos t\,\mathrm{d}t$,当 $x=0$ 时,$t=0$;$x=\sqrt{3}$ 时,$t=\dfrac{\pi}{3}$.

因此 $\displaystyle\int_0^{\sqrt{3}} \frac{\mathrm{d}x}{\sqrt{4-x^2}} = \int_0^{\frac{\pi}{3}} \frac{2\cos t\,\mathrm{d}t}{\sqrt{4-(2\sin t)^2}} = \int_0^{\frac{\pi}{3}} \frac{2\cos t}{\sqrt{4(1-\sin^2 t)}}\mathrm{d}t = \int_0^{\frac{\pi}{3}}\mathrm{d}t$

$\displaystyle\qquad\qquad = t\Big|_0^{\frac{\pi}{3}} = \frac{\pi}{3}.$

【例 2】 计算 $\int_0^{\frac{\pi}{2}} \cos^5 x \sin x \, dx$.

解　令 $u = \cos x$，则 $du = -\sin x \, dx$，当 $x = 0$ 时，$u = 1$；$x = \frac{\pi}{2}$ 时，$u = 0$.

$$\int_0^{\frac{\pi}{2}} \cos^5 x \sin x \, dx = -\int_0^{\frac{\pi}{2}} \cos^5 x \, d\cos x = -\int_1^0 u^5 \, du = \int_0^1 u^5 \, du = \frac{1}{6} .$$

【例 3】 计算 $\int_0^{\pi} \sqrt{\sin^3 x - \sin^5 x} \, dx$.

解
$$\int_0^{\pi} \sqrt{\sin^3 x - \sin^5 x} \, dx = \int_0^{\pi} \sqrt{\sin^3 x \, (1 - \sin^2 x)} \, dx$$

$$= \int_0^{\pi} \sin^{\frac{3}{2}} x \, \sqrt{1 - \sin^2 x} \, dx = \int_0^{\pi} \sin^{\frac{3}{2}} x \cdot |\cos x| \, dx$$

$$= \int_0^{\frac{\pi}{2}} \sin^{\frac{3}{2}} x \cos x \, dx + \int_{\frac{\pi}{2}}^{\pi} \sin^{\frac{3}{2}} x \, (-\cos x) \, dx$$

$$= \int_0^{\frac{\pi}{2}} \sin^{\frac{3}{2}} x \, d(\sin x) - \int_{\frac{\pi}{2}}^{\pi} \sin^{\frac{3}{2}} x \, d(\sin x)$$

$$= \frac{2}{5} \left(\left[\sin^{\frac{5}{2}} x \right]_0^{\frac{\pi}{2}} - \left[\sin^{\frac{5}{2}} x \right]_{\frac{\pi}{2}}^{\pi} \right)$$

$$= \frac{2}{5} \left[(1 - 0) - (0 - 1) \right] = \frac{4}{5} .$$

【例 4】 计算 $\int_0^1 \frac{dx}{1 + \sqrt{x}}$.

解　令 $t = \sqrt{x}$，则 $x = t^2$，$dx = 2t \, dt$，当 $x = 0$ 时，$t = 0$；当 $x = 1$ 时，$t = 1$.

故 $\int_0^1 \frac{dx}{1 + \sqrt{x}} = \int_0^1 \frac{2t \, dt}{1 + t} = 2 \int_0^1 \left(1 - \frac{1}{1 + t} \right) dt = 2 \left[t - \ln(1 + t) \right]_0^1$

$$= 2 \left[(1 - \ln 2) - (0 - \ln 1) \right] = 2(1 - \ln 2) .$$

【例 5】 计算 $\int_0^4 \frac{x + 2}{\sqrt{2x + 1}} \, dx$.

解　令 $t = \sqrt{2x + 1}$，则 $x = \frac{t^2 - 1}{2}$，$dx = t \, dt$ 且当 $x = 0$ 时，$t = 1$；当 $x = 4$ 时，$t = 3$.

所以 $\int_0^4 \frac{x + 2}{\sqrt{2x + 1}} \, dx = \int_1^3 \frac{\frac{t^2 - 1}{2} + 2}{t} t \, dt = \frac{1}{2} \int_1^3 (t^2 + 3) \, dt = \frac{1}{2} \left[\frac{t^3}{3} + 3t \right]_1^3$

$$= \frac{1}{2} \left[\left(\frac{27}{3} + 9 \right) - \left(\frac{1}{3} + 3 \right) \right] = \frac{22}{3} .$$

【例6】 若 $f(x)$ 在 $[-a,a]$ 上连续，试证：

(1) $f(x)$ 为偶函数时，$\int_{-a}^{a} f(x)\mathrm{d}x = 2\int_{0}^{a} f(x)\mathrm{d}x$；

(2) $f(x)$ 为奇函数时，$\int_{-a}^{a} f(x)\mathrm{d}x = 0$.

证 令 $x=-t$，则 $\mathrm{d}x=-\mathrm{d}t$ 且 $x=-a$ 时，$t=a$；$x=0$ 时，$t=0$.

因为 $\int_{-a}^{a} f(x)\mathrm{d}x = \int_{-a}^{0} f(x)\mathrm{d}x + \int_{0}^{a} f(x)\mathrm{d}x$，

而 $\int_{-a}^{0} f(x)\mathrm{d}x = \int_{a}^{0} f(-t)\mathrm{d}(-t) = -\int_{a}^{0} f(-t)\mathrm{d}t$

$\qquad\qquad = \int_{0}^{a} f(-t)\mathrm{d}t$

$\qquad\qquad = \int_{0}^{a} f(-x)\mathrm{d}x = \begin{cases} -\int_{0}^{a} f(x)\mathrm{d}x, & \text{当 } f(x) \text{ 为奇函数时,} \\ \int_{0}^{a} f(x)\mathrm{d}x, & \text{当 } f(x) \text{ 为偶函数时.} \end{cases}$

故 $\quad \int_{-a}^{a} f(x)\mathrm{d}x = \int_{-a}^{0} f(x)\mathrm{d}x + \int_{0}^{a} f(x)\mathrm{d}x$

$\qquad = \begin{cases} -\int_{0}^{a} f(x)\mathrm{d}x + \int_{0}^{a} f(x)\mathrm{d}x, & \text{当 } f(x) \text{ 为奇函数时} \\ \int_{0}^{a} f(x)\mathrm{d}x + \int_{0}^{a} f(x)\mathrm{d}x, & \text{当 } f(x) \text{ 为偶函数时} \end{cases}$

$\qquad = \begin{cases} 0, & \text{当 } f(x) \text{ 为奇函数时,} \\ 2\int_{0}^{a} f(x)\mathrm{d}x, & \text{当 } f(x) \text{ 为偶函数时.} \end{cases}$

【例7】 计算 $\int_{-1}^{1} (x^2 - 3x\cos x + 1)\mathrm{d}x$.

解 因为在区间 $[-1,1]$ 上，x^2+1 是偶函数，$3x\cos x$ 是奇函数，

所以 $\int_{-1}^{1} (x^2 - 3x\cos x + 1)\mathrm{d}x = \int_{-1}^{1} (x^2 + 1)\mathrm{d}x - 3\int_{-1}^{1} x\cos x\,\mathrm{d}x$

$\qquad\qquad = 2\int_{0}^{1} (x^2 + 1)\mathrm{d}x - 0$

$\qquad\qquad = 2\left(\frac{1}{3}x^3 + x\right)\Big|_{0}^{1} = 2\left[\left(\frac{1}{3} + 1\right) - 0\right] = \frac{8}{3}.$

*【例8】 若 $f(x)$ 在 $[0,1]$ 上连续，证明：

(1) $\int_{0}^{\frac{\pi}{2}} f(\sin x)\mathrm{d}x = \int_{0}^{\frac{\pi}{2}} f(\cos x)\mathrm{d}x$；

(2) $\int_{0}^{\pi} x f(\sin x)\mathrm{d}x = \frac{\pi}{2}\int_{0}^{\pi} f(\sin x)\mathrm{d}x$，并由此计算 $\int_{0}^{\pi} \frac{x\sin x}{3\sin^2 x + 4\cos^2 x}\mathrm{d}x$.

证 (1) 令 $x = \frac{\pi}{2} - t$，则 $\mathrm{d}x = -\mathrm{d}t$ 且当 $x=0$ 时，$t=\frac{\pi}{2}$；当 $x=\frac{\pi}{2}$ 时，$t=0$.

于是

$$\int_0^{\frac{\pi}{2}} f(\sin x)\mathrm{d}x = -\int_{\frac{\pi}{2}}^0 f\left[\sin\left(\frac{\pi}{2}-t\right)\right]\mathrm{d}t = \int_0^{\frac{\pi}{2}} f(\cos t)\mathrm{d}t = \int_0^{\frac{\pi}{2}} f(\cos x)\mathrm{d}x.$$

(2) 令 $x=\pi-t$,则 $\mathrm{d}x=-\mathrm{d}t$ 且当 $x=0$ 时,$t=\pi$;当 $x=\pi$ 时,$t=0$.

于是

$$\int_0^{\pi} x f(\sin x)\mathrm{d}x = -\int_{\pi}^0 (\pi-t) f\left[\sin(\pi-t)\right]\mathrm{d}t = \int_0^{\pi} (\pi-t) f(\sin t)\mathrm{d}t$$

$$= \pi\int_0^{\pi} f(\sin t)\mathrm{d}t - \int_0^{\pi} t f(\sin t)\mathrm{d}t$$

$$= \pi\int_0^{\pi} f(\sin x)\mathrm{d}x - \int_0^{\pi} x f(\sin x)\mathrm{d}x,$$

由此移项合并,整理得

$$\int_0^{\pi} x f(\sin x)\mathrm{d}x = \frac{\pi}{2}\int_0^{\pi} f(\sin x)\mathrm{d}x.$$

根据(2)式计算,有

$$\int_0^{\pi} \frac{x\sin x}{3\sin^2 x + 4\cos^2 x}\mathrm{d}x = \frac{\pi}{2}\int_0^{\pi} \frac{\sin x}{3+\cos^2 x}\mathrm{d}x = -\frac{\pi}{2}\cdot\frac{1}{3}\int_0^{\pi} \frac{\mathrm{d}(\cos x)}{1+\left(\dfrac{\cos x}{\sqrt{3}}\right)^2}$$

$$= -\frac{\pi}{6}\cdot\sqrt{3}\int_0^{\pi} \frac{\mathrm{d}\left(\dfrac{\cos x}{\sqrt{3}}\right)}{1+\left(\dfrac{\cos x}{\sqrt{3}}\right)^2} = -\frac{\sqrt{3}\pi}{6}\left[\arctan\left(\frac{\cos x}{\sqrt{3}}\right)\right]_0^{\pi}$$

$$= -\frac{\sqrt{3}\pi}{6}\left(-\frac{\pi}{6}-\frac{\pi}{6}\right) = \frac{\sqrt{3}}{18}\pi^2.$$

*【例 9】 设函数 $f(x)=\begin{cases} x\mathrm{e}^{-x^2}, & x\geqslant 0, \\ 2x, & -1<x<0. \end{cases}$ 计算 $\int_1^4 f(x-2)\mathrm{d}x.$

解 令 $t=x-2$,则 $\mathrm{d}x=\mathrm{d}t$ 且当 $x=1$ 时,$t=-1$;当 $x=4$ 时,$t=2$.

所以 $\displaystyle\int_1^4 f(x-2)\mathrm{d}x = \int_{-1}^2 f(t)\mathrm{d}t = \int_{-1}^0 2t\mathrm{d}t + \int_0^2 t\mathrm{e}^{-t^2}\mathrm{d}t = \int_{-1}^0 \mathrm{d}t^2 - \frac{1}{2}\int_0^2 \mathrm{e}^{-t^2}\mathrm{d}(-t^2)$

$$= t^2\Big|_{-1}^0 - \frac{1}{2}\mathrm{e}^{-t^2}\Big|_0^2 = -1 - \frac{1}{2}(\mathrm{e}^{-4}-\mathrm{e}^0) = -\frac{1}{2\mathrm{e}^4} - \frac{1}{2}.$$

习题 5-3

1. 计算下列定积分.

(1) $\displaystyle\int_{\frac{\pi}{3}}^{\pi} \sin\left(x+\frac{\pi}{3}\right)\mathrm{d}x$;

(2) $\displaystyle\int_{-2}^1 \frac{\mathrm{d}x}{(11+5x)^3}$;

(3) $\displaystyle\int_0^{\frac{\pi}{2}} \sin x\, \cos^3 x\, \mathrm{d}x$;

(4) $\displaystyle\int_0^{\pi} (1 - \sin^3 x)\, \mathrm{d}x$;

(5) $\displaystyle\int_{\frac{\pi}{6}}^{\frac{\pi}{2}} \cos^2 x\, \mathrm{d}x$;

(6) $\displaystyle\int_0^{\sqrt{2}} \sqrt{2 - x^2}\, \mathrm{d}x$;

(7) $\displaystyle\int_{-\sqrt{2}}^{\sqrt{2}} \sqrt{8 - 2t^2}\, \mathrm{d}t$;

(8) $\displaystyle\int_{\frac{1}{\sqrt{2}}}^{1} \frac{\sqrt{1 - t^2}}{t^2}\, \mathrm{d}t$;

(9) $\displaystyle\int_0^a t^2 \sqrt{a^2 - t^2}\, \mathrm{d}t$;

(10) $\displaystyle\int_1^{\sqrt{3}} \frac{1}{t^2 \sqrt{1 + t^2}}\, \mathrm{d}t$;

(11) $\displaystyle\int_{-1}^{1} \frac{\varphi}{\sqrt{5 - 4\varphi}}\, \mathrm{d}\varphi$;

(12) $\displaystyle\int_1^4 \frac{1}{1 + \sqrt{\varphi}}\, \mathrm{d}\varphi$;

(13) $\displaystyle\int_{\frac{3}{4}}^{1} \frac{1}{\sqrt{1 - \varphi} - 1}\, \mathrm{d}\varphi$;

(14) $\displaystyle\int_0^{\sqrt{2}a} \frac{\varphi}{\sqrt{3a^2 - \varphi^2}}\, \mathrm{d}\varphi$;

(15) $\displaystyle\int_0^1 y\mathrm{e}^{-\frac{y^2}{2}}\, \mathrm{d}y$;

(16) $\displaystyle\int_1^{\mathrm{e}^2} \frac{1}{y\sqrt{1 + \ln y}}\, \mathrm{d}y$;

(17) $\displaystyle\int_{-2}^{0} \frac{1}{y^2 + 2y + 2}\, \mathrm{d}y$;

(18) $\displaystyle\int_{-\frac{\pi}{2}}^{\frac{\pi}{2}} \cos\theta \cos 2\theta\, \mathrm{d}\theta$;

(19) $\displaystyle\int_{-\frac{\pi}{2}}^{\frac{\pi}{2}} \sqrt{\cos\theta - \cos^3\theta}\, \mathrm{d}\theta$;

(20) $\displaystyle\int_0^{\pi} \sqrt{1 + \cos 2\theta}\, \mathrm{d}\theta$;

(21) $\displaystyle\int_3^8 \frac{\tau}{\sqrt{1 + \tau}}\, \mathrm{d}\tau$;

(22) $\displaystyle\int_0^1 \frac{1}{\mathrm{e}^\tau + \mathrm{e}^{-\tau}}\, \mathrm{d}\tau$;

(23) $\displaystyle\int_0^{\ln 2} \sqrt{\mathrm{e}^\tau - 1}\, \mathrm{d}\tau$;

(24) $\displaystyle\int_1^{\mathrm{e}} \frac{2 + \ln\tau}{\tau}\, \mathrm{d}\tau$;

(25) $\displaystyle\int_1^3 \frac{1}{\sigma + \sigma^2}\, \mathrm{d}\sigma$;

(26) $\displaystyle\int_0^1 \frac{1}{1 + \mathrm{e}^\sigma}\, \mathrm{d}\sigma$;

(27) $\displaystyle\int_1^5 \frac{\sqrt{\sigma - 1}}{\sigma}\, \mathrm{d}\sigma$;

(28) $\displaystyle\int_{-1}^{1} \phi\mathrm{e}^{|\phi|}\, \mathrm{d}\phi$;

(29) $\displaystyle\int_{-\frac{1}{2}}^{\frac{1}{2}} \ln\frac{1 - \phi}{1 + \phi}\, \mathrm{d}\phi$;

(30) $\displaystyle\int_{-1}^{1} (\phi^2 + 2\phi + \sin 3\phi \cos 5\phi)\, \mathrm{d}\phi$;

(31) $\displaystyle\int_{-\pi}^{\pi} x^4 \sin x\, \mathrm{d}x$;

(32) $\displaystyle\int_{-\frac{\pi}{2}}^{\frac{\pi}{2}} 4\cos^4 x\, \mathrm{d}x$;

(33) $\displaystyle\int_{-\frac{1}{2}}^{\frac{1}{2}} \frac{(\arcsin x)^2}{\sqrt{1 - x^2}}\, \mathrm{d}x$;

(34) $\displaystyle\int_{-5}^{5} \frac{x^3 \sin^2 x}{x^4 + 2x^2 + 1}\, \mathrm{d}x$.

2. 证明：$\displaystyle\int_{-a}^{a} \varphi(x)\mathrm{d}x = \int_{-a}^{a} \varphi(-x)\mathrm{d}x$，其中 $\varphi(x)$ 在 $[-a, a]$ 上连续.

3. 设 $f(x)$ 在 $[a, b]$ 上连续，证明 $\displaystyle\int_a^b f(x)\mathrm{d}x = \int_a^b f(a + b - x)\mathrm{d}x$.

4. 证明：$\displaystyle\int_x^1 \frac{\mathrm{d}x}{1 + x^2} = \int_1^{\frac{1}{x}} \frac{\mathrm{d}x}{1 + x^2} \; (x > 0)$.

5. 证明：$\displaystyle\int_0^1 x^m (1-x)^n \mathrm{d}x = \int_0^1 x^n (1-x)^m \mathrm{d}x.$

6. 证明：$\displaystyle\int_0^\pi \sin^n x \, \mathrm{d}x = 2\int_0^{\frac{\pi}{2}} \sin^n x \, \mathrm{d}x.$

7. 设 $f(x)$ 是以 l 为周期的连续函数，证明 $\displaystyle\int_a^{a+l} f(x)\mathrm{d}x$ 的值与 a 无关.

8. 若 $f(t)$ 是连续函数，证明：

(1) $f(t)$ 为奇函数时，$\displaystyle\int_0^x f(t)\mathrm{d}t$ 是偶函数；

(2) $f(t)$ 为偶函数时，$\displaystyle\int_0^x f(t)\mathrm{d}t$ 是奇函数.

第四节 定积分的分部积分法

学习目标

1. 掌握定积分的分部积分法.
2. 理解边积分边带限的含义.

若函数 $u=u(x)$ 与 $v=v(x)$ 在区间 $[a,b]$ 上具有连续导数，则 $\mathrm{d}(uv)=u\mathrm{d}v+v\mathrm{d}u$，等式两边取 x 由 a 到 b 的积分，便得到**定积分的分部积分公式**

$$\left[uv\right]_a^b = \int_a^b u\mathrm{d}v + \int_a^b v\mathrm{d}u, \quad \textbf{即} \quad \int_a^b u\mathrm{d}v = \left[uv\right]_a^b - \int_a^b v\mathrm{d}u.$$

【例1】 计算 $\displaystyle\int_1^4 4x\ln x \, \mathrm{d}x.$

解 令 $u=\ln x, \mathrm{d}v=\mathrm{d}x^2$，则 $\mathrm{d}u=\dfrac{1}{x}\mathrm{d}x, v=x^2$，故

$$\int_1^4 4x\ln x \, \mathrm{d}x = \left[2x^2\ln x\right]_1^4 - \int_1^4 2x^2 \cdot \frac{1}{x}\mathrm{d}x = 32\ln 4 - 0 - x^2\big|_1^4 = 64\ln 2 - 15.$$

【例2】 计算 $\displaystyle\int_0^1 x\mathrm{e}^x \, \mathrm{d}x.$

解 令 $u=x, \mathrm{d}v=\mathrm{d}(\mathrm{e}^x)$，则 $\mathrm{d}u=\mathrm{d}x, v=\mathrm{e}^x$，故

$$\int_0^1 x\mathrm{e}^x \, \mathrm{d}x = \int_0^1 x\mathrm{d}(\mathrm{e}^x) = \left[x\mathrm{e}^x\right]_0^1 - \int_0^1 \mathrm{e}^x \mathrm{d}x = \mathrm{e} - 0 - \left[\mathrm{e}^x\right]_0^1 = 1.$$

【例3】 计算 $\int_0^{\frac{1}{2}} \arcsin x \, dx$.

解 $\int_0^{\frac{1}{2}} \arcsin x \, dx = \left[x \arcsin x \right]_0^{\frac{1}{2}} - \int_0^{\frac{1}{2}} \frac{x}{\sqrt{1-x^2}} dx$

$$= \frac{1}{2} \cdot \frac{\pi}{6} - \left[\sqrt{1-x^2} \right]_0^{\frac{1}{2}} = \frac{\pi}{12} + \frac{\sqrt{3}}{2} - 1.$$

【例4】 证明定积分公式

$$I_n = \int_0^{\frac{\pi}{2}} \sin^n x \, dx \left(= \int_0^{\frac{\pi}{2}} \cos^n x \, dx \right)$$

$$= \begin{cases} \dfrac{n-1}{n} \cdot \dfrac{n-3}{n-2} \cdot \cdots \cdot \dfrac{3}{4} \cdot \dfrac{1}{2} \cdot \dfrac{\pi}{2}, n \text{ 为正偶数}, \\[2mm] \dfrac{n-1}{n} \cdot \dfrac{n-3}{n-2} \cdot \cdots \cdot \dfrac{4}{5} \cdot \dfrac{2}{3}, n \text{ 为大于 1 的正奇数}. \end{cases}$$

证

$$I_n = -\int_0^{\frac{\pi}{2}} \sin^{n-1} x \, d(\cos x)$$

$$= \left[-\cos x \sin^{n-1} x \right]_0^{\frac{\pi}{2}} + (n-1) \int_0^{\frac{\pi}{2}} \sin^{n-2} x \cos^2 x \, dx.$$

右端第一项等于零；将第二项里的 $\cos^2 x$ 写成 $1 - \sin^2 x$，并把积分分成两个，得

$$I_n = (n-1) \int_0^{\frac{\pi}{2}} \sin^{n-2} x \, dx - (n-1) \int_0^{\frac{\pi}{2}} \sin^n x \, dx$$

$$= (n-1) I_{n-2} - (n-1) I_n,$$

由此得

$$I_n = \frac{n-1}{n} I_{n-2}$$

这个等式叫作积分 I_n 关于下标的**递推公式**.

如果把 n 换成 $n-2$，那么得

$$I_{n-2} = \frac{n-3}{n-2} I_{n-3}.$$

同样地依次进行下去，直到 I_m 的下标递减到 0 或 1 为止，于是，

$$I_{2m} = \frac{2m-1}{2m} \cdot \frac{2m-3}{2m-2} \cdot \cdots \cdot \frac{5}{6} \cdot \frac{3}{4} \cdot \frac{1}{2} I_0,$$

$$I_{2m+1} = \frac{2m}{2m+1} \cdot \frac{2m-2}{2m-1} \cdot \cdots \cdot \frac{6}{7} \cdot \frac{4}{5} \cdot \frac{2}{3} I_1, (m=1,2,\cdots),$$

而

$$I_0 = \int_0^{\frac{\pi}{2}} \mathrm{d}x = \frac{\pi}{2}, I_1 = \int_0^{\frac{\pi}{2}} \sin x \, \mathrm{d}x = 1,$$

$$I_{2m} = \frac{2m-1}{2m} \cdot \frac{2m-3}{2m-2} \cdot \cdots \cdot \frac{5}{6} \cdot \frac{3}{4} \cdot \frac{1}{2} \cdot \frac{\pi}{2},$$

$$I_{2m+1} = \frac{2m}{2m+1} \cdot \frac{2m-2}{2m-1} \cdot \cdots \cdot \frac{6}{7} \cdot \frac{4}{5} \cdot \frac{2}{3} (m=1,2,\cdots).$$

至于定积分 $\int_0^{\frac{\pi}{2}} \cos^m x \, \mathrm{d}x$ 与 $\int_0^{\frac{\pi}{2}}$ 与 $\sin^m x \, \mathrm{d}x$ 相等,由第三节*例 8(1)即可知道,证毕.

习题 5－4

计算下列定积分.

(1) $\int_0^1 x \, \mathrm{e}^{-x} \, \mathrm{d}x$;

(2) $\int_1^{\mathrm{e}} x \ln x \, \mathrm{d}x$;

(3) $\int_0^1 \arcsin x \, \mathrm{d}x$;

(4) $\int_0^{\frac{\pi}{2}} x \sin x \, \mathrm{d}x$;

(5) $\int_0^1 x \arctan x \, \mathrm{d}x$;

(6) $\int_0^{\frac{2\pi}{\omega}} t \sin\omega t \cdot \mathrm{d}t$;

(7) $\int_{\frac{\pi}{4}}^{\frac{\pi}{3}} \frac{x}{\sin^2 x} \, \mathrm{d}x$;

(8) $\int_1^4 \frac{\ln x}{\sqrt{x}} \, \mathrm{d}x$;

(9) $\int_0^{\frac{\pi}{2}} \mathrm{e}^{2x} \cos x \, \mathrm{d}x$;

(10) $\int_1^2 x \, \log_2 x \, \mathrm{d}x$;

(11) $\int_0^{\pi} (x \sin x)^2 \, \mathrm{d}x$;

(12) $\int_1^{\mathrm{e}} \sin(\ln x) \, \mathrm{d}x$;

(13) $\int_{\frac{1}{\mathrm{e}}}^{\mathrm{e}} |\ln x| \, \mathrm{d}x$;

(14) $\int_0^1 \mathrm{e}^{\sqrt{x}} \, \mathrm{d}x$.

第五节　广义积分　Γ 函数*

学习目标

1. 理解两类广义积分的定义.

2. 掌握用定义判别广义积分敛散性.

由定积分定义知道定积分有两个必要条件,即积分区间是有限区间;被积函数是有界函数.不满足这两个必要条件的,均不属于正常的定积分.然而不满足这两个条件的积分问题在实际问题中是经常遇到的,因此,本节将对定积分做两种推广,并称之为广义积分.

一、无穷区间上的广义积分

定义 1　设函数 $f(x)$ 在无穷区间 $[a,+\infty)$ 上连续,取 $b>a$,则称极限 $\lim\limits_{b\to+\infty}\int_a^b f(x)\mathrm{d}x$ 为函数 $f(x)$ 在无穷区间 $[a,+\infty)$ 上的广义积分.记作 $\int_a^{+\infty}f(x)\mathrm{d}x$,即

$$\int_a^{+\infty}f(x)\mathrm{d}x=\lim_{b\to+\infty}\int_a^b f(x)\mathrm{d}x. \tag{5.1}$$

若(5.1)式中极限存在,则称广义积分 $\int_a^{+\infty}f(x)\mathrm{d}x$ 收敛,且极限值称为广义积分 $\int_a^{+\infty}f(x)\mathrm{d}x$ 的值;若(5.1)式中极限不存在,则称广义积分 $\int_a^{+\infty}f(x)\mathrm{d}x$ 发散,这时记号 $\int_a^{+\infty}f(x)\mathrm{d}x$ 已没有意义,也不再表示为数值.

类似地可定义函数 $f(x)$ 在无穷区间 $(-\infty,b]$ 上的广义积分如下:

$$\int_{-\infty}^b f(x)\mathrm{d}x=\lim_{a\to-\infty}\int_a^b f(x)\mathrm{d}x, \tag{5.2}$$

以及 $\int_{-\infty}^b f(x)\mathrm{d}x$ 的收敛与发散的概念.

定义函数 $f(x)$ 在无穷区间 $(-\infty,+\infty)$ 上的广义积分如下:

$$\int_{-\infty}^{+\infty}f(x)\mathrm{d}x=\int_{-\infty}^c f(x)\mathrm{d}x+\int_c^{+\infty}f(x)\mathrm{d}x \qquad (c \text{ 为任意实数}). \tag{5.3}$$

若(5.3)式右端两个广义积分均收敛,则称广义积分 $\int_{-\infty}^{+\infty}f(x)\mathrm{d}x$ 收敛,这时 $\int_{-\infty}^{+\infty}f(x)\mathrm{d}x$ 有值且为 $\int_{-\infty}^c f(x)\mathrm{d}x$ 与 $\int_c^{+\infty}f(x)\mathrm{d}x$ 两值之和.否则,称广义积分 $\int_{-\infty}^{+\infty}f(x)\mathrm{d}x$ 发散.

【例1】　计算 $\int_0^{+\infty}\dfrac{\mathrm{d}x}{1+x^2}$.

解　$\int_0^{+\infty}\dfrac{\mathrm{d}x}{1+x^2}=\lim\limits_{b\to+\infty}\int_0^b\dfrac{\mathrm{d}x}{1+x^2}=\lim\limits_{b\to+\infty}\big[\arctan x\big]_0^b$

$\qquad=\lim\limits_{b\to+\infty}(\arctan b-\arctan 0)$

$\qquad=\dfrac{\pi}{2}.$

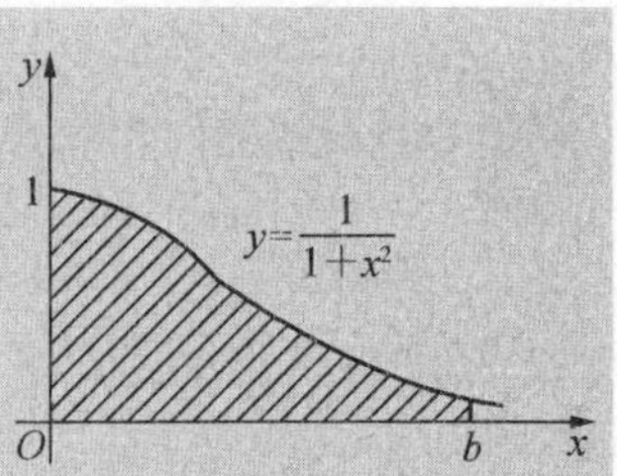

图 5-6

【例2】 计算 $\displaystyle\int_{-\infty}^{0} x\mathrm{e}^x \mathrm{d}x$.

解 $\displaystyle\int_{-\infty}^{0} x\mathrm{e}^x \mathrm{d}x = \lim_{a \to -\infty}\int_{a}^{0} x\mathrm{e}^x \mathrm{d}x = \lim_{a \to -\infty}\int_{a}^{0} x\mathrm{d}(\mathrm{e}^x) = \lim_{a \to -\infty}\left(\left[x\mathrm{e}^x\right]_{a}^{0} - \int_{a}^{0}\mathrm{e}^x \mathrm{d}x \right)$

$\qquad = \lim_{a \to -\infty}(-a\mathrm{e}^a - \mathrm{e}^x \mid_{a}^{0}) = -\lim_{a \to -\infty}(a\mathrm{e}^a + \mathrm{e}^0 - \mathrm{e}^a)$

$\qquad = -1.$

【例3】 计算 $\displaystyle\int_{-\infty}^{+\infty}\frac{\mathrm{d}x}{x^2+2}$.

解 $\displaystyle\int_{-\infty}^{+\infty}\frac{\mathrm{d}x}{x^2+2} = \int_{-\infty}^{0}\frac{\mathrm{d}x}{x^2+2} + \int_{0}^{+\infty}\frac{\mathrm{d}x}{x^2+2}$

$\displaystyle = \lim_{a \to -\infty}\frac{1}{\sqrt{2}}\int_{a}^{0}\frac{\mathrm{d}\dfrac{x}{\sqrt{2}}}{\left(\dfrac{x}{\sqrt{2}}\right)^2+1} + \lim_{b \to +\infty}\frac{1}{\sqrt{2}}\int_{0}^{b}\frac{\mathrm{d}\dfrac{x}{\sqrt{2}}}{\left(\dfrac{x}{\sqrt{2}}\right)^2+1}$

$\displaystyle = \frac{1}{\sqrt{2}}\lim_{a \to -\infty}\left[\arctan\frac{x}{\sqrt{2}}\right]_{a}^{0} + \frac{1}{\sqrt{2}}\lim_{b \to +\infty}\left[\arctan\frac{x}{\sqrt{2}}\right]_{0}^{b}$

$\displaystyle = \frac{1}{\sqrt{2}}\lim_{a \to -\infty}\left[\arctan 0 - \arctan\frac{a}{\sqrt{2}}\right] + \frac{1}{\sqrt{2}}\lim_{b \to +\infty}\left[\arctan\frac{b}{\sqrt{2}} - \arctan 0\right]$

$\displaystyle = \frac{1}{\sqrt{2}}\left[0 - \left(-\frac{\pi}{2}\right)\right] + \frac{1}{\sqrt{2}}\left[\frac{\pi}{2} - 0\right] = \frac{\sqrt{2}}{2}\pi.$

计算无穷区间上的广义积分,为了书写方便,常常采用以下广义的牛顿-莱布尼茨公式.

设 $F(x)$ 是被积函数 $f(x)$ 的一个原函数,记 $F(+\infty) = \lim_{x \to +\infty}F(x)$,$F(-\infty) = \lim_{x \to -\infty}F(x)$,则

$$\int_{a}^{+\infty} f(x)\mathrm{d}x = F(x)\Big|_{a}^{+\infty} = F(+\infty) - F(a);$$

$$\int_{-\infty}^{b} f(x)\mathrm{d}x = F(x)\Big|_{-\infty}^{b} = F(b) - F(-\infty);$$

$$\int_{-\infty}^{+\infty} f(x)\mathrm{d}x = F(x)\Big|_{-\infty}^{+\infty} = F(+\infty) - F(-\infty).$$

【例4】 证明 $\displaystyle\int_{a}^{+\infty}\frac{\mathrm{d}x}{x^p}(a>0)$ 当 $p>1$ 时收敛;当 $p \leqslant 1$ 时发散.

证 因为当 $p=1$ 时,$\displaystyle\int_{a}^{+\infty}\frac{\mathrm{d}x}{x^p} = \int_{a}^{+\infty}\frac{\mathrm{d}x}{x} = [\ln x]_{a}^{+\infty} = +\infty$,发散.

当 $p \neq 1$ 时,$\displaystyle\int_{a}^{+\infty}\frac{\mathrm{d}x}{x^p} = \left[\frac{x^{-p+1}}{1-p}\right]_{a}^{+\infty} = \begin{cases} +\infty, & p<1, \\ \dfrac{a^{1-p}}{p-1}, & p>1. \end{cases}$

所以积分 $\displaystyle\int_{a}^{+\infty}\frac{\mathrm{d}x}{x^p}(a>0)$ 当 $p>1$ 时收敛;当 $p \leqslant 1$ 时发散.

二、无界函数的广义积分

如果函数 $f(x)$ 在点 a 的任一邻域内都无界,则称点 a 为函数 $f(x)$ 的瑕点(也称为无界间断点).无界函数的广义积分又称为**瑕积分**.

定义 2　设函数 $f(x)$ 在 $(a,b]$ 上连续,点 a 为 $f(x)$ 的瑕点,取 $t>a$,则称极限 $\lim\limits_{t\to a^+}\int_t^b f(x)\mathrm{d}x$ 为函数 $f(x)$ 在 $(a,b]$ 上的广义积分.仍记作:$\int_a^b f(x)\mathrm{d}x$　　即

$$\int_a^b f(x)\mathrm{d}x = \lim_{t\to a^+}\int_t^b f(x)\mathrm{d}x. \tag{5.4}$$

如果(5.4)式中极限存在,则称广义积分 $\int_a^b f(x)\mathrm{d}x$ **收敛且极限值称为广义积分** $\int_a^b f(x)\mathrm{d}x$ 的值;否则称广义积分 $\int_a^b f(x)\mathrm{d}x$ **发散**.

类似地,设函数 $f(x)$ 在 $[a,b)$ 上连续,点 b 为 $f(x)$ 的瑕点,可以定义:

$$\int_a^b f(x)\mathrm{d}x = \lim_{t\to b^-}\int_a^t f(x)\mathrm{d}x \tag{5.5}$$

为函数 $f(x)$ 在 $[a,b)$ **上的广义积分**,同理定义它的收敛与发散的概念.

设函数 $f(x)$ 在 $[a,b]$ 上除点 $c(a<c<b)$ 外都连续,且点 c 为 $f(x)$ 的瑕点,则定义

$$\int_a^b f(x)\mathrm{d}x = \int_a^c f(x)\mathrm{d}x + \int_c^b f(x)\mathrm{d}x. \tag{5.6}$$

当(5.6)式右端两个广义积分都存在时,称**广义积分** $\int_a^b f(x)\mathrm{d}x$ **收敛**;这时 $\int_a^b f(x)\mathrm{d}x$ 有值且为 $\int_a^c f(x)\mathrm{d}x$ 与 $\int_c^b f(x)\mathrm{d}x$ 两值之和,否则称**广义积分** $\int_a^b f(x)\mathrm{d}x$ **发散**.

【例 5】　讨论积分 $\int_0^1 \dfrac{1}{2\sqrt{x}}\mathrm{d}x$ 的敛散性.

解　$x=0$ 是 $\dfrac{1}{2\sqrt{x}}$ 的瑕点.

$$\int_0^1 \frac{1}{2\sqrt{x}}\mathrm{d}x = \lim_{t\to 0^+}\int_t^1 \frac{1}{2\sqrt{x}}\mathrm{d}x = \lim_{t\to 0^+}\sqrt{x}\,\Big|_t^1 = \lim_{t\to 0^+}(1-\sqrt{t}) = 1,$$

因此 $\int_0^1 \dfrac{1}{2\sqrt{x}}\mathrm{d}x$ 收敛且值为 1.

【例 6】　讨论积分 $\int_0^1 \dfrac{1}{\sqrt{1-x^2}}\mathrm{d}x$ 的敛散性.

解　$x=1$ 是 $\dfrac{1}{\sqrt{1-x^2}}$ 的瑕点.

$$\int_0^1 \frac{1}{\sqrt{1-x^2}}dx = \lim_{t \to 1^-} \int_0^t \frac{1}{\sqrt{1-x^2}}dx = \lim_{t \to 1^-} \arcsin t = \frac{\pi}{2}.$$

因此广义积分 $\int_0^1 \frac{1}{\sqrt{1-x^2}}dx$ 收敛且值为 $\frac{\pi}{2}$.

【例7】 讨论积分 $\int_{-1}^1 \frac{1}{x^2}dx$ 的敛散性.

解 $x = 0$ 是 $\frac{1}{x^2}$ 的瑕点, $\int_{-1}^1 \frac{1}{x^2}dx = \int_{-1}^0 \frac{1}{x^2}dx + \int_0^1 \frac{1}{x^2}dx.$

因为 $\int_{-1}^0 \frac{1}{x^2}dx = \lim_{t \to 0^-} \int_{-1}^t \frac{1}{x^2}dx = -\lim_{t \to 0^-} \frac{1}{x}\Big|_{-1}^t = -\lim_{t \to 0^-}\left(\frac{1}{t}+1\right) = +\infty,$

所以原广义积分发散.

注意 上例中若不注意到 $x = 0$ 是 $\frac{1}{x^2}$ 的瑕点,将会得到错误的结果:

$$\int_{-1}^1 \frac{1}{x^2}dx = \left[-\frac{1}{x}\right]_{-1}^1 = -1-1 = -2.$$

计算无界函数的广义积分,为了书写方便,也常采用以下的广义牛顿-莱布尼茨公式.

设 $F(x)$ 为被积函数 $f(x)$ 的一个原函数,则

(1) 当 a 为瑕点时, $\int_a^b f(x)dx = F(x)\Big|_{a^+}^b = F(b) - F(a^+)$;

(2) 当 b 为瑕点时, $\int_a^b f(x)dx = F(x)\Big|_a^{b^-} = F(b^-) - F(a)$,

其中: $F(a^+) = \lim_{x \to a^+} F(x), F(b^-) = \lim_{x \to b^-} F(x).$

【例8】 证明广义积分 $\int_a^b \frac{1}{(x-a)^q}dx$ 当 $q < 1$ 收敛;当 $q \geqslant 1$ 时发散.

证 当 $q = 1$ 时, $\int_a^b \frac{1}{(x-a)^q}dx = \int_a^b \frac{1}{x-a}dx = \left[\ln(x-a)\right]_{a^+}^b$

$$= \ln(b-a) - \lim_{t \to a^+}\left[\ln(t-a)\right] = +\infty.$$

当 $q \neq 1$ 时,

$$\int_a^b \frac{1}{(x-a)^q}dx = \left[\frac{(x-a)^{-q+1}}{-q+1}\right]_{a^+}^b = \begin{cases} +\infty, & q > 1, \\ \dfrac{(b-a)^{1-q}}{1-q}, & q < 1. \end{cases}$$

因此广义积分 $\int_a^b \frac{1}{(x-a)^q}dx$ 当 $q < 1$ 收敛;当 $q \geqslant 1$ 发散.

*【例 9】   求广义积分 $\displaystyle\int_0^{+\infty} \frac{1}{\sqrt{x\ (x+1)^3}}\mathrm{d}x$.

解

方法一   令 $t = \sqrt{x}$，则 $x = t^2$，$\mathrm{d}x = 2t\,\mathrm{d}t$，且 $x \to 0^+$ 时，$t \to 0^+$；$x \to +\infty$ 时，$t \to +\infty$.

$$\int_0^{+\infty} \frac{1}{\sqrt{x\ (x+1)^3}}\mathrm{d}x = \int_0^{+\infty} \frac{2t\,\mathrm{d}t}{t\ (t^2+1)^{3/2}} = 2\int_0^{+\infty} \frac{\mathrm{d}t}{(t^2+1)^{3/2}}.$$

再令 $t = \tan u$，则 $\mathrm{d}t = \sec^2 u\,\mathrm{d}u$，$u = \arctan t$，当 $t = 0$ 时，$u = 0$；当 $t \to +\infty$ 时，$u \to \dfrac{\pi}{2}$.

故 $\displaystyle\int_0^{+\infty} \frac{1}{\sqrt{x\ (x+1)^3}}\mathrm{d}x = 2\int_0^{\frac{\pi}{2}} \frac{\sec^2 u\,\mathrm{d}u}{(\tan^2 u+1)^{3/2}} = 2\int_0^{\frac{\pi}{2}} \frac{\sec^2 u}{\sec^3 u}\mathrm{d}u$

$$= 2\int_0^{\frac{\pi}{2}} \cos u\,\mathrm{d}u = 2.$$

方法二   令 $t = \sqrt{x+1}$，则 $x = t^2 - 1$，$\mathrm{d}x = 2t\,\mathrm{d}t$，且 $x \to 0^+$ 时，$t \to 1$；$x \to +\infty$ 时，$t \to +\infty$.

$$\int_0^{+\infty} \frac{1}{\sqrt{x\ (x+1)^3}}\mathrm{d}x = \int_1^{+\infty} \frac{2t\,\mathrm{d}t}{\sqrt{(t^2-1)\ \cdot\ t^3}} = 2\int_1^{+\infty} \frac{\mathrm{d}t}{t^2\ \sqrt{(t^2-1)}}.$$

再令 $t = \sec u$，则 $\mathrm{d}t = \tan u \sec u\,\mathrm{d}u$，$u = \arccos\dfrac{1}{t}$，且当 $t = 1$ 时，$u = 0$；当 $t \to +\infty$ 时，$u \to \dfrac{\pi}{2}$.

故 $\displaystyle\int_0^{+\infty} \frac{1}{\sqrt{x\ (x+1)^3}}\mathrm{d}x = 2\int_0^{\frac{\pi}{2}} \frac{\tan u \sec u\,\mathrm{d}u}{\sec^2 u\ \sqrt{(\tan^2 u-1)}}$

$$= 2\int_0^{\frac{\pi}{2}} \sin u \cos u\,\mathrm{d}u = 2\ [\sin^2 u]_0^{\frac{\pi}{2}} = 2.$$

本例还可以尝试用变换 $x = \dfrac{1}{t}$ 来解题.

*三、Γ 函数

Γ 函数是一类特殊的广义积分，它在理论上和应用上都有着重要的意义. Γ 函数的定义是

$$\Gamma(s) = \int_0^{+\infty} \mathrm{e}^{-x} x^{s-1}\mathrm{d}x\ (s > 0). \tag{5.7}$$

Γ 函数的收敛性、图形及重要性质可扫右侧二维码线上学习.

Γ 函数

习题 5－5

1. 判断下列广义积分是否收敛，若收敛，求出广义积分的值.

(1) $\displaystyle\int_1^{+\infty} \mathrm{e}^{-x}\mathrm{d}x$；   (2) $\displaystyle\int_0^{+\infty} x\mathrm{e}^{-x}\mathrm{d}x$；

(3) $\int_{-1}^{1} \dfrac{\mathrm{d}x}{\sqrt{1-x^2}}$;

(4) $\int_{1}^{+\infty} \dfrac{\mathrm{d}x}{x^4}$;

(5) $\int_{1}^{+\infty} \dfrac{\arctan x}{x^2}\mathrm{d}x$;

(6) $\int_{0}^{1} \dfrac{x}{\sqrt{1-x^2}}\mathrm{d}x$;

(7) $\int_{0}^{1} \dfrac{1}{x^2-4x+3}\mathrm{d}x$;

(8) $\int_{0}^{1} \dfrac{1}{\sqrt{1-x}}\mathrm{d}x$;

(9) $\int_{1}^{2} \dfrac{1}{x\ln^2 x}\mathrm{d}x$;

(10) $\int_{-\infty}^{+\infty} \dfrac{1}{k^2+x^2}\mathrm{d}x \quad (k>0)$;

(11) $\int_{1}^{+\infty} \dfrac{\mathrm{d}x}{\sqrt{x}}$;

(12) $\int_{0}^{+\infty} \mathrm{e}^{-ax}\mathrm{d}x \quad (a>0)$;

(13) $\int_{0}^{+\infty} \mathrm{e}^{-px}\sin\omega x\,\mathrm{d}x \quad (p>0,\omega>0)$;

(14) $\int_{-\infty}^{+\infty} \dfrac{1}{x^2+2x+2}\mathrm{d}x$;

(15) $\int_{0}^{2} \dfrac{1}{(1-x)^2}\mathrm{d}x$;

(16) $\int_{1}^{2} \dfrac{x}{\sqrt{x-1}}\mathrm{d}x$;

(17) $\int_{1}^{\mathrm{e}} \dfrac{1}{x\sqrt{1-(\ln x)^2}}\mathrm{d}x$.

2. 当 k 为何值时,广义积分 $\int_{2}^{+\infty} \dfrac{1}{x(\ln x)^k}\mathrm{d}x$ 收敛? 当 k 为何值时,这广义积分发散? 又当 k 为何值时,这广义积分取得最小值?

*3. 用 Γ 函数表示下列积分,并指出这些积分的收敛范围.

(1) $\int_{0}^{+\infty} \mathrm{e}^{-x^n}\mathrm{d}x \ (n>0)$;

(2) $\int_{0}^{1} \left(\ln\dfrac{1}{x}\right)^p\mathrm{d}x$;

(3) $\int_{0}^{+\infty} x^m\mathrm{e}^{-x^n}\mathrm{d}x \ (n\neq 0)$.

*4. 证明 $\Gamma\left(\dfrac{2k+1}{2}\right)=\dfrac{1\cdot 3\cdot 5\cdot\cdots\cdot(2k-1)\sqrt{\pi}}{2^k}$,其中 k 为自然数.

*5. 证明以下各式(其中 n 为自然数).

(1) $2\cdot 4\cdot 6\cdot\cdots\cdot 2n=2^n\Gamma\left(n+\dfrac{1}{2}\right)$;

(2) $1\cdot 3\cdot 5\cdot\cdots\cdot(2n-1)=\dfrac{\Gamma(2n)}{2^{n-1}\Gamma(n)}$.

本章小结

本章主要介绍了定积分的概念与性质、微积分基本公式、定积分的换元积分和分部积分法、广义积分.

一、定积分的概念与性质

1. 定积分的定义,实质:特殊和式的极限;几何意义:曲边梯形的面积;物理意义:变速直线运动在指定时间段内的位移.

2. 什么样的函数定积分存在.

3. 定积分的性质.

二、微积分基本公式

1. 变限积分函数的定义及求导数.

2. 牛顿-莱布尼茨公式.

三、定积分换元积分法

1. 利用换元积分方法计算定积分.

2. 利用换元积分计算定积分时,需要注意采用的是换元还是配元,换元必换限,配元不需要换限.

3. 周期函数定积分的计算技巧.

四、定积分的分部积分法

1. 利用分部积分法计算定积分.

2. 在分部积分的过程中,积出来的部分需先带入上下限.

3. 定积分 $\int_0^{\frac{\pi}{2}} \sin^n x \, dx = \int_0^{\frac{\pi}{2}} \cos^n x \, dx$ 的计算方法或结果.

五、广义积分

1. 两类广义积分的定义,实质:定积分的极限.

2. 反常积分 $\int_a^{+\infty} \dfrac{dx}{x^p}, (a>0)$ 和 $\int_a^b \dfrac{dx}{(x-a)^q}$ 的敛散性.

定积分除了其几何意义和物理意义之外,还有其他广泛的应用,下一章中将具体地介绍其在几何和物理学中的应用,主要涉及定积分模型的建立和定积分的计算.

总习题五

1. 填空.

(1) 函数 $f(x)$ 在 $[a,b]$ 上有界是 $f(x)$ 在 $[a,b]$ 上可积的_____条件,而 $f(x)$ 在 $[a,b]$ 上连续是 $f(x)$ 在 $[a,b]$ 上可积的_____条件.

(2) 对 $[a,+\infty)$ 上非负、连续的函数 $f(x)$,它的变上限积分 $\int_a^x f(t) \, dt$ 在 $[a,+\infty)$ 上有界是广义积分 $\int_a^{+\infty} f(x) \, dx$ 收敛的_____条件.

(3) 函数 $f(x)$ 在 $[a,b]$ 上有定义且 $|f(x)|$ 在 $[a,b]$ 上可积,此时积分 $\int_a^b f(x) \, dx$ _____存在.

2. 计算下列极限.

(1) $\lim\limits_{n\to\infty} \dfrac{1}{n} \sum\limits_{i=1}^{n} \sqrt{1+\dfrac{i}{n}}$;

(2) $\lim\limits_{n\to\infty} \dfrac{1^p + 2^p + \cdots + n^p}{n^{p+1}} (p > 0)$;

(3) $\lim\limits_{n\to\infty} \ln \dfrac{\sqrt[n]{n!}}{n}$;

(4) $\lim\limits_{x\to a} \dfrac{x}{x-a} \int_a^x f(t)\,\mathrm{d}t$,其中 $f(x)$ 连续;

(5) $\lim\limits_{x\to +\infty} \dfrac{\int_0^x (\arctan\tau)^2 \mathrm{d}\tau}{\sqrt{x^2+1}}$.

3. 下列计算是否正确,试说明理由.

(1) $\displaystyle\int_{-1}^1 \dfrac{\mathrm{d}x}{1+x^2} = -\int_{-1}^1 \dfrac{\mathrm{d}\left(\dfrac{1}{x}\right)}{1+\left(\dfrac{1}{x}\right)^2} = \left[-\arctan\dfrac{1}{x}\right]_{-1}^1 = -\dfrac{\pi}{2}$;

(2) 因为 $\displaystyle\int_{-1}^1 \dfrac{\mathrm{d}x}{x^2+x+1} \overset{x=\frac{1}{t}}{=\!=\!=} -\int_{-1}^1 \dfrac{\mathrm{d}t}{t^2+t+1}$,所以 $\displaystyle\int_{-1}^1 \dfrac{\mathrm{d}x}{x^2+x+1} = 0$;

(3) $\displaystyle\int_{-\infty}^{+\infty} \dfrac{x}{1+x^2} \cdot \mathrm{d}x = \lim\limits_{A\to +\infty} \int_{-A}^A \dfrac{x}{1+x^2} \mathrm{d}x = 0$.

4. 设 $p > 0$,证明 $\dfrac{p}{p+1} < \displaystyle\int_0^1 \dfrac{\mathrm{d}x}{1+x^p} < 1$.

5. 设 $f(x)$、$g(x)$ 在区间 $[a,b]$ 上均连续,证明:

(1) $\left(\displaystyle\int_a^b f(x)g(x)\mathrm{d}x\right)^2 \leqslant \displaystyle\int_a^b f^2(x)\mathrm{d}x \cdot \displaystyle\int_a^b g^2(x)\mathrm{d}x$ (柯西-施瓦茨不等式);

(2) $\left(\displaystyle\int_a^b [f(x)+g(x)]^2\mathrm{d}x\right)^{\frac{1}{2}} \leqslant \left(\displaystyle\int_a^b f^2(x)\mathrm{d}x\right)^{\frac{1}{2}} + \left(\displaystyle\int_a^b g^2(x)\mathrm{d}x\right)^{\frac{1}{2}}$ (闵可夫斯基不等式).

6. 设 $f(x)$ 在区间 $[a,b]$ 上连续,且 $f(x) > 0$,证明: $\displaystyle\int_a^b f(x)\mathrm{d}x \cdot \int_a^b \dfrac{\mathrm{d}x}{f(x)} \geqslant (b-a)^2$.

7. 计算下列积分.

(1) $\displaystyle\int_0^{\frac{\pi}{2}} \dfrac{x+\sin x}{1+\cos x}\mathrm{d}x$;

(2) $\displaystyle\int_0^{\frac{\pi}{4}} \ln(1+\tan x)\,\mathrm{d}x$;

(3) $\displaystyle\int_0^a \dfrac{1}{x+\sqrt{a^2-x^2}}\mathrm{d}x$;

(4) $\displaystyle\int_0^{\frac{\pi}{2}} \sqrt{1-\sin 2x}\,\mathrm{d}x$;

(5) $\displaystyle\int_0^{\frac{\pi}{2}} \dfrac{1}{1+\cos^2 x}\mathrm{d}x$.

8. 设 $f(x)$ 为连续函数,证明: $\displaystyle\int_0^x f(t)(x-t)\,\mathrm{d}t = \int_0^x \left(\int_0^t f(u)\,\mathrm{d}u\right)\mathrm{d}t$.

9. 设 $f(x)$ 在区间 $[a,b]$ 上连续,且 $f(x) > 0$, $F(x) = \displaystyle\int_a^x f(t)\,\mathrm{d}t + \int_b^x \dfrac{\mathrm{d}t}{f(t)}$, $x \in [a,b]$.

证明:(1) $F'(x) \geqslant 2$;　(2) 方程 $F(x) = 0$ 在区间 (a,b) 内有且仅有一个根.

10. 设 $f(x) = \begin{cases} \dfrac{1}{1+x}, & x \geqslant 0, \\[3mm] \dfrac{1}{1+e^x}, & x < 0. \end{cases}$ 　求 $\displaystyle\int_0^2 f(x-1)\,\mathrm{d}x$.

11. 设 $f(x)$ 在区间 $[a,b]$ 上连续,$g(x)$ 在区间 $[a,b]$ 上连续且不变号,证明至少存在一点 $\xi \in [a,b]$,使 $\displaystyle\int_a^b f(x)g(x)\mathrm{d}x = f(\xi)\int_a^b g(x)\mathrm{d}x$ 成立(积分第一中值定理).

*12. 证明:$\displaystyle\int_0^{+\infty} x^n e^{-x^2}\,\mathrm{d}x = \frac{n-1}{2}\int_0^{+\infty} x^{n-2} e^{-x^2}\,\mathrm{d}x\ (n>1)$,并用它证明

$$\int_0^{+\infty} x^{2n+1} e^{-x^2}\,\mathrm{d}x = \frac{1}{2}\Gamma(n+1)\ (n \in \mathbf{N}).$$

*13. 判定下列广义积分的收敛性.

(1) $\displaystyle\int_0^{+\infty} \frac{\sin x}{\sqrt{x^3}}\mathrm{d}x$;

(2) $\displaystyle\int_2^{+\infty} \frac{\mathrm{d}x}{x \cdot \sqrt[3]{x^2 - 3x + 2}}$;

(3) $\displaystyle\int_2^{+\infty} \frac{\cos x}{\ln x}\mathrm{d}x$;

(4) $\displaystyle\int_0^{+\infty} \frac{\mathrm{d}x}{\sqrt[3]{x^2(x-1)(x-2)}}$.

*14. 计算下列广义积分.

(1) $\displaystyle\int_0^{\frac{\pi}{2}} \ln\sin x\,\mathrm{d}x$;

(2) $\displaystyle\int_0^{+\infty} \frac{\mathrm{d}x}{(1+x^2)(1+x^\alpha)}\ (\alpha \geqslant 0)$.

*15. 设 $f(x)$ 在 $[a,b]$ 上连续,在 (a,b) 内可导且 $f'(x) \leqslant 0$,

$$F(x) = \frac{1}{x-a}\int_0^x f(t)\,\mathrm{d}t.$$

证明在 (a,b) 内有 $F'(x) \leqslant 0$.

*16. 证明 $\sqrt{\pi}\,\Gamma(2n) = 2^{2n-1}\Gamma(n)\Gamma\left(n+\dfrac{1}{2}\right)$(勒让德(Legendre)倍量公式,$n$ 为自然数).

第六章　定积分的应用

定积分在自然科学与社会科学中有着广泛的应用. 在本章中,我们将应用定积分理论来分析和解决一些几何、物理中的问题,并介绍和运用将一个量表示成定积分的重要方法——元素法,最终建立一些几何、物理量的求解公式或方法.

第一节　定积分的元素法

学习目标

1. 了解什么样的问题可以用定积分求解.
2. 掌握元素法的步骤.

本节介绍运用元素法将一个量表示为定积分的重要分析方法.在定积分的应用中,经常采用所谓的**元素法**.为了说明这种方法,我们先回顾一下第五章第一节讨论过的曲边梯形的面积问题.

设 $f(x)$ 在区间 $[a,b]$ 上连续且 $f(x) \geqslant 0$,求以曲线 $y=f(x)$ 为曲边、底为 $[a,b]$ 的曲边梯形的面积 A,把这个面积 A 表示为定积分 $\int_a^b f(x)\mathrm{d}x$ 的步骤是

(1) 分割:用任意一组分点把区间 $[a,b]$ 分成长度为 $\Delta x_i (i=1,2,3,\cdots,n)$ 的 n 个小区间,相应地把曲边梯形分成 n 个窄曲边梯形,第 i 个窄曲边梯形的面积设为 ΔA_i,于是有 $A = \sum_{i=1}^n \Delta A_i$;

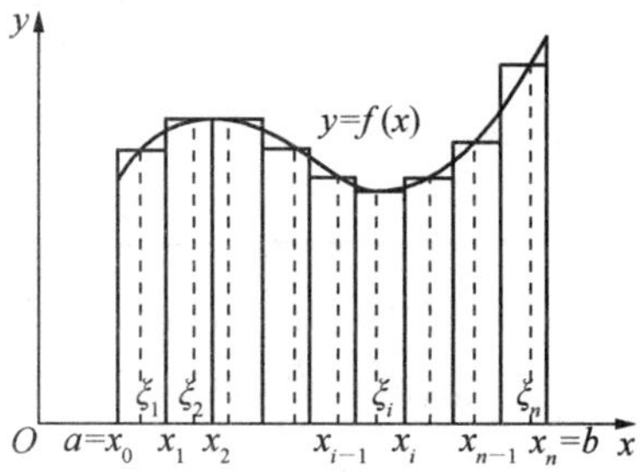

(2) 近似求和:计算 ΔA_i 的近似值 $\Delta A_i \approx f(\xi_i)\Delta x_i (x_{i-1} \leqslant \xi_i \leqslant x_i)$;求和得面积 A 的近似值 $A \approx \sum_{i=1}^n f(\xi_i)\Delta x_i$;

图 6-1

(3) 求极限得精确值:$A = \lim\limits_{\lambda \to 0} \sum\limits_{i=1}^{n} f(\xi_i) \Delta x_i = \int_a^b f(x)\mathrm{d}x$.

在上述问题中,我们注意到:所求量(面积A)与区间$[a,b]$有关.如果把区间$[a,b]$分成许多部分区间,则所求量相应地分成许多部分量(即ΔA_i),而所求量等于所有部分量之和($A = \sum\limits_{i=1}^{n} \Delta A_i$),这一性质称为所求量对于区间$[a,b]$具有**可加性**.我们还要指出:以$f(\xi_i)\Delta x_i$近似代替部分量$\Delta A_i$时,它们只相差一个比$\Delta x_i$高阶的无穷小,因此和式$\sum\limits_{i=1}^{n} f(\xi_i)\Delta x_i$的极限是面积$A$的精确值,而$A$可以表示为定积分:$A = \int_a^b f(x)\mathrm{d}x$.

在引出A的积分表达式的三个步骤中,主要的是第二步,这步是要确定ΔA_i的近似值$f(\xi_i)\Delta x_i$,使得:$A = \lim\limits_{\lambda \to 0} \sum\limits_{i=1}^{n} f(\xi_i)\Delta x_i = \int_a^b f(x)\mathrm{d}x$.

在使用上,为了简便起见,省略下标i,用ΔA表示任一小区间$[x, x+\mathrm{d}x]$上的窄曲边梯形面积,即 $A = \sum \Delta A$.

取$[x, x+\mathrm{d}x]$的左端点x为ξ,以点x处的函数值$f(x)$为高、$\mathrm{d}x$为底的矩形面积$f(x)\mathrm{d}x$为ΔA的近似值(图6-2阴影部分所示),即

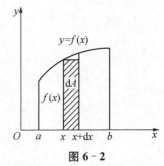

图6-2

$$\Delta A \approx f(x)\mathrm{d}x.$$

上式右端$f(x)\mathrm{d}x$叫作**面积元素**,记作:$\mathrm{d}A = f(x)\mathrm{d}x$,于是$A \approx \sum f(x)\mathrm{d}x$,则$A = \lim \sum f(x)\mathrm{d}x = \int_a^b f(x)\mathrm{d}x$.

一般地,如果某一实际问题中的所求量U符合下列条件:

(1) U是与一个变量x的变化区间$[a,b]$有关的量;

(2) U对于区间$[a,b]$具有可加性,就是说,如果把区间$[a,b]$分成许多部分区间,则U相应地分成许多部分量,而U等于所有部分量之和;

(3) 部分量ΔU_i的近似值可表示为$f(\xi_i)\Delta x_i$.

那么就可考虑用定积分来表达这个量U.通常写出这个量U的积分表达式的步骤是:

① 根据问题的具体情况,选取一个变量(例如x)为积分变量,并确定它的变化区间$[a,b]$;

② 设想把区间$[a,b]$分成n个小区间,取其中任一个小区间并记作$[x, x+\mathrm{d}x]$,求出相应于这个小区间的部分量ΔU的近似值.如果ΔU能近似地表示为$[a,b]$上的一个连续函数在x处的值$f(x)$与$\mathrm{d}x$的乘积$f(x)\mathrm{d}x$(这里ΔU与$f(x)\mathrm{d}x$相差一个比$\mathrm{d}x$高阶的无穷小量),就把$f(x)\mathrm{d}x$称为量U的元素且记作$\mathrm{d}U$,即$\mathrm{d}U = f(x)\mathrm{d}x$;

③ 以所求量U的元素$f(x)\mathrm{d}x$为被积表达式,在区间$[a,b]$上作定积分,得:

$$U = \int_a^b f(x)\mathrm{d}x.$$

这就是所求量 U 的积分表达式.

这个方法通常叫作**元素法**.下面两节我们将应用这个方法来解决几何学、物理学中的一些问题.

第二节　定积分在几何上的应用

学习目标

1. 掌握定积分求平面图形的面积.

2. 掌握定积分求旋转体的体积和已知平行截面面积的立体体积.

3. 掌握定积分求平面曲线的弧长.

一、平面图形面积

1. 直角坐标情形

我们已经知道,由曲线 $y=f(x)$($f(x)\geqslant 0$,且 $f(x)$ 在 $[a,b]$ 上连续)及 x 轴与直线 $x=a$,$x=b$ 所围成的曲边梯形面积为定积分 $\int_a^b f(x)\mathrm{d}x$(图 6-3).

其中被积表达式 $f(x)\mathrm{d}x$ 就是直角坐标下的面积元素,它表示高为 $f(x)$,底为 $\mathrm{d}x$ 的一个矩形面积.

应用定积分,不但可以计算曲边梯形面积,还可以计算一些比较复杂的平面图形的面积.

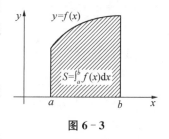

图 6-3

【例1】　求椭圆 $\dfrac{x^2}{a^2}+\dfrac{y^2}{b^2}=1$ 所围成的图形的面积.

解

方法一　由于椭圆关于 x,y 轴都对称(图 6-4),所以

$$A = 4A_1, A_1 = \int_0^a y\mathrm{d}x,$$

其中 A_1 表示椭圆在第一象限所围图形的面积.$y\mathrm{d}x$ 为面积元素.

故　　　$A = 4\int_0^a y\mathrm{d}x = 4\int_0^a \dfrac{b}{a}\sqrt{a^2-x^2}\,\mathrm{d}x$

$$= \frac{4b}{a}\cdot\frac{1}{4}a^2\pi = \pi ab.$$

方法二 利用椭圆的参数方程 $\begin{cases} x = a\cos t, \\ y = b\sin t, \end{cases}$ $0 \leqslant t \leqslant 2\pi$. 得：

$$A_1 = \int_{\frac{\pi}{2}}^{0} b\sin t \, \mathrm{d}(a\cos t) = \int_{\frac{\pi}{2}}^{0} b\sin t \, (-a\sin t) \, \mathrm{d}t$$

$$= ab \int_{0}^{\frac{\pi}{2}} \sin^2 t \, \mathrm{d}t = ab \int_{0}^{\frac{\pi}{2}} \frac{1 - \cos 2t}{2} \, \mathrm{d}t$$

$$= \frac{1}{2} ab \left[t - \frac{1}{2}\sin 2t \right]_{0}^{\frac{\pi}{2}} = \frac{\pi}{4} ab.$$

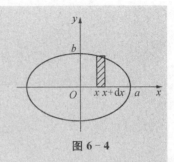

图 6 - 4

所以 $A = 4A_1 = \pi ab$.

当 $a = b$ 时，就是圆面积公式　$A = \pi a^2$.

【例2】 求两抛物线：$x = y^2$、$y = x^2$ 所围图形的面积.

解　作图(图6-5)，由方程组 $\begin{cases} x = y^2, \\ y = x^2, \end{cases}$ 可得这两条曲线的交点为$(0,0)$和

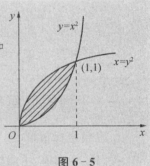

$(1,1)$.

曲线 $x = y^2$ 在第一象限的部分为 $y = \sqrt{x}$，因而面积元素为

$$(\sqrt{x} - x^2) \, \mathrm{d}x.$$

故所求面积为 $A = \int_{0}^{1} (\sqrt{x} - x^2) \, \mathrm{d}x = \left[\frac{2}{3} x^{\frac{3}{2}} - \frac{1}{3} x^3 \right]_{0}^{1} = \frac{1}{3}$.

图 6 - 5

【例3】 计算抛物线 $y^2 = 2x$ 与直线 $y = x - 4$ 所围成图形的面积.

解：作出图形(如图6-6所示).

由 $\begin{cases} y^2 = 2x, \\ y = x - 4 \end{cases}$ 得两曲线交点$(2, -2)$和$(8, 4)$.

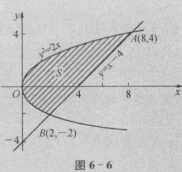

如果选取 x 为积分变量，则 x 的变化区间为$[0, 8]$，但$[0, 2]$上的面

积元素与$[2, 8]$上面积元素不同.

其图形面积为 $S = \int_{0}^{2} 2\sqrt{2x} \, \mathrm{d}x + \int_{2}^{8} (\sqrt{2x} - x + 4) \, \mathrm{d}x$

$$= \frac{4\sqrt{2}}{3} x^{3/2} \Big|_{0}^{2} + \left[\frac{2\sqrt{2}}{3} x^{3/2} - \frac{1}{2} x^2 + 4x \right]_{2}^{8} = 18.$$

图 6 - 6

如果选取 y 为积分变量，则 y 的变化区间为$[-2, 4]$，(又称为沿 y 轴积分).

这时边界曲线方程变为 $x = \frac{1}{2} y^2$ 与 $x = y + 4$，面积元素为

$$\left[(y + 4) - \frac{1}{2} y^2 \right] \mathrm{d}y;$$

故：$S = \int_{-2}^{4} \left[(y + 4) - \frac{1}{2} y^2 \right] \mathrm{d}y = \left[4y + \frac{1}{2} y^2 - \frac{1}{6} y^3 \right]_{-2}^{4} = 18.$

【例4】 求由曲线 $y=x^2$ 与 $y=2-x^2$ 所围图形的面积.

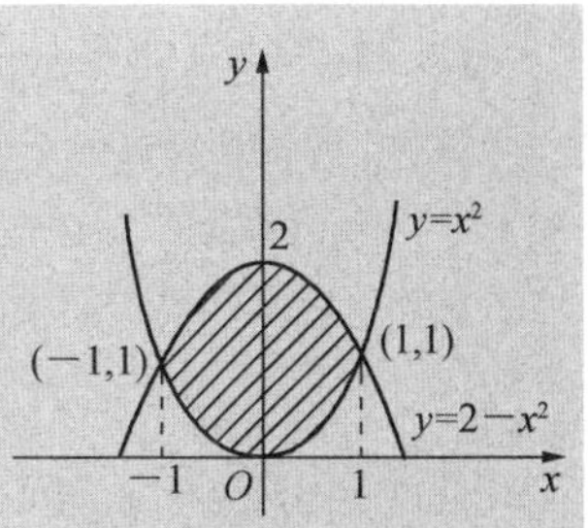

解 作图(图6-7),求出交点 $(-1,1)$,$(1,1)$,沿 x 轴积分区间为 $[-1,1]$,由于图形关于 y 轴对称,所以面积为区间 $[0,1]$ 上面积的 2 倍,面积元素为

$$[(2-x^2)-x^2]dx.$$

故 $S=\int_0^1[(2-x^2)-x^2]dx=\left[2x-\frac{2}{3}x^3\right]_0^1=\frac{4}{3}.$

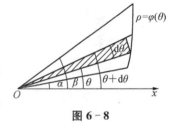

图 6-7

2. 极坐标情形

某些平面图形,在直角坐标系下用定积分计算其面积往往非常繁琐,而用极坐标表示后,用定积分计算面积会显得比较方便.

设由曲线 $\rho=\varphi(\theta)$ 及射线 $\theta=\alpha$,$\theta=\beta$ 围成一图形(曲边扇形),现在要计算它的面积(图6-8).这里的函数 $\rho=\varphi(\theta)$ 在区间 $[\alpha,\beta]$ 上连续,且 $\varphi(\theta)\geqslant0$.

由于当 θ 在 $[\alpha,\beta]$ 上变动时,极径 $\rho=\varphi(\theta)$ 也随之变动,因此所求图形的面积不能直接用扇形(圆弧)面积公式 $S=\frac{1}{2}R^2\theta$ 来计算.

图 6-8

不过,我们可以取极角 θ 为积分变量,它的变化范围相应于任一小区间 $[\theta,\theta+d\theta]$ 的窄曲边扇形的面积可以用半径为 $\rho=\varphi(\theta)$、中心角为 $d\theta$ 的扇形面积来近似代替,从而得到这个窄曲边扇形面积的近似值,即曲边扇形的面积元素:$dS=\frac{1}{2}[\varphi(\theta)]^2d\theta.$

以 $\rho=\varphi(\theta)$ 为曲边扇形半径(变量)在 $[\alpha,\beta]$ 上的曲边扇形的面积为

$$S=\int_\alpha^\beta\frac{1}{2}[\varphi(\theta)]^2d\theta. \tag{2.1}$$

【例5】 求三叶玫瑰线 $\rho=a\cos3\theta(a>0)$ 围成图形(图6-9)的面积.

解 由对称性,只需求出半叶的面积,再 6 倍就是所求面积.半叶可看作一曲边扇形,因为 ρ 从 a 变到 0 时,θ 由 0 变到 $\frac{\pi}{6}$,所以由公式(2.1)得到,

$$A=6\cdot\frac{1}{2}\int_0^{\frac{\pi}{6}}a^2\cos^23\theta d\theta=3a^2\int_0^{\frac{\pi}{6}}\frac{1+\cos6\theta}{2}d\theta$$

$$=\frac{3a^2}{2}\cdot\theta\Big|_0^{\frac{\pi}{6}}+\frac{a^2}{4}\int_0^{\frac{\pi}{6}}\cos6\theta d(6\theta)$$

$$=\frac{\pi}{4}a^2+\frac{a^2}{4}\sin6\theta\Big|_0^{\frac{\pi}{6}}=\frac{\pi}{4}a^2.$$

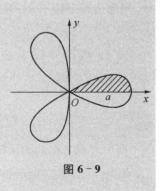

图 6-9

【例6】 计算心形线 $\rho=a(1+\cos\theta),a>0$ 所围成的图形的面积.

解 心形线所围成的图形面积对称于极轴(如图 6-10),因此所求图形的面积 A 是极轴以上部分图形面积 A_1 的两倍.由公式(2.1)得

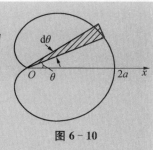

图 6-10

$$A_1=\int_0^\pi\frac{1}{2}\rho^2\mathrm{d}\theta=\frac{a^2}{2}\int_0^\pi(1+\cos\theta)^2\mathrm{d}\theta$$

$$=\frac{a^2}{2}\left[\theta+2\sin\theta\right]_0^\pi+\frac{a^2}{2}\int_0^\pi\frac{1+\cos2\theta}{2}\mathrm{d}\theta$$

$$=\frac{a^2\pi}{2}+\frac{1}{4}a^2\left[\theta+\frac{1}{2}\sin2\theta\right]_0^\pi=\frac{3}{4}a^2\pi,$$

故所求面积为 $A=2A_1=\dfrac{3}{2}\pi^2$.

二、体积

1. 旋转体的体积

旋转体就是一个平面图形绕平面内一条直线旋转一周而成的立体.这条直线被称为旋转轴.下面我们将计算这样的旋转体体积.

设连续函数 $y=f(x)$、直线 $x=a$,$x=b$ 及 x 轴围成的曲边梯形绕 x 轴旋转一周,得到一旋转体(图 6-11).现在考虑用定积分来计算这种立体的体积.

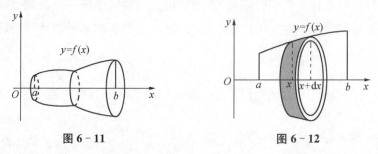

图 6-11　　　　　　　　　图 6-12

取横坐标 x 为积分变量,它的变化区间为 $[a,b]$,相应于 $[a,b]$ 上的任一小区间 $[x,x+\mathrm{d}x]$ 窄曲边梯形绕 x 轴旋转而成的薄片的体积近似于以 $f(x)$ 为底半径、$\mathrm{d}x$ 为高的薄片圆柱体(图 6-12)的体积,即体积元素:$\mathrm{d}V=\pi\left[f(x)\right]^2\mathrm{d}x$

以 $\pi\left[f(x)\right]^2\mathrm{d}x$ 为被积表达式,在闭区间 $[a,b]$ 上作定积分便可得所求旋转体体积:

$$V=\int_a^b\pi\left[f(x)\right]^2\mathrm{d}x \qquad (2.2)$$

用与上面类似的方法可以推出:由连续曲线 $x=\varphi(y)$、直线 $y=c$、$y=d(c<d)$ 与 y 轴所围成的曲边梯形绕 y 轴旋转一周而成的旋转体(图 6-13)的体积为

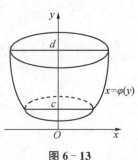

图 6-13

$$V = \int_c^d \pi x^2 \, \mathrm{d}y = \pi \int_c^d \left[\varphi(y) \right]^2 \mathrm{d}y. \tag{2.3}$$

【例7】 求由 $y=x(0 \leqslant x \leqslant 2)$ 绕 x 轴旋转一周构成的圆锥体体积.

解 该圆锥体如图 $6-14$ 所示，它是由三角形 OPA 所围区域绕 x 轴旋转而成的.由公式 (2.2)，所求圆锥体的体积为

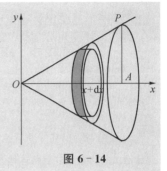

$$V = \int_0^2 \pi y^2 \, \mathrm{d}x = \pi \int_0^2 x^2 \, \mathrm{d}x = \frac{\pi}{3} \left[x^3 \right]_0^2 = \frac{8\pi}{3}.$$

图 $6-14$

【例8】 求椭圆 $\dfrac{x^2}{a^2} + \dfrac{y^2}{b^2} = 1$ 分别绕 x 轴与 y 轴旋转而成的旋转体(叫作旋转椭球体)的体积.

解 （1）求椭圆绕 x 轴旋转的椭球体体积(如图 $6-15$ 所示)V_x，它可以看作由半个椭圆 $y = \dfrac{b}{a} \sqrt{a^2 - x^2}$ 及 x 轴围成的平面图形绕 x 轴旋转而成的立体.

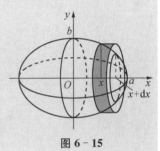

图 $6-15$

用元素法求体积，取 x 为积分变量，则它的变化范围为 $[-a, a]$，旋转椭球体中相应于任意小区间上的薄片的体积，近似等于底半径为 $y = \dfrac{b}{a} \sqrt{a^2 - x^2}$、高为 $\mathrm{d}x$ 的扁圆柱体的体积，即体积元素为 $\mathrm{d}V = \dfrac{\pi b^2}{a^2} (a^2 - x^2) \, \mathrm{d}x.$

于是由公式 (2.2)，所求旋转椭球体的体积为

$$V_x = \int_{-a}^a \pi y^2 \, \mathrm{d}x = \frac{\pi b^2}{a^2} \int_{-a}^a (a^2 - x^2) \, \mathrm{d}x = \frac{\pi b^2}{a^2} \left[a^2 - \frac{x^3}{3} \right]_{-a}^a = \frac{4}{3} \pi a b^2.$$

（2）求椭圆绕 y 轴旋转的椭球体体积 V_y.类似于(1)用元素法求体积，也可直接利用体积公式，得所求体积

$$V_y = \int_{-b}^b \pi x^2 \, \mathrm{d}y = \int_{-b}^b \pi \frac{a^2}{b^2} (b^2 - y^2) \, \mathrm{d}y = 2\pi \frac{a^2}{b^2} \int_0^b (b^2 - y^2) \, \mathrm{d}y = \frac{4}{3} \pi a^2 b.$$

显然，当 $a = b = R$ 时，旋转椭球体就成为半径为 R 的球体，其体积 $V = \dfrac{4}{3} \pi R^3$.

【例9】 求曲线 $y = \sin x (0 \leqslant x \leqslant \pi)$ 绕 x 轴旋转一周所得的旋转体体积(图 $6-16$).

解 由公式 (2.2)，所求旋转体体积

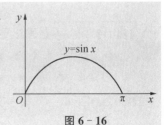

$$V = \pi \int_0^\pi \sin^2 x \, \mathrm{d}x = \frac{\pi}{2} \int_0^\pi (1 - \cos 2x) \, \mathrm{d}x = \frac{\pi}{2} \left[x - \frac{1}{2} \sin 2x \right]_0^\pi = \frac{1}{2} \pi^2.$$

图 $6-16$

【**例 10**】 计算由摆线 $x=a(\theta-\sin\theta)$，$y=a(1-\cos\theta)$ 的一拱，直线 $y=0$ 所围成的图形分别绕 x 轴、y 轴旋转而成的旋转体体积.

解 绕 x 轴：由公式(2.2)，所求旋转体体积为

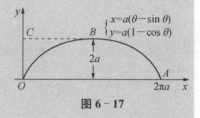

图 6-17

$$V=\int_0^{2\pi a}\pi y^2\mathrm{d}x=\pi a^3\int_0^{2\pi}(1-\cos\theta)^3\mathrm{d}\theta$$

$$=\pi a^3\int_0^{2\pi}(1-3\cos\theta+3\cos^2\theta-\cos^3\theta)\mathrm{d}\theta$$

$$=5\pi^2a^3.$$

绕 y 轴：此时，可看成平面图形 $OABC$ 与 OBC（图 6-17）分别绕 y 轴旋转而成的旋转体的体积之差.因此由公式(2.3)，所求旋转体体积为

$$V=\int_0^{2a}\pi x_2^2\mathrm{d}y-\int_0^{2a}\pi x_1^2\mathrm{d}y$$

$$=\pi\int_{2\pi}^{\pi}a^2(\theta-\sin\theta)^2\mathrm{d}(a(1-\cos\theta))-\pi\int_0^{\pi}a^2(\theta-\sin\theta)^2\mathrm{d}(a(1-\cos\theta))$$

$$=\pi a^3\int_{2\pi}^{\pi}(\theta-\sin\theta)^2\sin\theta\mathrm{d}\theta-\pi a^3\int_0^{\pi}(\theta-\sin\theta)^2\sin\theta\mathrm{d}\theta$$

$$=-\pi a^3\int_0^{2\pi}(\theta-\sin\theta)^2\sin\theta\mathrm{d}\theta$$

$$=-\pi a^3\int_0^{2\pi}(\theta^2\sin\theta-2\theta\sin^2\theta+\sin^3\theta)\mathrm{d}\theta$$

$$=6\pi^3a^3.$$

*2. 平行截面面积为已知的立体的体积

从计算旋转体体积的过程中可以看出：如果一个立体不是旋转体，但知道该立体上垂直于定轴的所有截面面积，则这个立体的体积也可以用定积分计算.如图 6-18 所示，取定轴为 x 轴，并设该立体在过点 $x=a$，$x=b$ 且垂直于 x 轴的两平面之间.以 $A(x)$ 表示过点 x 的横截面面积，若 $A(x)$ 连续，取 x 为积分变量，它的变化区间为 $[a,b]$，立体中相应于区间 $[a,b]$ 上的任一小区间 $[x,x+\mathrm{d}x]$ 的一个薄片的体积近似于底面积为 $A(x)$、高(厚)为 $\mathrm{d}x$ 的薄片柱体体积，即体积元素为 $\mathrm{d}V=A(x)\mathrm{d}x$，故所求立体体积为

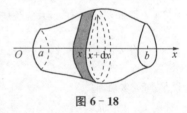

图 6-18

$$V=\int_a^b A(x)\mathrm{d}x.\tag{2.4}$$

【**例 11**】 有一半径为 R 的正圆柱体，被经过底上直径的平面所截，此平面与底面的夹角为 β（见图 6-19）.求这平面截圆柱体所得的立体的体积.

解 设底面与斜截平面的交线为 x 轴，底圆的圆心为原点，过点 X 作垂直于 x 轴的截面为 ABC.由于 $\angle ABC=\beta$，因此，$BC=\sqrt{R^2-x^2}$，$AC=BC\tan\beta=\sqrt{R^2-x^2}\cdot\tan\beta$.

因而截面积为

$$A(x)=\frac{1}{2}BC \cdot AC=\frac{1}{2}(R^2-x^2)\tan\beta.$$

于是由公式(2.4)得所求立体体积为

$$V=\int_{-R}^{R}A(x)dx=\int_{-R}^{R}\frac{1}{2}(R^2-x^2)\tan\beta dx$$

$$=\frac{1}{2}\tan\beta\left[R^2x-\frac{1}{3}x^3\right]_{-R}^{R}$$

$$=\frac{1}{2}\tan\beta\left[0-\left(-\frac{4}{3}R^3\right)\right]=\frac{2}{3}R^3\tan\beta.$$

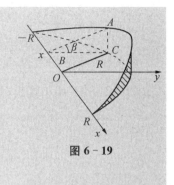

图 6-19

【例 12】 求以半径为 R 的圆为底、平行且等于底圆直径的线段为顶、高为 h 的正劈锥体的体积.

解 取底圆所在的平面为 xOy 平面建立坐标系如图 6-20,并使 x 轴与正劈锥体的顶平行.底圆方程为 $x^2+y^2=R^2$,过 x 轴上的任点 $x(-R\leqslant x\leqslant R)$ 作垂直于 x 轴平面,截正劈锥体的截面为等腰三角形,其面积为 $A(x)=h \cdot y=h\sqrt{R^2-x^2}$,由公式(2.4)得所求正劈锥体的体积为 $V=\int_{-R}^{R}A(x)dx$

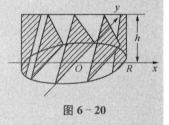

图 6-20

$$=h\int_{-R}^{R}\sqrt{R^2-x^2}dx=2hR^2\int_{0}^{\frac{\pi}{2}}\cos^2\theta d\theta=\frac{\pi hR^2}{2}.$$

显然,正劈锥体体积等于同底同高的圆柱体体积的一半.

三、平面曲线的弧长

我们知道,圆周长可以利用圆的内接正多边形的周长当边数无限增多时的极限来确定.曲线弧长的计算也可以用类似的方法来描述,从而利用定积分来计算.

设 A、B 是曲线弧上的两个端点(如图 6-21 所示).在弧 $\overset{\frown}{AB}$ 上依次任取分点 $A=M_0,M_1,M_2,\cdots,M_{i-1},M_i,\cdots,M_{n-1},M_n=B$,并依次连接相邻的分点得一内接折线(见图 6-21).当分点的数目无限增多且每一个小段弧 $\overset{\frown}{M_{i-1}M_i}$ 都缩向一点时,如果折线长

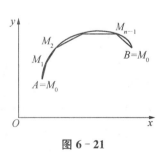

图 6-21

$\sum_{i=1}^{n}|M_{i-1}M_i|$ 的极限存在,则称此极限为曲线弧 $\overset{\frown}{AB}$ 的弧长,并称此曲线弧 $\overset{\frown}{AB}$ 是可求长的.

对光滑曲线弧有:

定理 光滑曲线弧是可求长的.

这个定理不予以证明.由于光滑曲线是可求弧长的,故可应用定积分来计算弧长.下面利用定积分的元素法来讨论平面光滑曲线弧长的计算公式.

设曲线弧由参数方程 $\begin{cases} x=\varphi(t), \\ y=\psi(t), \end{cases}$ $(\alpha \leqslant t \leqslant \beta)$ 给出,其中 $\varphi(t)$、$\psi(t)$ 在 $[\alpha,\beta]$ 上具有连续导数.

取参数 t 为积分变量,它的变化区间为 $[\alpha,\beta]$,由第三章第六节知道,相应于 $[\alpha,\beta]$ 上任一小区间 $[t,t+dt]$ 的小弧段有长度 Δs 近似于其上的弧微分 $ds=\sqrt{\varphi'^2(t)+\psi'^2(t)}\ dt$ 且 Δs 与 ds 相差一个比 Δt 高阶的无穷小,因此弧长元素为

$$ds=\sqrt{(dx)^2+(dy)^2}=\sqrt{\varphi'^2(t)(dt)^2+\psi'^2(t)(dt)^2}$$
$$=\sqrt{\varphi'^2(t)+\psi'^2(t)}\ dt.$$

故,所求弧长为 $\qquad\qquad s=\int_{\alpha}^{\beta}\sqrt{\varphi'^2(t)+\psi'^2(t)}\ dt.$ \qquad\qquad (2.5)

当曲线弧由直角坐标方程 $y=f(x)(a \leqslant x \leqslant b)$ 给出,其中 $f(x)$ 在 $[a,b]$ 上具有一阶连续导数时,因为 $ds=\sqrt{1+y'^2}\ dx$,从而所求弧长为

$$s=\int_{a}^{b}\sqrt{1+y'^2}\ dx. \qquad\qquad (2.6)$$

当曲线弧由极坐标方程 $\rho=\rho(\theta)(\alpha \leqslant \theta \leqslant \beta)$ 给出,其中 $\rho(\theta)$ 在 $[\alpha,\beta]$ 上具有连续导数时,则由直角坐标与极坐标的关系 $\begin{cases} x=\rho(\theta)\cos\theta, \\ y=\rho(\theta)\sin\theta, \end{cases}$ $(\alpha \leqslant \theta \leqslant \beta)$ 可推得

$$ds=\sqrt{x'^2(\theta)+y'^2(\theta)}\ d\theta=\sqrt{\rho^2(\theta)+\rho'^2(\theta)}\ d\theta.$$

故,所求弧长为

$$s=\int_{\alpha}^{\beta}\sqrt{\rho^2(\theta)+\rho'^2(\theta)}\ d\theta. \qquad\qquad (2.7)$$

【例 13】 计算曲线 $y=\dfrac{2}{3}x^{\frac{3}{2}}$ 上相应于 x 从 a 到 b 的一段弧(图6-22)的长度.

解 因为 $y'=x^{\frac{1}{2}}$,由公式(2.6)

所求弧长为 $s=\int_{a}^{b}\sqrt{1+x}\ dx=\dfrac{2}{3}\left[1+x^{\frac{3}{2}}\right]_{a}^{b}$

$=\dfrac{2}{3}\left[(1+b)^{\frac{3}{2}}-(1+a)^{\frac{3}{2}}\right].$

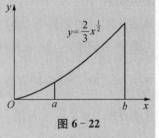

图 6-22

【例14】　求悬链线 $y=\dfrac{1}{2}(e^x+e^{-x})$ 从 $x=-a$ 到 $x=a\,(>0)$ 间的一段弧长（图6-23）.

解　根据对称性,所求弧长为 $x=0$ 到 $x=a$ 的曲线弧长的2倍.

所求弧长 $s=2\displaystyle\int_0^a\sqrt{1+y'^2}\,dx=2\int_0^a\dfrac{e^x+e^{-x}}{2}=e^a-e^{-a}$.

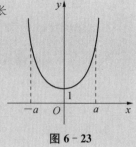

图6-23

【例15】　求对数螺线 $\rho=e^{a\theta}$ 上自 $\theta=\alpha$ 到 $\theta=\beta$ 间的一段弧长（图6-24）.

解　$s=\displaystyle\int_\alpha^\beta\sqrt{\rho^2+(\rho')^2}\cdot d\theta=\int_\alpha^\beta\sqrt{e^{2a\theta}+a^2e^{2a\theta}}\,d\theta$

$\qquad\quad=\sqrt{1+a^2}\displaystyle\int_\alpha^\beta e^{a\theta}\,d\theta=\dfrac{\sqrt{1+a^2}}{a}e^{a\theta}\Big|_\alpha^\beta$

$\qquad\quad=\dfrac{\sqrt{1+a^2}}{a}(e^{a\beta}-e^{a\alpha})$.

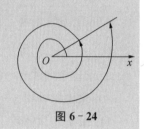

图6-24

习题 6-2

1. 求由下列各曲线所围成的图形的面积.

(1) $y=3-x^2$ 与 $y=2x$；

(2) $y=e^x$ 与 $y=e$ 及 y 轴；

(3) $y=x^2$ 与 $x=y^2$；

(4) $y=\sin x$，$y=2\pi-x$ 及 y 轴；

(5) $y^2=2x$ 与 $y=x-4$；

(6) $y=\dfrac{4}{x}$，$y=4x$ 及 $y=\dfrac{x}{4}$ 在第一象限中所围图形；

(7) $y=\dfrac{8}{x^2+4}$ 与 $y=\dfrac{1}{4}x^2$；

(8) $y=e^x$，$y=e^{-x}$ 与直线 $x=1$；

(9) $y=\dfrac{1}{2}x^2$ 与 $x^2+y^2=8$（两部分都计算）；

(10) $y=\dfrac{1}{x}$ 与直线 $y=x$ 以及 $x=2$；

(11) $y=\ln x$，y 轴与直线 $y=\ln a$，$y=\ln b\,(b>a>0)$.

2. 求图6-25、图6-26中阴影部分的面积.

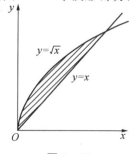

图6-25

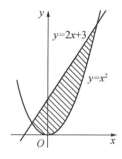

图6-26

3. 求抛物线 $y = -x^2 + 4x - 3$ 及其在点 $(0, -3)$ 和点 $(3, 0)$ 处的切线所围成的图形面积.

4. 求抛物线 $y^2 = 2px$ 及其在点 $\left(\dfrac{p}{2}, p\right)$ 处的法线所围成的图形面积.

5. 求由下列各曲线所围成的图形面积.

(1) $\rho = 2a\cos\theta$;　　　　　　　　　(2) $x = a\cos^3 t, y = a\sin^3 t$;

(3) $\rho = 2a(2 + \cos\theta)$.

6. 求由摆线 $x = a(t - \sin t), y = a(1 - \cos t)$ 的一拱 $(0 \leqslant t \leqslant 2\pi)$ 与横轴所围成的图形面积.

7. 求对数螺线 $\rho = a\mathrm{e}^\theta (-\pi \leqslant \theta \leqslant \pi)$ 及射线 $\theta = \pi$ 所围成的图形面积.

8. 求下列各曲线所围成图形的公共部分的面积.

(1) $\rho = 3\cos\theta$ 与 $\rho = 1 + \cos\theta$;　　　(2) $\rho = \sqrt{2}\sin\theta$ 与 $\rho^2 = \cos 2\theta$.

9. 求位于曲线 $y = \mathrm{e}^x$ 下方, 该曲线过原点的切线的左方以及 x 轴上方之间的图形面积.

10. 求由抛物线 $y^2 = 4ax$ 与过焦点的弦所围成的图形面积的最小值.

11. 求旋转体体积.

(1) $y = x^2 (0 \leqslant x \leqslant 2)$ 与 x 轴所围图形绕 x 轴及绕 y 轴旋转;

(2) $y = x^2$ 与 $x = y^2$ 所围图形绕 y 轴旋转;

(3) $\dfrac{x^2}{a^2} + \dfrac{y^2}{b^2} = 1$ 分别绕 x 轴及绕 y 轴旋转;

(4) $y = \dfrac{3}{x}$ 与 $y = 4 - x$ 所围图形绕 x 轴旋转;

(5) $y^2 = 4ax$ 及直线 $x = x_0 (x_0 > 0)$ 所围图形绕 x 轴旋转;

(6) $y = x^3, x = 2, y = 0$ 所围图形分别绕 x 轴及绕 y 轴旋转;

(7) 摆线 $x = a(t - \sin t), y = a(1 - \cos t)$ 的一拱与 $y = 0$ 所围图形绕直线 $y = 2a$ 旋转;

(8) 星形线 $x^{\frac{2}{3}} + y^{\frac{2}{3}} = a^{\frac{2}{3}}$ 所围图形绕 x 轴旋转(见图 6 - 27).

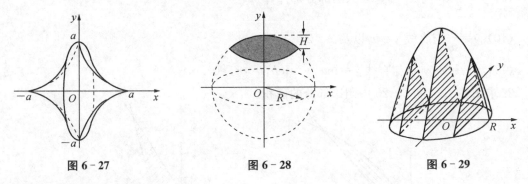

图 6 - 27　　　　　　　图 6 - 28　　　　　　　图 6 - 29

*12. 用积分方法证明图 6 - 28 中球缺的体积为 $V = \pi H^2 \left(R - \dfrac{H}{3}\right)$.

*13. 求圆盘 $x^2 + y^2 \leqslant a^2$ 绕 $x = -b (b > a > 0)$ 旋转所成的旋转体体积.

*14. 设有一截锥体,高为 h,上、下底均为椭圆,椭圆的轴长分别为 $2a$、$2b$ 和 $2A$、$2B$,求这个截锥体的体积.

*15. 计算底面是半径为 R 的圆,而垂直于底面上一条固定直径的所有截面都是等边三角形的立体体积(图 6-29).

*16. 证明:由平面图形 $0 \leqslant a \leqslant x \leqslant b, 0 \leqslant y \leqslant f(x)$ 绕 y 轴旋转所成的旋转体的体积 $V = 2\pi \int_a^b x f(x) \mathrm{d}x$.

*17. 计算由曲线 $y = \sin x (0 \leqslant x \leqslant \pi)$ 和 x 轴所围成的图形绕 y 轴旋转所得旋转体的体积(可以利用第 16 题的结论).

18. 计算曲线 $y = \ln x$ 上相应于 $\sqrt{3} \leqslant x \leqslant \sqrt{8}$ 的一段弧长.

19. 计算半立方抛物线 $y^2 = \dfrac{2}{3}(x-1)^3$ 被抛物线 $y^2 = \dfrac{x}{3}$ 截得的一段弧的长度.

20. 计算中心抛物线 $y^2 = 2px$ 从顶点到该曲线上的点 $M(x, y)$ 的弧长.

21. 计算曲线 $y = \dfrac{\sqrt{x}}{3}(3-x)$ 上相应于 $1 \leqslant x \leqslant 3$ 的一段弧(图 6-30)的长度.

22. 计算星形线 $x = a \cos^3 t, y = a \sin^3 t$(图 6-31)的全长.

23. 将绕在圆(半径为 a)上的细线放开拉直,使细线与圆周始终相切(图 6-32),细线端点画出的轨迹叫作圆的渐开线,它的方程为 $\begin{cases} x = a(\cos t + t \sin t), \\ y = a(\sin t - t \cos t). \end{cases}$ 算出这曲线上相应于 t 从 0 变到 π 的一段弧长.

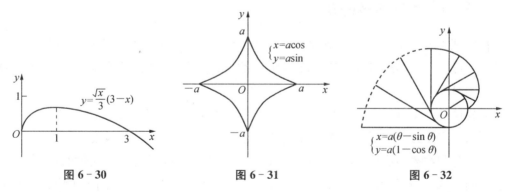

图 6-30　　　　　　　图 6-31　　　　　　　图 6-32

24. 在摆线 $x = a(\theta - \sin\theta), \quad y = a(1 - \cos\theta)$(图 6-33)上求分摆线第一拱成 $1 : 3$ 的点的坐标.

25. 求对数螺线 $\rho = \mathrm{e}^{a\theta}$(图 6-34)相应于从 $\theta = 0$ 到 $\theta = \varphi$ 的一段弧长.

26. 求曲线 $\rho\theta = 1$(图 6-35)相应于从 $\theta = \dfrac{3}{4}$ 到 $\theta = \dfrac{4}{3}$ 的一段弧长.

27. 求心形线 $\rho = a(1 + \cos\theta)$ 的全长.

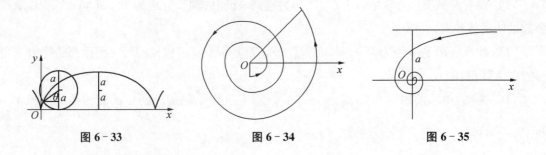

图 6 - 33   图 6 - 34   图 6 - 35

*第三节   定积分在物理学上的应用

学习目标

1. 掌握定积分求变力沿直线做功.
2. 掌握定积分求侧面水压力.
3. 掌握定积分求引力.

本节主要讨论应用定积分计算变力做功、水压力、引力等物理量.

一、变力沿直线所做的功

根据物理学关于做功的定义,如果物体在作直线运动的过程中有一个不变的力 F 作用在这物体上,且这个力的方向与物体运动的方向一致,那么在物体移动了距离 s 时,力 F 对物体所做的功为 $W=F \cdot s$

如果物体在运动过程中所受到的力是变化的,这就会遇到变力对物体做功的问题.

设一物体在变力 F 的作用下沿直线运动,变力 F 是位移 x 的连续函数 $F=F(x)$,方向始终保持不变且与物体的位移方向相同,求物体由点 a 移到点 b 时,变力 F 所做的功.

在区间 $[a,b]$ 上任取区间 $[x,x+\mathrm{d}x]$,由于 $\mathrm{d}x$ 比较小,所以在该区间上可以近似看成恒力做功,于是该区间上的功微元为

$$\mathrm{d}W=F(x)\mathrm{d}x,$$

从而得到在 $[a,b]$ 上变力 F 所做的功为

$$W=\int_a^b F(x)\mathrm{d}x.$$

【例1】 把一个带电量为 q 的点电荷放在 x 轴的原点 O 处,它产生一个电场,并对周围的电荷产生作用力.现有一个单位正电荷在电场中从 $x=a$ 处沿 x 轴移到 $x=b$ ($a<b$) 处时,求电场力对它所做的功.

解 在上述变化过程中,电场对这个单位正电荷的作用力是不断变化的.

取 x 为积分变量,它的变化区间为 $[a,b]$.

在 $[a,b]$ 上任取一个小区间 $[x,x+\mathrm{d}x]$,当单位正电荷从 x 移动到 $x+\mathrm{d}x$ 时,电场力对它的作用力可近似地看成常力 $\dfrac{kq}{x^2}$,从而得功元素

$$\mathrm{d}W=\frac{kq}{x^2}\mathrm{d}x.$$

于是所求的功为

$$W=\int_a^b\frac{kq}{x^2}\mathrm{d}x=kq\left[-\frac{1}{x}\right]_a^b=kq\left(\frac{1}{a}-\frac{1}{b}\right).$$

在计算静电场中某点的电位时,要考虑将单位正电荷从该点($r=a$)处移到无穷远处时电场力所做的功 W.此时电场力对单位正电荷所做的功就是广义积分

$$W=\int_a^{+\infty}\frac{kq}{r^2}\mathrm{d}r=\left[-\frac{kq}{r}\right]_a^{+\infty}=\frac{kq}{a}.$$

*例2 用缆绳与吊桶从 30 m 深的水井中吊水,设吊桶自重 4 kg,缆绳每米重 2 kg.若开始时桶内装有 40 kg 的水,并以 2 m/s 的速度匀速上升,且桶内水以 0.2 kg/s 速率从桶壁小孔流出,问将吊桶提升至井口需做多少功?

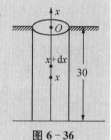

图 6-36

解 建立坐标系如图 6-36 所示.所求的功为拉起缆绳所做的功、拉起吊桶所做的功以及提水所做的功的总和.

(1) 设拉起缆绳所做的功为 W_1,缆绳对应于 x 轴上的区间 $[0,30]$,在 $[0,30]$ 上任取一小区间 $[x,x+\mathrm{d}x]$,将其对应的一小段缆绳提至井口所做的功的近似值,即功 W_1 的功元素为

$$\mathrm{d}W_1=(30-x)\cdot2g\,\mathrm{d}x.$$

于是 $\quad W_1=2g\displaystyle\int_{-30}^0(30-x)\mathrm{d}x=2g\left[30x-\frac{x^2}{2}\right]_{-30}^0=900\,g\,(\mathrm{J}).$

(2) 设拉起吊桶所做的功为 W_2,则有 $W_2=4\,g\cdot30=120\,g\,(\mathrm{J}).$

(3) 设提水所做的功为 W_3,把一桶水吊至井口需要的时间 $T=\dfrac{30}{2}=15(s)$.

取 t 为积分变量,它的变化区间为 $[0,15]$,在 $[0,15]$ 上任取一小区间 $[t,t+\mathrm{d}t]$,则在时刻 t,桶中水重 $(40-0.2t)g\,(N)$,在 t 到 $t+\mathrm{d}t$ 时间段水被提升的距离为 $v\mathrm{d}t=2\mathrm{d}t$,

因此功 W_3 的功元素为 　　$dW_3 = (40-0.2t) \cdot 2dt = 2(40-0.2t)dt$，

于是　　　　　$W_3 = 2\int_0^{15}(40-0.2t)g\,dt = 2g\,[40-0.1t^2]_0^{15} = 1\,105\,g\,(J)$．

故，所求的功为　　　$W = W_1 + W_2 + W_3 = 2\,175\,g\,(J)$．

【例3】 要将一半径为 $0.2\,m$，密度为 $500\,kg/m^3$ 浮于水面的木球提离水面，问需做功多少？

解 根据浮力定律知道球的上半部浮于水面，下半部没于水中，所以只要提高 $0.2\,m$ 即可将此球提离水面．由于整个提球过程中浮力与提力都在做功，所以应有

提力所做的功 ＝ 克服重力所做的功 — 浮力所做的功．

建立坐标系如图 $6-37$，取 $[y,y+dy] \subset [-R,0]$，则对应于此小区间浮力所做的功元素为

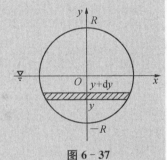

$$dW_{浮} = ydF = y(g\,dm) = yg(\rho dV) = yg\rho\,[\pi(R^2-y^2)dy]，$$

所以 $W_{浮} = \pi\rho g\int_{-R}^{0} y(R^2-y^2)\,dy = \dfrac{1}{4}\pi\rho gR^4 = 12.315\,(kJ)$，

从而有

$$W_{提} = W_{重} - W_{浮} = 500\left[\dfrac{4}{3}\pi(0.2)^3\right](9.8)(0.2) - 12.315$$

$$= 20.525\,(kJ)．$$

图 $6-37$

【例4】 半径为 R，比重 δ（大于1）的球，沉入深为 H（大于 $2R$）的水池底，现将其取出，需做多少功？

解 建立坐标系如图 $6-38$，将球从水底取出所做的功分为如下两部分：

1. 将球从池底提升到球面与水平面相齐时所做的功 W_1；

2. 将球进一步提离水平面所做的功 W_2．在水中所用的外力

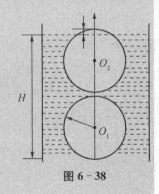

$$F_1 = 球重 - 浮力 = \dfrac{4}{3}\pi R^3\delta - \dfrac{4}{3}\pi R^3，$$

于是　　　$W_1 = F_1(H-2R) = \dfrac{4}{3}\pi R^3(\delta-1)g(H-2R)$．

球从水中提出的高度为 x 单位时，所用外力 F_2 为

$$F_2 = 球重 - 浮力 = \dfrac{4}{3}\pi R^3\delta - 水下部分球的浮力$$

$$= \dfrac{4}{3}\pi R^3\delta - \pi(2R-x)^2\left[R-\dfrac{1}{3}(2R-x)\right]$$

$$= \dfrac{\pi}{3}[4R^3(\delta-1) - x^3 + 3Rx^2]g．$$

图 $6-38$

其中 x 为球缺的高，故所需做的功 W_2 为

$$W_2 = \frac{\pi}{3} \int_0^{2R} [4R^3(\delta-1) - x^3 + 3Rx^2] g\,dx = \frac{\pi}{3}g\left[4R^3(\delta-1)x - \frac{x^4}{4} + Rx^3\right]_0^{2R}$$

$$= \frac{4\pi}{3}R^4(2\delta-1)g.$$

于是将球从池底取出外力需做功为

$$W = W_1 + W_2 = \frac{4\pi}{3}R^3 g(\delta-1)(H-2R) + \frac{4\pi}{3}R^4 g(2\delta-1)$$

$$= \frac{4\pi}{3}R^3 g[R + (\delta-1)H].$$

二、水压力

根据物理学中压强的计算公式,若 ρ 是水的密度, g 是重力加速度,则水深为 h 处的压强为 $p = \rho g h$.

如果面积为 A 的一平板水平地放置在水深为 h 的地方,则平板一侧所受到的水压力为 $P = p \cdot A$,如果平板铅直放置有水中,由于水深不同的点处压强 p 不相等,则平板一侧所受的水压力就不能用上述公式计算.那么应该如何计算? 下面我们举例说明.

【例5】 有一等腰梯形闸门,其上底长 6 m,下底长为 4 m,高为 10 m,该闸门所在的面与水面垂直,且上底与水面平齐,求闸门一侧所受到的水压力.

解 建立坐标系如图 6-39 所示,则图中直线段 AB 的方程为 $y = 3 - \dfrac{x}{10}$.

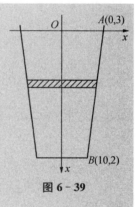

图 6-39

由于闸门上各点处的压强随该闸门在水下的深度不同而变化,即闸门上所受压力在区间 $[0,10]$ 上是非均匀分布的,因此不能用均匀分布压力公式"压力=压强×受力面积"来计算闸门所受的水压力.可利用定积分计算.

将区间 $[0,10]$ 任意分割,相应地把闸门分成了许多水平细条.由于各细条上的点到水面的距离近似相等,因而细条上各点处压强也近似相等,取 $[0,10]$ 上的任意一个小区间 $[x, x+dx]$,该小区间所对应的闸门上的水平细条可近似地看成宽为 $2y$、高为 dx 的矩形,其上各点到水面的距离可近似地看成 x,各点处的压强近似于 $\rho g x$,所以压力元素为

$$dF = \rho g x \cdot 2y\,dx = 2\rho g x\left(3 - \frac{x}{10}\right)dx,\text{其中 } \rho \text{ 是水的密度},g \text{ 为重力加速度}.$$

于是所求压力为 $\quad F = \displaystyle\int_0^{10} 2\rho g x\left(3 - \frac{x}{10}\right)dx = \rho g\left(3x^2 - \frac{1}{15}x^3\right)\Big|_0^{10} = \frac{700}{3}\rho g\,(\text{kN}).$

三、引力

根据库仑定律,在真空中,两个点电荷之间的相互作用力的大小与点电荷的电量成正比,与它们之间的距离的平方成反比,即电荷分别为 q_1, q_2 相距为 r 的两点电荷之间的库仑力的

大小为 $F=k\dfrac{q_1q_2}{r^2}$,其中 k 为库仑力系数,库仑力的方向沿着两点电荷的连线方向.

如果要计算一根细带电直导线与一个点电荷之间的库仑力,那么,由于直导线可以看成由点电荷排列而成,导线上各点与该点电荷之间的距离是变化的,且各点对该点电荷之间的库仑力的方向也是变化的,因此就不能用上述公式来计算了.

【例6】 有一长为 l 的均匀带电直导线,电荷线密度(即单位长度导线的带电量)为 δ,与该导线位于同一直线上相距为 a 处放置一个带电量为 $+q$ 的点电荷,求带电直导线与点电荷之间的作用力.

解 建立坐标系如图 6-40.

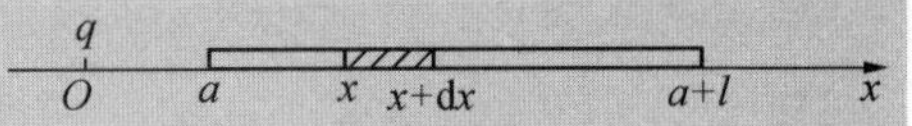

根据物理学中的库仑定律,两个带电量为 q_1,q_2 且距离相距为 r 的点电荷之间的作用力为

图 6-40

$$F=k\dfrac{q_1q_2}{r^2}.$$

现在与点电荷 q 作用的是一段带电直导线,其上各点与点电荷的距离不同,作用力将随点在导线上的位置不同而变化.

将区间 $[a,a+l]$ 任意分割,$[x,x+\mathrm{d}x]$ 为其中的一个小区域.把 $[x,x+\mathrm{d}x]$ 对应的一小段导线近似地看成一个点电荷,其带电量近似于等于 $\delta\mathrm{d}x$,从而这一段导线与点电荷 q 之间的作用力近似等于

$$\mathrm{d}F=k\dfrac{q\cdot\delta\mathrm{d}x}{x^2}.$$

于是所求的作用力

$$F=\int_a^{a+l}kq\delta\dfrac{1}{x^2}\mathrm{d}x=kq\delta\left(\dfrac{1}{a}-\dfrac{1}{a+l}\right).$$

---

* 习题 6-3

1. 根据实验可以知道,弹簧在拉伸过程中,需要的力 F(单位:N)与伸长量 s(单位:cm)成正比,即

$$F=ks(k\text{ 是比例常数}).$$

如果把弹簧由原来拉伸 6 cm,计算所做的功.

2. 直径为 20 cm、高为 80 cm 的圆筒内充满压强为 10 N/cm² 的蒸汽,设温度保持不变,要使蒸汽体积缩小一半,问要做多少功?

3. (1) 证明:把质量为 m 的物体从地球表面升高到 h 所做的功是 $W=\dfrac{mgRh}{R+h}$,其中 g 是地面上的重力加速度,R 是地球半径;

(2) 一颗地球人造地球卫星的质量为 173 kg,在高于地面 630 km 处进入轨道.问,把这颗卫星从地面送到 630 km 处的高空,克服地球引力要做多少功? 已知 $g=9.8$ m/s²,地球半径

$R = 6\ 370$ km.

4. 一物体按规律 $x = ct^3$ 做直线运动,介质的阻力与速度的平方成正比.计算物体由 $x = 0$ 移至 $x = a$ 时,克服介质阻力所做的功.

5. 用铁锤将一铁钉击入木板,设木板对铁钉的阻力与铁钉击入木板的深度成正比,在击第一次时,将铁钉击入木板 1 cm,如果铁锤每次打击铁钉所做的功相等,问铁锤击第二次时,铁钉又击入多少?

6. 设一锥形贮水池,深 15 m,口径 20 m,问盛满水后用水泵将水吸尽要做多少功?

7. 有一闸门,形状和尺寸如图 6-41 所示,水面超过门顶 2 m,求闸门上所受的水压力.

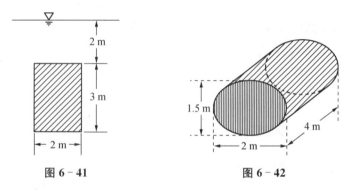

图 6-41　　　　　　　　　图 6-42

8. 洒水车上的水箱是一个横放的椭圆柱体,尺寸如图 6-42 所示.当水箱装满水时,计算水箱一个端面所受的压力.

9. 有一等腰梯形闸门,它的两条底边各长 10 cm 和 6 cm,高为 20 cm,较长的底边与水面相齐,计算闸门的一侧所受的水压力.

10. 一底为 8 cm、高为 6 cm 的等腰三角形片,铅直地沉没在水中,顶在上,底在下与水面平行,而顶离水面 3 cm,试求它每面所受的压力.

11. 设有一长度为 l、线密度为 μ 的均匀细直棒,在与棒的一端垂直距离为 a 单位处有一质量为 m 的质点 M,试求这细直棒对质点 M 的引力.

12. 设有一半径为 R、中心角为 φ 的圆弧形细棒,其线密度为常数 μ,在圆心处有一质量为 m 的质点 M,试求这圆弧细棒对质点 M 的引力.

本章小结

本章介绍了定积分在几何学和物理学上的应用,包含了利用定积分解决实际问题的方法——元素法.具体应用:定积分求平面图形的面积,求旋转体的体积,求平面曲线的弧长,求变力做功,求液体的侧压力,求引力.

一、定积分的元素法

1. 能用定积分求解问题的特征.

2. 元素法的步骤.

二、定积分在几何上的应用

1. 求平面图形的面积.

2. 求旋转体的体积和已知截面面积的立体的体积.

3. 求平面图形的弧长.

三、定积分在物理学上的应用

1. 求变力沿直线做功.

2. 求液体的侧压力.

3. 求引力.

定积分具有广泛的应用,本章只介绍了一部分问题的求解公式或求解方法,其他的应用还包含求侧面积、质心、经济学中的平均量、总量等.

总习题六

1. 一金属棒长 3 m,离棒左端 x m 处的线密度为 $\rho(x)=\dfrac{1}{\sqrt{x+1}}$(kg/m),问 x 为何值时,$[0,x]$ 一段的质量为全棒质量的一半.

2. 求由曲线 $\rho=a\sin\theta,\rho=a(\cos\theta+\sin\theta)(a>0)$ 所围图形公共部分的面积.

3. 设抛物线 $y=ax^2+bx+c$ 通过点 $(0,0)$,且当 $x\in[0,1]$ 时,$y\geqslant0$,试确定 a,b,c 的值,使得抛物线 $y=ax^2+bx+c$ 与直线 $x=1,y=0$ 所围图形的面积为 $\dfrac{4}{9}$,且使该图形绕 x 轴旋转而成的旋转体的体积最小.

4. 求由曲线 $y=x^{\frac{3}{2}}$ 与直线 $x=4$ 及 x 轴所围图形绕 y 轴旋转而成的旋转体的体积.

5. 求圆盘 $(x-2)^2+y^2\leqslant1$ 绕 y 轴旋转而成的旋转体的体积.

6. 求抛物线 $y=\dfrac{1}{2}x^2$ 被圆 $x^2+y^2=3$ 所截下的有限部分的弧长.

7. 半径为 r 的球沉入水中,球的上部与水面相切,球的密度与水相同,现将球从水中取出,需做多少功?

8. 边长为 a 和 b 的矩形薄板,与液面成 α 角斜沉于液体内,长边平行于液面而位于深 h 处,设 $a>b$,液体的密度为 ρ,试求薄板每面所受的压力.

9. 设星形线 $x=a\cos^3t,y=a\sin^3t$ 上每一点处的线密度的大小等于该点到原点距离的立方,在原点 O 处有一单位质点,求星形线在第一象限的弧段对该质点的引力.

第七章　常微分方程

高等数学研究的主要对象是函数,但在实际问题中,有时不能直接建立出函数关系式,只能建立出函数与其导数或微分的等式,这样的等式就称为微分方程.微分方程可分为常微分方程和偏微分方程,本章讨论的是前者.

常微分方程作为一种有效的工具在解决实际问题中有着十分广泛的应用.本章主要介绍常微分方程的基本概念和几种常用的常微分方程的解法.

第一节　微分方程的基本概念

 学习目标

1. 了解微分方程及其阶的概念.

2. 了解微分方程的解、通解、初值条件和特解的概念.

3. 学会建立微分方程模型.

下面我们通过两个例子说明如何建立微分方程.

【例1】　一曲线通过点$(1,3)$,且在该曲线上任一点$M(x,y)$处的切线的斜率为$4x^3$,求该曲线的方程.

解　设所求曲线的方程为$y=y(x)$,由题意得

$$\frac{\mathrm{d}y}{\mathrm{d}x}=4x^3, \tag{1.1}$$

$$x=1\ \text{时},y=3, \tag{1.2}$$

把(1.1)式两边积分,得$y=\int 4x^3\mathrm{d}x$,即$y=x^4+C.$ \hfill (1.3)

将(1.2)式代入(1.3)式,得$C=2$,

故所求曲线的方程为:$y=x^4+2.$ \hfill (1.4)

【例2】 设质量为 m 的物体只受重力的作用自由落下,求该物体的运动规律(指下落距离 x 与时间 t 的函数关系 $x(t)$).

解 若取物体降落的铅垂线为 x 轴,其正向朝下,物体下落的起点为原点,并设物体开始下落的时间 $t=0$,则由牛顿第二定律得:

$$mg = m\frac{\mathrm{d}^2 x}{\mathrm{d}t^2},$$

即

$$\frac{\mathrm{d}^2 x}{\mathrm{d}t^2} = g. \tag{1.5}$$

由题意得

$$t=0 \text{ 时}, x=0, v=\frac{\mathrm{d}x}{\mathrm{d}t}=0, \tag{1.6}$$

把(1.5)式两边积分,得

$$v = \frac{\mathrm{d}x}{\mathrm{d}t} = gt + C_1, \tag{1.7}$$

再积分,得

$$x = \frac{1}{2}gt^2 + C_1 t + C_2, \tag{1.8}$$

将(1.6)式代入(1.7)、(1.8)式得 $C_1 = 0, C_2 = 0$,

所以

$$x = \frac{1}{2}gt^2. \tag{1.9}$$

以上两个由实际问题建立的关系式(1.1)和(1.5)都含有未知函数的导数,它们都是微分方程.

定义 1 含有未知函数的导数或微分的方程称为微分方程.

微分方程是联系自变量、未知函数与未知函数的导数或微分之间的等式.

例如:

$$\frac{\mathrm{d}y}{\mathrm{d}x} = xy^2, \tag{1.10}$$

$$y'' + 2y(y')^2 + 2x = 1, \tag{1.11}$$

$$xy''' + 2y'' + x^2 y = 0, \tag{1.12}$$

$$\frac{\partial z}{\partial x} = x + y \tag{1.13}$$

都是微分方程.

微分方程中未知函数是一元函数的,称为常微分方程,例如方程(1.10)、(1.11)和(1.12);未知函数是多元函数的,称为偏微分方程,例如方程(1.13).本章只讨论常微分方程(后面简称微分方程).

定义 2 微分方程中所出现的未知函数的导数的最高阶数称为微分方程的阶.

例如:方程(1.10)是一阶微分方程,方程(1.11)是二阶微分方程,方程(1.12)是三阶微分方程.二阶及二阶以上的微分方程称为高阶微分方程.

一般地，n 阶微分方程的形式是 $F\left(x,y,\dfrac{\mathrm{d}y}{\mathrm{d}x},\cdots,\dfrac{\mathrm{d}^n y}{\mathrm{d}x^n}\right)=0.$ (1.14)

在 n 阶微分方程中，$\dfrac{\mathrm{d}^n y}{\mathrm{d}x^n}$一定要出现，而 $x,y,\dfrac{\mathrm{d}y}{\mathrm{d}x},\cdots,\dfrac{\mathrm{d}^{n-1}y}{\mathrm{d}x^{n-1}}$不一定出现.

例如：方程$\dfrac{\mathrm{d}^3 y}{\mathrm{d}x^3}=2$ 是 3 阶微分方程，在此方程中只出现了$\dfrac{\mathrm{d}^3 y}{\mathrm{d}x^3}$，而$\dfrac{\mathrm{d}^2 y}{\mathrm{d}x^2},\dfrac{\mathrm{d}y}{\mathrm{d}x},y$ 和 x 都没有出现.

定义 3　形如$\dfrac{\mathrm{d}^n y}{\mathrm{d}x^n}+a_1(x)\dfrac{\mathrm{d}^{n-1}y}{\mathrm{d}x^{n-1}}+\cdots+a_{n-1}(x)\dfrac{\mathrm{d}y}{\mathrm{d}x}+a_n(x)y=f(x)$的 n 阶微分方程称为 n 阶线性微分方程.否则，就称为 n 阶非线性微分方程.

例如：方程(1.12)是线性微分方程，方程(1.10)和(1.11)是非线性微分方程.

在研究某些实际问题时，我们常常先建立微分方程，再找出满足该方程的函数，这就是解微分方程.

定义 4　代入微分方程使该方程成为恒等式的函数称为微分方程的解.

例如：函数(1.3)、(1.4)都是微分方程(1.1)的解，函数(1.8)、(1.9)都是微分方程(1.5)的解.

微分方程的解可以用显函数来表示，也可以用隐函数来表示.

定义 5　如果微分方程的解中含有任意常数，且独立的任意常数的个数①与微分方程的阶数相同，那么称该解为微分方程的通解.

例如：函数(1.3)是微分方程(1.1)的通解，函数(1.8)是微分方程(1.5)的通解.

定义 6　为了确定通解中的任意常数而给出的条件，称为初值条件.

例如：(1.2)式是微分方程(1.1)的初值条件，(1.6)式是微分方程(1.5)的初值条件.

初值条件的个数一定与微分方程的阶数相同，通常 n 阶微分方程的初值条件记为

$$y\big|_{x=x_0}=y_0,y'\big|_{x=x_0}=y_1,\cdots,y^{(n-1)}\big|_{x=x_0}=y_{n-1}$$

或

$$y(x_0)=y_0,y'(x_0)=y_1,\cdots,y^{(n-1)}(x_0)=y_{n-1}.$$

例如：(1.2)式可以写成 $y\big|_{x=1}=3$，(1.6)式可以写成 $x\big|_{t=0}=0,x'\big|_{t=0}=0.$

定义 7　微分方程的通解中的任意常数被确定后得到的解称为微分方程的特解.

例如：函数(1.4)是微分方程(1.1)满足条件(1.2)的特解，函数(1.9)是微分方程(1.5)满足条件(1.6)的特解.

定义 8　求微分方程满足初值条件的特解这样一个问题，称为初值问题.

定义 9　微分方程的特解的图形是一条曲线，称为微分方程的积分曲线.而通解的图形

---

① 所谓"独立的任意常数的个数"指不能通过合并再减少的常数的个数.

是一簇积分曲线,称为积分曲线族.

【例3】 验证:函数 $y=C_1 e^x + C_2 e^{4x}$ 是微分方程

$$\frac{d^2 y}{dx^2} - 5\frac{dy}{dx} + 4y = 0 \qquad (1.15)$$

的通解,并求满足初值条件 $y|_{x=0}=2, y'|_{x=0}=5$ 的特解.

解 由 $y=C_1 e^x + C_2 e^{4x}$ 得

$$\frac{dy}{dx} = C_1 e^x + 4C_2 e^{4x}, \frac{d^2 y}{dx^2} = C_1 e^x + 16C_2 e^{4x}.$$

将它们都代入方程(1.15)的左端,得

$$\frac{d^2 y}{dx^2} - 5\frac{dy}{dx} + 4y = C_1 e^x + 16C_2 e^{4x} - 5(C_1 e^x + 4C_2 e^{4x}) + 4(C_1 e^x + C_2 e^{4x}) = 0,$$

所以函数 $y=C_1 e^x + C_2 e^{4x}$ 是方程(1.15)的解,且独立的任意常数的个数与方程的阶数相同都是2,故函数 $y=C_1 e^x + C_2 e^{4x}$ 是方程(1.15)的通解.

将 $y|_{x=0}=2, y'|_{x=0}=5$ 分别代入到 $y=C_1 e^x + C_2 e^{4x}, \frac{dy}{dx} = C_1 e^x + 4C_2 e^{4x}$ 中,得

$$C_1=1, C_2=1,$$

故所求的特解为 $y=e^x + e^{4x}$.

习题 7－1

1. 指出下列各微分方程的阶数,并判断其是否为线性的.

(1) $\dfrac{dy}{dx} = 3x^2$；

(2) $\dfrac{d^2 y}{dx^2} + (x-1)\sin y = 0$；

(3) $\left(\dfrac{dy}{dx}\right)^2 + x\dfrac{dy}{dx} + y = \cos x$；

(4) $y''' + y'' + y' + y = 0$；

(5) $y^2 dx + x^2 dy = 2x\,dy$；

(6) $y'' - \sqrt{x}\,y = x^2$.

2. 判断下列各题中的函数是否为所给微分方程的解.

(1) $y=Cx, \dfrac{dy}{dx} = \dfrac{y}{x}$；

(2) $y=2+C\sqrt{1-x^2}, (1-x^2)y' + xy = 2x$；

(3) $y=e^x, y'e^{-x} + y^2 - 2ye^x = 1 - e^{2x}$；

(4) $y=5\cos 3x + \dfrac{x}{9} + \dfrac{1}{8}, y'' - 9y = x + \dfrac{1}{2}$；

(5) $y=\dfrac{1}{x}, y'' = x^2 + y^2$；

(6) $y = C_1 x + C_2 x^2$, $y'' - \dfrac{2}{x} y' + \dfrac{2y}{x^2} = 0$.

3. 确定下列各函数关系式中所含的参数,使其满足所给的初值条件.

(1) $x^2 - xy + y^2 = C$, $y|_{x=0} = 1$;

(2) $y = (C_1 + C_2 x) e^{-x}$, $y|_{x=0} = 2$, $y'|_{x=0} = 1$;

(3) $y = C_1 \sin x + C_2$, $y|_{x=\pi} = 1$, $y'|_{x=\pi} = -1$.

4. 试建立分别具有下列条件的曲线所满足的微分方程.

(1) 曲线在点 (x,y) 处的切线斜率等于该点横坐标的三倍;

(2) 曲线上点 $P(x,y)$ 处的法线与 x 轴的交点为 Q,且线段 PQ 被 y 轴平分.

5. 某列车在平直线路上以 20 米/秒的速度行驶,当制动时列车获得加速度 -0.4 米/秒²,问开始制动后多少时间列车才能停住以及列车在这段时间内行驶了多少路程?

第二节　可分离变量的微分方程

学习目标

1. 理解可分离变量的微分方程的概念.

2. 掌握可分离变量的微分方程的解法.

本节到第四节,我们将对几种一阶微分方程的解法进行分类介绍.一阶微分方程的特点不一样,它们对应的解法就不一样,因此我们学习时既要认清各种微分方程的特点,又要掌握它们对应的解法.

一、可分离变量的微分方程的定义

定义　如果一阶微分方程 $F(x,y,y') = 0$ 可以变形为

$$\frac{\mathrm{d}y}{\mathrm{d}x} = f(x)g(y) \tag{2.1}$$

的形式,那么该方程称为可分离变量的微分方程.

例如:$\dfrac{\mathrm{d}y}{\mathrm{d}x} = \dfrac{y+xy}{xy^2+x}$ 是可分离变量的微分方程,因为它可以变形为 $\dfrac{\mathrm{d}y}{\mathrm{d}x} = \dfrac{1+x}{x} \cdot \dfrac{y}{1+y^2}$ 的形式.

二、可分离变量的微分方程的解法

这类方程可采用不定积分的换元法进行求解.假定方程(2.1)中的函数 $g(y)$ 和 $f(x)$ 都是连续的,且 $g(y) \neq 0$,则方程(2.1)可以变形为

$$\frac{1}{g(y)} dy = f(x) dx. \tag{2.2}$$

设 $y = \varphi(x)$ 是方程(2.1)的解,将它代入得

$$\frac{1}{g[\varphi(x)]} d\varphi(x) = f(x) dx,$$

即

$$\frac{1}{g[\varphi(x)]} \varphi'(x) dx = f(x) dx,$$

两边积分,得

$$\int \frac{1}{g[\varphi(x)]} \varphi'(x) dx = \int f(x) dx,$$

由不定积分换元法,得

$$\int \frac{1}{g(y)} dy = \int f(x) dx.$$

设函数 $G(y)$ 和 $F(x)$ 依次为 $\frac{1}{g(y)}$ 和 $f(x)$ 的原函数,于是有

$$G(y) = F(x) + C, \tag{2.3}$$

因此方程(2.1)的解满足(2.3)式;

反之,(2.3)式的两边分别求微分,化简可得(2.1)式;

所以 $G(y) = F(x) + C$ 是微分方程 $\frac{dy}{dx} = f(x)g(y)$ 的解.

(2.3)式中独立的任意常数的个数与方程的阶数相同都是 1,所以(2.3)式是方程(2.1)的通解(隐式通解).

可分离变量的微分方程 $\frac{dy}{dx} = f(x)g(y)$ 的通解的求法总结如下:

① 分离变量:$\frac{1}{g(y)} dy = f(x) dx$;

② 两边积分:$\int \frac{1}{g(y)} dy = \int f(x) dx$.

【例1】 求微分方程 $y' = 4x^3 y$ 的通解.

解 方程 $\frac{dy}{dx} = 4x^3 y$ 是可分离变量的微分方程,

分离变量,得: $\frac{1}{y} dy = 4x^3 dx$,

两边积分 $\int \dfrac{1}{y}\mathrm{d}y = \int 4x^3\mathrm{d}x$，得　$\ln|y| = x^4 + C_1$，

即 $|y| = \mathrm{e}^{x^4+C_1} = \mathrm{e}^{C_1} \cdot \mathrm{e}^{x^4}$，从而 $y = \pm\mathrm{e}^{C_1} \cdot \mathrm{e}^{x^4}$，

　　因为 $\pm\mathrm{e}^{C_1}$ 是任意非零常数，而 $y = 0$ 也是方程的解，于是方程 $y' = 4x^3 y$ 的通解为 $y = C\mathrm{e}^{x^4}$（C 为任意常数）.

　　为方便起见，我们可以做如下简化处理，其结果一样.如上例：分离变量得 $\dfrac{1}{y}\mathrm{d}y = 4x^3\mathrm{d}x$，

两边积分得 $\ln|y| = x^4 + \ln|C|$，故方程通解为 $y = C\mathrm{e}^{x^4}$.

　　【例2】　求微分方程 $(x^2 + x^2 y^3)\mathrm{d}x - (x^3 y^2 + y^2)\mathrm{d}y = 0$ 满足初值条件 $y|_{x=0} = 2$ 的特解.

　　解　分离变量，得：$\dfrac{y^2}{1+y^3}\mathrm{d}y = \dfrac{x^2}{1+x^3}\mathrm{d}x$，

两边积分 $\int \dfrac{y^2}{1+y^3}\mathrm{d}y = \int \dfrac{x^2}{1+x^3}\mathrm{d}x$，得：

$$\frac{1}{3}\ln|1+y^3| = \frac{1}{3}\ln|1+x^3| + \frac{1}{3}\ln|C|,$$

故方程的通解为 $1+y^3 = C(1+x^3)$.

　　将 $y|_{x=0} = 2$ 代入，得　$C = 9$，

故所求的特解为：$1+y^3 = 9(1+x^3)$，即 $9x^3 - y^3 + 8 = 0$.

　　【例3】　一曲线通过点 $(1,4)$，且在两坐标轴之间的任一切线线段均被切点平分，求此曲线的方程 $y = f(x)$.

　　解　设切点为 (x,y)，如图 7-1 所示，

则 $y' = \tan\alpha = \tan(\pi - \theta) = -\tan\theta = -\dfrac{y}{x}$，

即得微分方程　$y' = -\dfrac{y}{x}$，

分离变量，得 $\dfrac{1}{y}\mathrm{d}y = -\dfrac{1}{x}\mathrm{d}x$，

两边积分 $\int \dfrac{1}{y}\mathrm{d}y = -\int \dfrac{1}{x}\mathrm{d}x$，得：

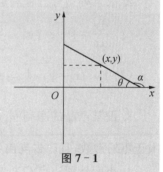

图 7-1

$$\ln|y| = -\ln|x| + \ln|C|，即　y = \frac{C}{x}.$$

　　由题意知 $y|_{x=1} = 4$，将其代入得 $C = 4$，故所求曲线的方程为 $y = \dfrac{4}{x}$.

【例 4】　已知镭的衰变速度与它的现存量 R 成正比，且镭经过 a 年后，其剩余量是原始量 R_0 的一半，求镭的现存量 R 与时间 t 的函数关系.

解　由题意得微分方程 $\dfrac{\mathrm{d}R}{\mathrm{d}t}=kR(k<0)$，

分离变量，得
$$\frac{\mathrm{d}R}{R}=k\mathrm{d}t,$$

两边积分 $\displaystyle\int \frac{\mathrm{d}R}{R}=\int k\mathrm{d}t$，得 $\ln R=kt+\ln|C|$，即 $R=C\mathrm{e}^{kt}$，

由题意知 $R|_{t=0}=R_0$，$R|_{t=a}=\dfrac{R_0}{2}$，将它们代入，得 $C=R_0$，$k=-\dfrac{\ln 2}{a}$，

故所求的函数关系为 $R=R_0\mathrm{e}^{-\frac{\ln 2}{a}t}$.

习题 7 - 2

1. 求下列微分方程的通解.

(1) $x^2-2x-3y'=0$；

(2) $\dfrac{\mathrm{d}y}{\mathrm{d}x}=2x\sqrt{1-y^2}$；

(3) $\dfrac{\mathrm{d}y}{\mathrm{d}x}=6^{x+y}$；

(4) $\cos x\sin y\mathrm{d}x+\sin x\cos y\mathrm{d}y=0$；

(5) $y'\cos x+y=-3$；

(6) $y\ln x\mathrm{d}x+x\ln y\mathrm{d}y=0$；

(7) $\dfrac{\mathrm{d}y}{\mathrm{d}x}+\dfrac{\mathrm{e}^{y2+3x}}{y}=0$.

2. 求下列微分方程满足所给初值条件的特解.

(1) $\dfrac{\mathrm{d}y}{\mathrm{d}x}=1+y^2$，$y|_{x=1}=0$；

(2) $\dfrac{\mathrm{d}x}{y}+\dfrac{\mathrm{d}y}{x}=0$，$y|_{x=3}=4$；

(3) $2y'\sqrt{x}=y$，$y|_{x=0}=\mathrm{e}^{-2}$；

(4) $\dfrac{x}{1+y}\mathrm{d}x-\dfrac{y}{1+x}\mathrm{d}y=0$，$y|_{x=0}=1$.

3. 设某产品的净利润 y 与广告支出 x 之间有如下关系：$\dfrac{\mathrm{d}y}{\mathrm{d}x}=k(N-y)$，其中 k、N 都是大于零的常数，且广告支出为零时，净利润为 $y_0(0<y_0<N)$，求净利润函数 $y=y(x)$.

4. 小船从河边点 O 处出发驶向对岸（两岸为平行直线）.设船速为 a，船行方向始终与河岸垂直，又设河宽为 h，河中任一点处的水流速度与该点到两岸距离的乘积成正比（比例系数为 k），求小船的航行路线.

5. 某林区实行封山养林，现有木材 10 万立方米，如果在每一时刻 t 木材的变化率与当时木材数成正比.假设 10 年时这林区的木材为 20 万立方米.若规定，该林区的木材量达到 40 万立方米时才可砍伐，问至少多少年后才能砍伐？

第三节　齐次方程

学习目标

1. 理解齐次方程的概念,掌握齐次方程的解法.

2. 会求可化为齐次方程的微分方程的解,会求可化为可分离变量方程的微分方程的解.

一、齐次方程的定义

定义　如果一阶微分方程可以变形为

$$\frac{\mathrm{d}y}{\mathrm{d}x}=\varphi\left(\frac{y}{x}\right) \tag{3.1}$$

的形式,那么该方程称为齐次方程.

例如:方程$\dfrac{\mathrm{d}y}{\mathrm{d}x}=\dfrac{x^{2}+y^{2}}{xy}$是齐次方程,因为它可以变形为$\dfrac{\mathrm{d}y}{\mathrm{d}x}=\dfrac{1+\left(\dfrac{y}{x}\right)^{2}}{\dfrac{y}{x}}$.

二、齐次方程的解法

齐次方程的右边是关于$\dfrac{y}{x}$的函数,所以我们把$\dfrac{y}{x}$看成整体用变量代换,

设$u=\dfrac{y}{x}$,有　　　　　$y=xu,\dfrac{\mathrm{d}y}{\mathrm{d}x}=u+x\dfrac{\mathrm{d}u}{\mathrm{d}x}$,

代入方程(3.1),得 $u+x\dfrac{\mathrm{d}u}{\mathrm{d}x}=\varphi(u)$,

即　　　　　$\dfrac{\mathrm{d}u}{\mathrm{d}x}=\dfrac{\varphi(u)-u}{x}$,这是可分离变量的微分方程.

分离变量,得:　　　　$\dfrac{\mathrm{d}u}{\varphi(u)-u}=\dfrac{\mathrm{d}x}{x}$,

两边积分,得:　　　　$\displaystyle\int\dfrac{\mathrm{d}u}{\varphi(u)-u}=\int\dfrac{\mathrm{d}x}{x}$,

求出积分后,再将u回代成$\dfrac{y}{x}$,就能得到齐次方程(3.1)的通解.

齐次方程的通解的求法总结如下:

① 方程变形：$\dfrac{\mathrm{d}y}{\mathrm{d}x}=\varphi\left(\dfrac{y}{x}\right)$；

② 变量代换：设 $u=\dfrac{y}{x}$，得 $u+x\dfrac{\mathrm{d}u}{\mathrm{d}x}=\varphi(u)$；

③ 分离变量：$\dfrac{\mathrm{d}u}{\varphi(u)-u}=\dfrac{\mathrm{d}x}{x}$；

④ 两边积分：$\displaystyle\int\dfrac{\mathrm{d}u}{\varphi(u)-u}=\int\dfrac{\mathrm{d}x}{x}$；

⑤ 回代变量：将 u 回代成 $\dfrac{y}{x}$.

【例1】 求微分方程 $x^2\dfrac{\mathrm{d}y}{\mathrm{d}x}+y^2=xy$ 满足初值条件 $y|_{x=1}=1$ 的特解.

解 原方程可变形为 $\dfrac{\mathrm{d}y}{\mathrm{d}x}=\dfrac{xy-y^2}{x^2}$，即 $\dfrac{\mathrm{d}y}{\mathrm{d}x}=\dfrac{y}{x}-\left(\dfrac{y}{x}\right)^2$，这是齐次方程，

令 $u=\dfrac{y}{x}$，则 $y=xu$，$\dfrac{\mathrm{d}y}{\mathrm{d}x}=u+x\dfrac{\mathrm{d}u}{\mathrm{d}x}$，代入得：

$$u+x\dfrac{\mathrm{d}u}{\mathrm{d}x}=u-u^2，\text{即}\dfrac{\mathrm{d}u}{\mathrm{d}x}=\dfrac{-u^2}{x}，$$

分离变量，得：$\dfrac{\mathrm{d}u}{-u^2}=\dfrac{\mathrm{d}x}{x}$，

两边积分 $\displaystyle\int\dfrac{\mathrm{d}u}{-u^2}=\int\dfrac{\mathrm{d}x}{x}$，得 $\dfrac{1}{u}=\ln|x|+\ln|C|$，

即 $\mathrm{e}^{\frac{1}{u}}=Cx$，

用 $\dfrac{y}{x}$ 代替上式中的 u，便得微分方程的通解为 $\mathrm{e}^{\frac{x}{y}}=Cx$，

将 $y|_{x=1}=1$ 代入，得 $C=\mathrm{e}$，故所求的特解为 $\mathrm{e}^{\frac{x}{y}}=\mathrm{e}x$.

【例2】 求微分方程 $x\dfrac{\mathrm{d}y}{\mathrm{d}x}=y(\ln y-\ln x)$ 的通解.

解 原方程可以变形为 $\dfrac{\mathrm{d}y}{\mathrm{d}x}=\dfrac{y}{x}\ln\dfrac{y}{x}$，这是齐次方程，

令 $u=\dfrac{y}{x}$，则 $y=xu$，$\dfrac{\mathrm{d}y}{\mathrm{d}x}=u+x\dfrac{\mathrm{d}u}{\mathrm{d}x}$，代入得

$$u+x\dfrac{\mathrm{d}u}{\mathrm{d}x}=u\ln u，\text{即}\dfrac{\mathrm{d}u}{\mathrm{d}x}=\dfrac{u\ln u-u}{x}，$$

分离变量，得：$\dfrac{\mathrm{d}u}{u\ln u-u}=\dfrac{\mathrm{d}x}{x}$，

两边积分 $\int \dfrac{\mathrm{d}u}{u\ln u - u} = \int \dfrac{\mathrm{d}x}{x}$，得：　　$\ln|\ln u - 1| = \ln|x| + \ln|C|$，

即　　　　　$\ln u - 1 = Cx$，

用 $\dfrac{y}{x}$ 代替上式中的 u，便得微分方程的通解为 $\ln\dfrac{y}{x} - 1 = Cx$.

*三、可化为齐次方程或可分离变量方程的微分方程

方程　　　　　　　　　　　　$$\dfrac{\mathrm{d}y}{\mathrm{d}x} = \dfrac{ax + by + c}{a_1 x + b_1 y + c_1} \tag{3.2}$$

当 $c = c_1 = 0$ 时它是齐次方程，当 c, c_1 不同时为零时，它不是齐次方程，但我们可以通过变量代换把它变成齐次方程或可分离变量的微分方程.

1. 当 $\dfrac{a_1}{a} \neq \dfrac{b_1}{b}$ 时，

令 $x = X + h, y = Y + k$（h 和 k 是待定常数），则 $\mathrm{d}x = \mathrm{d}X, \mathrm{d}y = \mathrm{d}Y$.

代入方程(3.2)得

$$\dfrac{\mathrm{d}Y}{\mathrm{d}X} = \dfrac{aX + bY + ah + bk + c}{a_1 X + b_1 Y + a_1 h + b_1 k + c_1}.$$

令　　　　　　$$\begin{cases} ah + bk + c = 0, \\ a_1 h + b_1 k + c_1 = 0. \end{cases}$$

因为系数行列式 $\begin{vmatrix} a & b \\ a_1 & b_1 \end{vmatrix} \neq 0$，所以方程组有唯一一组解 h, k，即存在 h, k 满足上述方程组，从而方程(3.2)可化为齐次方程

$$\dfrac{\mathrm{d}Y}{\mathrm{d}X} = \dfrac{aX + bY}{a_1 X + b_1 Y},$$

求出该齐次方程的通解后，将 $X = x - h, Y = y - k$ 代回，就得到方程(3.2)的通解.

2. 当 $\dfrac{a_1}{a} = \dfrac{b_1}{b}$ 时，

令 $\dfrac{a_1}{a} = \dfrac{b_1}{b} = \lambda$，方程(3.2)可化为 $\dfrac{\mathrm{d}y}{\mathrm{d}x} = \dfrac{ax + by + c}{\lambda(ax + by) + c_1}$，

引入新变量 $z = ax + by$，则 $\dfrac{\mathrm{d}z}{\mathrm{d}x} = a + b\,\dfrac{\mathrm{d}y}{\mathrm{d}x}$，

代入原方程得　　　　　$$\dfrac{1}{b}\left(\dfrac{\mathrm{d}z}{\mathrm{d}x} - a\right) = \dfrac{z + c}{\lambda z + c_1},$$

这是可分离变量的微分方程，求出该方程的通解后，再将 $z = ax + by$ 代回，就得到方程(3.2)的通解.

【例3】 求微分方程 $\dfrac{\mathrm{d}y}{\mathrm{d}x}=\dfrac{x-y+2}{x+y-4}$ 的通解.

解:因为 $\dfrac{1}{1}\neq\dfrac{1}{-1}$,所以此方程可化为齐次方程,

令 $x=X+h,y=Y+k$,则 $\mathrm{d}x=\mathrm{d}X,\mathrm{d}y=\mathrm{d}Y$,代入方程得

$$\frac{\mathrm{d}Y}{\mathrm{d}X}=\frac{X-Y+h-k+2}{X+Y+h+k-4},$$

令 $\begin{cases}h-k+2=0,\\h+k-4=0,\end{cases}$ 解得 $h=1,k=3$,

将 $x=X+1,y=Y+3$ 代入原方程,得:

$$\frac{\mathrm{d}Y}{\mathrm{d}X}=\frac{X-Y}{X+Y},\quad 即\frac{\mathrm{d}Y}{\mathrm{d}X}=\frac{1-\dfrac{Y}{X}}{1+\dfrac{Y}{X}},$$

令 $u=\dfrac{Y}{X}$,则 $u+X\dfrac{\mathrm{d}u}{\mathrm{d}X}=\dfrac{1-u}{1+u}$,即 $X\dfrac{\mathrm{d}u}{\mathrm{d}X}=\dfrac{1-2u-u^2}{1+u}$,

分离变量,得: $\dfrac{1+u}{1-2u-u^2}\mathrm{d}u=\dfrac{\mathrm{d}X}{X}$,

两边积分 $\displaystyle\int\frac{1+u}{1-2u-u^2}\mathrm{d}u=\int\frac{\mathrm{d}X}{X}$,得:

$$X^2(u^2+2u-1)=C,$$

将 $u=\dfrac{Y}{X}$ 代入,得 $Y^2+2XY-X^2=C$,

再将 $X=x-1,Y=y-3$ 代回,得原方程的通解为

$$(y-3)^2+2(x-1)(y-3)-(x-1)^2=C.$$

【例4】 求微分方程 $\dfrac{\mathrm{d}y}{\mathrm{d}x}=\dfrac{x-y+3}{x-y-1}$ 的通解.

解:因为 $\dfrac{1}{1}=\dfrac{-1}{-1}$,所以此方程可化为可分离变量的微分方程,

令 $z=x-y$,则 $\dfrac{\mathrm{d}z}{\mathrm{d}x}=1-\dfrac{\mathrm{d}y}{\mathrm{d}x}$,代入原方程,得:

$$1-\frac{\mathrm{d}z}{\mathrm{d}x}=\frac{z+3}{z-1},即\frac{\mathrm{d}z}{\mathrm{d}x}=\frac{-4}{z-1},$$

分离变量,得: $(z-1)\mathrm{d}z=-4\mathrm{d}x$,

两边积分 $\displaystyle\int(z-1)\mathrm{d}z=-\int4\mathrm{d}x$,得:

$$\frac{1}{2}z^2-z=-4x+C,$$

将 $z=x-y$ 代回,得 $\dfrac{1}{2}(x-y)^2-(x-y)=-4x+C$,即 $\dfrac{1}{2}(x-y)^2+3x+y=C$.

习题 7 - 3

1. 求下列齐次方程的通解.

(1) $y^2 \mathrm{d}x + (x^2 - xy)\mathrm{d}y = 0$;

(2) $x^2 y \mathrm{d}x - (x^3 + y^3)\mathrm{d}y = 0$;

(3) $x \dfrac{\mathrm{d}y}{\mathrm{d}x} = x \mathrm{e}^{\frac{y}{x}} + y$;

(4) $(1 + 2\mathrm{e}^{\frac{x}{y}})\mathrm{d}x + 2\mathrm{e}^{\frac{x}{y}}\left(1 - \dfrac{x}{y}\right)\mathrm{d}y = 0$.

2. 求下列齐次方程满足所给初值条件的特解.

(1) $y' = \dfrac{y}{x - y}, y\big|_{x=1} = -1$;

(2) $x \dfrac{\mathrm{d}y}{\mathrm{d}x} + y = 2\sqrt{xy}, y\big|_{x=1} = 0$;

(3) $y' = \dfrac{x}{2y} + \dfrac{y}{x}, y\big|_{x=1} = 1$;

(4) $\left(x + y\cos\dfrac{y}{x}\right)\mathrm{d}x - x\cos\dfrac{y}{x}\mathrm{d}y = 0, y\big|_{x=1} = 0$.

* 3. 求下列微分方程的通解.

(1) $y' = \dfrac{2x - y + 1}{2x - y - 2}$;

(2) $\dfrac{\mathrm{d}y}{\mathrm{d}x} = \dfrac{x - y - 1}{-x - 4y + 1}$.

第四节　一阶线性微分方程

学习目标

1. 理解一阶线性微分方程的概念,掌握一阶线性微分方程的解法.
2. 了解伯努利方程的概念,会求伯努利方程的解.

一、一阶线性微分方程的定义

根据第一节的内容,形如 $\dfrac{\mathrm{d}^n y}{\mathrm{d}x^n} + a_1(x)\dfrac{\mathrm{d}^{n-1}y}{\mathrm{d}x^{n-1}} + \cdots + a_{n-1}(x)\dfrac{\mathrm{d}y}{\mathrm{d}x} + a_n(x)y = f(x)$ 的微分方程称为 n 阶线性微分方程,令 $n = 1$ 就可以得到一阶线性微分方程的形式.

定义 1　方程

$$\frac{\mathrm{d}y}{\mathrm{d}x} + P(x)y = Q(x) \tag{4.1}$$

称为一阶线性微分方程.

说明:方程 $\dfrac{\mathrm{d}x}{\mathrm{d}y}+P(y)x=Q(y)$ 也称为一阶线性微分方程.

如果 $Q(x)\equiv0$,则称方程(4.1)为一阶齐次线性微分方程,记为

$$\frac{\mathrm{d}y}{\mathrm{d}x}+P(x)y=0;\tag{4.2}$$

如果 $Q(x)\not\equiv0$,则称方程(4.1)为一阶非齐次线性微分方程;

方程(4.2)称为对应于方程(4.1)的齐次线性微分方程.

二、一阶线性微分方程的解法

一阶齐次线性微分方程 $\dfrac{\mathrm{d}y}{\mathrm{d}x}+P(x)y=0$ 是可分离变量的微分方程,分离变量,得

$$\frac{\mathrm{d}y}{y}=-P(x)\mathrm{d}x,$$

两边积分 $\displaystyle\int\frac{\mathrm{d}y}{y}=-\int P(x)\mathrm{d}x$,得

$$\ln\mid y\mid=-\int P(x)\mathrm{d}x+\ln\mid C\mid,$$

即

$$y=C\mathrm{e}^{-\int P(x)\mathrm{d}x},\tag{4.3}$$

所以 $y=C\mathrm{e}^{-\int P(x)\mathrm{d}x}$ 是一阶齐次线性微分方程(4.2)的通解.

接下来,我们讨论一阶非齐次线性微分方程(4.1)的通解.

考虑到方程(4.1)和(4.2)的关系,我们设 $y=u(x)\mathrm{e}^{-\int P(x)\mathrm{d}x}$ 为方程(4.1)的解,则

$$y'=u'(x)\mathrm{e}^{-\int P(x)\mathrm{d}x}+u(x)[-P(x)]\mathrm{e}^{-\int P(x)\mathrm{d}x},$$

将 y 和 y' 代入方程(4.1),得 $u'(x)\mathrm{e}^{-\int P(x)\mathrm{d}x}=Q(x)$,

即

$$u'(x)=Q(x)\mathrm{e}^{\int P(x)\mathrm{d}x},$$

则

$$u(x)=\int Q(x)\mathrm{e}^{\int P(x)\mathrm{d}x}\mathrm{d}x+C,$$

故方程(4.1)的通解为

$$y=\mathrm{e}^{-\int P(x)\mathrm{d}x}\left[\int Q(x)\mathrm{e}^{\int P(x)\mathrm{d}x}\mathrm{d}x+C\right]$$

$$=C\mathrm{e}^{-\int P(x)\mathrm{d}x}+\mathrm{e}^{-\int P(x)\mathrm{d}x}\cdot\int Q(x)\mathrm{e}^{\int P(x)\mathrm{d}x}\mathrm{d}x.$$

我们发现这个通解的第一项恰好是方程(4.2)的通解,而第二项是方程(4.1)的一个特解.

由此可见,一阶非齐次线性微分方程(4.1)的通解等于其本身的一个特解与其对应的齐次方程(4.2)的通解之和.

上述把一阶齐次线性微分方程通解中的常数变易为待定函数 $u(x)$ 代入非齐次方程中确定出 $u(x)$,从而求出非齐次方程的通解的方法称为常数变易法.

一阶非齐次线性微分方程的通解的求法总结如下:

(Ⅰ) 公式法:$y=\mathrm{e}^{-\int P(x)\mathrm{d}x}\left[\int Q(x)\mathrm{e}^{\int P(x)\mathrm{d}x}\mathrm{d}x+C\right]$,只要找到 $P(x),Q(x)$ 代入公式计算即可;

(Ⅱ) 常数变易法:

① 求出对应的齐次方程的通解 $y=C\mathrm{e}^{-\int P(x)\mathrm{d}x}$;

② 将 $y=u(x)\mathrm{e}^{-\int P(x)\mathrm{d}x}$ 代入非齐次方程中,确定出 $u(x)=\int Q(x)\mathrm{e}^{\int P(x)\mathrm{d}x}\mathrm{d}x+C$,从而得到非齐次方程的通解.

【例1】 求微分方程 $xy'+y=\mathrm{e}^x$ 的通解.

解 方程可变形为 $y'+\dfrac{1}{x}y=\dfrac{\mathrm{e}^x}{x}$,

$$P(x)=\frac{1}{x},Q(x)=\frac{\mathrm{e}^x}{x},$$

所以此微分方程的通解为

$$y=\mathrm{e}^{-\int\frac{1}{x}\mathrm{d}x}\left(\int\frac{\mathrm{e}^x}{x}\cdot\mathrm{e}^{\int\frac{1}{x}\mathrm{d}x}\mathrm{d}x+C\right)=\frac{1}{x}\left(\int\mathrm{e}^x\mathrm{d}x+C\right)=\frac{1}{x}(\mathrm{e}^x+C).$$

【例2】 求微分方程 $\dfrac{\mathrm{d}y}{\mathrm{d}x}-\dfrac{2}{x}y=x^2\cos x$ 的通解.

解 $P(x)=-\dfrac{2}{x},Q(x)=x^2\cos x$,

所以此微分方程的通解为

$$y=\mathrm{e}^{-\int\left(-\frac{2}{x}\right)\mathrm{d}x}\left(\int x^2\cos x\cdot\mathrm{e}^{\int\left(-\frac{2}{x}\right)\mathrm{d}x}\mathrm{d}x+C\right)$$

$$=x^2\left(\int\cos x\mathrm{d}x+C\right)=x^2(\sin x+C).$$

【例3】 设 $f(x)$ 是连续函数,且满足方程 $f(x)+2\displaystyle\int_0^x f(t)\mathrm{d}t=x^2$,求函数 $f(x)$.

解 方程两边求导,得 $f'(x)+2f(x)=2x$,
设 $y=f(x)$,则 $y'+2y=2x$,

其通解为 $y = \mathrm{e}^{-\int 2\mathrm{d}x}(\int 2x\,\mathrm{e}^{\int 2\mathrm{d}x}\,\mathrm{d}x + C) = \mathrm{e}^{-2x}(\int 2x\,\mathrm{e}^{2x}\,\mathrm{d}x + C)$

$$= \mathrm{e}^{-2x}(\int x\,\mathrm{d}\mathrm{e}^{2x} + C) = \mathrm{e}^{-2x}(x\,\mathrm{e}^{2x} - \int \mathrm{e}^{2x}\,\mathrm{d}x + C)$$

$$= \mathrm{e}^{-2x}(x\,\mathrm{e}^{2x} - \frac{1}{2}\mathrm{e}^{2x} + C) = C\mathrm{e}^{-2x} + x - \frac{1}{2}.$$

由题意知 $f(0) = 0$，即 $y\,|_{x=0} = 0$，代入得 $C = \dfrac{1}{2}$，

故 $y = \dfrac{1}{2}\mathrm{e}^{-2x} + x - \dfrac{1}{2}$，即 $f(x) = \dfrac{1}{2}\mathrm{e}^{-2x} + x - \dfrac{1}{2}$.

【例4】 设某商品的需求函数与供给函数分别为

$$Q_d = a - bP,$$
$$Q_s = -c + dP$$

（其中 a, b, c, d 均为大于零的常数）.

假设商品价格 P 为时间 t 的函数，已知初始价格 $P(0) = P_0$，且在任一时刻 t，价格 $P(t)$ 的变化率总与这一时刻的超额需求 $Q_d - Q_s$ 成正比（比例常数为 $k > 0$）.

(1) 求供需相等时的价格 P_e（均衡价格）；

(2) 求价格 $P(t)$ 的表达式.

解 (1) 由 $Q_d = Q_s$ 得 $P_e = \dfrac{a+c}{b+d}$.

(2) 由题意可知

$$\frac{\mathrm{d}P}{\mathrm{d}t} = k(Q_d - Q_s)$$

将 $Q_d = a - bP$，$Q_s = -c + dP$ 代入上式，得

$\dfrac{\mathrm{d}P}{\mathrm{d}t} + k(b+d)P = k(a+c)$，它是一阶非齐次线性微分方程，

由公式得 $\quad P(t) = e^{-\int k(b+d)\mathrm{d}t}(\int k(a+c)e^{\int k(b+d)\mathrm{d}t}\mathrm{d}t + C) = Ce^{-k(b+d)t} + \dfrac{a+c}{b+d}$.

由 $P(0) = P_0$，得 $C = P_0 - \dfrac{a+c}{b+d} = P_0 - P_e$，

所以 $P(t) = (P_0 - P_e)e^{-k(b+d)t} + P_e$.

三、伯努利(Bernoulli)方程

定义2 方程

$$\frac{\mathrm{d}y}{\mathrm{d}x} + P(x)y = Q(x)y^n \quad (n \neq 0, 1) \tag{4.4}$$

称为伯努利方程.

方程(4.4)不是一阶线性微分方程,但可以通过变量代换转化为一阶线性微分方程.

伯努利方程 $\dfrac{\mathrm{d}y}{\mathrm{d}x}+P(x)y=Q(x)y^n\ (n\neq0,1)$ 的通解的求法总结如下:

① 方程变形:两边除以 y^n,得 $y^{-n}\dfrac{\mathrm{d}y}{\mathrm{d}x}+P(x)y^{1-n}=Q(x)$; （4.5）

② 变量代换:令 $z=y^{1-n}$,则 $\dfrac{\mathrm{d}z}{\mathrm{d}x}=(1-n)y^{-n}\dfrac{\mathrm{d}y}{\mathrm{d}x}$,将它们都代入方程(4.5)中,得

$\dfrac{\mathrm{d}z}{\mathrm{d}x}+(1-n)P(x)z=(1-n)Q(x)$,此方程为一阶线性微分方程;

③ 使用公式:利用公式求出 $\dfrac{\mathrm{d}z}{\mathrm{d}x}+(1-n)P(x)z=(1-n)Q(x)$ 的通解为

$$z=\mathrm{e}^{-\int(1-n)P(x)\mathrm{d}x}\left[\int(1-n)Q(x)\mathrm{e}^{\int(1-n)P(x)\mathrm{d}x}\mathrm{d}x+C\right];$$

④ 回代变量:将 $z=y^{1-n}$ 回代到上述通解中,得伯努利方程 $\dfrac{\mathrm{d}y}{\mathrm{d}x}+P(x)y=Q(x)y^n$ 的通解为

$$y^{1-n}=\mathrm{e}^{-\int(1-n)P(x)\mathrm{d}x}\left[\int(1-n)Q(x)\mathrm{e}^{\int(1-n)P(x)\mathrm{d}x}\mathrm{d}x+C\right].$$

【例5】 求微分方程 $\dfrac{\mathrm{d}y}{\mathrm{d}x}-\dfrac{4}{x}y=x^2\sqrt{y}$ 的通解.

解 这是 $n=\dfrac{1}{2}$ 的伯努利方程.

两端除以 $y^{\frac{1}{2}}$,得 $\qquad \dfrac{1}{\sqrt{y}}\dfrac{\mathrm{d}y}{\mathrm{d}x}-\dfrac{4}{x}\sqrt{y}=x^2$,

令 $z=\sqrt{y}$,则 $\dfrac{\mathrm{d}z}{\mathrm{d}x}=\dfrac{1}{2\sqrt{y}}\dfrac{\mathrm{d}y}{\mathrm{d}x}$,代入方程得 $\dfrac{\mathrm{d}z}{\mathrm{d}x}-\dfrac{2}{x}z=\dfrac{x^2}{2}$,

则 $\qquad z=\mathrm{e}^{-\int\left(-\frac{2}{x}\right)\mathrm{d}x}\left(\int\dfrac{x^2}{2}\mathrm{e}^{\int\left(-\frac{2}{x}\right)\mathrm{d}x}\mathrm{d}x+C\right)=x^2\left(\int\dfrac{1}{2}\mathrm{d}x+C\right)=x^2\left(\dfrac{x}{2}+C\right)$,

用 $\sqrt{y}$ 代替上式中的 z,得所求的通解为 $\sqrt{y}=x^2\left(\dfrac{x}{2}+C\right)$.

习题 7-4

1. 求下列微分方程的通解.

(1) $y'-\dfrac{y}{x-2}=2(x-2)^2$;

(2) $y'+y=\mathrm{e}^{-x}$;

(3) $y'=\dfrac{y+x\ln x}{x}$;

(4) $y'+2xy=2x\mathrm{e}^{-x^2}$;

(5) $\dfrac{\mathrm{d}y}{\mathrm{d}x}+y\sin x=\mathrm{e}^{\cos x}$；　　　　　　(6) $(y^2-6x)y'+2y=0$.

2. 求下列微分方程满足所给初值条件的特解.

(1) $\dfrac{\mathrm{d}y}{\mathrm{d}x}+\dfrac{y}{x}=\dfrac{\sin x}{x}$, $y|_{x=\pi}=1$；　　　　(2) $\dfrac{\mathrm{d}y}{\mathrm{d}x}+\dfrac{y}{x}=4x^2$, $y|_{x=1}=0$；

(3) $\dfrac{\mathrm{d}y}{\mathrm{d}x}+3y=8$, $y|_{x=0}=2$；　　　　(4) $(t+1)\dfrac{\mathrm{d}x}{\mathrm{d}t}+x=2\mathrm{e}^{-t}$, $x|_{t=1}=0$.

3. 求下列伯努利方程的通解.

(1) $3\dfrac{\mathrm{d}y}{\mathrm{d}x}+y=\dfrac{1}{y^2}$；　　　　　　(2) $y'-\dfrac{1}{x}y=-\dfrac{\cos x}{x}y^2$；

(3) $y'+\dfrac{y}{3}=\dfrac{1-2x}{3}y^4$.

4. 一曲线过原点, 且在该曲线上任意一点 $M(x,y)$ 处的切线斜率为 $x+y$, 求该曲线的方程.

5. 设 $f(x)$ 是连续函数, 且满足方程 $f(x)=\displaystyle\int_0^x f(t)\mathrm{d}t+\mathrm{e}^x$, 求函数 $f(x)$.

第五节　可降阶的高阶微分方程

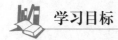 学习目标

掌握三种可降阶的高阶微分方程的解法.

从本节开始, 我们将讨论高阶微分方程, 它们的特点不一样, 方法也不一样, 本节讨论的三种高阶微分方程都可以通过降阶的方法来求解.

一、$y^{(n)}=f(x)$ 型的微分方程

特点　右端仅含有自变量 x, 不显含 $y,y',\cdots,y^{(n-1)}$.

解法　逐步积分法;

因为 $y^{(n)}=(y^{(n-1)})'=f(x)$, 所以 $y^{(n-1)}=\displaystyle\int f(x)\mathrm{d}x+C_1$,

依此类推, $y^{(n-2)}=\displaystyle\int\left[\int f(x)\mathrm{d}x+C_1\right]\mathrm{d}x=\int\left[\int f(x)\mathrm{d}x\right]\mathrm{d}x+C_1x+C_2,\cdots$,

经过 n 次积分后, 就可得 n 阶微分方程 $y^{(n)}=f(x)$ 的含有 n 个独立的任意常数的通解.

【例1】 求三阶微分方程 $y''' = e^x - 9\cos 3x$ 满足初值条件 $y|_{x=0} = 1, y'|_{x=0} = 3, y''|_{x=0} = 2$ 的特解.

解 $y'' = \int (e^x - 9\cos 3x)\mathrm{d}x = e^x - 3\sin 3x + C_1,$

$\qquad y' = \int (e^x - 3\sin 3x + C_1)\mathrm{d}x = e^x + \cos 3x + C_1 x + C_2,$

$\qquad y = \int (e^x + \cos 3x + C_1 x + C_2)\mathrm{d}x = e^x + \dfrac{1}{3}\sin 3x + \dfrac{C_1}{2}x^2 + C_2 x + C_3,$

将 $y''|_{x=0} = 2, y'|_{x=0} = 3, y|_{x=0} = 1$ 分别代入上面三个式子,得 $C_1 = 1, C_2 = 1, C_3 = 0$,所以所求的特解为

$y = e^x + \dfrac{1}{3}\sin 3x + \dfrac{x^2}{2} + x.$

【例2】 求微分方程 $xy^{(5)} - y^{(4)} = 0$ 的通解.

解 设 $y^{(4)} = P(x)$,则 $y^{(5)} = P'(x)$,

将它们代入原方程,得 $xP' - P = 0$,这是可分离变量的微分方程,

分离变量,得 $\dfrac{\mathrm{d}P}{P} = \dfrac{\mathrm{d}x}{x}$,

两边积分 $\int \dfrac{\mathrm{d}P}{P} = \int \dfrac{\mathrm{d}x}{x}$,得 $\ln|P| = \ln|x| + \ln|\overline{C}_1|$,

即 $P = \overline{C}_1 x$,从而 $y^{(4)} = \overline{C}_1 x$,

则 $\qquad\qquad\qquad y''' = \dfrac{1}{2}\overline{C}_1 x^2 + \overline{C}_2,$

$\qquad\qquad\qquad\qquad y'' = \dfrac{\overline{C}_1}{6}x^3 + \overline{C}_2 x + \overline{C}_3,$

$\qquad\qquad\qquad\qquad y' = \dfrac{\overline{C}_1}{24}x^4 + \dfrac{\overline{C}_2}{2}x^2 + \overline{C}_3 x + C_4,$

$\qquad\qquad\qquad\qquad y = \dfrac{\overline{C}_1}{120}x^5 + \dfrac{\overline{C}_2}{6}x^3 + \dfrac{\overline{C}_3}{2}x^2 + C_4 x + C_5,$

故原方程通解为 $y = C_1 x^5 + C_2 x^3 + C_3 x^2 + C_4 x + C_5 \left(\text{其中 } C_1 = \dfrac{\overline{C}_1}{120}, C_2 = \dfrac{\overline{C}_2}{6}, C_3 = \dfrac{\overline{C}_3}{2}\right).$

二、$y'' = f(x, y')$ 型的微分方程(简称缺"y"型)

特点 方程是二阶且方程右端不显含未知函数 y.

具体点讲,此类型必须满足:y'' 必须出现,y 一定不能出现,而 y', x 可以出现,也可以不出现.

解法

① 做代换降阶:设 $y' = p$,则 $y'' = p' = \dfrac{\mathrm{d}p}{\mathrm{d}x}$,

代入原方程，得 $\dfrac{\mathrm{d}p}{\mathrm{d}x} = f(x, p)$，这是以 p、x 为变量的一阶微分方程；

② 求一阶微分方程 $\dfrac{\mathrm{d}p}{\mathrm{d}x} = f(x, p)$ 的通解，

设其通解为 $\qquad\qquad\qquad\qquad p = \varphi(x, C_1)$；

③ 回代得到另一个一阶微分方程：$\dfrac{\mathrm{d}y}{\mathrm{d}x} = \varphi(x, C_1)$；

④ 积分求通解：$y = \displaystyle\int \varphi(x, C_1)\mathrm{d}x + C_2$.

从解法可以看出，求解此类型的微分方程相当于求解两次一阶微分方程.

【例3】 求微分方程 $(1+x^2)y'' = 2xy'$ 满足初值条件 $y\big|_{x=0} = 1$，$y'\big|_{x=0} = 3$ 的特解.

解 方程是二阶且不显含 y，属于 $y'' = f(x, y')$ 型，

令 $y' = p$，则 $y'' = p' = \dfrac{\mathrm{d}p}{\mathrm{d}x}$，

原方程变为 $(1+x^2)\dfrac{\mathrm{d}p}{\mathrm{d}x} = 2xp$，它是可分离变量的微分方程，分离变量，得 $\dfrac{\mathrm{d}p}{p} = \dfrac{2x}{1+x^2}\mathrm{d}x$，

两边积分 $\displaystyle\int \dfrac{1}{p}\mathrm{d}p = \int \dfrac{2x}{1+x^2}\mathrm{d}x$，得 $\ln|p| = \ln(1+x^2) + \ln|C_1|$，即 $p = C_1(1+x^2)$，

将 $y' = p$ 代入，得 $y' = C_1(1+x^2)$，积分得通解为 $y = C_1x + \dfrac{C_1}{3}x^3 + C_2$，

将 $y\big|_{x=0} = 1$，$y'\big|_{x=0} = 3$ 代入，得 $C_1 = 3$，$C_2 = 1$，

故所求的特解为 $y = 3x + x^3 + 1$.

【例4】 设对于 $x > 0$，曲线 $y = f(x)$ 上点 $(x, f(x))$ 处的切线在 y 轴上的截距等于 $\dfrac{1}{x}\displaystyle\int_0^x f(t)\mathrm{d}t$，求 $f(x)$ 的表达式.

解 曲线 $y = f(x)$ 上点 $(x, f(x))$ 处的切线方程为 $Y - f(x) = f'(x)(X - x)$，

令 $X = 0$，得截距：$Y = f(x) - xf'(x)$，

由题意知：$\dfrac{1}{x}\displaystyle\int_0^x f(t)\mathrm{d}t = f(x) - xf'(x)$，即 $\displaystyle\int_0^x f(t)\mathrm{d}t = xf(x) - x^2 f'(x)$；

两边求导，得 $f(x) = f(x) + xf'(x) - 2xf'(x) - x^2 f''(x)$，

即 $x^2 f''(x) + xf'(x) = 0$，

从而 $xf''(x) + f'(x) = 0$，即 $[xf'(x)]' = 0$，

则 $xf'(x) = C_1$，即 $f'(x) = \dfrac{C_1}{x}$，

积分得：$f(x) = C_1\ln x + C_2$，即为所求表达式.

三、$y'' = f(y, y')$ 型的微分方程（简称缺"x"型）

特点 方程是二阶且右端不显含自变量 x.

具体点讲,此类型必须满足:y''必须出现,x 一定不能出现,而 y',y 可以出现也可以不出现.

解法

① 作代换降阶:设 $y'=p$,则 $y''=p'=\dfrac{\mathrm{d}p}{\mathrm{d}x}=\dfrac{\mathrm{d}p}{\mathrm{d}y}\dfrac{\mathrm{d}y}{\mathrm{d}x}=p\dfrac{\mathrm{d}p}{\mathrm{d}y}$,

代入原方程,得 $p\dfrac{\mathrm{d}p}{\mathrm{d}y}=f(y,p)$,这是以 p、y 为变量的一阶微分方程;

② 求一阶微分方程 $p\dfrac{\mathrm{d}p}{\mathrm{d}y}=f(y,p)$ 的通解,

设其通解为 $$p=\varphi(y,C_1);$$

③ 回代得到另一个一阶微分方程:$\dfrac{\mathrm{d}y}{\mathrm{d}x}=\varphi(y,C_1)$,它是可分离变量的微分方程;

④ 求解 $\dfrac{\mathrm{d}y}{\mathrm{d}x}=\varphi(y,C_1)$:分离变量,两边积分,得 $\displaystyle\int\dfrac{\mathrm{d}y}{\varphi(y,C_1)}=x+C_2$.

从解法可以看出,求解此类型的微分方程相当于求解两次一阶微分方程.

【例 5】 求微分方程 $y''=2yy'$ 满足初值条件 $y|_{x=0}=1,y'|_{x=0}=1$ 的特解.

解 方程是二阶且不显含 x,属于 $y''=f(y,y')$ 型,

令 $y'=p$,则 $y''=p\dfrac{\mathrm{d}p}{\mathrm{d}y}$,

则原方程变为 $p\dfrac{\mathrm{d}p}{\mathrm{d}y}=2yp$,即 $\dfrac{\mathrm{d}p}{\mathrm{d}y}=2y$,这是可分离变量的微分方程,

分离变量,得 $\mathrm{d}p=2y\mathrm{d}y$,

两边积分 $\displaystyle\int\mathrm{d}p=\int 2y\mathrm{d}y$,得 $p=y^2+C_1$,

由 $y|_{x=0}=1,y'|_{x=0}=1$ 得 $C_1=0$,所以 $p=y^2$,

将 $y'=p$ 代入,得 $\dfrac{\mathrm{d}y}{\mathrm{d}x}=y^2$,这是可分离变量的微分方程,

分离变量,得 $\dfrac{\mathrm{d}y}{y^2}=\mathrm{d}x$,

两边积分 $\displaystyle\int\dfrac{\mathrm{d}y}{y^2}=\int\mathrm{d}x$,得 $-\dfrac{1}{y}=x+C_2$,

由 $y|_{x=0}=1$,得 $C_2=-1$,

故所求的特解为:$y=\dfrac{1}{1-x}$.

【例6】 求微分方程 $y''=y'+(y')^3$ 的通解.

解 令 $y'=p$，则 $y''=p\dfrac{\mathrm{d}p}{\mathrm{d}y}$，

原方程变形为 $p\dfrac{\mathrm{d}p}{\mathrm{d}y}=p+p^3$，即 $\dfrac{\mathrm{d}p}{\mathrm{d}y}=1+p^2$，这是可分离变量的微分方程，

分离变量，得 $\dfrac{\mathrm{d}p}{1+p^2}=\mathrm{d}y$，

两边积分 $\displaystyle\int\dfrac{\mathrm{d}p}{1+p^2}=\int\mathrm{d}y$，得 $\arctan p=y+C_1$，即 $p=\tan(y+C_1)$.

将 $y'=p$ 代回，得 $\dfrac{\mathrm{d}y}{\mathrm{d}x}=\tan(y+C_1)$，这是可分离变量的微分方程，

分离变量，得 $\dfrac{\mathrm{d}y}{\tan(y+C_1)}=\mathrm{d}x$，

两边积分 $\displaystyle\int\dfrac{\mathrm{d}y}{\tan(y+C_1)}=\int\mathrm{d}x$，得 $\ln|\sin(y+C_1)|=x+\ln|C_2|$，

所以方程的通解为 $\sin(y+C_1)=C_2\mathrm{e}^x$.

注意 当一个方程既属于 $y''=f(x,y')$ 型，又属于 $y''=f(y,y')$ 型时，一般情况下，如果可以消去 p，就设 $y'=p,y''=p\dfrac{\mathrm{d}p}{\mathrm{d}y}$，如果不能消去 p，就设 $y'=p,y''=p'$，例6因为可以消去 p，所以就设 $y'=p,y''=p\dfrac{\mathrm{d}p}{\mathrm{d}y}$ 解题较简单.

习题 7-5

1. 求下列微分方程的通解.

(1) $y'''=\mathrm{e}^{-2x}+\sin x$；

(2) $8y''+y'=0$；

(3) $y''-y'=\mathrm{e}^x+1$；

(4) $y''-\dfrac{2}{1-y}(y')^2=0$；

(5) $yy''-(y')^2-y'=0$.

2. 求下列微分方程满足所给初值条件的特解.

(1) $y''=3\sin 3x,y|_{x=0}=4,y'|_{x=0}=2$；

(2) $xy''-y'=xy',y|_{x=1}=1,y'|_{x=1}=\mathrm{e}$；

(3) $y''=\dfrac{3}{2}y^2,y|_{x=0}=1,y'|_{x=0}=1$；

(4) $y''-a(y')^2=0(a\neq0),y|_{x=0}=0,y'|_{x=0}=-1$.

3. 试求 $y''=x^2$ 的经过点 $M(1,3)$ 且在此点与直线 $y=\dfrac{x}{2}+\dfrac{5}{2}$ 相切的积分曲线.

第六节　高阶齐次线性微分方程

学习目标

1. 理解高阶齐次线性微分方程的概念和解的结构.

2. 掌握高阶常系数齐次线性微分方程的解法.

本节和下一节,我们将讨论高阶线性微分方程,此方程分为齐次的和非齐次的,本节讨论前者.

一、n 阶齐次线性微分方程解的结构

我们首先从二阶齐次线性微分方程开始讨论解的结构,接着将其结论推广到 n 阶齐次线性微分方程.

定义 1　微分方程

$$y'' + P(x)y' + Q(x)y = 0 \tag{6.1}$$

称为二阶齐次线性微分方程.

定理 1　如果函数 $y_1(x)$ 与 $y_2(x)$ 是方程(6.1)的两个解,那么

$$y = C_1 y_1(x) + C_2 y_2(x) \tag{6.2}$$

也是方程(6.1)的解,其中 C_1、C_2 是任意常数.

证　将(6.2)式代入方程(6.1)左端,得

$$[C_1 y''_1(x) + C_2 y''_2(x)] + P(x)[C_1 y'_1(x) + C_2 y'_2(x)] + Q(x)[C_1 y_1(x) + C_2 y_2(x)]$$
$$= C_1[y''_1(x) + P(x)y'_1(x) + Q(x)y_1(x)] + C_2[y''_2(x) + P(x)y'_2(x) + Q(x)y_2(x)]$$
$$= C_1 \cdot 0 + C_2 \cdot 0 = 0,$$

所以(6.2)式是方程(6.1)的解.

例如:方程 $y'' + y = 0$,函数 $y_1(x) = \sin x$,$y_2(x) = 2\sin x$ 均为其解,由定理 1,$y = C_1 y_1(x) + C_2 y_2(x) = (C_1 + 2C_2)\sin x$ 也是方程的解.

那么,(6.2)式是否为方程(6.1)的通解呢?

实际上,令 $C_1 + 2C_2 = C$,则 $y = (C_1 + 2C_2)\sin x$ 可改写为 $y = C\sin x$,它只含有一个独立的任意常数,不是方程 $y'' + y = 0$ 的通解.

那么,在什么情况下,(6.2)式能成为方程(6.1)的通解呢? 为了解决这个问题,我们引入

以下概念.

定义 2   如果存在一组不全为零的常数 $k_1,k_2,\cdots,k_n$,使得定义在区间 I 上的 n 个函数 $y_1,y_2,\cdots,y_n$ 的线性组合为零,即 $k_1y_1+k_2y_2+\cdots+k_ny_n\equiv0$,则称函数 $y_1,y_2,\cdots,y_n$ 在区间 I 上为线性相关的,否则为线性无关的.

例如:函数 $1,\cos^2x,\sin^2x$ 线性相关,因为 $1-\cos^2x-\sin^2x\equiv0$.

函数 $1,x,x^2$ 线性无关,因为若 $k_1+k_2x+k_3x^2\equiv0$,则必须

$$k_1=k_2=k_3=0.$$

注意   由定义不难得出,两个函数 y_1,y_2(假设 $y_1\neq0$)线性相关的充要条件是 $\dfrac{y_2}{y_1}=c$;y_1,y_2 线性无关的充要条件是 $\dfrac{y_2}{y_1}\neq c$(其中 c 是常数).

例如:函数 $y_1=e^x,y_2=2e^x$ 线性相关,因为 $\dfrac{y_2}{y_1}=2$,函数 $y_1=x,y_2=x-1$ 线性无关,因为 $\dfrac{y_2}{y_1}=\dfrac{x-1}{x}\neq$ 常数.

定理 2 如果 $y_1(x)$ 与 $y_2(x)$ 是方程(6.1)的两个线性无关的解,那么 $y=C_1y_1+C_2y_2$(其中 C_1,C_2 是任意常数)就是方程(6.1)的通解.

例如:方程 $y''+y=0$,$y_1=\sin x$ 和 $y_2=\cos x$ 是方程的两个解,且 $\dfrac{y_2}{y_1}=\cot x\neq$ 常数,即 y_1,y_2 线性无关,则 $y=C_1\sin x+C_2\cos x$ 是方程 $y''+y=0$ 的通解.

定理 2 的结论可以推广到 n 阶齐次线性微分方程.

定理 3   如果 $y_1(x),y_2(x),\cdots,y_n(x)$ 是 n 阶齐次线性微分方程

$$\frac{\mathrm{d}^ny}{\mathrm{d}x^n}+a_1(x)\frac{\mathrm{d}^{n-1}y}{\mathrm{d}x^{n-1}}+\cdots+a_{n-1}(x)\frac{\mathrm{d}y}{\mathrm{d}x}+a_n(x)y=0$$

的 n 个线性无关的特解,那么 $y=C_1y_1+C_2y_2+\cdots+C_ny_n$(其中 $C_1,C_2,\cdots,C_n$ 是任意常数)是该方程的通解.

二、n 阶常系数齐次线性微分方程的解

我们首先讨论二阶常系数齐次线性微分方程的解,接着将其结论推广到 n 阶常系数齐次线性微分方程中.

1. 二阶常系数齐次线性微分方程的解

对于二阶齐次线性微分方程

$$y''+P(x)y'+Q(x)y=0,$$

特别地，如果 $P(x),Q(x)$ 都是常数，

即 $\qquad\qquad y''+py'+qy=0(其中\ p,q\ 是常数)$ (6.3)

称为二阶常系数齐次线性微分方程．

根据定理 2，只要能找到方程(6.3)的两个线性无关的解 y_1,y_2，即可得方程的通解：$y=C_1y_1+C_2y_2$．

注意到此方程的特点，我们可以用 $y=e^{rx}$ 来试解，看是否能够找到满足方程的常数 r．由 $y=e^{rx}$，得 $y'=re^{rx},y''=r^2e^{rx}$，将它们同时代入方程(6.3)，得

$$r^2e^{rx}+pre^{rx}+qe^{rx}=0.$$

而 $e^{rx}\neq0$，所以 $\qquad\qquad r^2+pr+q=0.$ (6.4)

这就是说，只要选取适当的 r 使方程(6.4)成立，那么 $y=e^{rx}$ 就是方程(6.3)的解．

定义 3 方程(6.4)称为微分方程(6.3)的特征方程，它的根称为特征根．

特征根可以分三种情况讨论：

(1) 当 $p^2-4q>0$ 时，特征方程(6.4)有两个相异实根 r_1,r_2．

对应地，方程(6.3)有两个特解：$y_1=e^{r_1x},y_2=e^{r_2x}$，且 $\dfrac{y_2}{y_1}=\dfrac{e^{r_2x}}{e^{r_1x}}=e^{(r_2-r_1)x}\neq$ 常数，即 y_1,y_2 线性无关，所以方程(6.3)的通解为

$$y=C_1y_1+C_2y_2=C_1e^{r_1x}+C_2e^{r_2x}.$$

【例1】 求微分方程 $y''-3y'-4y=0$ 满足初值条件 $y|_{x=0}=2,y'|_{x=0}=3$ 的特解．

解 特征方程 $r^2-3r-4=0$ 有两个不相等的实根：

$$r_1=4,r_2=-1,.$$

所以原方程的通解是 $y=C_1e^{-x}+C_2e^{4x}$，

于是 $\qquad\qquad y'=-C_1e^{-x}+4C_2e^{4x}$，

将 $y|_{x=0}=2,y'|_{x=0}=3$ 分别代入上面两个式子，得 $C_1=1,C_2=1$，

故所求的特解为 $y=e^{-x}+e^{4x}$．

(2) 当 $p^2-4q=0$ 时，特征方程(6.4)有两个相等的实根：

$$r_1=r_2=\frac{-p}{2}.$$

对应地，只能得到方程(6.3)的一个解：$y_1=e^{r_1x}$，这时还需另一个解，且与 y_1 线性无关，则可设 $\dfrac{y_2}{y_1}=\mu(x)$，

即 $\qquad\qquad y_2=\mu(x)y_1=\mu(x)e^{r_1x}$，

于是 $\quad y'_2=[\mu'(x)+r_1\mu(x)]e^{r_1x},y''_2=[\mu''(x)+2r_1\mu'(x)+r_1{}^2\mu(x)]e^{r_1x},$

代入方程(6.3),得：

$$[\mu''(x)+2r_1\mu'(x)+r_1^2\mu(x)]e^{r_1x}+P[\mu'(x)+r_1\mu(x)]e^{r_1x}+q\mu(x)e^{r_1x}=0.$$

而 $e^{r_1x}\neq0$,所以 $\quad \mu''(x)+2r_1\mu'(x)+r_1^2\mu(x)+p[\mu'(x)+r_1\mu(x)]+q\mu(x)=0,$

即 $\qquad\qquad \mu''(x)+(2r_1+p)\mu'(x)+(r_1^2+pr_1+q)\mu(x)=0,$

因为 $r_1=-\dfrac{p}{2}$ 是二重根,所以 $r_1^2+pr_1+q=0,2r_1+p=0$,上式变为 $\mu''(x)=0,$

只要取 $\mu(x)=x$,就得 $y_2=\mu(x)e^{r_1x}=xe^{r_1x},$

所以方程(6.3)的通解为

$$y=C_1e^{r_1x}+C_2xe^{r_1x}=(C_1+C_2x)e^{r_1x}.$$

【例2】 求微分方程 $y''+4y'+4y=0$ 的通解.

解 特征方程 $r^2+4r+4=0$ 有两个相等的实根：

$$r_1=r_2=-2,$$

所以微分方程的通解是 $y=(C_1+C_2x)e^{-2x}.$

(3) 当 $p^2-4q<0$ 时,特征方程(6.4)有一对共轭复根：

$$r_1=\alpha+i\beta,r_2=\alpha-i\beta.$$

对应地,方程(6.3)有两个线性无关的特解：

$$y_1=e^{(\alpha+i\beta)x},y_2=e^{(\alpha-i\beta)x},$$

它们是复值函数形式的.为了得到两个线性无关的实值函数形式的特解,

利用欧拉公式：$e^{ix}=\cos x+i\sin x,$

有 $\qquad\qquad y_1=e^{(\alpha+i\beta)x}=e^{\alpha x}e^{i\beta x}=e^{\alpha x}(\cos\beta x+i\sin\beta x),$

$$y_2=e^{(\alpha-i\beta)x}=e^{\alpha x}e^{i(-\beta x)}=e^{\alpha x}(\cos\beta x-i\sin\beta x).$$

由定理1知,$y_1^*=\dfrac{1}{2}(y_1+y_2)=e^{\alpha x}\cos\beta x,y_2^*=\dfrac{1}{2i}(y_1-y_2)=e^{\alpha x}\sin\beta x$ 仍是方程(6.3)的

解,且 $\dfrac{y_1^*}{y_2^*}=\cot\beta x\neq$常数,即 y_1^*,y_2^* 线性无关,

所以方程(6.3)的通解为

$$y=C_1y_1^*+C_2y_2^*=e^{\alpha x}(C_1\cos\beta x+C_2\sin\beta x).$$

【例3】　求微分方程 $y''+2y'+4y=0$ 的通解.

解　特征方程 $r^2+2r+4=0$ 有一对共轭复根 $r_{1,2}=-1\pm\sqrt{3}\mathrm{i}$,
所以原方程的通解是

$$y=\mathrm{e}^{-x}(C_1\cos\sqrt{3}\,x+C_2\sin\sqrt{3}\,x).$$

二阶常系数齐次线性微分方程的通解的求法总结如下:

① 写出相应的特征方程 $r^2+pr+q=0$;

② 求出两个特征根 r_1,r_2;

③ 根据特征根的不同情况,由下表得到相应的通解.

$r^2+pr+q=0$ 的两个根 r_1,r_2	$y''+py'+qy=0$ 的通解
$r_1\neq r_2$(相异实根)	$y=C_1\mathrm{e}^{r_1x}+C_2\mathrm{e}^{r_2x}$
$r_1=r_2=-\dfrac{p}{2}$(二重根)	$y=(C_1+C_2x)\mathrm{e}^{r_1x}$
$r_{1,2}=\alpha\pm\beta\mathrm{i}$(一对共轭复根)	$y=\mathrm{e}^{\alpha x}(C_1\cos\beta x+C_2\sin\beta x)$

2. n 阶常系数齐次线性微分方程的解

上述讨论的二阶常系数齐次线性微分方程的解法,可以推广到 n 阶常系数齐次线性微分方程

$$y^{(n)}+p_1y^{(n-1)}+p_2y^{(n-2)}+\cdots+p_{n-1}y'+p_ny=0, \tag{6.5}$$

其中 $p_1,p_2,\cdots,p_n$ 是常数.

根据定理3,只要能找到方程(6.5)的 n 个线性无关的解 $y_1(x),y_2(x),\cdots,y_n(x)$,即可得方程的通解: $y=C_1y_1+C_2y_2+\cdots+C_ny_n$(其中 $C_1,C_2,\cdots,C_n$ 是任意常数).

方程(6.5)的特征方程为

$$r^n+p_1r^{n-1}+p_2r^{n-2}+\cdots+p_{n-1}r+p_n=0. \tag{6.6}$$

我们同样可以根据特征根写出 n 阶常系数齐次线性微分方程的通解,具体求法如下:

① 写出相应的特征方程 $r^n+p_1r^{n-1}+p_2r^{n-2}+\cdots+p_{n-1}r+p_n=0$;

② 求出 n 个特征根 $r_1,r_2,\cdots,r_n$;

③ 根据特征根的不同情况,由下表得到通解的对应项,整理出通解.

特征方程的根	微分方程通解中的对应项
单实根 r	给出一项: $C\mathrm{e}^{rx}$
一对单复根 $r_{1,2}=\alpha\pm\mathrm{i}\beta$	给出两项: $\mathrm{e}^{\alpha x}(C_1\cos\beta x+C_2\sin\beta x)$
k 重实根 r	给出 k 项: $(C_0+C_1x+\cdots+C_{k-1}x^{k-1})\mathrm{e}^{rx}$
k 重共轭复根 $r_{1,2}=\alpha\pm\mathrm{i}\beta$	给出 $2k$ 项: $\mathrm{e}^{\alpha x}\big[(C_0+C_1x+\cdots+C_{k-1}x^{k-1})\cos\beta x$ $+(D_0+D_1x+\cdots+D_{k-1}x^{k-1})\sin\beta x\big]$

【例 4】 求微分方程 $y''' - 2y'' + y' = 0$ 的通解.

解 特征方程为 $r^3 - 2r^2 + r = 0$, 即 $r(r-1)^2 = 0$,

特征根为 $r_1 = 0, r_2 = r_3 = 1$,

故所求的通解为 $y = C_1 + (C_2 + C_3 x)e^x$.

【例 5】 已知某 7 阶常系数齐次线性微分方程的特征方程为

$$r^2(r+2)(r^2 + 2r + 3)^2 = 0,$$

写出其通解.

解 $r_1 = r_2 = 0$ 为二重实根, 通解中含有: $C_1 + C_2 x$;

$r_3 = -2$ 为单实根, 通解中含有: $C_3 e^{-2x}$;

$r_{4,5,6,7} = -1 \pm \sqrt{2}\,\mathrm{i}$ 为二重共轭复根, 通解中含有:

$$e^{-x}[(C_4 + C_5 x)\cos\sqrt{2}\,x + (C_6 + C_7 x)\sin\sqrt{2}\,x].$$

故此微分方程的通解为

$$y = C_1 + C_2 x + C_3 e^{-2x} + e^{-x}[(C_4 + C_5 x)\cos\sqrt{2}\,x + (C_6 + C_7 x)\sin\sqrt{2}\,x].$$

习题 7 - 6

1. 判断下列函数组在其定义区间上是否线性无关.

(1) $e^x \cos x, e^x \sin x$;

(2) $e^{ax}, e^{bx}\ (a \neq b)$;

(3) $2x, 3x$;

(4) $e^x, e^x - x, e^x - x^2$.

2. 验证 $y_1 = e^{x^2}, y_2 = x e^{x^2}$ 是微分方程 $y'' - 4xy' + (4x^2 - 2)y = 0$ 的两个线性无关的特解, 并写出该方程的通解.

3. 求下列微分方程的通解.

(1) $y'' - y' = 0$;

(2) $y'' + 8y' + 16y = 0$;

(3) $y'' + 3y' + 2y = 0$;

(4) $y'' + 4y' + 6y = 0$;

(5) $y'' + 8y = 0$;

(6) $y'' - 6y' + 9y = 0$;

(7) $y'' + 5y' + 6y = 0$;

(8) $y'' - 2y' + 3y = 0$;

(9) $y^{(4)} + 2y''' + 4y'' = 0$;

(10) $y''' - y'' - y' + y = 0$.

4. 求下列微分方程满足所给初值条件的特解.

(1) $y'' - 4y' - 5y = 0, y|_{x=0} = 3, y'|_{x=0} = 3$;

(2) $s'' + 2s' + s = 0, s|_{t=0} = 4, s'|_{t=0} = -2$;

(3) $y'' - 3y' - 18y = 0, y|_{x=0} = 4, y'|_{x=0} = 6$;

(4) $y'' + 2y' + 10y = 0, y|_{x=0} = 1, y'|_{x=0} = 2$;

(5) $y'' - 6y' + 8y = 0, y|_{x=0} = 1, y'|_{x=0} = 6$;

(6) $4y''+4y'+y=0, y|_{x=0}=2, y'|_{x=0}=0$.

5. 一个单位质量的质点在数轴上运动,开始时质点在原点处且速度为 3 m/s.在运动过程中,它受到一个力的作用,这个力的大小与质点到原点的距离成正比(比例系数 $k_1=2$),而方向与初速度一致.又介质的阻力与速度成正比(比例系数 $k_2=1$),求此质点的运动规律.

第七节　高阶非齐次线性微分方程

学习目标

1. 理解高阶非齐次线性微分方程的概念和解的结构.
2. 会求两种二阶常系数非齐次线性微分方程的解.

一、n 阶非齐次线性微分方程解的结构

我们首先从二阶非齐次线性微分方程开始讨论解的结构,接着将其结论推广到 n 阶非齐次线性微分方程.

定义 微分方程

$$y''+P(x)y'+Q(x)y=f(x) \ (f(x)\not\equiv 0) \tag{7.1}$$

称为二阶非齐次线性微分方程.

我们曾经在第四节中讨论过一阶非齐次线性微分方程通解的结构,同样方程(7.1)的通解也可以表示为其本身的一个特解与其对应的齐次方程

$$y''+P(x)y'+Q(x)y=0 \tag{7.2}$$

的通解之和.

定理 1 设 $y^*(x)$ 是方程(7.1)的一个特解,$Y(x)$ 是对应的齐次方程(7.2)的通解,则

$$y=Y(x)+y^*(x) \tag{7.3}$$

是方程(7.1)的通解.

证 将(7.3)式代入方程(7.1)的左端,得

$$(Y+y^*)''+P(x)(Y+y^*)'+Q(x)(Y+y^*)$$
$$=[Y''+P(x)Y'+Q(x)Y]+[(y^*)''+P(x)(y^*)'+Q(x)y^*]$$
$$=0+f(x)=f(x).$$

所以(7.3)式是方程(7.1)的解,且此解中独立的任意常数的个数与方程的阶数相同,所以(7.3)式是方程(7.1)的通解.

例如:函数 $y^* = \dfrac{x^2}{3} + \dfrac{4}{9}x$ 是二阶非齐次线性微分方程 $y'' + 3y' = 2x + 2$ 的一个特解,又知 $Y = C_1 + C_2 e^{-3x}$ 是对应的齐次方程 $y'' + 3y' = 0$ 的通解,则 $y = Y + y^* = C_1 + C_2 e^{-3x} + \dfrac{x^2}{3} + \dfrac{4}{9}x$ 是方程 $y'' + 3y' = 2x + 2$ 的通解.

此结论可以推广到 n 阶非齐次线性微分方程.

推论 设 $y^*(x)$ 是 n 阶非齐次线性微分方程

$$\frac{\mathrm{d}^n y}{\mathrm{d}x^n} + a_1(x)\frac{\mathrm{d}^{n-1}y}{\mathrm{d}x^{n-1}} + \cdots + a_{n-1}(x)\frac{\mathrm{d}y}{\mathrm{d}x} + a_n(x)y = f(x) \tag{7.4}$$

的一个特解,$Y(x)$ 是对应的齐次方程

$$\frac{\mathrm{d}^n y}{\mathrm{d}x^n} + a_1(x)\frac{\mathrm{d}^{n-1}y}{\mathrm{d}x^{n-1}} + \cdots + a_{n-1}(x)\frac{\mathrm{d}y}{\mathrm{d}x} + a_n(x)y = 0 \tag{7.5}$$

的通解,则

$$y = Y(x) + y^*(x)$$

是方程(7.4)的通解.

定理 2 若 $y_1(x)$ 与 $y_2(x)$ 都是二阶非齐次线性微分方程(7.1)的两个解,则 $y = y_1(x) - y_2(x)$ 是其对应的齐次方程(7.2)的解.

证 将 $y = y_1(x) - y_2(x)$ 代入方程(7.2)的左端,得

$$[y''_1(x) - y''_2(x)] + P(x)[y'_1(x) - y'_2(x)] + Q(x)[y_1(x) - y_2(x)]$$
$$= [y''_1(x) + P(x)y'_1(x) + Q(x)y_1(x)] - [y''_2(x) + P(x)y'_2(x) + Q(x)y_2(x)]$$
$$= f(x) - f(x) = 0,$$

所以 $y = y_1(x) - y_2(x)$ 是方程(7.2)的解.

【例 1】 已知二阶非齐次线性微分方程 $y'' + p(x)y' + q(x)y = f(x)$ 的三个解为 $y_1 = x$,$y_2 = e^x$,$y_3 = e^{2x}$,求其通解.

解 由定理 2 知,$y_1 - y_2 = x - e^x$,$y_1 - y_3 = x - e^{2x}$ 是对应的齐次方程的两个解,

且 $\dfrac{x - e^x}{x - e^{2x}} \neq$ 常数,即线性无关,

所以对应齐次方程的通解为 $Y = C_1(x - e^x) + C_2(x - e^{2x})$,

故所求的通解为 $y = C_1(x - e^x) + C_2(x - e^{2x}) + e^{2x}$.

定理 3 （叠加原理）若 $y_1^*(x), y_2^*(x)$ 分别是方程

$$y'' + P(x)y' + Q(x)y = f_1(x)$$

与

$$y'' + P(x)y' + Q(x)y = f_2(x)$$

的特解，则 $y^*(x) = y_1^*(x) + y_2^*(x)$ 是方程 $y'' + P(x)y' + Q(x)y = f_1(x) + f_2(x)$ 的特解.

证　将 $y^* = y_1^* + y_2^*$ 代入方程 $y'' + P(x)y' + Q(x)y = f_1(x) + f_2(x)$ 的左端，得

$$(y_1^* + y_2^*)'' + P(x)(y_1^* + y_2^*)' + Q(x)(y_1^* + y_2^*)$$
$$= [(y_1^*)'' + P(x)(y_1^*)' + Q(x)y_1^*] + [(y_2^*)'' + P(x)(y_2^*)' + Q(x)y_2^*]$$
$$= f_1(x) + f_2(x).$$

所以 $y^*(x) = y_1^*(x) + y_2^*(x)$ 是方程 $y'' + P(x)y' + Q(x)y = f_1(x) + f_2(x)$ 的特解.

例如：因为 $y_1^* = \dfrac{1}{5}x\mathrm{e}^x$ 与 $y_2^* = -\dfrac{1}{4}x - \dfrac{3}{16}$ 分别是二阶微分方程 $y'' + 3y' - 4y = \mathrm{e}^x$

与 $y'' + 3y' - 4y = x$ 的特解，所以 $y^* = \dfrac{1}{5}x\mathrm{e}^x - \dfrac{1}{4}x - \dfrac{3}{16}$ 是方程 $y'' + 3y' - 4y = \mathrm{e}^x + x$ 的特解.

二、二阶常系数非齐次线性微分方程的解

对于二阶非齐次线性微分方程

$$y'' + P(x)y' + Q(x)y = f(x) \ (f(x) \not\equiv 0),$$

特别地，如果 $P(x), Q(x)$ 都是常数，

即　　　$y'' + py' + qy = f(x)(f(x) \not\equiv 0)$（其中 p, q 是常数）　　　　　　　　(7.6)

称为**二阶常系数非齐次线性微分方程**.

下面我们讨论方程(7.6)的通解，由定理 1 知，方程(7.6)的通解为本身的一个特解 y^* 和对应齐次方程 $y'' + py' + qy = 0$ 的通解 Y 之和，而关于二阶常系数齐次线性微分方程 $y'' + py' + qy = 0$ 的通解的计算在上一节已经解决，所以下面就要寻找 $y'' + py' + qy = f(x)$ 的一个特解 y^*.

在这里，我们只讨论 $f(x)$ 的两种常见类型：

（I）$f(x) = P_m(x)\mathrm{e}^{\lambda x}$ 型

方程　　$y'' + py' + qy = P_m(x)\mathrm{e}^{\lambda x}$（其中 $P_m(x)$ 是一个 m 次多项式）　　　　(7.7)

的右端是多项式与指数函数的乘积，而多项式与指数函数的乘积的导数还是多项式与指数函数的乘积，所以我们推测 $y^* = Q(x)\mathrm{e}^{\lambda x}$ 是方程(7.7)的一个特解，下面我们讨论多项式 $Q(x)$ 的具体形式.

设 $y^* = Q(x)\mathrm{e}^{\lambda x}$，则

$$(y^*)' = [Q'(x) + \lambda Q(x)]e^{\lambda x}, \quad (y^*)'' = [Q''(x) + 2\lambda Q'(x) + \lambda^2 Q(x)]e^{\lambda x}.$$

将它们同时代入方程(7.7),得:

$$[Q''(x) + 2\lambda Q'(x) + \lambda^2 Q(x)]e^{\lambda x} + p[Q'(x) + \lambda Q(x)]e^{\lambda x} + qQ(x)e^{\lambda x} = P_m(x)e^{\lambda x}.$$

而 $e^{\lambda x} \neq 0$,则

$$Q''(x) + 2\lambda Q'(x) + \lambda^2 Q(x) + p[Q'(x) + \lambda Q(x)] + qQ(x) = P_m(x),$$

即
$$Q''(x) + (2\lambda + p)Q'(x) + (\lambda^2 + p\lambda + q)Q(x) = P_m(x). \tag{7.8}$$

(1) 若 λ 不是特征方程 $r^2 + pr + q = 0$ 的根,则 $\lambda^2 + p\lambda + q \neq 0$,这时 $Q(x)$ 是一个 m 次多项式,可取 $Q(x) = Q_m(x)$;所以方程(7.7)的一个特解可设为

$$y^* = Q(x)e^{\lambda x} = Q_m(x)e^{\lambda x};$$

将其代入方程(7.7)中,通过比较系数就可以确定多项式 $Q_m(x)$ 的系数,从而得到此方程的特解.

例如:方程 $y'' + 5y' + 6y = e^{3x}$ 对应的特征方程为 $r^2 + 5r + 6 = 0$,

特征根 $r_1 = -3, r_2 = -2$;由于 $\lambda = 3$ 不是特征根,故方程的一个特解可设为

$$y^* = a_0 e^{3x};$$

(2) 若 λ 是特征方程 $r^2 + pr + q = 0$ 的单根,则 $\lambda^2 + p\lambda + q = 0, 2\lambda + p \neq 0$,这时 $Q'(x)$ 是一个 m 次多项式,即 $Q(x)$ 是一个 $m+1$ 次多项式,可取 $Q(x) = xQ_m(x)$;所以方程(7.7)的一个特解可设为

$$y^* = Q(x)e^{\lambda x} = xQ_m(x)e^{\lambda x};$$

用上面同样的方法可以确定 $Q_m(x)$ 的系数,得到特解.

例如:方程 $y'' - y' = x^2 + 2$ 对应的特征方程为 $r^2 - r = 0$,

特征根 $r_1 = 0, r_2 = 1$;由于 $\lambda = 0$ 是单根,故方程的一个特解可设为

$$y^* = x(a_0 x^2 + a_1 x + a_2);$$

(3) 若 λ 是特征方程 $r^2 + pr + q = 0$ 的二重根,则 $\lambda^2 + p\lambda + q = 0$,且 $2\lambda + p = 0$,这时 $Q''(x)$ 是一个 m 次多项式,即 $Q(x)$ 是一个 $m+2$ 次多项式,可取 $Q(x) = x^2 Q_m(x)$;所以方程(7.7)的一个特解可设为

$$y^* = Q(x)e^{\lambda x} = x^2 Q_m(x)e^{\lambda x};$$

用上面同样的方法可以确定 $Q_m(x)$ 的系数,得到特解.

例如:方程 $y'' + 6y' + 9y = 5xe^{-3x}$ 对应的特征方程为 $r^2 + 6r + 9 = 0$,

特征根 $r_1 = r_2 = -3$;由于 $\lambda = -3$ 是二重根,故方程的一个特解可设为

$$y^* = x^2(a_0 x + a_1)\mathrm{e}^{-3x}.$$

综上,方程(7.7)的一个特解为 $y^* = x^k Q_m(x)\mathrm{e}^{\lambda x}$,其中 $k = \begin{cases} 0, & \lambda \text{ 不是特征根,} \\ 1, & \lambda \text{ 是特征单根,} \\ 2, & \lambda \text{ 是特征二重根.} \end{cases}$

将 $y^* = x^k Q_m(x)\mathrm{e}^{\lambda x}$ 代入方程(7.7),通过比较系数就可确定 m 次多项式 $Q_m(x)$ 的系数,从而求出特解.

二阶常系数非齐次线性微分方程的特解的求法总结如下:

① 写出对应的齐次方程的特征方程 $r^2 - pr - q = 0$,并求出两个特征根 r_1, r_2 ;

② 根据 λ 与特征根的关系写出特解形式

$$y^* = x^k Q_m(x)\mathrm{e}^{\lambda x};$$

③ 将 $y^* = x^k Q_m(x)\mathrm{e}^{\lambda x}$ 代入原方程,通过比较系数确定 $Q_m(x)$ 的系数,写出特解.

【例2】 求微分方程 $y'' - 5y' + 4y = 3 - 2x$ 的一个特解.

解 ① 特征方程: $r^2 - 5r + 4 = 0$,特征根为 $r_1 = 1, r_2 = 4$;

② $\lambda = 0, m = 1$;而 $\lambda = 0$ 不是特征根,故 $k = 0$;

所以特解形式为 $y^* = Q_1(x) = ax + b$;

③ 由 $y^* = ax + b$ 得 $(y^*)' = a, (y^*)'' = 0$,将它们都代入原方程,得

$$4ax - 5a + 4b = 3 - 2x,$$

比较系数得　$4a = -2, -5a + 4b = 3,$

解得　$a = -\dfrac{1}{2}, b = \dfrac{1}{8};$

故原方程的一个特解为 $y^* = -\dfrac{x}{2} + \dfrac{1}{8}.$

【例3】 求微分方程 $y'' - 2y' - 3y = x\mathrm{e}^{-x}$ 的通解.

解 ① 特征方程: $r^2 - 2r - 3 = 0$,特征根为 $r_1 = -1, r_2 = 3$,

则 $Y = C_1\mathrm{e}^{-x} + C_2\mathrm{e}^{3x}$;

② 因为 $\lambda = -1, m = 1$,且 $\lambda = -1$ 是特征单根,所以 $k = 1$,

所以特解形式为 $y^* = x(ax + b)\mathrm{e}^{-x} = (ax^2 + bx)\mathrm{e}^{-x}$,则 $(y^*)' = (2ax + b - ax^2 - bx)\mathrm{e}^{-x} = [-ax^2 + (2a - b)x + b]\mathrm{e}^{-x}$,

$(y^*)'' = [-2ax + (2a - b) + ax^2 - (2a - b)x - b]\mathrm{e}^{-x} = [ax^2 - (4a - b)x + 2a - 2b]\mathrm{e}^{-x}$,

将它们都代入原方程,得

$$[ax^2 - (4a - b)x + 2a - 2b]\mathrm{e}^{-x} - 2[-ax^2 + (2a - b)x + b]\mathrm{e}^{-x} - 3(ax^2 + bx)\mathrm{e}^{-x} = x\mathrm{e}^{-x},$$

即　　　　　　　　　　　　 $-8ax + 2a - 4b = x,$

比较系数得: $-8a = 1, 2a - 4b = 0$,即 $a = -\dfrac{1}{8}, b = -\dfrac{1}{16}$,

所以　$y^* = \left(-\dfrac{1}{8}x^2 - \dfrac{1}{16}x\right)\mathrm{e}^{-x} = -\dfrac{1}{16}(2x^2 + x)\mathrm{e}^{-x}$；

③ 原方程的通解为 $y = Y + y^* = C_1\mathrm{e}^{-x} + C_2\mathrm{e}^{3x} - \dfrac{1}{16}(2x^2 + x)\mathrm{e}^{-x}$.

（Ⅱ）$f(x) = \mathrm{e}^{\lambda x}[P_l(x)\cos\omega x + Q_n(x)\sin\omega x]$ 型

根据欧拉公式 $\mathrm{e}^{\mathrm{i}\theta} = \cos\theta + \mathrm{i}\sin\theta$，则 $\mathrm{e}^{(\lambda + \mathrm{i}\omega)x} = \mathrm{e}^{\lambda x}\cos\omega x + \mathrm{i}\mathrm{e}^{\lambda x}\sin\omega x$，从而

$$f(x) = \mathrm{e}^{\lambda x}[P_l(x)\cos\omega x + Q_n(x)\sin\omega x]$$

$$= \mathrm{e}^{\lambda x}\left[P_l(x)\frac{\mathrm{e}^{\mathrm{i}\omega x} + \mathrm{e}^{-\mathrm{i}\omega x}}{2} + Q_n(x)\frac{\mathrm{e}^{\mathrm{i}\omega x} - \mathrm{e}^{-\mathrm{i}\omega x}}{2\mathrm{i}}\right]$$

$$= \mathrm{e}^{\lambda x}\left[P_l(x)\frac{\mathrm{e}^{\mathrm{i}\omega x} + \mathrm{e}^{-\mathrm{i}\omega x}}{2} - \mathrm{i}Q_n(x)\frac{\mathrm{e}^{\mathrm{i}\omega x} - \mathrm{e}^{-\mathrm{i}\omega x}}{2}\right]$$

$$= \left[\frac{P_l(x)}{2} - \frac{Q_n(x)}{2}\mathrm{i}\right]\mathrm{e}^{(\lambda + \mathrm{i}\omega)x} + \left[\frac{P_l(x)}{2} + \frac{Q_n(x)}{2}\mathrm{i}\right]\mathrm{e}^{(\lambda - \mathrm{i}\omega)x}$$

$$= P(x)\mathrm{e}^{(\lambda + \mathrm{i}\omega)x} + \overline{P}(x)\mathrm{e}^{(\lambda - \mathrm{i}\omega)x},$$

（其中 $P(x) = \dfrac{P_l(x)}{2} - \dfrac{Q_n(x)}{2}\mathrm{i}$，$\overline{P}(x) = \dfrac{P_l(x)}{2} + \dfrac{Q_n(x)}{2}\mathrm{i}$，$P_l(x)$ 是 l 次多项式，$Q_n(x)$ 是 n 次多项式），令 $m = \max\{l, n\}$，则 $P(x)$ 和 $\overline{P}(x)$ 是共轭的 m 次多项式，接着求出如下两个方程的特解：方程 $y'' + py' + qy = P(x)\mathrm{e}^{(\lambda + \mathrm{i}\omega)x}$，有形如 $y_1^* = x^k Q_m(x)\mathrm{e}^{(\lambda + \mathrm{i}\omega)x}$ 的一个特解，而方程 $y'' + py' + qy = \overline{P}(x)\mathrm{e}^{(\lambda - \mathrm{i}\omega)x}$，有形如 $y_2^* = x^k \overline{Q}_m(x)\mathrm{e}^{(\lambda - \mathrm{i}\omega)x}$ 的一个特解（这里 $Q_m(x)$ 与 $\overline{Q}_m(x)$ 为共轭的 m 次多项式；$k = 0, 1$，如果 $\lambda \pm \mathrm{i}\omega$ 不是特征根，取 $k = 0$；如果 $\lambda \pm \mathrm{i}\omega$ 是特征根，取 $k = 1$）.

利用叠加原理知，方程 $y'' + py' + qy = P(x)\mathrm{e}^{(\lambda + \mathrm{i}\omega)x} + \overline{P}(x)\mathrm{e}^{(\lambda - \mathrm{i}\omega)x}$ 的一个特解为

$$y^* = y_1^* + y_2^* = x^k Q_m(x)\mathrm{e}^{(\lambda + \mathrm{i}\omega)x} + x^k \overline{Q}_m(x)\mathrm{e}^{(\lambda - \mathrm{i}\omega)x}$$

$$= x^k \mathrm{e}^{\lambda x}[Q_m(x)\mathrm{e}^{\mathrm{i}\omega x} + \overline{Q}_m(x)\mathrm{e}^{-\mathrm{i}\omega x}]$$

$$= x^k \mathrm{e}^{\lambda x}[Q_m(x)(\cos\omega x + \mathrm{i}\sin\omega x) + \overline{Q}_m(x)(\cos\omega x - \mathrm{i}\sin\omega x)].$$

最后分析原方程特解的特点（括号内两项共轭），求和后得其实函数解：

$$y^* = x^k \mathrm{e}^{\lambda x}[R_m^{(1)}(x)\cos\omega x + R_m^{(2)}(x)\sin\omega x], \tag{7.9}$$

其中 $R_m^{(1)}(x)$，$R_m^{(2)}(x)$ 是 m 次多项式，$k = \begin{cases} 0, & \lambda \pm \mathrm{i}\omega \text{ 不是特征根,} \\ 1, & \lambda \pm \mathrm{i}\omega \text{ 是特征根.} \end{cases}$

【例4】　求微分方程 $y''-y=x\cos x$ 的一个特解.

解　① 其对应的齐次方程的特征方程为 $r^2-1=0,r_{1,2}=\pm1$;

② $f(x)=x\cos x$ 属于类型(II),其中 $\lambda=0,\omega=1,P_l(x)=x,Q_n(x)=0$,

因为 $\lambda\pm\mathrm{i}\omega=\pm i$ 不是特征根,所以 $k=0$;

从而方程的一个特解为 $y^*=(ax+b)\cos x+(cx+d)\sin x$;

③ $(y^*)'=(cx+a+d)\cos x-(ax+b-c)\sin x$,

$(y^*)''=(-ax-b+2c)\cos x-(cx+2a+d)\sin x$,

将 $y^*,(y^*)''$ 代入原方程,整理可得:

$$(-2ax-2b+2c)\cos x-(2cx+2a+2d)\sin x=x\cos x$$

比较系数有:$\begin{cases}-2a=1,\\-2b+2c=0,\\-2c=0,\\-2a-2d=0,\end{cases}$ 解得 $a=-\dfrac{1}{2},b=0,c=0,d=\dfrac{1}{2}$;

从而原方程的一个特解为:$y^*=-\dfrac{1}{2}(x\cos x-\sin x)$.

【例5】　求方程 $y''-y=\mathrm{e}^x+x\cos x$ 的通解.

解　① 对应的齐次方程 $y''-y=0$ 的特征方程为 $r^2-1=0,r_{1,2}=\pm1$,

故齐次方程的通解为 $Y=C_1\mathrm{e}^x+C_2\mathrm{e}^{-x}$;

② $y''-y=\mathrm{e}^x$ 的一个特解为 $y_1^*=\dfrac{1}{2}x\mathrm{e}^x$;

$y''-y=x\cos x$ 的一个特解为 $y_2^*=-\dfrac{1}{2}(x\cos x-\sin x)$;

所以原方程的一个特解为 $y^*=\dfrac{1}{2}x\mathrm{e}^x-\dfrac{1}{2}(x\cos x-\sin x)$.

③ 从而原方程的通解为 $y=C_1\mathrm{e}^x+C_2\mathrm{e}^{-x}+\dfrac{1}{2}x\mathrm{e}^x-\dfrac{1}{2}(x\cos x-\sin x)$.

二阶常系数非齐次线性微分方程的通解的求法总结如下:

① 写出对应的齐次方程的特征方程 $r^2+pr+q=0$,求出特征根 r_1,r_2,写出它的通解 Y;

② 根据 $f(x)$ 的类型,求出非齐次方程对应的特解 y^*;

③ 写出非齐次方程的通解 $y=Y+y^*$.

习题 7-7

1. 验证函数 $y=C_1\mathrm{e}^x+C_2\mathrm{e}^{2x}+\dfrac{1}{12}\mathrm{e}^{5x}$ 是微分方程 $y''-3y'+2y=\mathrm{e}^{5x}$ 的通解.

2. 求下列微分方程的通解.

(1) $y'' + 8y' = 8x$；

(2) $y'' - y = e^x \cos 2x$；

(3) $y'' - 2y' + y = e^x$；

(4) $y'' + y = \sin x$；

(5) $y'' + 3y' + 2y = 3x e^{-x}$；

(6) $y'' - 2y' + 5y = e^x \sin 2x$；

(7) $2y'' + 5y' = 5x^2 - 2x - 1$.

3. 求下列各微分方程满足所给初值条件的特解.

(1) $y'' - 5y' + 6y = 2e^x$，$y\big|_{x=0} = 3$，$y'\big|_{x=0} = 6$；

(2) $y'' - 3y' + 2y = 5$，$y\big|_{x=0} = 0$，$y'\big|_{x=0} = 2$；

(3) $y'' + 4y = \dfrac{1}{2}(x + \cos 2x)$，$y\big|_{x=0} = 0$，$y'\big|_{x=0} = 0$.

本章小结

本章介绍了微分方程的相关概念和线性微分方程的解的结构，给出了不同类型的微分方程的对应解法.

一、微分方程的基本概念

微分方程、阶、解、通解、初值条件和特解的概念.

二、一阶微分方程

1. 可分离变量的微分方程的解法：分离变量、两边积分.

2. 可化为可分离变量方程的微分方程的解法：变量代换、分离变量、两边积分、回代变量.

3. 齐次方程的解法：方程变形、变量代换、分离变量、两边积分、回代变量.

4. 可化为齐次方程的微分方程的解法：变量代换、方程变形、变量代换、分离变量、两边积分、两次回代变量.

5. 一阶线性微分方程的解法：

方法 1：常数变易法.

方法 2：公式法.

6. 伯努利方程的解法：

方法 1：变量代换、常数变易法、回代变量.

方法 2：变量代换、公式法、回代变量.

三、高阶微分方程

1. 三种可降阶的高阶微分方程

(1) $y^{(n)} = f(x)$ 型微分方程的解法：n 次积分.

(2) $y'' = f(x, y')$ 型和 $y'' = f(y, y')$ 型微分方程的解法：变量代换降阶、求解一个一阶微分方程、回代变量、求解另一个一阶微分方程.

2. 高阶齐次、非齐次线性微分方程的概念和解的结构.

3. 高阶常系数齐次线性微分方程的解法：写出特征方程、求出特征根、根据特征根的情况写出通解.

4. 两种二阶常系数非齐次线性微分方程的解法:设出带有参数的特解、代入微分方程求出参数、将参数代入所设特解.

本章介绍的微分方程的种类较多,有一阶的,也有高阶的;有线性的,也有非线性的.在求解这些微分方程时,要对比总结后熟知每种微分方程的特征,根据特征判断方程的类型,运用对应的解法.

总习题七

1. 填空题.

(1) $2(y'')^2 - 4y' - 5y + x = 0$ 是_____阶微分方程;

(2) $(x+y)\mathrm{d}y + (7x-6y)\mathrm{d}x = 0$ 是_____阶微分方程;

(3) $y''' + y'' - x = 0$ 是_____阶微分方程;

(4) 一个二阶微分方程的通解应含有_____个独立的任意常数.

2. 单项选择题.

(1) 方程 $y'' = x$ 的通解是(　　);

    A. $y = \dfrac{1}{6}x^3$ B. $y = \dfrac{1}{6}x^3 + Cx$

    C. $y = \dfrac{1}{6}x^3 + C$ D. $y = \dfrac{1}{6}x^3 + C_1 x + C_2$

(2) 方程 $xy\mathrm{d}x + \sqrt{1-x^2}\,\mathrm{d}y = 0$ 的通解是(　　);

    A. $y = C\mathrm{e}^{\sqrt{1-x^2}}$ B. $y = C\mathrm{e}^{-\sqrt{1-x^2}}$

    C. $y = C\arcsin x$ D. $y = C\sqrt{1-x^2}$

(3) 方程 $y'' + 4y = \cos 2x$ 的特解形式是(　　);

    A. $y^* = a\cos 2x$ B. $y^* = a\cos 2x + b\sin 2x$

    C. $y^* = x^2(a\cos 2x + b\sin 2x)$ D. $y^* = x(a\cos 2x + b\sin 2x)$

(4) 下列方程中是线性微分方程的是(　　);

    A. $\cos(y') + \mathrm{e}^y = x$ B. $xy'' + 2y' - x^2 y = \mathrm{e}^x$

    C. $(y')^2 + 5y = 0$ D. $y'' + \sin y = 8x$

(5) 一阶非齐次线性微分方程 $y' = P(x)y + Q(x)$ 的通解是(　　);

    A. $y = \mathrm{e}^{-\int P(x)\mathrm{d}x}\left[\int Q(x)\mathrm{e}^{\int P(x)\mathrm{d}x}\,\mathrm{d}x + C\right]$

    B. $y = \mathrm{e}^{-\int P(x)\mathrm{d}x}\int Q(x)\mathrm{e}^{\int P(x)\mathrm{d}x}\,\mathrm{d}x$

    C. $y = \mathrm{e}^{\int P(x)\mathrm{d}x}\left[\int Q(x)\mathrm{e}^{-\int P(x)\mathrm{d}x}\,\mathrm{d}x + C\right]$

D. $y = c e^{-\int P(x)dx}$

(6) 若 y_1 和 y_2 是二阶齐次线性微分方程 $y'' + P(x)y' + Q(x)y = 0$ 的两个特解,则 $y = C_1 y_1 + C_2 y_2$(其中 C_1, C_2 为任意常数)(　　);

　　A. 是该方程的通解　　　　　　　　B. 是该方程的解

　　C. 不是该方程的解　　　　　　　　D. 不一定是该方程的解

3. 求下列微分方程的通解.

(1) $\dfrac{dy}{dx} = \dfrac{1+y^2}{xy + x^3 y}$;

(2) $y'' + y' = x^2$;

(3) $\dfrac{dy}{dx} = \dfrac{y}{x} + \tan \dfrac{y}{x}$;

(4) $(3y - 7x + 7)dx + (7y - 3x + 3)dy = 0$;

(5) $\dfrac{dy}{dx} + \dfrac{2}{x}y = x^2 y^2 \sin x$;

(6) $y'' = \dfrac{1}{x}y' + x e^x$;

(7) $y'' + 10y' + 25y = 0$;

(8) $y'' + 3y' - 4y = 5e^{7x}$;

(9) $y'' + 4y' = 1 + x + \sin x$.

4. 求下列微分方程满足所给初值条件的特解.

(1) $y'' + 2y' - 3y = 0$, $y|_{x=0} = 1$, $y'|_{x=0} = 5$;

(2) $y'' - 6y' + 13y = 0$, $y|_{x=0} = -1$, $y'|_{x=0} = 1$;

(3) $\dfrac{dy}{dx} + y\cot x = 5e^{\cos x}$, $y|_{x=\frac{\pi}{2}} = -4$;

(4) $y'' - e^{2y} = 0$, $y|_{x=0} = 0$, $y'|_{x=0} = 1$.

5. 设 $\varphi(x)$ 是连续函数,且满足 $\varphi(x) = e^x + \displaystyle\int_0^x t\varphi(t)dt - x\int_0^x \varphi(t)dt$,求 $\varphi(x)$.

6. 设 $y_1 = x e^x + e^{2x}$, $y_2 = x e^x + e^{-x}$, $y_3 = x e^x + e^{2x} + e^{-x}$ 是某二阶非齐次线性微分方程的解,求该方程的通解.

7. 一个离地面很高的物体,受地球引力的作用由静止开始落向地面.求它落到地面时的速度和所需的时间(不计空气阻力).

8. 一质量为 m 的潜水艇从水面由静止状态开始下降,所受的阻力与下降速度成正比,求潜水艇下降的深度 x 与时间 t 的函数关系.

附录一 积分表

(一) 含有 $ax+b$ 的积分

1. $\displaystyle\int \frac{\mathrm{d}x}{ax+b} = \frac{1}{a}\ln|ax+b|+C.$

2. $\displaystyle\int (ax+b)^{\omega}\mathrm{d}x = \frac{1}{a(\omega+1)}(ax+b)^{\omega+1}+C \quad (\omega \neq -1).$

3. $\displaystyle\int \frac{x}{ax+b}\mathrm{d}x = \frac{1}{a^2}(ax+b-b\ln|ax+b|)+C.$

4. $\displaystyle\int \frac{x^2}{ax+b}\mathrm{d}x = \frac{1}{a^3}\left[\frac{1}{2}(ax+b)^2-2b(ax+b)+b^2\ln|ax+b|\right]+C.$

5. $\displaystyle\int \frac{1}{x(ax+b)}\mathrm{d}x = -\frac{1}{b}\ln\left|\frac{ax+b}{x}\right|+C.$

6. $\displaystyle\int \frac{1}{x^2(ax+b)}\mathrm{d}x = -\frac{1}{bx}+\frac{a}{b^2}\ln\left|\frac{ax+b}{x}\right|+C.$

7. $\displaystyle\int \frac{x}{(ax+b)^2}\mathrm{d}x = \frac{1}{a^2}\left(\ln|ax+b|+\frac{b}{ax+b}\right)+C.$

8. $\displaystyle\int \frac{x^2}{(ax+b)^2}\mathrm{d}x = \frac{1}{a^3}\left(ax+b-2b\ln|ax+b|-\frac{b^2}{ax+b}\right)+C.$

9. $\displaystyle\int \frac{1}{x(ax+b)^2}\mathrm{d}x = \frac{1}{b(ax+b)}-\frac{1}{b^2}\ln\left|\frac{ax+b}{x}\right|+C.$

(二) 含有 $\sqrt{ax+b}$ 的积分

10. $\displaystyle\int \sqrt{ax+b}\,\mathrm{d}x = \frac{2}{3a}\sqrt{(ax+b)^3}+C.$

11. $\displaystyle\int x\sqrt{ax+b}\,\mathrm{d}x = \frac{2}{15a^2}(3ax-2b)\sqrt{(ax+b)^3}+C.$

12. $\displaystyle\int x^2\sqrt{ax+b}\,\mathrm{d}x = \frac{2}{105a^3}(15a^2x^2-12abx+8b^2)\sqrt{(ax+b)^3}+C.$

13. $\displaystyle\int \frac{x}{\sqrt{ax+b}}\mathrm{d}x = \frac{2}{3a^2}(ax-2b)\sqrt{ax+b}+C.$

14. $\int \dfrac{x^2}{\sqrt{ax+b}}\mathrm{d}x = \dfrac{2}{15a^3}(3a^2x^2-4abx+8b^2)\sqrt{ax+b}+C.$

15. $\int \dfrac{1}{x\sqrt{ax+b}}\mathrm{d}x = \begin{cases} \dfrac{1}{\sqrt{b}}\ln\left|\dfrac{\sqrt{ax+b}-\sqrt{b}}{\sqrt{ax+b}+\sqrt{b}}\right|+C & (b>0), \\[3mm] \dfrac{2}{\sqrt{-b}}\arctan\sqrt{\dfrac{ax+b}{-b}}+C & (b<0). \end{cases}$

16. $\int \dfrac{1}{x^2\sqrt{ax+b}}\mathrm{d}x = -\dfrac{\sqrt{ax+b}}{bx}-\dfrac{a}{2b}\int \dfrac{\mathrm{d}x}{x\sqrt{ax+b}}.$

17. $\int \dfrac{\sqrt{ax+b}}{x}\mathrm{d}x = 2\sqrt{ax+b}+b\int \dfrac{\mathrm{d}x}{x\sqrt{ax+b}}.$

18. $\int \dfrac{\sqrt{ax+b}}{x^2}\mathrm{d}x = -\dfrac{\sqrt{ax+b}}{x}+\dfrac{a}{2}\int \dfrac{\mathrm{d}x}{x\sqrt{ax+b}}.$

（三）含有 $x^2\pm a^2$ 的积分

19. $\int \dfrac{\mathrm{d}x}{x^2+a^2} = \dfrac{1}{a}\arctan\dfrac{x}{a}+C.$

20. $\int \dfrac{\mathrm{d}x}{(x^2+a^2)^n} = \dfrac{x}{2(n-1)a^2(x^2+a^2)^{n-1}}+\dfrac{2n-3}{2(n-1)a^2}\int \dfrac{\mathrm{d}x}{(x^2+a^2)^{n-1}}.$

21. $\int \dfrac{\mathrm{d}x}{x^2-a^2} = \dfrac{1}{2a}\ln\left|\dfrac{x-a}{x+a}\right|+C.$

（四）含有 $ax^2+b\,(a>0)$ 的积分

22. $\int \dfrac{\mathrm{d}x}{ax^2+b} = \begin{cases} \dfrac{1}{\sqrt{ab}}\arctan\sqrt{\dfrac{a}{b}}x+C & (b>0), \\[3mm] \dfrac{1}{2\sqrt{-ab}}\ln\left|\dfrac{\sqrt{a}x-\sqrt{-b}}{\sqrt{a}x+\sqrt{-b}}\right|+C & (b<0). \end{cases}$

23. $\int \dfrac{x}{ax^2+b}\mathrm{d}x = \dfrac{1}{2a}\ln|ax^2+b|+C.$

24. $\int \dfrac{x^2}{ax^2+b}\mathrm{d}x = \dfrac{x}{a}-\dfrac{b}{a}\int \dfrac{\mathrm{d}x}{ax^2+b}.$

25. $\int \dfrac{1}{x(ax^2+b)}\mathrm{d}x = \dfrac{1}{2b}\ln\dfrac{x^2}{|ax^2+b|}+C.$

26. $\int \dfrac{1}{x^2(ax^2+b)}\mathrm{d}x = -\dfrac{1}{bx}-\dfrac{a}{b}\int \dfrac{\mathrm{d}x}{ax^2+b}.$

27. $\int \dfrac{1}{x^3(ax^2+b)}\mathrm{d}x = \dfrac{a}{2b^2}\ln\dfrac{|ax^2+b|}{x^2}-\dfrac{1}{2bx^2}+C.$

28. $\displaystyle\int\frac{1}{(ax^2+b)^2}\mathrm{d}x=\frac{x}{2b(ax^2+b)}+\frac{1}{2b}\int\frac{1}{ax^2+b}\mathrm{d}x.$

(五) 含有 $ax^2+bx+c\,(a>0)$ 的积分

29. $\displaystyle\int\frac{1}{ax^2+bx+c}\mathrm{d}x=\begin{cases}\dfrac{2}{\sqrt{4ac-b^2}}\arctan\dfrac{2ax+b}{\sqrt{4ac-b^2}}+C & (b^2<4ac),\\[4mm]\dfrac{1}{\sqrt{b^2-4ac}}\ln\left|\dfrac{2ax+b-\sqrt{b^2-4ac}}{2ax+b+\sqrt{b^2-4ac}}\right|+C & (b^2>4ac).\end{cases}$

30. $\displaystyle\int\frac{x}{ax^2+bx+c}\mathrm{d}x=\frac{1}{2a}\ln|ax^2+bx+c|-\frac{b}{2a}\int\frac{1}{ax^2+bx+c}\mathrm{d}x.$

(六) 含有 $\sqrt{x^2+a^2}\,(a>0)$ 的积分

31. $\displaystyle\int\frac{1}{\sqrt{x^2+a^2}}\mathrm{d}x=\operatorname{arsh}\frac{x}{a}+C_1=\ln(x+\sqrt{x^2+a^2})+C.$

32. $\displaystyle\int\frac{1}{\sqrt{(x^2+a^2)^3}}\mathrm{d}x=\frac{x}{a^2\sqrt{x^2+a^2}}+C.$

33. $\displaystyle\int\frac{x}{\sqrt{x^2+a^2}}\mathrm{d}x=\sqrt{x^2+a^2}+C.$

34. $\displaystyle\int\frac{x}{\sqrt{(x^2+a^2)^3}}\mathrm{d}x=-\frac{1}{\sqrt{x^2+a^2}}+C.$

35. $\displaystyle\int\frac{x^2}{\sqrt{x^2+a^2}}\mathrm{d}x=\frac{x}{2}\sqrt{x^2+a^2}-\frac{a^2}{2}\ln(x+\sqrt{x^2+a^2})+C.$

36. $\displaystyle\int\frac{x^2}{\sqrt{(x^2+a^2)^3}}\mathrm{d}x=-\frac{x}{\sqrt{x^2+a^2}}+\ln(x+\sqrt{x^2+a^2})+C.$

37. $\displaystyle\int\frac{1}{x\sqrt{x^2+a^2}}\mathrm{d}x=\frac{1}{a}\ln\frac{\sqrt{x^2+a^2}-a}{|x|}+C.$

38. $\displaystyle\int\frac{1}{x^2\sqrt{x^2+a^2}}\mathrm{d}x=-\frac{\sqrt{x^2+a^2}}{a^2x}+C.$

39. $\displaystyle\int\sqrt{x^2+a^2}\,\mathrm{d}x=\frac{x}{2}\sqrt{x^2+a^2}+\frac{a^2}{2}\ln(x+\sqrt{x^2+a^2})+C.$

40. $\displaystyle\int\sqrt{(x^2+a^2)^3}\,\mathrm{d}x=\frac{x}{8}(2x^2+5a^2)\sqrt{x^2+a^2}+\frac{3a^4}{8}\ln(x+\sqrt{x^2+a^2})+C.$

41. $\displaystyle\int x\sqrt{x^2+a^2}\,\mathrm{d}x=\frac{1}{3}\sqrt{(x^2+a^2)^3}+C.$

42. $\displaystyle\int x^2\sqrt{x^2+a^2}\,\mathrm{d}x=\frac{x}{8}(2x^2+a^2)\sqrt{x^2+a^2}-\frac{a^4}{8}\ln(x+\sqrt{x^2+a^2})+C.$

43. $\int \dfrac{\sqrt{x^2+a^2}}{x} \mathrm{d}x = \sqrt{x^2+a^2} + a\ln(\dfrac{\sqrt{x^2+a^2}-a}{|x|}) + C.$

44. $\int \dfrac{\sqrt{x^2+a^2}}{x^2} \mathrm{d}x = -\dfrac{\sqrt{x^2+a^2}}{x} + \ln(x+\sqrt{x^2+a^2}) + C.$

(七) 含有 $\sqrt{x^2-a^2}\,(a>0)$ 的积分

45. $\int \dfrac{1}{\sqrt{x^2-a^2}} \mathrm{d}x = \dfrac{x}{|x|} \operatorname{arch} \dfrac{|x|}{a} + C_1 = \ln\left| x+\sqrt{x^2-a^2} \right| + C.$

46. $\int \dfrac{1}{\sqrt{(x^2-a^2)^3}} \mathrm{d}x = -\dfrac{x}{a^2\sqrt{x^2-a^2}} + C.$

47. $\int \dfrac{x}{\sqrt{x^2-a^2}} \mathrm{d}x = \sqrt{x^2-a^2} + C.$

48. $\int \dfrac{x}{\sqrt{(x^2-a^2)^3}} \mathrm{d}x = -\dfrac{1}{\sqrt{x^2-a^2}} + C.$

49. $\int \dfrac{x^2}{\sqrt{x^2-a^2}} \mathrm{d}x = \dfrac{x}{2}\sqrt{x^2-a^2} + \dfrac{a^2}{2}\ln\left| x+\sqrt{x^2-a^2} \right| + C.$

50. $\int \dfrac{x^2}{\sqrt{(x^2-a^2)^3}} \mathrm{d}x = -\dfrac{x}{\sqrt{x^2-a^2}} + \ln\left| x+\sqrt{x^2-a^2} \right| + C.$

51. $\int \dfrac{1}{x\sqrt{x^2-a^2}} \mathrm{d}x = \dfrac{1}{a}\arccos \dfrac{a}{|x|} + C.$

52. $\int \dfrac{1}{x^2\sqrt{x^2-a^2}} \mathrm{d}x = \dfrac{\sqrt{x^2-a^2}}{a^2 x} + C.$

53. $\int \sqrt{x^2-a^2} \, \mathrm{d}x = \dfrac{x}{2}\sqrt{x^2-a^2} - \dfrac{a^2}{2}\ln\left| x+\sqrt{x^2-a^2} \right| + C.$

54. $\int \sqrt{(x^2-a^2)^3} \, \mathrm{d}x = \dfrac{x}{8}(2x^2-5a^2)\sqrt{x^2-a^2} + \dfrac{3a^4}{8}\ln\left| x+\sqrt{x^2-a^2} \right| + C.$

55. $\int x\sqrt{x^2-a^2} \, \mathrm{d}x = \dfrac{1}{3}\sqrt{(x^2-a^2)^3} + C.$

56. $\int x^2\sqrt{x^2-a^2} \, \mathrm{d}x = \dfrac{x}{8}(2x^2-a^2)\sqrt{x^2-a^2} - \dfrac{a^4}{8}\ln\left| x+\sqrt{x^2-a^2} \right| + C.$

57. $\int \dfrac{\sqrt{x^2-a^2}}{x} \mathrm{d}x = \sqrt{x^2-a^2} - a\arccos \dfrac{a}{|x|} + C.$

58. $\int \dfrac{\sqrt{x^2-a^2}}{x^2} \mathrm{d}x = -\dfrac{\sqrt{x^2-a^2}}{x} + \ln\left| x+\sqrt{x^2-a^2} \right| + C.$

（八）含有 $\sqrt{a^2-x^2}$ $(a>0)$ 的积分

59. $\displaystyle\int \frac{1}{\sqrt{a^2-x^2}}\mathrm{d}x = \arcsin\frac{x}{a} + C.$

60. $\displaystyle\int \frac{1}{\sqrt{(a^2-x^2)^3}}\mathrm{d}x = \frac{x}{a^2\sqrt{a^2-x^2}} + C.$

61. $\displaystyle\int \frac{x}{\sqrt{a^2-x^2}}\mathrm{d}x = -\sqrt{a^2-x^2} + C.$

62. $\displaystyle\int \frac{x}{\sqrt{(a^2-x^2)^3}}\mathrm{d}x = \frac{1}{\sqrt{a^2-x^2}} + C.$

63. $\displaystyle\int \frac{x^2}{\sqrt{a^2-x^2}}\mathrm{d}x = -\frac{x}{2}\sqrt{a^2-x^2} + \frac{a^2}{2}\arcsin\frac{x}{a} + C.$

64. $\displaystyle\int \frac{x^2}{\sqrt{(a^2-x^2)^3}}\mathrm{d}x = \frac{x}{\sqrt{a^2-x^2}} - \arcsin\frac{x}{a} + C.$

65. $\displaystyle\int \frac{1}{x\sqrt{a^2-x^2}}\mathrm{d}x = \frac{1}{a}\ln\frac{a-\sqrt{a^2-x^2}}{|x|} + C.$

66. $\displaystyle\int \frac{1}{x^2\sqrt{a^2-x^2}}\mathrm{d}x = -\frac{\sqrt{a^2-x^2}}{a^2 x} + C.$

67. $\displaystyle\int \sqrt{a^2-x^2}\,\mathrm{d}x = \frac{x}{2}\sqrt{a^2-x^2} + \frac{a^2}{2}\arcsin\frac{x}{a} + C.$

68. $\displaystyle\int \sqrt{(a^2-x^2)^3}\,\mathrm{d}x = \frac{x}{8}(5a^2-2x^2)\sqrt{a^2-x^2} + \frac{3a^4}{8}\arcsin\frac{x}{a} + C.$

69. $\displaystyle\int x\sqrt{a^2-x^2}\,\mathrm{d}x = -\frac{1}{3}\sqrt{(a^2-x^2)^3} + C.$

70. $\displaystyle\int x^2\sqrt{a^2-x^2}\,\mathrm{d}x = \frac{x}{8}(2x^2-a^2)\sqrt{a^2-x^2} + \frac{a^4}{8}\arcsin\frac{x}{a} + C.$

71. $\displaystyle\int \frac{\sqrt{a^2-x^2}}{x}\mathrm{d}x = \sqrt{a^2-x^2} + a\ln\frac{a-\sqrt{a^2-x^2}}{|x|} + C.$

72. $\displaystyle\int \frac{\sqrt{a^2-x^2}}{x^2}\mathrm{d}x = -\frac{\sqrt{a^2-x^2}}{x} - \arcsin\frac{x}{a} + C.$

（九）含有 $\sqrt{\pm ax^2+bx+c}$ $(a>0)$ 的积分

73. $\displaystyle\int \frac{1}{\sqrt{ax^2+bx+c}}\mathrm{d}x = \frac{1}{\sqrt{a}}\ln\left|2ax+b+2\sqrt{a}\sqrt{ax^2+bx+c}\right| + C.$

74. $\displaystyle\int \sqrt{ax^2+bx+c}\,\mathrm{d}x = \frac{2ax+b}{4a}\sqrt{ax^2+bx+c} +$

$$\frac{4ac-b^2}{8\sqrt{a^3}}\ln\left|2ax+b+2\sqrt{a}\ \sqrt{ax^2+bx+c}\ \right|+C.$$

75. $\displaystyle\int\frac{x}{\sqrt{ax^2+bx+c}}\mathrm{d}x=\frac{1}{a}\sqrt{ax^2+bx+c}-\frac{b}{2\sqrt{a^3}}\ln\left|2ax+b+2\sqrt{a}\ \sqrt{ax^2+bx+c}\ \right|$

$+C.$

76. $\displaystyle\int\frac{1}{\sqrt{c+bx-ax^2}}\mathrm{d}x=\frac{1}{\sqrt{a}}\arcsin\frac{2ax-b}{\sqrt{b^2+4ac}}+C.$

77. $\displaystyle\int\sqrt{c+bx-ax^2}\ \mathrm{d}x=\frac{2ax-b}{4a}\sqrt{c+bx-ax^2}+\frac{b^2+4ac}{8\sqrt{a^3}}\arcsin\frac{2ax-b}{\sqrt{b^2+4ac}}+C.$

78. $\displaystyle\int\frac{x}{\sqrt{c+bx-ax^2}}\mathrm{d}x=-\frac{1}{a}\sqrt{c+bx-ax^2}+\frac{b}{2\sqrt{a^3}}\arcsin\frac{2ax-b}{\sqrt{b^2+4ac}}+C.$

（十）含有$\sqrt{\pm\dfrac{x-a}{x-b}}$或$\sqrt{(x-a)(b-x)}$的积分

79. $\displaystyle\int\sqrt{\frac{x-a}{x-b}}\ \mathrm{d}x=(x-b)\sqrt{\frac{x-a}{x-b}}+(b-a)\ln(\sqrt{|x-a|}+\sqrt{|x-b|})+C.$

80. $\displaystyle\int\sqrt{\frac{x-a}{b-x}}\ \mathrm{d}x=(x-b)\sqrt{\frac{x-a}{b-x}}+(b-a)\arcsin\sqrt{\frac{x-a}{b-a}}+C.$

81. $\displaystyle\int\frac{\mathrm{d}x}{\sqrt{(x-a)(b-x)}}=2\arcsin\sqrt{\frac{x-a}{b-a}}+C\quad(a<b).$

82. $\displaystyle\int\sqrt{(x-a)(b-x)}\mathrm{d}x=\frac{2x-a-b}{4}\sqrt{(x-a)(b-x)}+\frac{(b-a)^2}{4}\arcsin\sqrt{\frac{x-a}{b-a}}+C\quad(a<$

$b).$

（十一）含有三角函数的积分

83. $\displaystyle\int\sin x\,\mathrm{d}x=-\cos x+C.$

84. $\displaystyle\int\cos x\,\mathrm{d}x=\sin x+C.$

85. $\displaystyle\int\tan x\,\mathrm{d}x=-\ln|\cos x|+C.$

86. $\displaystyle\int\cot x\,\mathrm{d}x=\ln|\sin x|+C.$

87. $\displaystyle\int\sec x\,\mathrm{d}x=\ln\left|\tan\left(\frac{\pi}{4}+\frac{x}{2}\right)\right|+C=\ln|\sec x+\tan x|+C.$

88. $\displaystyle\int\csc x\,\mathrm{d}x=\ln\left|\tan\frac{x}{2}\right|+C=\ln|\csc x-\cot x|+C.$

89. $\displaystyle\int \sec^2 x \, \mathrm{d}x = \tan x + C.$

90. $\displaystyle\int \csc^2 x \, \mathrm{d}x = -\cot x + C.$

91. $\displaystyle\int \sec x \tan x \, \mathrm{d}x = \sec x + C.$

92. $\displaystyle\int \csc x \cot x \, \mathrm{d}x = -\csc x + C.$

93. $\displaystyle\int \sin^2 x \, \mathrm{d}x = \frac{x}{2} - \frac{1}{4}\sin 2x + C.$

94. $\displaystyle\int \cos^2 x \, \mathrm{d}x = \frac{x}{2} + \frac{1}{4}\sin 2x + C.$

95. $\displaystyle\int \sin^n x \, \mathrm{d}x = -\frac{1}{n} \sin^{n-1} x \cos x + \frac{n-1}{n}\int \sin^{n-2} x \, \mathrm{d}x.$

96. $\displaystyle\int \cos^n x \, \mathrm{d}x = -\frac{1}{n} \cos^{n-1} x \sin x + \frac{n-1}{n}\int \cos^{n-2} x \, \mathrm{d}x.$

97. $\displaystyle\int \frac{\mathrm{d}x}{\sin^n x} = -\frac{1}{n-1} \cdot \frac{\cos x}{\sin^{n-1} x} + \frac{n-2}{n-1}\int \frac{\mathrm{d}x}{\sin^{n-2} x}.$

98. $\displaystyle\int \frac{\mathrm{d}x}{\cos^n x} = \frac{1}{n-1} \cdot \frac{\sin x}{\cos^{n-1} x} + \frac{n-2}{n-1}\int \frac{\mathrm{d}x}{\cos^{n-2} x}.$

99. $\displaystyle\int \cos^m x \, \sin^n x \, \mathrm{d}x = \frac{1}{m+n} \cos^{m-1} x \, \sin^{n+1} x + \frac{m-1}{m+n}\int \cos^{m-2} x \, \sin^n x \, \mathrm{d}x$

$$= -\frac{1}{m+n} \cos^{m+1} x \, \sin^{n-1} x + \frac{n-1}{m+n}\int \cos^m x \, \sin^{n-2} x \, \mathrm{d}x.$$

100. $\displaystyle\int \sin ax \cos bx \, \mathrm{d}x = -\frac{1}{2(a+b)}\cos(a+b)x - \frac{1}{2(a-b)}\cos(a-b)x + C.$

101. $\displaystyle\int \sin ax \sin bx \, \mathrm{d}x = -\frac{1}{2(a+b)}\sin(a+b)x + \frac{1}{2(a-b)}\sin(a-b)x + C.$

102. $\displaystyle\int \cos ax \cos bx \, \mathrm{d}x = \frac{1}{2(a+b)}\sin(a+b)x + \frac{1}{2(a-b)}\sin(a-b)x + C.$

103. $\displaystyle\int \frac{\mathrm{d}x}{a+b\sin x} = \frac{2}{\sqrt{a^2-b^2}}\arctan \frac{a\tan\dfrac{x}{2}+b}{\sqrt{a^2-b^2}} + C \quad (a^2 > b^2).$

104. $\displaystyle\int \frac{\mathrm{d}x}{a+b\sin x} = \frac{1}{\sqrt{b^2-a^2}}\ln\left| \frac{a\tan\dfrac{x}{2}+b-\sqrt{b^2-a^2}}{a\tan\dfrac{x}{2}+b+\sqrt{b^2-a^2}} \right| + C \quad (a^2 < b^2).$

105. $\displaystyle\int \frac{\mathrm{d}x}{a+b\cos x} = \frac{2}{a+b}\sqrt{\frac{a+b}{a-b}}\arctan\left(\sqrt{\frac{a-b}{a+b}}\tan\frac{x}{2}\right) + C \quad (a^2 > b^2).$

106. $\int \dfrac{\mathrm{d}x}{a+b\cos x} = \dfrac{1}{a+b}\sqrt{\dfrac{a+b}{a-b}}\ln\left|\dfrac{\tan\dfrac{x}{2}+\sqrt{\dfrac{a+b}{b-a}}}{\tan\dfrac{x}{2}-\sqrt{\dfrac{a+b}{b-a}}}\right|+C \quad (a^2 < b^2).$

107. $\int \dfrac{\mathrm{d}x}{a^2\cos^2 x+b^2\sin^2 x} = \dfrac{1}{ab}\arctan\left(\dfrac{b}{a}\tan x\right)+C.$

108. $\int \dfrac{\mathrm{d}x}{a^2\cos^2 x-b^2\sin^2 x} = \dfrac{1}{2ab}\ln\left|\dfrac{b\tan x+a}{b\tan x-a}\right|+C.$

109. $\int x\sin ax\,\mathrm{d}x = \dfrac{1}{a^2}\sin ax-\dfrac{1}{a}x\cos ax+C.$

110. $\int x^2\sin ax\,\mathrm{d}x = -\dfrac{1}{a}x^2\cos ax+\dfrac{2}{a^2}x\sin ax+\dfrac{2}{a^3}\cos ax+C.$

111. $\int x\cos ax\,\mathrm{d}x = \dfrac{1}{a^2}\cos ax+\dfrac{1}{a}x\sin ax+C.$

112. $\int x^2\cos ax\,\mathrm{d}x = \dfrac{1}{a}x^2\sin ax+\dfrac{2}{a^2}x\cos ax-\dfrac{2}{a^3}\sin ax+C.$

（十二）含有反三角函数的积分（其中 $a>0$）

113. $\int \arcsin\dfrac{x}{a}\,\mathrm{d}x = x\arcsin\dfrac{x}{a}+\sqrt{a^2-x^2}+C.$

114. $\int x\arcsin\dfrac{x}{a}\,\mathrm{d}x = \left(\dfrac{x^2}{2}-\dfrac{a^2}{4}\right)\arcsin\dfrac{x}{a}+\dfrac{x}{4}\sqrt{a^2-x^2}+C.$

115. $\int x^2\arcsin\dfrac{x}{a}\,\mathrm{d}x = \dfrac{x^3}{3}\arcsin\dfrac{x}{a}+\dfrac{1}{9}(x^2+2a^2)\sqrt{a^2-x^2}+C.$

116. $\int \arccos\dfrac{x}{a}\,\mathrm{d}x = x\arccos\dfrac{x}{a}-\sqrt{a^2-x^2}+C.$

117. $\int x\arccos\dfrac{x}{a}\,\mathrm{d}x = \left(\dfrac{x^2}{2}-\dfrac{a^2}{4}\right)\arccos\dfrac{x}{a}-\dfrac{x}{4}\sqrt{a^2-x^2}+C.$

118. $\int x^2\arccos\dfrac{x}{a}\,\mathrm{d}x = \dfrac{x^3}{3}\arccos\dfrac{x}{a}-\dfrac{1}{9}(x^2+2a^2)\sqrt{a^2-x^2}+C.$

119. $\int \arctan\dfrac{x}{a}\,\mathrm{d}x = x\arctan\dfrac{x}{a}-\dfrac{a}{2}\ln(a^2+x^2)+C.$

120. $\int x\arctan\dfrac{x}{a}\,\mathrm{d}x = \dfrac{1}{2}(a^2+x^2)\arctan\dfrac{x}{a}-\dfrac{a}{2}x+C.$

121. $\int x^2\arctan\dfrac{x}{a}\,\mathrm{d}x = \dfrac{1}{3}x^3\arctan\dfrac{x}{a}-\dfrac{a}{6}x^2+\dfrac{a^3}{6}\ln(a^2+x^2)+C.$

（十三）含有指数函数的积分

122. $\int a^x\,\mathrm{d}x = \dfrac{1}{\ln a}a^x+C.$

123. $\int e^{ax} dx = \dfrac{1}{a} e^{ax} + C.$

124. $\int x e^{ax} dx = \dfrac{1}{a^2} (ax - 1) e^{ax} + C.$

125. $\int x^n e^{ax} dx = \dfrac{1}{a} x^n e^{ax} - \dfrac{n}{a} \int x^{n-1} e^{ax} dx.$

126. $\int x a^x dx = \dfrac{x}{\ln a} a^x - \dfrac{1}{(\ln a)^2} a^x + C.$

127. $\int x^n a^x dx = \dfrac{1}{\ln a} x^n a^x - \dfrac{n}{\ln a} \int x^{n-1} a^x dx.$

128. $\int e^{ax} \sin bx \, dx = \dfrac{1}{a^2 + b^2} e^{ax} (a \sin bx - b \cos bx) + C.$

129. $\int e^{ax} \cos bx \, dx = \dfrac{1}{a^2 + b^2} e^{ax} (b \sin bx + a \cos bx) + C.$

130. $\int e^{ax} \sin^n bx \, dx = \dfrac{1}{a^2 + b^2 n^2} e^{ax} \sin^{n-1} bx (a \sin bx - nb \cos bx) + \dfrac{n(n-1)b^2}{a^2 + b^2 n^2} \int e^{ax} \sin^{n-2} bx \, dx.$

131. $\int e^{ax} \cos^n bx \, dx = \dfrac{1}{a^2 + b^2 n^2} e^{ax} \cos^{n-1} bx (a \cos bx + nb \sin bx) +$

$\dfrac{n(n-1)b^2}{a^2 + b^2 n^2} \int e^{ax} \cos^{n-2} bx \, dx.$

（十四）含有对数函数的积分

132. $\int \ln x \, dx = x \ln x - x + C.$

133. $\int \dfrac{dx}{x \ln x} = \ln | \ln x | + C.$

134. $\int x^n \ln x \, dx = \dfrac{1}{n+1} x^{n+1} (\ln x - \dfrac{1}{n+1}) + C.$

135. $\int (\ln x)^n dx = x (\ln x)^n - n \int (\ln x)^{n-1} dx.$

136. $\int x^m (\ln x)^n dx = \dfrac{1}{m+1} x^{m+1} (\ln x)^n - \dfrac{n}{m+1} \int x^m (\ln x)^{n-1} dx.$

（十五）含有双曲函数的积分

137. $\int \operatorname{sh} x \, dx = \operatorname{ch} x + C.$

138. $\int \operatorname{ch} x \, dx = \operatorname{sh} x + C.$

139. $\int \text{th}x\,dx = \ln\text{ch}x + C.$

140. $\int \text{sh}^2 x\,dx = -\dfrac{x}{2} + \dfrac{1}{4}\text{sh}2x + C.$

141. $\int \text{ch}^2 x\,dx = \dfrac{x}{2} + \dfrac{1}{4}\text{sh}2x + C.$

(十六)定积分

142. $\displaystyle\int_{-\pi}^{\pi} \cos nx\,dx = \int_{-\pi}^{\pi} \sin nx\,dx = 0.$

143. $\displaystyle\int_{-\pi}^{\pi} \cos mx \sin nx\,dx = 0.$

144. $\displaystyle\int_{-\pi}^{\pi} \cos mx \cos nx\,dx = \begin{cases} 0, & m \neq n, \\ \pi, & m = n. \end{cases}$

145. $\displaystyle\int_{-\pi}^{\pi} \sin mx \sin nx\,dx = \begin{cases} 0, & m \neq n, \\ \pi, & m = n. \end{cases}$

146. $\displaystyle\int_{0}^{\pi} \sin mx \sin nx\,dx = \int_{0}^{\pi} \cos mx \cos nx\,dx = \begin{cases} 0, & m \neq n, \\ \pi/2, & m = n. \end{cases}$

147. $I_n = \displaystyle\int_{0}^{\frac{\pi}{2}} \sin^n x\,dx = \int_{0}^{\frac{\pi}{2}} \cos^n x\,dx,$

$I_n = \dfrac{n-1}{n} I_{n-2}$

$= \begin{cases} \dfrac{n-1}{n} \cdot \dfrac{n-3}{n-2} \cdot \cdots \cdot \dfrac{4}{5} \cdot \dfrac{2}{3}(n \text{ 为大于 } 1 \text{ 的正奇数}), I_1 = 1, \\ \dfrac{n-1}{n} \cdot \dfrac{n-3}{n-2} \cdot \cdots \cdot \dfrac{3}{4} \cdot \dfrac{1}{2} \cdot \dfrac{\pi}{2}(n \text{ 为正偶数}), I_0 = \dfrac{\pi}{2}. \end{cases}$

附录二 拓展阅读
思政案例
参考答案

微信扫码